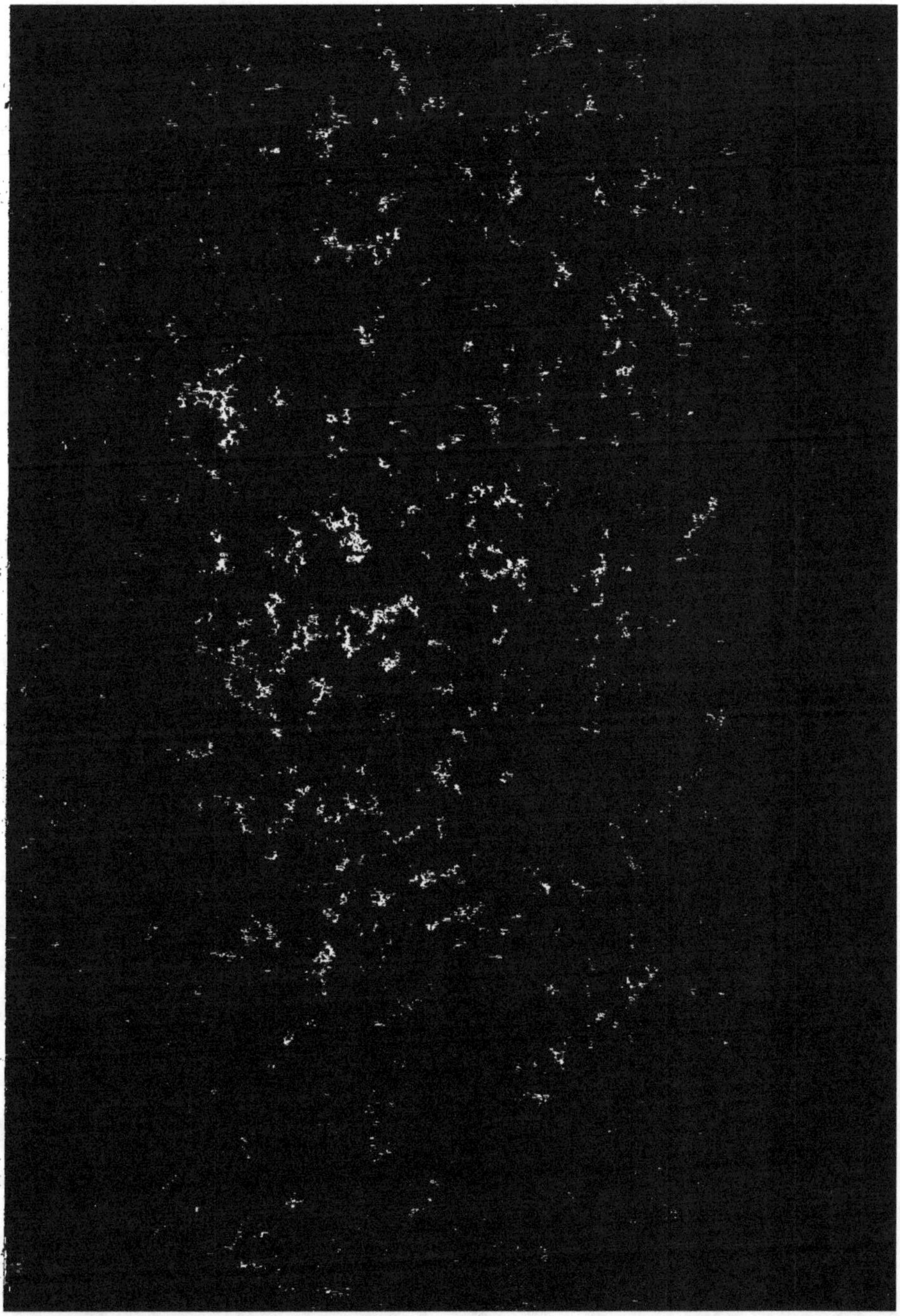

ÉTUDES
SUR
LE CŒUR
ET LA CIRCULATION CENTRALE
DANS LA SÉRIE DES VERTÉBRÉS

ANATOMIE ET PHYSIOLOGIE COMPARÉES. — PHILOSOPHIE NATURELLE

PAR

ARMAND SABATIER

DOCTEUR ÈS SCIENCES

Professeur-Agrégé (Section d'Anatomie et Physiologie) et ancien Chef des Travaux Anatomiques
à la Faculté de médecine de Montpellier;
Membre de l'Académie des Sciences et Lettres de Montpellier;
Lauréat et Membre correspondant de la Société anatomique de Paris;
Chevalier de la Légion d'Honneur.

Avec 16 Planches gravées, lithographiées et chromolithographiées.

MONTPELLIER
C. COULET, LIBRAIRE-ÉDITEUR
LIBRAIRE DE LA FACULTÉ DE MÉDECINE, DE L'ACADÉMIE DES SCIENCES ET LETTRES
ET DE LA SOCIÉTÉ DES BIBLIOPHILES LANGUEDOCIENS
GRAND'RUE, 5

PARIS
ADRIEN DELAHAYE, LIBRAIRE-ÉDITEUR
Place de l'École-de-Médecine

1873

ÉTUDES SUR LE CŒUR.

ET LA CIRCULATION CENTRALE

DANS LA SÉRIE DES VERTÉBRÉS.

PUBLICATIONS DU MÊME AUTEUR.

1º **Recherches physiologiques sur l'appareil lacrymal.** 1860. Brochure in-8º de 30 pages.

2º **Quelques considérations sur les luxations du fémur, en bas et en arrière de la cavité cotyloïde.** 1860. Brochure in-8º de 18 pages.

3º **Étude anatomique, physiologique et clinique sur l'auscultation du poumon chez les enfants** (Thèse inaugurale, in-8º 220 pages, avec 1 planche). 1863.

4º **Recherches anatomiques et physiologiques sur les appareils musculaires correspondant à la vessie et à la prostate dans les deux sexes.** Brochure in-8º de 42 pages, avec 4 planches. 1864.

5º **Réflexions sur un cas rare de transposition générale des viscères avec conservation de la direction normale du cœur.** Brochure in-8º avec 1 planche. 1865.

6º **Note sur les organes érectiles utéro-ovariens d'une femelle de Magot** (*Pithecus inuus*), en collaboration avec M. le Professeur Rouget, avec 1 planche. (*Annales des sciences naturelles.*)

7º **De l'absorption.** Thèse d'agrégation. 1866.

ÉTUDES

SUR

LE CŒUR

ET LA CIRCULATION CENTRALE

DANS LA SÉRIE DES VERTÉBRÉS

ANATOMIE ET PHYSIOLOGIE COMPARÉES. — PHILOSOPHIE NATURELLE

PAR

ARMAND SABATIER

DOCTEUR ÈS SCIENCES

Professeur-Agrégé (Section d'Anatomie et Physiologie) et ancien Chef des Travaux Anatomiques
à la Faculté de médecine de Montpellier ;
Membre de l'Académie des Sciences et Lettres de Montpellier ;
Lauréat et Membre correspondant de la Société anatomique de Paris ;
Chevalier de la Légion d'Honneur.

Avec 16 Planches gravées, lithographiées et chromolithographiées.

MONTPELLIER
C. COULET, LIBRAIRE-ÉDITEUR

LIBRAIRE DE LA FACULTÉ DE MÉDECINE, DE L'ACADÉMIE DES SCIENCES ET LETTRES
ET DE LA SOCIÉTÉ DES BIBLIOPHILES LANGUEDOCIENS
GRAND'RUE, 5

PARIS
ADRIEN DELAHAYE, LIBRAIRE-ÉDITEUR
Place de l'École-de-Médecine

1873

A MESSIEURS

MILNE EDWARDS ET DE QUATREFAGES,

Membres de l'Institut.

Armand SABATIER.

A MESSIEURS LES PROFESSEURS

BOUISSON, MARTINS,

Correspondants de l'Institut;

BENOIT, MOITESSIER, ROUGET.

A MESSIEURS

JOURDAIN, E. PLANCHON, DE ROUVILLE,

Professeurs à la Faculté des sciences de Montpellier.

A MES AMIS ET ANCIENS CONDISCIPLES

Gustave PLANCHON, Professeur à l'École Supérieure de Pharmacie de Paris.

LORTET, Professeur à l'École de médecine de Lyon, Docteur ès-Sciences naturelles.

J. de SEYNES, Professeur-Agrégé à la Faculté de médecine de Paris, Docteur ès-Sciences naturelles.

CASTAN, Professeur-Agrégé à la Faculté de médecine de Montpellier.

René LEENHARDT, Chef de Clinique chirurgicale à la Faculté de médecine de Montpellier.

Armand SABATIER.

INTRODUCTION

L'étude anatomique d'un organe, d'un appareil, faite à un point de vue absolu, ne peut jamais être qu'incomplète et insuffisante; il lui manque un esprit, un sens que lui aurait certainement donnés un examen comparatif dans la série des êtres. Sans ces rayons lumineux que les diverses modifications d'un même organe s'envoient réciproquement, bien des dispositions anatomiques restent obscures et incomprises, la vraie signification et l'importance relative de la plupart des parties sont faussement appréciées, et les descriptions demeurent entachées de lacunes et d'erreurs. Celui qui, appliqué à l'étude d'un organe, a tenu dans sa main laborieuse les éléments suffisants d'une comparaison éclairée, peut seul dire combien chaque terme lui a apporté de lumière et de solutions, combien des points qui fussent restés obscurs ou cachés ont été illuminés et comme révélés par un regard promené attentivement sur les divers degrés de cet admirable ensemble.

Les réflexions qui précèdent ne sont point nouvelles; et si j'ai jugé convenable de les placer en tête de ce travail, c'est que je trouverai souvent l'occasion d'en faire l'application. J'espère, en effet, que l'étude comparée que je publie aujourd'hui me permettra de compléter la description du Cœur dans la plupart des termes de la série des Vertébrés, de préciser des détails restés jusqu'à présent inaperçus, et de rendre à certaines dispositions en apparence insignifiantes leur véritable importance.

C'est grâce à cet esprit constant d'analogie et de comparaison que j'ai pu tenter la solution de certains problèmes auxquels avaient été données des solutions considérées à juste titre comme insuffisantes. Ces problèmes sont nombreux, et ils trouveront leur développement dans la suite de ce travail. Il me suffit d'en énumérer quelques-uns pour donner une idée de l'intérêt qui s'y attache. Les Poissons ont-ils deux ventricules plus ou moins séparés? Quelles sont dans le cœur des Reptiles ordinaires les parties qui correspondent au ventricule droit et au ventricule gauche? Comment s'établit la cloison interventriculaire des Vertébrés supérieurs? Comment se fait-il que le ventricule droit soit mis en relation avec l'oreillette droite, et le ventricule gauche avec l'aorte? Pourquoi, chez les Crocodiliens, l'aorte gauche naît-elle du ventricule droit, tandis que cette même aorte est, chez les Mammifères, en relation avec le ventricule gauche? Que devient l'aorte gauche des Oiseaux? Que devient l'aorte droite des Mammifères? etc.

Énumérer ces questions, c'est déjà indiquer tout l'intérêt, mais aussi toutes les difficultés qui s'attachent à leur solution. Il est facile en effet de se laisser entraîner à faire des rapprochements artificiels et à solliciter doucement la nature, pour la mettre en harmonie avec cet édifice théorique que l'esprit est toujours enclin à élever, alors même qu'il n'en a pas encore réuni les matériaux indispensables. J'ai fait tous mes efforts pour me tenir en garde contre cette tendance, qui flatte si bien notre amour de la rapidité et notre désir immodéré de conclure.

Je ne présente pas ce travail comme une étude complète et à laquelle il ne soit point facile d'ajouter. Sans parler de la manière plus ou moins imparfaite dont j'ai utilisé les matériaux que j'ai eus entre les mains, je n'étonnerai personne en signalant les difficultés qu'il y a à se procurer, dans nos villes de province, les animaux nécessaires à une étude comparative de quelque étendue. Je dois dire pourtant que bien des difficultés m'ont été aplanies par des amis de la science auxquels je m'empresse d'exprimer ma profonde reconnaissance. Je ne dois point oublier l'obligeance tout exceptionnelle avec laquelle M. Alex. Westphal-Castelnau a mis à ma disposition sa belle collection de Reptiles. Cet homme aimable, qui est mort il y a peu d'années, emportant les vifs regrets de ses collègues de l'Académie des sciences de Montpellier et de tous ceux qui l'approchaient, avait, pendant les loisirs que lui laissaient ses occupations commerciales, su créer à Montpellier une collection de Reptiles qui est sans contredit l'une des plus belles collections privées d'Europe. Il ne se bornait pas à en jouir lui-même, mais il l'ouvrait largement et joyeusement à tous ceux qui voulaient en user en faveur de la science. Ce désintéressement est rare parmi ceux qui ont connu le zèle passionné et l'attachement invincible des créateurs de collections. Aussi ai-je considéré comme un devoir de le signaler, et de témoigner ici ma profonde gratitude vis-à-vis d'un ami sincère de la science qui embarrasse les éloges, tant il avait su envelopper son savoir et son mérite d'aimable simplicité et de naïve modestie[1].

Malgré un si obligeant concours, bien des termes nécessaires de la série m'auraient pourtant fait défaut, des points importants de transition m'auraient manqué, et la chaîne privée de quelques anneaux indispensables eût présenté des lacunes nuisibles à une intelligence claire et complète du sujet. Je dois à l'excellente et inappréciable hospitalité que j'ai reçue au Muséum d'histoire naturelle de Paris, d'avoir pu disséquer des cœurs de grands Reptiles dont l'étude m'a été extrêmement utile. J'adresse à cet égard de bien sincères remerciements à MM. de Quatrefages, et je dois à la mémoire de M. Serres un hommage tout spécial pour l'obligeance avec laquelle il m'ouvrit son laboratoire et mit à ma disposition les riches matériaux dont il pouvait disposer.

Je ne puis oublier aussi les précieuses directions que je dois au professeur Martins, et le bienveillant et utile concours que m'ont prêté les

---

[1] Le Catalogue de la collection des Reptiles de M. Alex. Westphal-Castelnau a été publié et complété en 1870 par son fils, M. Alfred Westphal-Castelnau. D'après ce Catalogue, la collection renferme 246 genres, 537 espèces et environ 1200 individus. Les espèces se répartissent comme suit :

Chéloniens 41.— Sauriens 178.— Ophidiens 242.— Batraciens 91. (Voir le Compte-rendu des travaux du Congrès scientifique de France, tenu à Montpellier en décembre 1868.)

professeurs Benoît et Rouget. Dans le laboratoire de M. Benoît ont été faites la plupart de mes recherches anatomiques, et c'est dans le laboratoire de l'école pratique des hautes Études, dont M. Rouget est le directeur, que j'ai exécuté un grand nombre des expériences qui sont rapportées dans les dernières parties de mon travail.

Enfin, pour que justice soit complète, je prie MM. les étudiants Auzillon, Kobryner, Perreymond, Doze, Vogt, Henneguy, Poussié et Blayac, de recevoir l'expression de ma reconnaissance, soit pour les dessins qu'ils ont bien voulu exécuter, soit pour l'aide qu'ils m'ont obligeamment prêtée dans mes expériences.

DU CŒUR

DANS LA SÉRIE DES VERTÉBRÉS

PREMIÈRE PARTIE

Anatomie et Physiologie du Cœur dans la série des Vertébrés.

Dans la première partie de ce travail, je me propose de décrire le cœur des diverses classes des Vertébrés. Je commencerai par les Amphibiens. L'étude du cœur des Poissons trouvera sa place dans une autre partie.

Je n'ai ni l'intention ni la prétention d'être complet, et d'embrasser toutes les variétés, tous les cas particuliers : ce sont des types que j'ai le désir de présenter pour en faire le point de départ et l'objet de l'étude comparative, qui est mon but principal. Je ferai de chacun de ces types une étude détaillée ; non point qu'elle n'ait été faite déjà et qu'il reste beaucoup à y ajouter ; mais on sait combien les descriptions dépendent de l'esprit qu'on y apporte, et j'ai besoin, pour éclairer et légitimer mes conclusions, de mettre en relief quelques particularités peu remarquées et qui acquièrent de l'importance par les résultats auxquels elles conduisent.

Les procédés d'étude que j'ai employés sont assez variés, et du reste déjà connus ; la plupart avaient pour but de me permettre d'étudier les cavités du cœur à l'état de distension.

On injecte du suif dans les cavités cardiaques ; on plonge pendant quelques jours dans l'alcool l'organe ainsi préparé, et puis on le met à sécher. Quand il est sec, on pratique des coupes, et l'on plonge les parties dans l'essence de térébenthine chaude. Le suif est dissous, et les cavités du cœur, distendues, sont mises à nu avec toutes leurs inégalités. Par ce procédé, les rapports généraux sont conservés sans doute, mais la dessiccation a sur les saillies et les trabécules des parois cardiaques, dont j'espère démontrer l'importance, une action *atrophique*, dirai-je, qui altère jusqu'à un certain point leurs proportions et leur aspect. La méthode anglaise est préférable à ce point de vue : elle consiste à injecter dans le cœur de l'alcool rectifié, et à plonger cet organe ainsi distendu dans ce même liquide. Les parois du cœur se durcissent, et l'on pratique alors sur elles des ouvertures ou des coupes convenables pour en étudier les cavités.

A ces deux moyens, employés aussi par Brücke, j'ai ajouté les injections pour corrosion, qui ne m'ont donné des résultats intéressants que lorsqu'elles n'étaient pas trop parfaites. Dans le cas contraire, en effet, la matière à injection, reçue par les alvéoles superficielles très-distendues, formait une couche spongieuse presque continue et qui masquait les lacunes principales situées plus vers le centre.

J'ai usé aussi d'un procédé de distension qui convient surtout dans les cas où il faut vaincre une forte résistance. Par un tube de caoutchouc ou de verre, j'ai rempli le cœur de mercure, et je l'ai soumis à la pression d'une colonne de hauteur variable selon le degré de résistance dont il était susceptible. J'ai laissé ensuite cet organe se dessécher sous l'influence de cette pression constante. Quelques cœurs ont été aussi préparés suivant les procédés ingénieux du Dr Brunnetti.

Ces moyens d'étude, qui consistent à durcir le cœur à l'état de dilatation, ont leurs avantages sans doute, mais ils présentent quelques inconvénients. Aussi leur ai-je joint dans tous les cas et quelquefois préféré l'étude directe des cavités du cœur ouvert, à l'état frais, ou après une coction légère, ou bien encore après une macération plus ou moins prolongée dans l'alcool affaibli. Ce dernier mode d'examen, qui m'était souvent imposé par la nécessité où j'étais d'étudier des pièces conservées dans l'alcool, m'a paru avoir de grands avantages sur l'étude des cœurs trop distendus.

En effet, si la distension est, d'un côté, très-utile pour l'appréciation des dimensions et de la forme des cavités et des parois du cœur, surtout chez les Reptiles, où les parois cardiaques sont très-spongieuses ; d'un autre côté, cette distension a l'inconvénient d'exagérer la capacité des cavités et les diamètres des orifices de communication, de donner aux ouvertures une étendue hors de proportion avec les diamètres de leurs valvules, et de présenter en définitive le cœur dans un des moments les moins intéressants de la circulation cardiaque, c'est-à-dire à l'état de repos.

Les cœurs examinés sans distension préalable, ou même légèrement revenus sur eux-mêmes par un séjour dans l'alcool ou par une coction très-modérée, présentent un groupement de leurs parties à la fois plus heureux et plus propre à donner une idée juste des relations des cavités entre elles, de leurs proportions et de leurs formes. Ce mode d'examen m'a permis de ne pas me perdre dans les détails, de saisir l'ensemble et la direction générale des saillies et des vacuoles, et d'étudier le cœur fixé pour ainsi dire dans sa période d'activité, c'est-à-dire de systole. La plupart des cœurs que j'ai fait représenter m'ont servi à ce dernier mode d'examen. Je suis bien aise d'en instruire le lecteur, pour le prévenir contre l'étonnement qui pourrait résulter pour lui de la comparaison de mes figures avec celles de Brücke. Ces dernières donnent une idée exacte de la structure essentiellement spongieuse des parois du cœur chez les Reptiles écailleux, tandis que la plupart des dessins qui accompagnent mon travail représentent ces parois affaissées et compactes. Par contre, dans mes figures, les saillies principales sont relativement plus accentuées et plus apparentes, et les compartiments de premier ordre plus distincts : c'est là un avantage qui n'est pas sans valeur pour l'étude que je vais entreprendre.

On pourrait me reprocher de ne pas avoir employé dans mes expériences les appareils enregistreurs nouveaux, qui donnent des résultats si remarquables et si précis. A ce reproche je puis répondre que j'ai fait quelques essais dans ce sens ; mais que, comme j'opérais sur des animaux relativement petits, l'outillage dont je pouvais disposer ne s'est trouvé ni assez complet ni assez sensible pour me permettre de considérer les résultats que j'ai obtenus comme suffisants et dignes d'être publiés. J'ai préféré attendre que de meilleures conditions me permissent de rechercher dans ce mode d'expérimentation un contrôle précieux des résultats que m'ont fournis d'autres moyens d'investigation.

LIVRE PREMIER
Des Ventricules et des Troncs artériels dans la série des Vertébrés.

CHAPITRE PREMIER

AMPHIBIENS.

Entre le cœur des Poissons, constitué par une simple série de cavités qui ne sont parcourues que par du sang veineux, et le cœur complexe des Oiseaux et des Mammifères, qui présente à l'état adulte deux séries de cavités parfaitement séparées et destinées chacune exclusivement à l'un des deux états du sang, on trouve des intermédiaires naturels : le cœur des Amphibiens et celui des Reptiles. Cet organe, considéré dans la série des groupes qui appartiennent à ces deux classes intermédiaires des Vertébrés, sert en effet, d'une manière frappante et à travers des degrés très-ménagés, de trait d'union entre les organes centraux de la circulation des classes extrêmes.

A ces dispositions anatomiques intermédiaires correspondent des modifications dans le mécanisme des fonctions; toutefois ces modifications ne sont pas telles qu'on l'a cru jusqu'à ces dernières années. Le fait qui avait paru aux naturalistes dominer la circulation cardiaque chez les Reptiles, c'était le mélange du sang artériel et du sang veineux dans la cavité ventriculaire du cœur : c'est là une manière de voir qu'il faut abandonner, et au lieu de penser que la cloison ventriculaire a été supprimée pour amener le mélange des deux sangs, il est plus juste de croire que, la cloison n'ayant pas encore paru, la nature a suppléé autant que possible à ce défaut de séparation par d'autres dispositions ingénieuses.

Il ressort, dans tous les cas, des recherches de Brücke, et il ressortira, j'espère, encore plus de ce travail, que le système pulmonaire ou petite circulation, même chez les Batraciens, qui sont au bas de l'échelle, ne reçoit que du sang noir, et que certaines parties du système aortique ne reçoivent que du sang rouge. Par conséquent, s'il est vrai de dire qu'une partie du sang rouge se mêle à du sang noir pour pénétrer dans le système aortique, il est tout aussi juste de prétendre que la totalité du sang rouge passe dans ce même système, soit pur, soit mêlé à un proportion variable de sang veineux.

Cette séparation partielle des deux sangs est due à des artifices très-remarquables que Brücke a signalés dans un travail distingué à la fois par la sagacité des observations et par le caractère ingénieux des explications [1]. Néanmoins le sujet m'a paru assez complexe pour demander de nouvelles études, et j'ai entrepris sur ce point une série de recherches que je vais exposer. Je m'occuperai d'abord de la circulation chez les Batraciens, qui servent d'intermédiaire entre les Poissons et les Reptiles : il s'agit premièrement de faire connaître l'état des travaux modernes sur ce point ; j'insisterai ensuite sur les observations nouvelles que j'ai pu faire.

Mayer[2] (de Bonn) avait déjà remarqué sur le cœur de la grenouille que pendant la diastole ventriculaire le côté droit du ventricule se colorait en brun et le côté gauche en rouge, et que si l'on sectionnait alors la pointe du cœur, il s'en échappait deux courants juxtaposés, distincts par leur coloration. Mais il n'était pas allé plus loin, et n'avait pas établi la persistance ultérieure de la séparation des deux sangs dans les vaisseaux aortiques ou pulmonaires.

Les *Leçons d'anatomie comparée* de Cuvier[3], quoique d'une date postérieure, loin de donner des renseignements plus précis, ne tiennent pas même compte des données précédentes. « La composition du cœur des Batraciens, tout en conservant quelques caractères, mais en rudiment, des cœurs plus compliqués, montre en même temps l'organisation simple du cœur des Poissons, et *n'a pas d'autre effet pour la direction du sang*. A la vérité, la cloison de l'oreillette qui la divise en deux branches, dont

---

[1] E. Brücke ; *Beiträge zur vergleichenden Anatomie und Physiologie des Gefäss Systemes. Denkschriften der kaiserlichen Akademie der Wissenschaften.* Wien. 1852.
[2] *Analekten für vergleichende Anatomie.* 1835.
[3] Cuvier ; *Leçons d'Anatomie compar.*, tom. VI, pag. 328-329. 1839.

l'une répond à la veine pulmonaire et l'autre aux veines caves, empêche que les deux sangs ne se mélangent avant leur entrée dans le ventricule ; *mais ici ce mélange est d'autant plus complet que, le sang artériel étant versé tout à fait à droite, son torrent doit nécessairement traverser celui du sang veineux, pour arriver à l'embouchure du bulbe artériel, qui est à gauche.* »

Brücke est allé plus loin dans la voie de la vérité, et à lui revient l'honneur d'avoir établi que la séparation des deux sangs, complète dans les oreillettes, est maintenue partiellement dans le ventricule, dans le bulbe et dans les troncs divers qui en naissent. Comme mes recherches ont eu pour point de départ les résultats obtenus par Brücke, je dois faire ici un court exposé de ces derniers.

Pour expliquer le mécanisme de la circulation cardiaque, Brücke s'appuie sur la disposition du cœur et sur celle du bulbe aortique en particulier. Je dois insister ici sur quelques points de sa description, parce que c'est sur eux que portent les divergences que j'ai à signaler entre son opinion et la mienne.

Prenant pour type le cœur de la grenouille ordinaire (*Rana esculenta*), Brücke en donne la description suivante, que j'écourterai dans tout ce qui n'est pas essentiel. L'examen du cœur de la grenouille, préparé comme nous l'avons déjà dit, permet de reconnaître facilement que le ventricule ne possède pas de cloison, même incomplète, et que ses parois sont très-spongieuses. La cavité ventriculaire se compose de nombreuses lacunes superficielles qui viennent converger vers une chambre commune placée à la partie antérieure du ventricule, et se dirigeant de gauche à droite vers l'ouverture artérielle.

L'ouverture artérielle possède trois valvules semi-lunaires qui s'opposent au reflux du sang dans le ventricule. Le tronc commun qui part de cette ouverture possède des parois musculaires, et forme un véritable *bulbe artériel* qui se contracte régulièrement vers la fin de chaque systole ventriculaire. La lumière du bulbe est divisée par une cloison incomplète dont l'existence était connue, mais que Brücke décrit avec plus de soin qu'on ne l'avait fait, à cause de son importance physiologique. Je traduis textuellement cette description, parce que j'aurai à y revenir plus tard : « Cette cloison existe dans toute la longueur du bulbe ; son bord supérieur et gauche est adhérent, et son bord inférieur et droit est libre ; elle est courbe sur ses faces, de telle sorte que son bord libre présente la forme d'une S romaine. La convexité de la courbure supérieure est dirigée en bas et à gauche, tandis que la convexité de la courbure inférieure regarde en haut et à droite. L'extrémité postérieure du bord libre se termine sur le côté inférieur et gauche de l'ouverture artérielle, et là, la cloison est reliée par une bandelette très-délicate à la valvule semi-lunaire, qui est placée près d'elle. En avant, la cloison s'élargit et forme une espèce de godet ou de bourse membraneuse qui est placée comme une valvule semi-lunaire au-devant de l'ouverture des artères du corps (Pl. I, fig. 1, D). Vis-à-vis de cette valvule semi-lunaire s'en trouve une autre, qui contribue avec elle à empêcher le reflux du sang des artères du corps dans le bulbe artériel. »

Du bulbe, qui est dirigé en avant et à gauche, partent deux gros troncs vasculaires, l'un droit, l'autre gauche, qui, comme l'a vu le premier Jean Müller, sont divisés par deux cloisons longitudinales en trois canaux secondaires (Pl. I, fig. 1, 2, 3, 4, 5). Le canal interne se jette dans la glande carotide, d'où partent à la fois l'artère carotide et l'artère de la langue et des muscles de la mâchoire inférieure : Brücke l'appelle *Canal carotico-lingual.* Le vaisseau intermédiaire se nomme *Canal aortique*, parce qu'il est continu des deux côtés avec les crosses aortiques, dont la droite va former l'aorte abdominale, et dont la gauche communique par une petite ouverture avec cette dernière et va former ensuite les artères du système chylopoïétique. Au niveau de la glande carotide et au point où le canal aortique se transforme en crosse de l'aorte, se trouve une valvule très-singulière que Brücke a le premier fait connaître : elle a la forme d'une ellipse dont on aurait enlevé une des extrémités avec un emporte-pièce en couronne, et elle est fixée aux parois antérieure, supérieure et postérieure du vaisseau, dans une direction oblique telle que son bord libre concave regarde du côté du cœur, qu'elle se relève et oblitère en partie la lumière du vaisseau dès que le courant sanguin vient la frapper (Pl. I, fig. 4, v).

Cette valvule, comme la glande carotide, a pour but d'opposer au début de la systole ventriculaire un obstacle remarquable au cours du sang, qui pénètre dans les vaisseaux de la grande circulation. Au niveau de la valvule, immédiatement en deçà d'elle et dans l'angle rentrant qu'elle forme avec la paroi artérielle, naît une petite artère, l'*Artère laryngée*, qui se trouve, par suite de son origine, recevoir l'impulsion cardiaque beaucoup plus que toute autre artère du corps.

La partie de la cavité du bulbe qui est à droite de la cloison conduit exclusivement dans les canaux aortiques et carotico-linguaux. Au-dessus des deux valvules qui se trouvent à l'extrémité antérieure du bulbe, il y a une cavité commune aux deux paires de canaux que je viens de nommer; plus loin, on remarque une cloison qui sépare l'une de l'autre l'embouchure des deux canaux aortiques (Pl. I, *fig.* 1, *E*). Cette cloison se subdivise en avant en deux feuillets entre lesquels se trouve l'embouchure commune des deux canaux carotico-linguaux (Pl. I. *fig.* 1, *E*).

La partie du bulbe qui est à gauche et en arrière de la cloison conduit dans la troisième paire de canaux, les *Canaux pulmonaires*. A leur embouchure se trouvent également deux valvules pulmonaires qui s'opposent au reflux du sang des canaux pulmonaires dans le bulbe. Le canal pulmonaire reste adossé aux deux autres canaux jusqu'au niveau de la glande carotide et de la valvule de l'arc aortique. Là, il se sépare d'eux et se divise en deux vaisseaux, dont l'un est l'*Artère pulmonaire*, et l'autre l'*Artère cutanée*, qui se distribue à toute la peau du tronc (Pl. I, *fig.* 4).

Si sur une grenouille ou un crapaud vivants on enlève le sternum et la paroi thoracique antérieure, en respectant le péricarde, on constate, avec Brücke, pendant que l'animal respire:

1° Que le sang qui coule dans les artères pulmonaires est constamment de couleur foncée;

2° Que le sang qui circule dans les canaux aortiques est plus clair que ce dernier, quoique moins clair que celui de l'oreillette gauche;

3° Que le canal aortique contient du sang plus foncé au début de la systole ventriculaire, et du sang plus clair vers la fin;

4° Que le sang du canal carotico-lingual paraît ne pas changer de couleur avec les diverses périodes de la systole ventriculaire, mais qu'on le trouve toujours aussi clair qu'il l'est dans les arcs aortiques à la fin de la systole.

Si la respiration est interrompue, tous les canaux sont également foncés.

Si le cœur est dépouillé de péricarde, le sang de tous les canaux, y compris même les canaux pulmonaires, devient et reste clair, à cause de l'oxydation qu'il subit à travers les parois du cœur.

Brücke établit en outre que la force qui pousse le sang dans la circulation générale n'est pas égale à celle qui le pousse dans la circulation pulmonaire. Si l'on fait à l'artère pulmonaire une petite ouverture, du sang foncé s'échappe généralement sans secousses ; et si un jet est produit, ce qui peut arriver quand l'ouverture est très petite, il est peu élevé et cesse bien avant la fin de la systole ventriculaire. Si l'on pique de la même manière un des canaux aortiques, un jet étendu de sang rouge s'échappe du vaisseau, et ce jet, renforcé au début de chaque systole ventriculaire, a autant de durée que cette systole elle-même. Il est démontré par là que le sang des vaisseaux pulmonaires a une tension moindre que celui des vaisseaux aortiques, et que le sang n'est poussé dans les canaux pulmonaires que pendant la première partie de la systole ventriculaire.

Basé sur ces diverses observations, Brücke explique de la manière suivante le mécanisme de la circulation cardiaque chez les Batraciens.

On se rappelle que l'extrémité antérieure de la cloison du bulbe s'élargit et reçoit une des valvules qui s'opposent à la rentrée du sang des aortes dans le bulbe. L'abaissement de ces valvules place toujours la cloison dans une position déterminée, telle que sa partie antérieure se trouve à peu près dans le plan médian du bulbe. Si l'on observe les mouvements du cœur encore renfermé dans le péricarde, on s'aperçoit que la base du ventricule et l'extrémité postérieure du bulbe, qui lui est adhérente, se portent en arrière à chaque systole ventriculaire, et reviennent en avant à chaque diastole.

On voit donc qu'immédiatement avant la systole ventriculaire le bulbe est le plus court possible, et que le bord libre de sa cloison atteint son maximum de courbure en S. Mais, puisque l'extrémité antérieure de cette cloison est située dans le plan médian du bulbe, la partie postérieure est reportée vers la droite, de telle sorte que le flot sanguin au début de la systole ventriculaire vient rencontrer le tranchant de ce bord libre et se divise en deux courants, dont l'un s'écoule à droite de la cloison dans les vaisseaux de la grande circulation, et l'autre à gauche dans les vaisseaux de la circulation pulmonaire. Ces deux courants sont inégaux, puisqu'ils ont à vaincre des résistances bien différentes pour l'un et pour l'autre : d'abord, la tension générale de la circulation pulmonaire est moindre que celle de la grande circulation ; en second lieu, et notamment pour le genre *Rana*, le canal pulmonaire est large et propre à recevoir une quantité considérable de sang. Au contraire, dans le canal aortique, la valvule de la crosse, et, dans le canal carotico-lingual, la glande carotide, opposent une résistance notable au cours du sang. Il résulte de ces conditions inégales que le sang pénètre d'abord dans les canaux pulmonaires et les remplit.

Mais bientôt s'opèrent des changements importants : immédiatement après le commencement de la systole ventriculaire, les valvules semi-lunaires se soulèvent et cessent par conséquent de maintenir la cloison dans le plan médian du bulbe. En même temps l'extrémité postérieure du bulbe est portée en arrière avec la base du ventricule ; la cloison est allongée et change de situation. L'extrémité postérieure de la cloison se trouvant portée à gauche, le courant sanguin ne rencontre plus son bord tranchant, mais seulement sa face droite. Le sang se trouve ainsi dirigé vers les artères de la grande circulation. Il applique la cloison sur la paroi gauche du bulbe, et vers la fin de la systole de ce dernier il ferme ainsi complètement l'embouchure des canaux pulmonaires. Le sang artériel, qui arrive précisément alors du ventricule, est exclusivement envoyé dans les vaisseaux de la grande circulation.

Quant à la présence, dans le canal carotico-lingual, d'un sang plus clair que celui des aortes, Brücke l'attribue à cette circonstance que la glande carotide opposerait au cours du sang plus de résistance que la valvule des crosses aortiques. Par suite de ce fait, la tension serait plus élevée dans le canal carotico-lingual, et ce canal ne recevrait du sang qu'à la fin de la systole, en vertu de cette loi déjà invoquée que le sang pénètre toujours en dernier lieu là où il trouve l'obstacle le plus grand. Or, à la fin de la systole, le ventricule envoie exclusivement du sang rouge, et c'est celui qui pénètre dans le canal carotico-lingual.

Ces explications de Brücke sont si ingénieuses et si séduisantes, que je n'ai eu d'abord que le désir de les vérifier. C'est en répétant les expériences et les dissections de cet anatomiste, que j'ai pu saisir ce qui manquait à ces interprétations. J'ai dû alors chercher à leur substituer des données moins contestables, et à baser une théorie de la circulation cardiaque chez les Batraciens sur de nouvelles observations.

Dans les pages qui vont suivre, je me livrerai donc au double travail de critique et de reconstruction : pour cela, je me propose d'étudier successivement et avec ordre les diverses questions qui appartiennent à mon sujet, et de présenter à propos de chacune d'elles les observations et les expériences qui s'y rapportent. Ce sera là un moyen de donner plus de précision et de clarté à une question déjà compliquée par elle-même, et présentant trop de points divers pour qu'il ne soit pas procédé très-méthodiquement dans son étude.

Je commencerai par confirmer les observations de Mayer et de Brücke sur les colorations différentes des deux côtés du ventricule, des deux rampes du bulbe et des deux vaisseaux qui en naissent. Je les ai souvent constatées, et j'ai constaté également les différences de tension existant entre les vaisseaux pulmonaires et les vaisseaux aortiques. Ces divers faits ont été vérifiés en tous points, et je me borne à les rappeler, car je dois m'appuyer sur eux dans les expériences subséquentes. Pour ce qui a trait en particulier à la coloration différente des deux côtés du ventricule pendant la diastole ventriculaire, je dois revenir dans un autre endroit sur les causes qui opèrent et maintiennent dans le ventricule la séparation des deux sangs. Il me suffit, pour le moment, de dire que la partie droite du ventricule qui se colore en bleu est plus étendue que la partie gauche, réservée au sang rouge. La pointe du cœur appartient à la partie bleue ou droite, et la ligne de séparation sur la face antérieure du ventricule n'a pas son point de départ à l'embouchure du bulbe, mais dans le plan de la cloison inter-auriculaire ; de telle sorte qu'au début de la systole ventriculaire l'embouchure bulbaire se trouve uniquement en rapport avec du sang bleu, et ce n'est que quand une partie de ce sang s'est écoulée que le sang rouge arrive à son tour en présence de l'orifice du bulbe.

Comment le sang se distribue-t-il dans le bulbe et comment se départ-il aux divers vaisseaux qui en naissent ? C'est ce qu'il convient maintenant d'examiner. Commençons par rechercher en quoi la théorie de Brücke n'est pas satisfaisante. D'après l'énoncé que j'en ai fait, elle suppose : 1° que pendant la systole ventriculaire il y a allongement notable du bulbe ; 2° que la cloison, pliée selon ses faces en forme d'S, se redresse pendant la systole ventriculaire et se rejette à gauche quand la valvule qui la surmonte est relevée par le courant sanguin ; 3° que le reflux du sang aortique, en abaissant cette valvule, ramène la cloison dans le plan médian du bulbe, de sorte que le sang, lancé au début de la systole suivante, va rencontrer le tranchant du bord libre de la cloison et se diviser en deux courants.

Pour ce qui est de l'allongement du bulbe par suite de la systole ventriculaire, on peut dire qu'il est plus apparent que réel. C'est ce dont il est facile de se convaincre en plaçant les deux pointes d'un compas aux extrémités d'un bulbe mis à nu sur un cœur encore vivant. Le bulbe, en effet, s'accroît surtout dans son diamètre transversal. Il acquiert une largeur presque double de celle qu'il présente à l'état de repos, et cette dilatation transversale exagérée suffit, à elle seule, pour s'opposer à un allongement notable. Du reste, le bulbe s'allonge peu, parce qu'en réalité il se raccourcit aussi très-peu. Je ferai remarquer, de plus, que le bulbe ne se dilate pas également par toutes ses faces : c'est la paroi droite et inférieure, déjà plus convexe que la gauche, qui reçoit le choc sanguin et se dilate fortement. En réalité, le bulbe se recourbe fortement vers la gauche plutôt qu'il ne s'allonge.

Si maintenant on se souvient que la cloison bulbaire est adhérente par son bord supérieur à la paroi gauche et supérieure du bulbe, qui ne subit que des changements insensibles de dimensions, on comprendra que l'allongement même apparent du bulbe ne puisse avoir aucune influence capable de produire des variations de longueur et de situation de la cloison.

L'expérience et l'observation directe m'ont du reste conduit à la même conclusion. Sur une grenouille ou un crapaud vivants, auxquels j'enlevais rapidement le sternum, je coupais l'aorte gauche en deçà de la valvule semi-elliptique, et j'introduisais aussitôt dans le bout central et vers le cœur une canule attachée à une petite boule en caoutchouc remplie de liquide. Tout cela était exécuté rapidement, de manière à ce que l'animal perdît le moins de sang possible. Ces conditions établies, je faisais rapidement avec de fins ciseaux courbes, sur la face inférieure du bulbe, une petite fenêtre circulaire qui me permît de voir ce qui se passait dans son intérieur. L'ouverture placée au niveau du bord libre de la cloison laissait voir les deux rampes bulbaires ; en comprimant la boule, je produisais un effet analogue à celui du reflux aortique, j'abaissais fortement la valvule. En relâchant la boule, au contraire, je produisais une aspiration qui devait tendre à la relever. Je faisais tomber de l'eau goutte à goutte sur la petite fenêtre, de manière à enlever à mesure le sang qui en sortait et qui aurait masqué les phénomènes, et j'ai pu constater ainsi que dans tous les cas la forme et la position de la cloison variaient bien peu ou même pas du tout, et que, quel que fût l'état de relèvement ou d'abaissement de la valvule, du sang venant du ventricule passait dans les deux rampes.

Sur un autre animal dont je n'avais point coupé l'aorte, et qui avait conservé son sang, j'ai fait rapidement sur la face inférieure du bulbe une ouverture semblable à celle dont je viens de parler : j'ai immédiatement saisi avec deux pinces fines les deux extrémités du bulbe, sans en altérer le calibre et de manière à pouvoir l'allonger ou le raccourcir à volonté. La pince postérieure saisissait la partie ventriculaire immédiatement contiguë au bulbe, et la pince antérieure saisissait l'extrémité antérieure de la cloison et pouvait l'allonger en la portant à gauche, comme si la valvule se relevait ; or, dans tous les cas, que le bulbe fût allongé ou raccourci, du sang est passé simultanément dans les deux rampes du bulbe. Ces expériences démontrent assez clairement l'insuffisance des changements de longueur ou de position de la cloison pour ouvrir ou fermer la rampe pulmonaire ; mais voici une nouvelle expérience que j'ai répétée bien des fois avec un égal succès.

Sur un crapaud ou une forte grenouille, je mettais le cœur à nu, et je faisais une ouverture à l'une des artères pulmonaires ou aux deux à la fois. Le sang s'écoulait par l'ouverture, sous une faible pression et comme en bavant ; je faisais ensuite une petite ouverture à la pointe du cœur, et j'y introduisais une canule attachée à une boule en caoutchouc ou à une seringue. La canule était dirigée vers l'orifice bulbaire, de manière à y produire un courant assez exactement semblable au courant sanguin causé par la systole ventriculaire. Que devait-il se passer, conformément aux conceptions de Brücke, quand on établissait là un courant continu d'une intensité à peu près égale à celle du courant sanguin pendant la vie? Évidemment, au début, le bulbe se trouvant dans son état de raccourcissement, la valvule antérieure étant abaissée et la cloison ramenée par cela même dans le plan médian du bulbe, le courant liquide devait se partager entre les deux rampes, et du liquide devait s'écouler par les ouvertures pratiquées sur les artères pulmonaires. Mais une fois ce premier moment passé, le courant, allongeant le bulbe et soulevant la valvule supérieure, devait appliquer la cloison sur la paroi gauche du bulbe et fermer la rampe pulmonaire. Tout écoulement devait donc cesser par les artères pulmonaires pendant toute la durée postérieure du courant continu. Or ces dernières prévisions ne se réalisent pas : non-seulement les artères pulmonaires fournissent un certain écoulement pendant les premiers moments de l'expérience, mais cet écoulement persiste tant que dure le courant. Ce fait me paraît établir d'une manière concluante que l'allongement du bulbe, ainsi que l'allongement et le redressement de la cloison par le relèvement de la valvule, ne peuvent être considérés comme provoquant l'occlusion des vaisseaux pulmonaires.

Cette théorie de la circulation bulbaire ne me paraissant pas d'accord avec les faits, j'ai dû en chercher une autre qui fût en harmonie avec l'observation directe et avec l'expérimentation.

La disposition de la cloison bulbaire chez les Ranidés et les Bufonidés présente quelques particularités dignes d'être signalées. Cette cloison n'est pas seulement, comme le dit Brücke, courbée sur ses faces, elle est en réalité contournée ou tordue en spire de tire-bouchon, et représente les quatre cinquièmes environ d'un pas de vis complet. Il résulte de cette disposition, qui est fidèlement représentée dans la *fig.* 1 (Pl. I), que la cavité du bulbe est divisée en deux *rampes*, l'une à droite et l'autre à gauche. La cloison forme dans sa moitié postérieure (Pl. I, *fig.* 1, *B*) une lame repliée sur elle-même, concave à droite vers la rampe aortique, et convexe à gauche vers la rampe pulmonaire ; tandis, au contraire, que la partie antérieure *C* présente une convexité à droite et une concavité à gauche. Cette différence de forme se reconnaît immédiatement sur des coupes du bulbe faites perpendiculairement à son axe à différentes hauteurs.

En *B*, la cloison présente un bord cartilagineux rigide et tranchant, dirigé vers la rampe droite ou aortique. En *C*, la cloison s'épaissit et finit par présenter une sorte de promontoire qui rejette le sang en bas dans les cavités aortiques. Postérieurement, la cloison diminue, se rétrécit d'une manière insensible et devient membraneuse.

Si l'on examine soigneusement les deux rampes, on s'aperçoit que la rampe droite ou aortique présente partout des dimensions relativement étendues. Elle se rétrécit seulement à la partie antérieure, tandis que postérieurement elle s'élargit et forme la continuation naturelle de la cavité ventriculaire. La rampe gauche ou pulmonaire, au contraire, large antérieurement, va se rétrécissant en arrière (Pl. I, *fig.* 2) et se termine là par un vrai cul-de-sac étroit, sans relation et sans communication directe avec la cavité ventriculaire; de telle sorte que si le bord libre de la cloison contractait des adhérences avec la paroi bulbaire correspondante, la rampe pulmonaire présenterait un cœcum postérieur et ne pourrait recevoir du sang du ventricule. Il est aisé de comprendre par cela même que quand le bord libre de la cloison est en contact direct avec la paroi bulbaire, la rampe pulmonaire est fermée, et le sang cesse d'y pénétrer.

La cloison est formée, au niveau de son bord adhérent, de fibro-cartilage très-solidement fixé à la paroi du bulbe. Vers le bord libre, l'élément fibreux disparaît, et ce bord lui-même est formé d'un cartilage hyalin ridige et friable.

Cette nature même de la cloison indique assez qu'elle doit subir peu de modifications dans sa position et dans sa forme : elle est en effet à peu près immobile, et c'est par rapport à elle et autour d'elle que les parois bulbaires se déplacent et changent de situation. L'extrémité antérieure épaissie de la cloison forme le plus souvent un godet, comme l'a décrit Brücke, et c'est aux bords de ce godet que vient ordinairement adhérer une des valvules antérieures du bulbe. Mais cette disposition en godet n'existe pas toujours, et on trouve quelquefois une disposition semblable à celle que représente la *fig.* 1 (Pl. I), c'est-à-dire que la valvule ne se rattache à la cloison dépourvue de godet que par son angle gauche.

Au-dessus du bulbe et dans le vestibule commun aux deux arcs aortiques, se trouve une cloison *E* (Pl. I, *fig.* 1), formée de tissu fibreux élastique, adhérente par un de ses bords, libre par l'autre, et jouant dans la circulation aortique un rôle que nous aurons à spécifier.

La forme du bulbe et la structure de ses parois sont dignes d'être notées. Le bulbe, renflé sur presque toute sa longueur, se rétrécit brusquement à ses deux extrémités, mais plus encore à l'embouchure ventriculaire. Ses parois sont formées à l'intérieur d'une couche épithéliale interne, reposant sur une lame de tissu élastique. Mais ce qui constitue la plus grande partie des parois relativement très-épaisses du bulbe, c'est une couche considérable de fibres musculaires circulaires. Ces fibres présentent ceci de particulier qu'elles peuvent être considérées comme des termes moyens entre les fibres lisses et les fibres striées. Vues avec de forts grossissements, elles représentent en effet des fibres cylindriques distinctes, pourvues de contours très-délicats, avec de légers renflements par places. Elles ont des noyaux allongés que l'acide acétique met à nu, et dont il accuse la forme en bâtonnets ; enfin ces cylindres primitifs, d'un diamètre moindre que celui des fibres striées, présentent de nombreuses et très-apparentes ponctuations formant par places de légères striations obliques tantôt régulières, tantôt irrégulières (Pl. I, *fig.* 6). En somme, ces fibres ressemblent assez bien aux fibres striées dans les premières périodes de leur formation, alors que les faisceaux primitifs, peu volumineux, n'ont pas encore acquis partout un diamètre uniforme et ne présentent que des traces un peu irrégulières de striation.

Cette couche musculaire continue n'a pas du reste partout une épaisseur uniforme; mais au niveau du rétrécissement ventriculaire ou postérieur du bulbe, elle forme un épaississement remarquable, et constitue là un anneau musculaire puissant, qui s'étend en diminuant d'épaisseur vers l'extrémité antérieure. Autour de cette couche musculaire, le bulbe présente une couche adventice composée de tissu conjonctif et de très-fines fibres élastiques entrecroisées dans tous les sens.

L'examen détaillé que je viens de faire de l'anatomie du bulbe va contribuer singulièrement à éclairer la série des phénomènes dont il est le siége, et son rôle dans la séparation des deux sangs. Prenons le bulbe au moment où va commencer une systole ventriculaire : il est dans l'état de repos. Ses parois, après avoir épuisé leur contraction sur le sang qu'il renfermait, sont revenues sur elles-mêmes en vertu de leur tonicité; les deux rampes sont donc séparées par suite du contact immédiat du bord libre de la cloison et des parois du bulbe; la rampe gauche ou pulmonaire est sans communication avec le ventricule. La systole ventriculaire commençant, le sang pénètre d'abord dans la rampe droite, qui lui est largement accessible, et il rencontre les valvules antérieures abaissées par la tension aortique. Mais les parois bulbaires, qui sont à l'état de relâchement, cèdent rapidement à la pression sanguine, se dilatent et se séparent du bord libre de la cloison. Le sang bleu qui remplit en ce moment la rampe droite passe par-dessus le bord tranchant *B* (Pl. I, *fig.* 1) de la cloison, et suit la gouttière que lui présente à ce niveau la face gauche de la cloison, et qui le dirige vers les orifices pulmonaires. Cet effet est d'autant plus assuré que le tubercule antérieur *C* de la cloison rétrécit la partie antérieure de la rampe aortique, et s'oppose efficacement à ce que le sang bleu de cette rampe passe facilement dans les arcs aortiques. Il est donc évident que pendant ce premier temps de la systole ventriculaire, temps où il n'arrive dans le bulbe que du sang bleu, le sang trouve bien plus de facilité à passer de la rampe aortique dans la rampe pulmonaire, que de cette même rampe aortique dans les troncs aortiques eux-mêmes.

Ce premier temps est très-court : le bulbe arrive promptement à son maximum d'extension ; ses fibres musculaires, jusque-là passives, sont stimulées par leur distension même; elles vont entrer en jeu et mettre à profit les propriétés qu'elles doivent à leur nature mixte. Douées d'une irritabilité moyenne, elles entreront plus rapidement en contraction que des fibres lisses proprement dites, et feront bientôt succéder à la dilatation extrême du bulbe un mouvement de contraction et de resserrement actif; le retour actif des fibres, moins rapide que celui des fibres striées proprement dites, participera de la continuité et de la persistance de contraction des fibres lisses, et se maintiendra jusqu'à la fin de la systole ventriculo-bulbaire.

Avec la contraction du bulbe commence le second temps de la circulation ventriculo-bulbaire. Pendant cette période, où le sang *rouge* commence à pénétrer dans le bulbe, soit mêlé aux dernières parties du sang bleu, soit plus tard tout à fait pur, les parois bulbaires reviennent sur elles-mêmes et arrivent bientôt au contact du bord libre de la cloison. La rampe pulmonaire est par là fermée dans sa partie postérieure au sang qui arrive du ventricule, et ce sang passe tout entier dans la rampe droite ou aortique, qui lui reste comme unique issue. Cette occlusion de la rampe pulmonaire, due à la contraction des parois bulbaires, est rendue parfaite en vertu de plusieurs causes. Les parois bulbaires contractées opposent en effet une résistance que le sang ne peut vaincre, et de plus la cloison, disposée au point B en forme de gouttière concave vers la droite et convexe vers la gauche, est très-efficacement disposée pour que la pression du sang contenu dans la rampe aortique applique fortement son bord libre et sa face gauche convexe contre la concavité de la paroi bulbaire de la rampe pulmonaire. Il est évident que, plus la contraction bulbaire sera prononcée, c'est-à-dire plus le sang lancé par le ventricule sera près d'être exclusivement composé de sang rouge, plus aussi la séparation des deux rampes et l'oblitération de la rampe pulmonaire seront parfaites.

La contraction bulbaire, dont le début est postérieur à celui de la contraction ventriculaire, cesse aussi plus tard que cette dernière, de sorte que le ventricule vient d'exprimer la dernière goutte de sang rouge quand le bulbe qui la reçoit use de sa contraction finale pour la lancer dans les arcs supérieurs. Enfin le bulbe, arrivé au summum de sa contraction, entre en repos, et ses parois, revenues sur elles-mêmes en vertu de la tonicité, se trouvent dans un état de relâchement relatif. C'est dans cet état que nous les avons trouvées et que nous les retrouverons au début de la nouvelle contraction ventriculaire.

Il est clair que pendant ce second temps de la circulation bulbaire la rampe pulmonaire ne reçoit pas de sang; celui qui se trouve introduit primitivement dans les artères pulmonaires a donc le temps de s'écouler sous l'influence de la contraction des parois artérielles. Les troncs pulmonaires se vident ainsi presque entièrement, et le début d'une nouvelle systole ventriculaire trouve le système pulmonaire presque vide et dans un état de tension si faible, qu'il est apte à donner facilement accès au sang noir que lance dans le bulbe le premier moment de la systole. Il faut remarquer en effet que la différence de tension entre les artères pulmonaires, d'une part, et les arcs aortiques et carotidiens, d'autre part, est très-prononcée, soit parce que ces derniers vaisseaux viennent de recevoir entièrement le dernier flot de sang lancé par la contraction ventriculo-bulbaire, soit aussi à cause de l'influence de la valvule aortique et de la glande carotide, sur la nature et le rôle de laquelle je m'expliquerai plus tard.

Pour compléter ce que j'ai à dire de la circulation bulbaire, je dois ajouter que sur de jeunes grenouilles chez lesquelles les parois bulbaires sont encore transparentes, les divers temps que je viens de signaler peuvent être constatés par l'observation directe à travers les parois : on aperçoit en effet le bulbe, à l'état de repos et décoloré avant la systole, se gonfler sous l'influence de la contraction ventriculaire, et prendre une teinte bleuâtre uniforme. Peu après le début de la systole bulbaire, on voit apparaître sur la face antérieure du bulbe une traînée blanche, incolore, qui correspond au point où la cloison vient se mettre en contact avec la paroi bulbaire. De chaque côté de cette ligne blanche se trouvent deux traînées colorées, l'une gauche bleuâtre, qui s'affaiblit rapidement et s'efface, et l'autre droite, dont la teinte d'abord bleuâtre passe enfin au rouge-clair et persiste jusqu'à la fin de la systole bulbaire. Ces phénomènes, je le répète, s'observent bien sur des sujets jeunes, et confirment pleinement les observations qui précèdent.

Nous savons déjà qu'au-devant des deux valvulves antérieures du bulbe il y a une cavité commune aux deux canaux aortiques, cavité que je nommerai *inter-aortique*. Cette cavité est divisée dans toute sa longueur (et non point seulement en avant, comme le dit Brücke) par une cloison représentée en E (Pl. I, *fig.* 1). Cette cloison a un bord adhérent supérieur et un bord libre inférieur; ce dernier est convexe, et peut pendant la systole artérielle se mettre exactement en contact avec la paroi inférieure de la cavité inter-aortique. L'extrémité postérieure de cette cloison se relie à la corne gauche de la valvule supérieure et à l'extrémité antérieure de la cloison bulbaire, qui est déjetée à gauche. L'extrémité antérieure de la cloison inter-aortique, au contraire, va se terminer à l'angle de séparation des deux aortes, ce qui donne à cette cloison un certain degré d'obliquité par rapport à l'axe du bulbe.

La description qui précède, et mieux encore l'examen de la *fig.* 1 (Pl. I), fera facilement comprendre que le sang de la rampe aortique du bulbe, au lieu de se diviser sur le tranchant de la cloison inter-aortique, va plutôt battre contre sa face droite, pousse la cloison contre l'orifice de l'aorte gauche, et tend à fermer l'entrée de ce vaisseau. Cette disposition me paraît devoir produire plusieurs résultats : il faut remarquer en effet que l'aorte gauche est la continuation directe de la rampe aortique du bulbe, tandis que l'aorte droite a une direction à peu près perpendiculaire à celle de cette rampe. Le sang aurait donc de la tendance à passer presque exclusivement dans l'aorte gauche, si la cloison inter-aortique, en lui faisant obstacle, ne le rejetait en partie dans l'aorte droite. Mais il est évident que cet obstacle apporté par la cloison au passage du sang du bulbe dans l'aorte gauche doit avoir une importance variable selon le moment où il agit. Ainsi, quand la cavité inter-aortique et les aortes sont très-dilatées, comme dans les premiers temps de la systole ventriculo-bulbaire, il doit y avoir une distance assez grande entre le bord libre de la cloison et la paroi de la cavité, de telle sorte qu'une grande quantité de sang peut pénétrer dans l'aorte gauche. Mais quand, vers la fin de la systole ventriculo-bulbaire, les parois de la cavité sont revenues en partie sur elles-mêmes, il y a rapprochement ou même contact plus ou moins étendu entre le bord libre de la cloison et la paroi de la cavité ; d'où il suit que la quantité de sang qui pénètre dans l'aorte gauche diminue d'autant plus que la contraction ventriculo-bulbaire est déjà presque épuisée, c'est-à-dire moins capable de surmonter les obstacles qui s'opposent au cours du sang dans telle ou telle direction.

Si l'on se rappelle que le tronc aortique droit fournit l'aorte abdominale, et par conséquent les vaisseaux des parois abdominales et des membres postérieurs, tandis que l'aorte gauche est surtout destinée au système chylopoïétique ; si l'on remarque de plus que le système chylopoïétique (comme nous le verrons plus tard) peut faire son profit du sang veineux, tandis que le système musculaire a surtout besoin de sang artériel, on pourra se rendre compte du résultat produit par la disposition que je viens de mettre en évidence. Pendant, en effet, que la systole cardiaque fournit du sang bleu ou mixte, ce sang pénètre à peu près également dans les deux crosses aortiques ; mais à mesure que le sang lancé par le cœur se rapproche de l'état de sang rouge, à mesure aussi le système aortique droit ou musculaire semble s'en emparer exclusivement aux dépens du système aortique gauche ou chylopoïétique. J'ai tenu à insister sur ce mécanisme, qui n'a pas encore été signalé et qui m'a paru digne d'attention.

Non-seulement le sang bleu et le sang rouge se distribuent inégalement entre les deux aortes, mais ils se distribuent plus inégalement encore entre les aortes d'une part et les artères carotico-linguales d'autre part. C'est ce qui va ressortir des observations suivantes.

Nous avons déjà vu que, tandis que les arcs aortiques reçoivent d'abord du sang bleu et seulement plus tard du sang rouge, les artères carotico-linguales au contraire ne reçoivent que du sang rouge pur. Pour qu'il en puisse être ainsi, il faut nécessairement que les carotides ne reçoivent du sang que pendant les derniers moments de la systole ventriculaire, c'est-à-dire alors que le cœur ne lance plus que du sang rouge dans la cavité inter-aortique. Brücke, nous le savons, attribue ce phénomène à la différence de tension des aortes et des carotides. La glande carotide constituant pour le cours du sang un obstacle relativement supérieur à la valvule des arcs aortiques, la tension est plus élevée dans le canal carotico-lingual que dans les aortes; et ce canal ne reçoit de sang qu'à la fin de la systole, en vertu de cette loi déjà connue que le sang pénètre toujours en dernier lieu là où il trouve l'obstacle le plus grand.

Je le dis dès l'abord : une discussion exacte des faits n'est pas favorable à l'explication de Brücke, et nous verrons que les résultats de l'expérimentation ne lui sont pas moins contraires.

Rappelons en quelques mots la disposition de la valvule des arcs aortiques. Cette valvule, qui est presque cartilagineuse chez le crapaud (Pl. 1, fig. 4, v), existe chez la grenouille; seulement chez cette dernière elle est formée par un repli délicat de la paroi interne du vaisseau, et perd sur un vaisseau ouvert et étalé sa forme nette et accusée. Elle présente alors l'aspect que j'ai fidèlement reproduit dans la fig. 5 (Pl. I). Cette valvule est disposée de telle sorte qu'elle oblitère d'autant plus exactement le vaisseau que le courant qui vient frapper sa face interne est plus intense. C'est pendant les premiers moments de la systole ventriculo-bulbaire que ces conditions sont réalisées : alors, en effet, le flot sanguin est abondamment et violemment lancé à travers le bulbe dilaté ; il redresse fortement la valvule et tend à produire rapidement dans l'aorte une tension maximum qui diminuera jusqu'à la fin de la systole ventriculaire.

Ce n'est donc pas vers la fin de la systole ventriculo-bulbaire, comme le voudrait la théorie de Brücke, que l'influence de la valvule aortique sur la tension vasculaire sera le plus considérable par rapport à celle de la glande carotide; mais c'est plutôt peu après les débuts de la systole. Cette condition est loin d'être favorable à la théorie de Brücke, puisqu'elle entraînerait l'entrée du sang dans les carotides immédiatement après le début de la systole, ce qui est contraire à l'observation.

Si, du reste, les réflexions qui précèdent laissaient quelques doutes sur la valeur de la théorie que je combats, voici des expériences qui, faites *dans des conditions convenables*, m'ont donné des résultats constants et capables de jeter sur ce sujet une vive lumière.

Sur une grenouille ou un crapaud *forts, vigoureux et bien pourvus de sang*, on met *rapidement* à nu les arcs aortiques et carotidiens, de manière à ce que l'animal perde *très-peu* de sang. On sectionne alors un tronc carotico-lingual en deçà de la glande carotide, immédiatement après le point où il se détache des troncs aortiques : il y a aussitôt un premier jet assez notable de sang qui vide l'artère; puis l'écoulement devient très-faible, baveux et légèrement saccadé. Si l'on comprime alors l'arc aortique avec une pince au niveau de la valvule, l'écoulement s'arrête. Il reprend si on enlève la pince; il s'arrête de nouveau si on la remet. On peut obtenir *nettement* ces alternatives deux ou trois fois, à condition d'opérer assez rapidement. Plus tard, quand l'animal a perdu beaucoup de sang, l'écoulement n'est plus interrompu par la compression des aortes ; le cœur est devenu presque exsangue et ne se remplit qu'imparfaitement.

On peut alors faire une incision à la pointe du cœur pour y introduire une canule fixée sur une boule en caoutchouc remplie de liquide; l'aorte est coupée au niveau de la valvule, qui est ainsi supprimée. Si, la circulation aortique étant libre, on comprime la boule pour en chasser le liquide dans le ventricule, l'écoulement aortique a lieu, et un jet s'échappe par le tronc carotico-lingual coupé. Si une pince à compression est placée sur le bout coupé de l'aorte, ce vaisseau se distend, et *tout écoulement carotidien cesse*. Cette expérience est très-nette et a réussi toutes les fois que je n'ai pas déterminé une distension aortique trop supérieure à celle que provoque la systole ventriculaire normale. Cette distension exagérée ramenait l'écoulement carotidien, qu'il était dès-lors impossible de faire disparaître ; nous verrons plus loin pourquoi.

Dans les expériences que je viens de rapporter, la suppression de la glande carotide exagère nécessairement en faveur de l'aorte la différence de tension qui existe entre ce vaisseau et le tronc carotico-lingual. La compression de l'arc aortique par la pince apporte un degré considérable de plus à cette différence de tension ; et pourtant, contrairement aux prévisions de Brücke, c'est dans ces conditions que l'écoulement carotidien n'a pas lieu. Il faut donc penser que la théorie de Brücke n'est point l'expression exacte des phénomènes de la circulation carotidienne, et chercher une explication plus satisfaisante de cette circulation.

Si l'on examine les trois espèces de vaisseaux naissant du bulbe, alors qu'ils forment un faisceau commun et qu'ils sont adossés et adhérents, on remarque que, tandis que la cloison intermédiaire à l'aorte et à l'artère pulmonaire est forte et résistante, au contraire la cloison qui sépare l'aorte du canal carotico-lingual est extrêmement mince, délicate et mobile, ce qui semble indiquer que ces derniers vaisseaux doivent exercer une influence réciproque très-sensible sur leur circulation. J'attire l'attention du lecteur sur la Pl. I, *fig*. 5, qui représente les trois vaisseaux réunis et l'aorte ouverte suivant son axe. L'artère pulmonaire a reste béante, tandis que la paroi aortico-carotidienne s'est affaissée, et la lumière de la carotide a disparu par aplatissement. Il faut également remarquer la petite artère laryngée d naissant de l'aorte en deçà de la valvule, et qui sur la préparation se trouvait retournée en doigt de gant. Sur la *fig*. 1 (Pl. I), on peut remarquer que l'orifice E' des carotides dans la cavité inter-aortique a la forme d'une boutonnière ou d'un bec de flûte, ce qui n'est pas sans influence sur le mode d'introduction du sang dans ces vaisseaux.

Profitant de ces données, voyons ce qui doit se passer dans cette portion du système artériel. Dans les premiers moments de la systole ventriculo-bulbaire, alors qu'un courant considérable est fortement lancé dans les vaisseaux, la valvule aortique *v* (Pl. I, *fig.* 4) est frappée par le courant qui la redresse ; de là une distension considérable des crosses aortiques. Cette distension oblitère, en l'aplatissant, la boutonnière carotidienne ainsi que la première partie du tronc carotico-lingual. Ce qui se passe alors pour ce vaisseau est reproduit dans la Pl. I, *fig.* 3, *e*, *d*, qui représente une coupe transversale des trois vaisseaux adossés qui ont été desséchés à l'état de distension. On voit en haut le canal carotidien aplati et effacé par la distension de l'aorte, comme l'est l'ouverture d'une boutonnière dont les deux extrémités sont tirées en sens inverse. La faible résistance des parois de ce tronc et plus particulièrement la délicatesse de sa cloison sont des conditions très-favorables à cette oblitération complète.

Cet état subsiste tant que la distension des aortes est suffisante, c'est-à-dire pendant la plus grande partie de la systole ; mais, l'intensité du flot sanguin venant à diminuer et le sang renfermé dans l'arc aortique s'écoulant par l'artère laryngée, la tension vasculaire s'abaisse, l'aorte revient sur elle-même ; la boutonnière carotidienne, cessant d'être étirée, devient béante, le canal carotico-lingual récupère le calibre qu'il avait perdu, et le *sang rouge pur* qui arrive alors du bulbe y pénètre librement.

Il est aisé de voir qu'il y a accord parfait entre les faits et l'interprétation que je leur donne ; et la théorie que j'émets me paraît répondre entièrement aux conditions des phénomènes. Je dois ajouter même que l'examen attentif des variations de calibre et de forme des vaisseaux pendant les expériences précédemment rapportées est très-bien fait pour confirmer le rôle que je fais jouer à l'aplatissement des vaisseaux.

Il va sans dire que l'accomplissement régulier des phénomènes que je viens d'exposer réclame l'intégrité de la cloison mobile qui sépare l'aorte du tronc carotidien, et que l'aplatissement du vaisseau ne peut avoir lieu que sur la partie la plus rapprochée de son origine, c'est-à-dire là où il fait corps avec l'aorte et ne représente qu'un segment de cercle. Plus on s'éloigne de l'origine du vaisseau, et plus aussi on lui trouve une lumière large, indépendante, et difficile à effacer par la distension de l'aorte. Si donc, par une dilatation forcée de ce dernier vaisseau, ou par toute autre cause, la cloison délicate vient à être déchirée, il s'établit par cela même une communication permanente entre les deux vaisseaux, et il n'y a plus d'oblitération possible de l'origine du tronc carotico-lingual. C'est ainsi que s'expliquent les résultats singuliers de quelques expériences sur lesquelles j'ai déjà dit un mot. Lorsque, après avoir enlevé la glande carotide et mis une pince sur l'aorte, j'avais injecté trop fortement de l'eau dans le cœur et trop distendu les vaisseaux aortiques, je n'obtenais plus par une nouvelle injection la cessation de l'écoulement carotidien ; mais il s'établissait là un jet continu de liquide proportionné à la force employée pour l'injection. Ce résultat m'avait d'abord embarrassé, et ce ne fut que par un examen minutieux que je parvins à m'apercevoir que la déchirure de la cloison en donnait l'explication.

Quel peut être le rôle spécial de la glande carotide ? Nous avons vu que Brücke la considère comme un obstacle destiné à augmenter la tension vasculaire dans le tronc carotico-lingual, et à retarder l'entrée du sang dans ce vaisseau. Je crois qu'on peut attribuer à ce petit organe un rôle plus rationnel et plus important. On connaît aujourd'hui la nature de ce petit corps, qui n'a pas laissé que d'embarrasser les anatomistes. Tout le monde sait, avec Leydig (et je l'ai plusieurs fois constaté), que ce renflement est formé par un tissu caverneux à parois essentiellement contractiles et composé de fibres musculaires mixtes ; on doit donc le considérer comme un organe d'impulsion dont les contractions, à la fois tardives et soutenues, sont propres à activer et à régulariser la circulation carotidienne. Voici comment on peut rendre compte de son action.

Vers la fin de la systole ventriculo-bulbaire, du sang rouge pénètre dans le tronc carotico-lingual et dans la glande carotide ; ce vaisseau est distendu par le sang, et comme il n'en reçoit qu'à la fin de la systole ventriculaire et pendant un temps très-court, il tend à revenir sur lui-même dès que l'afflux sanguin a cessé. Le sang, comprimé par ce mouvement de retrait, progresse et pénètre dans la glande carotide, qui se laisse distendre jusqu'au point où ses fibres excitées entrent en contraction lente et prolongée. L'analogie plutôt que l'observation directe, qui serait extrêmement difficile, permet de supposer qu'à l'entrée de la glande se trouve une valvule ou un anneau contractile propre à empêcher le retour du sang dans le tronc carotico-lingual. La glande se contracte lentement et revient à l'état de repos quand elle a exprimé tout le sang qu'elle renfermait. Ce retour au repos coïncide avec la pénétration d'un flot nouveau de sang dans cet organe, et ainsi de suite. On remarque en effet que les derniers moments de la contraction de la glande carotide coïncident avec les premiers temps de la systole ventriculo-bulbaire suivante, de telle sorte qu'une nouvelle contraction est près de commencer quand la précédente finit.

La glande carotide serait donc un petit cœur surnuméraire préposé à la circulation carotidienne. Ces derniers vaisseaux ne recevant du sang que pendant un temps très-court de la systole ventriculo-bulbaire, il en résulterait pour les organes céphaliques une circulation extrêmement intermittente et saccadée, que la nature a pris partout un très-grand soin d'éviter. La glande carotide transforme cette secousse brusque et intermittente en impulsions voisines et prolongées, que les artères carotides transforment facilement à leur tour en mouvement continu et modéré.

A ce rôle bien probable de la glande carotide, il faut en ajouter un autre qui a bien son importance. Elle peut être considérée en effet comme un réservoir destiné à augmenter la quantité de sang envoyé aux organes céphaliques. Le tronc carotico-lingual, ne recevant de sang qu'à la fin de la systole, n'en recueillerait qu'une quantité insuffisante qui serait mesurée par l'augmentation de capacité que ce tronc acquiert pendant sa diastole. Mais si un réservoir relativement volumineux et très-dilatable est placé sur son trajet et près de sa naissance, la quantité de sang réservée sera accrue de la quantité qui pénétrera dans ce réservoir en le dilatant. Ce rôle sera d'autant mieux rempli par la glande carotide que, par suite de sa nature musculaire, cet organe, revenant complètement sur lui-même, fera profiter les organes céphaliques de tout le sang reçu par sa cavité distendue : tel est le double rôle que j'attribue à la glande carotide. Fondée sur des analogies et des considérations rationnelles, cette opinion me paraît suffisamment établie ; et j'ajoute que, sans être absolument basée sur l'expérience directe, elle est pourtant appuyée sur l'observation des périodes successives de dilatation et de contraction de la glande carotide.

Je me suis appliqué, jusqu'à présent, à exposer le mécanisme en vertu duquel le sang rouge et le sang noir, renfermés dans le même ventricule, pénétraient dans des canaux différents et conservaient dans leur distribution ultérieure une indépendance difficile à comprendre dès l'abord. Mais l'énoncé même de ce problème suppose la solution d'une première question qui peut se formuler ainsi : Comment se fait-il que le sang rouge et le sang noir, versés simultanément dans une même cavité ventriculaire, ne s'y mêlent point et restent distincts? C'est maintenant le lieu de répondre à cette question. J'espère le faire d'une manière satisfaisante, en disant que ce phénomène est dû à la nature spongieuse des parois du ventricule.

Je crois devoir donner à l'examen de cette proposition un certain développement. Elle est en effet en contradiction avec ce que l'on a pensé jusqu'à présent à ce sujet, et il me suffira, pour le prouver, de citer l'opinion de Cuvier, qui n'a pas été réfutée. « Ce mélange de sang artériel et de sang veineux, dit-il à propos du cœur des Reptiles, est encore favorisé pendant la systole du cœur par la structure spongieuse des parois du ventricule[1]. »

Depuis Cuvier, les zoologistes n'ont point modifié cette opinion. C'est ainsi que Owen, dans son bel ouvrage sur l'*Anatomie et la Physiologie des Vertébrés* (1866), soutient que chez tous les Reptiles (sauf les Crocodiliens) le sang veineux et le sang artériel provenant de leurs oreillettes respectives et distinctes sont introduits dans le ventricule, d'où, grâce au caractère spongieux du réceptacle (*through the spongy character of the receptacle*), et grâce à la libre communication entre les espaces supérieurs où s'ouvrent les oreillettes et d'où naissent les artères, le sang est lancé, dans un état plus ou moins complet de mélange (*in a more or less mixed state*), aux poumons et au système artériel général[2]. Dans une publication toute récente sur la Physiologie de la circulation dans les plantes, dans les animaux supérieurs et chez l'homme, M. J. Bell Pettigrew (1872-1873) dit fort bien, en parlant des Batraciens pérennibranches et des Batraciens urodèles abranches, que «lorsque les oreillettes se contractent, la droite envoie du sang veineux dans le ventricule et la gauche du sang artériel, et que conséquemment le sang veineux et le sang rouge sont mêlés dans le ven-

---

[1] Cuvier ; *Leçons d'Anatomie comparée*, tom. VI, pag. 304.
[2] Owen ; *Comparat. Anat. and Physiol. of Vertebrates*, tom. I, pag. 510. 1866.

tricule. Ce résultat est facilité par ce fait, que l'intérieur du ventricule présente une surface caverneuse, inégale et percillée, qui est particulièrement propre à brasser et à mêler (*fretted, uneven, or broken surface, which is especially adapted for the triturating or mixing process*) [1] ».

Je me borne à ajouter que, dans tous les traités classiques d'anatomie, la structure spongieuse des auricules et des ventricules est considérée aussi comme très-favorable au mélange des sangs qui proviennent de sources différentes.

Il paraît en effet naturel de penser que la structure aréolaire d'une cavité capable de changer de forme et de capacité soit *extrêmement favorable au mélange de différents liquides versés dans cette cavité*. La nécessité pour ces liquides de pénétrer dans d'innombrables canaux, dans de nombreuses anfractuosités, et en second lieu la projection de ces liquides dans des sens très-variés pendant la période de contraction de la poche caverneuse, semblent devoir mêler intimement ces liquides les uns aux autres, et en composer un liquide mixte et homogène; mais l'analyse du phénomène permettra facilement de reconnaître qu'en modifiant ses conditions on peut en changer entièrement le résultat.

Si, prenant une éponge, on verse également sur tous les points de sa surface deux liquides de couleurs différentes, les phénomènes de capillarité seront certainement plutôt contraires que favorables au mélange intime des deux liquides, tant que l'éponge restera en repos; mais si l'éponge vient à être comprimée, une infinité de courants des deux liquides s'établiront dans tous les sens et pourront venir en aide à la fusion des deux liquides. Ainsi donc, dans ce premier cas, la nature spongieuse de la cavité est favorable pendant le repos à la séparation des deux liquides, et pendant la contraction à un certain degré de mélange.

Mais si, sur l'une des extrémités d'une éponge de forme allongée, on verse un liquide bleu par exemple, et sur l'autre extrémité un liquide rouge, ces deux liquides ne se mettront en contact qu'au niveau du plan d'union

---

[1] *On the Physiology of the circulation in Plants, in the Lower Animals and in Man*, by James Bell Pettigrew, F. R. S. London Conservat. of the Museum of the College of Edinburgh. (*Edinburgh medical Journal*, juillet, décembre 1872 et janvier 1873.)

des deux moitiés de l'éponge, et resteront éloignés l'un de l'autre dans tout le reste de la masse. Si alors on exprime l'éponge, les liquides provenant des extrémités opposées s'échapperont dans des directions contraires et ne se confondront pas. Il n'y aura de mélange que pour les parties appartenant à la région intermédiaire. Ainsi donc, dans ce second cas, la nature spongieuse du contenant est favorable à l'indépendance des deux liquides, aussi bien pendant la contraction que pendant le repos. Il importe de faire remarquer qu'il ne s'agit que d'une première et unique compression, car il est évident que si l'éponge reste plongée au sein des liquides qui ont été exprimés de ses vacuoles, et s'il y a succession de dilatations et de compressions, l'intimité du mélange des deux liquides s'accroîtra rapidement, car la masse liquide aura été comme brassée.

C'est un fait de cette nature qui a, je le crois, induit en erreur ceux qui ont considéré les aréoles des cavités cardiaques comme destinées à effectuer le mélange des sangs de couleurs différentes. Il est clair que si le cœur se contractait plusieurs fois consécutives sur la même masse de sang, il y aurait d'excellentes raisons pour appuyer cette manière d'envisager le rôle des aréoles cardiaques; mais il n'en est rien : les cavités cardiaques reçoivent une certaine quantité de sang qui pénètre dans leurs aréoles, et qui s'y maintient pendant la diastole. Quand arrive la systole, ce même sang est exprimé et chassé *dans des directions déterminées, différentes pour chaque espèce de sang et pour chaque partie du cœur*, de telle sorte que l'indépendance des masses de sang de qualités différentes est maintenue jusqu'à leur sortie du cœur.

Le tissu spongieux du cœur, en effet, diffère d'une éponge ou d'un corps spongieux quelconque en ce que ses vacuoles ont une direction déterminée capable de pousser le liquide sanguin qu'elles expriment dans un sens précis. Cette proposition, avec des degrés divers que l'on peut appliquer à toutes les classes des Vertébrés, est surtout évidente chez les Amphibiens et les Reptiles, qui ont, comme je l'ai dit, des parois cardiaques très-aréolaires. En étudiant les cavités cardiaques chez ces animaux, on pourra remarquer combien la forme et la disposition de leurs aréoles sont d'une utilité indubitable pour le maintien de la séparation des sangs rouge et noir, soit dans le cœur, soit dans les vaisseaux qui en naissent.

Quelque réserve qu'il faille apporter dans la recherche des causes finales, je n'hésite pas à trouver dans cette nécessité d'assurer jusqu'à un certain degré la séparation de deux liquides recueillis dans une même cavité, je n'hésite pas, dis-je, à trouver dans cette nécessité une explication du développement extraordinaire de cette structure caverneuse des ventricules cardiaques dans les deux classes de Vertébrés dont il est ici question. Il est certain que les Poissons, chez lesquels une seule espèce de sang traverse le cœur, présentent très-généralement des parois ventriculaires épaisses, massives et creusées de vacuoles relativement rares et peu profondes. Les Oiseaux et les Mammifères, chez lesquels les deux sangs sont séparés par une cloison complète, ne présentent une structure vraiment aréolaire que dans certains points particuliers, dans les angles et les sommets des ventricules. Il se trouve donc que le cœur des Amphibiens et des Reptiles, placé quant au degré de perfectionnement au-dessus de celui des Poissons et au-dessous de celui des Oiseaux et des Mammifères, c'est-à-dire dans un rang intermédiaire, est le seul qui présente toujours une structure spongieuse à la fois générale et très-prononcée ; et, chose remarquable, ce cœur est aussi le seul dans lequel le passage simultané des deux sangs et le défaut de cloison ventriculaire complète pourraient permettre de croire au mélange des deux liquides [1].

Si, du reste, on étudie comparativement dans les diverses familles des Reptiles le degré de structure spongieuse des parois cardiaques, on arrive également à cette conclusion que, moins il y a de traces de la cloison interventriculaire, plus le cloisonnement aréolaire de la cavité prend de l'importance et empiète sur la chambre centrale du ventricule : c'est ainsi que chez les

---

[1] On ne peut considérer cet état spongieux du ventricule des Reptiles comme un signe d'infériorité, puisqu'il est certainement supérieur à celui des Poissons, qui est bien moins spongieux. D'autre part, on ne peut pas davantage regarder cette structure spongieuse comme destinée à remplacer les artères cardiaques, et à permettre la nutrition des parois cardiaques par le sang même qui est contenu dans les cavités ventriculaires. Il est vrai que les parois ventriculaires, chez les grenouilles, les crapauds, les salamandres, les axolotls, n'ont pas de vaisseaux particuliers destinés à leur nutrition. Mais d'autre part les cœurs des Chéloniens, des Sauriens, des Ophidiens et des Crocodiliens, possèdent des artères cardiaques dans le sillon et sur la face antérieure du cœur, artères qui proviennent de l'aorte droite, c'est-à-dire du tronc à sang rouge.

Batraciens, le cloisonnement occupe presque toute la cavité ventriculaire (Pl. I, *fig.* 2). Chez les Chéloniens, ce cloisonnement est un peu moindre (Pl. XIII, *fig.* 7, 8). Il diminue chez les Ophidiens et plus encore chez les Sauriens ; or, la suite de ce travail démontrera que c'est suivant cet ordre même que l'on voit augmenter les rudiments de la cloison interventriculaire. Enfin, chez les Crocodiliens, où le mélange des deux sangs n'est plus possible dans les cavités du cœur, puisque la cloison interventriculaire est complète, la structure aréolaire des parois a considérablement diminué en faveur de l'extension de la chambre centrale des ventricules, et les parois ventriculaires sont à peine plus spongieuses que celles des Oiseaux et des Mammifères. Il semble donc que la nature, *s'essayant* à la séparation des deux sangs, et ne pouvant (pour des causes que nous verrons plus loin) établir d'un premier coup une cloison complète et réaliser brusquement cette organisation perfectionnée, y a substitué un cloisonnement multiple et imparfait des cavités. Ce cloisonnement, en maintenant l'indépendance des masses de sang contenues dans les aréoles extrêmes, a permis aux parties de ces liquides placées dans des aréoles contiguës ou intermédiaires de former un sang mixte dont la quantité et le degré d'oxydation varient suivant bien des conditions.

Il y a donc trois espèces de sang : sang rouge, sang noir et sang mixte, auxquels correspondent plus ou moins, dans les ventricules, des aréoles à situation et à direction déterminées. Quant aux trois troncs qui chez les Amphibiens et chez tous les Reptiles naissent du ventricule, nous verrons qu'il y a aussi divers degrés de spécialisation par rapport à la nature du sang qu'ils reçoivent.

Après avoir présenté ces considérations générales, je reviens au sujet particulier de cette partie de mon travail, et je vais étudier les cavités du cœur chez quelques Batraciens, ce qui nous fournira une première occasion de vérifier et de confirmer les notions que je viens d'exposer.

Le ventricule des cœurs du crapaud et de la grenouille, que je prends pour type du cœur des Amphibiens, a la forme d'une poire légèrement aplatie d'avant en arrière[1]. La pointe du cœur est arrondie, et la base en est taillée

---

[1] Je préviens le lecteur que je considère ici l'animal comme ayant sa colonne vertébrale

obliquement de haut en bas et de gauche à droite, de telle sorte que le bord gauche du cœur est plus long et remonte plus haut que le bord droit. La face antérieure du cœur présente sur la ligne médiane une saillie verticale mousse et arrondie, qui subdivise cette face en deux facettes latérales. La face postérieure est presque plane, de telle sorte que la coupe du cœur perpendiculairement à son axe présente une forme triangulaire à angles très-arrondis (Pl. XVI. *fig.* 2).

La cavité ventriculaire se compose d'une chambre centrale très-petite, à laquelle viennent aboutir en convergeant un nombre considérable d'aréoles d'une forme et d'une disposition spéciales (Pl. I. *fig.* 2, et Pl. XII, *fig.* 3). Ces aréoles sont séparées par des cloisons musculaires. Si l'on jette les yeux sur la *fig.* 2 (Pl. I), qui représente fidèlement amplifiée la moitié postérieure d'un ventricule de crapaud surmonté des oreillettes intactes, on remarquera les dispositions suivantes : en arrière et au-dessous de l'embouchure du bulbe aortique, et par conséquent directement en continuité avec la paroi postérieure de la rampe aortique, se trouve une colonne ou masse charnue compacte, se dirigeant d'abord obliquement de haut en bas et de droite à gauche. Après ce trajet oblique, relativement court, cette colonne fournit à droite quelques lamelles ou fortes trabécules qui divergent en éventail et se dirigent vers le côté droit et le sommet du ventricule. A partir de ce point, la masse charnue se dirige transversalement et un peu en haut vers l'angle gauche du cœur. Elle fournit, chemin faisant, un nombre assez considérable de trabécules plus anastomosées entre elles que les précédentes, et rayonnant vers le côté gauche du ventricule.

Sur la paroi antérieure du ventricule, exactement en avant de l'embouchure bulbaire de la rampe pulmonaire, se trouve également une colonne ou masse charnue moins saillante que la postérieure et se portant de droite à gauche sous la forme d'un croissant dont la concavité supérieure constitue le bord antérieur du ventricule, et dont la convexité inférieure fournit successivement des trabécules qui rayonnent vers les bords droit et gauche du

---

placée verticalement et comme présentant à l'observateur sa face ventrale. Si j'adopte ce mode de désignation, peu d'accord avec la station naturelle de l'immense majorité des Vertébrés, c'est afin de n'avoir pas à changer de dénominations dans la désignation des faces, quand il s'agira de l'anatomie humaine, avec laquelle on est plus généralement familiarisé.

cœur[1]. Les trabécules ou colonnettes nées des masses charnues antérieure et postérieure s'aplatissent latéralement, et, se dirigeant les unes et les autres vers la paroi opposée à celle où elles ont pris naissance, se rencontrent et se confondent pour former des lamelles aplaties qui constituent autant de cloisons incomplètes (Pl. XII, *fig.* 3). Ces trabécules de premier ordre circonscrivent les aréoles ou vacuoles de premier ordre. Elles se subdivisent bientôt en trabécules de deuxième ordre, qui à leur tour circonscrivent des vacuoles d'un ordre correspondant. Enfin les trabécules de deuxième ordre fournissent de tous côtés des trabécules très-délicates, ou de troisième ordre, qui, allant d'une cloison à l'autre, se rencontrent et s'anastomosent dans tous les sens, mais plus particulièrement dans le sens transversal. Ces dernières trabécules viennent enfin aboutir à une couche musculaire et séreuse extrêmement mince qui forme la vraie paroi limitante de la cavité ventriculaire. Cette dernière se compose donc d'une chambre centrale et de tissu aréolaire périphérique dont les aréoles vont, en diminuant de capacité, du centre à la circonférence. A part ces différences de dimensions, ces aréoles présentent encore entre elles des différences de forme et de direction. Tandis que les grandes aréoles ou aréoles centrales forment des cavités rayonnant vers le centre et plus spécialement vers l'embouchure du bulbe, les aréoles périphériques forment au contraire comme des fentes très-délicates à direction presque transversale, dessinant par leur ensemble, sur les faces antérieure et postérieure du cœur, des lignes courbes concentriques à légère concavité supérieure.

On voit par là que le sens des grandes vacuoles centrales est presque perpendiculaire au sens des petites vacuoles périphériques, et il est facile de comprendre combien cette disposition est favorable au maintien du sang dans ce tissu spongieux; car le tissu spongieux tend d'autant plus à immobiliser le liquide en l'emprisonnant dans ses mailles, que les frottements sont accrus par les changements de direction que le liquide est obligé de subir. Sa force de propulsion et son mouvement sont d'autant diminués, et il reste comme fixé dans les compartiments où il a pénétré. Aussi distingue-t-on nettement par transparence, sur un cœur de crapaud

---

[1] Brücke; *loc. cit.*, Pl. XXII, *fig.* 12.

vivant, les régions du sang rouge et du sang noir, et peut-on s'assurer que cette délimitation des deux sangs est rigoureusement maintenue pendant toute la diastole ventriculaire.

Tel est le rôle utile et isolant qu'il faut attribuer aux aréoles ventriculaires pendant la diastole ; examinons si ce rôle n'est pas soutenu pendant la systole.

Avant le commencement de la systole, toutes les aréoles du ventricule sont remplies de sang, les unes dans le tiers gauche de sang rouge, les autres à droite et dans la région médiane de sang noir. Dès le début de la systole, le cœur commence à pâlir, et les vacuoles de troisième ordre, ou vacuoles périphériques, se vident et s'effacent complètement ; puis vient le tour des vacuoles de second ordre; celles de premier ordre disparaissent en dernier lieu. Cette succession, qui est la conséquence des dimensions relatives des aréoles, explique suffisamment comment il se fait que le sang passe des petites aréoles dans les moyennes, et de celles-ci dans les grandes, sans avoir de la tendance à se mêler avec celui des vacuoles voisines.

L'indépendance des diverses masses de sang est donc maintenue jusqu'à leur arrivée dans le réservoir ou chambre centrale du ventricule.

Si l'on examine avec soin la *fig*. 2 (Pl. I), qui représente le ventricule dans l'état maximum de diastole, on verra clairement qu'à ce moment l'embouchure bulbaire n'est en relation qu'avec du sang veineux, et que, parmi les grandes lacunes qui appartiennent à la portion veineuse ou droite du cœur, il en est un certain nombre, celles qui sont le plus à droite, qui dépassent latéralement le niveau de l'embouchure bulbaire, et qui tendent à projeter directement leur sang dans la rampe gauche du bulbe ou rampe pulmonaire. Toutes les lacunes appartenant à la portion veineuse du cœur ont du reste ceci de particulier qu'elles convergent exactement vers l'embouchure du bulbe, et qu'elles sont par conséquent admirablement disposées pour envoyer *directement* et *rapidement* vers le bulbe le sang qui les remplit (Pl. I, *fig*. 2). La portion artérielle ou gauche du cœur est loin d'être aussi directement en relation avec l'orifice bulbaire : elle envoie le sang rouge qu'elle contient vers les valvules auriculo-ventriculaires, qu'elle soulève; de là, le courant vient presser contre la colonne de [sang noir qui se trouve dans la partie droite de la chambre centrale, et se dirige enfin par réflexion vers l'extrémité droite du ventricule contracté, c'est-à-dire vers la rampe artérielle du bulbe. Il résulte de là qu'au début, c'est-à-dire quand les deux rampes du bulbe sont accessibles, le sang noir pénètre seul dans les deux rampes, et même une partie est lancée tout spécialement dans la rampe pulmonaire. Un peu plus tard, quand la rampe artérielle seule est ouverte, la systole a changé les rapports de l'embouchure bulbaire et des aréoles ventriculaires. Le ventricule contracté a cessé de déborder à droite l'orifice bulbaire; il s'est transporté tout entier à gauche de cet orifice, ce qui fait que le sang est alors projeté par le ventricule vers la rampe droite ou aortique du bulbe. C'est précisément alors qu'arrive le sang rouge, mêlé d'abord en très-faible proportion avec le sang noir. Ce liquide mixte pénètre uniquement dans la rampe droite ou aortique; progressivement la proportion de sang rouge augmente, et le liquide projeté finit par être pur.

Ce rôle des grandes lacunes, pour la projection de tel ou tel sang dans des directions déterminées, est la conséquence de l'accroissement de capacité des espaces lacunaires de la périphérie au centre. De cette disposition il résulte, en effet, que les grandes aréoles centrales, devenant le rendez-vous du sang qui provient des aréoles secondaires qui y aboutissent, donnent à ce sang l'impulsion dernière, puisqu'elles ne s'effacent qu'en dernier lieu : elles seules donc influent sur la direction définitive des courants sanguins.

Le cœur des Batraciens, comme nous venons de le voir, permet d'analyser cette influence directrice. Elle nous paraîtra tout aussi évidente dans le cœur des Reptiles, où une plus grande complication semble mettre plus en saillie le rôle spécial de ces lacunes.

Le sang rouge et le sang noir qui remplissent les lacunes du ventricule ne peuvent pénétrer jusqu'aux mailles étroites de la périphérie que s'ils y sont lancés par une force assez grande pour dilater les parois musculaires du ventricule et en écarter les trabécules. Cette force impulsive réside dans les oreillettes, auxquelles je vais consacrer quelques lignes. Nous verrons, du reste plus loin combien la disposition des parois auriculaires dans les diverses classes de Vertébrés permet de rapprochements intéressants.

Comme presque tous les Batraciens, le crapaud, la grenouille et la salamandre maculée ont deux oreillettes séparées par une cloison complète (Pl. XIII, *fig*. 1, 2, 3, 4). Ces deux oreillettes sont inégales de capacité, la droite représentant environ les deux tiers de la masse auriculaire. Les oreillettes s'ouvrent dans les ventricules par deux orifices contigus, séparés seulement par le bord linéaire de la cloison inter-auriculaire. Ces deux orifices sont placés à gauche de l'embouchure bulbaire; ils possèdent deux replis valvulaires communs, l'un antérieur et l'autre postérieur. Ces valvules membraneuses ont un bord adhérent au bord même des orifices, et un bord libre dentelé, inégal, duquel partent de petites cordes tendineuses qui vont s'insérer dans les points des parois ventriculaires les plus rapprochés des orifices. Quelques cordes plus courtes naissent aussi de la face inférieure des valvules. La cloison inter-auriculaire adhère par son bord inférieur à la face supérieure des valvules. Les extrémités droite et gauche de ces voiles membraneux se réunissent et forment de chaque côté une sorte de petite commissure membraneuse qui prend quelquefois, surtout à droite, les proportions d'une valvule distincte.

A l'extrémité supérieure de l'oreillette gauche viennent aboutir les deux veines pulmonaires par un tronc commun (Pl. XIII, *fig*. 2, 4). L'oreillette droite présente, en haut et en arrière, une embouchure veineuse très-importante sur laquelle je dois insister. Cette ouverture (Pl. XIII, *fig*. 1, 2, 4) considérable est fermée par deux valvules qui, lorsqu'elles sont rapprochées, lui donnent la forme d'une fente oblique de haut en bas et de droite à gauche. Ce sont de véritables voiles musculo-membraneux, qui réunis à leurs extrémités supérieures et droites vont, par leurs extrémités inférieures et gauches, se perdre à une faible distance l'un de l'autre sur la cloison inter-auriculaire. La valvule supérieure est plus saillante que la valvule inférieure; elle se réfléchit en bas et va en s'effaçant jusqu'à l'orifice auriculo-ventriculaire. Elle ne peut pas se relever complètement, et elle tend par son inclinaison à rejeter le liquide vers l'orifice auriculo-ventriculaire droit, dès son entrée dans l'oreillette.

Cet orifice, que nous retrouverons avec des dispositions assez semblables dans toute la série des Reptiles, et plus ou moins modifié chez les Oiseaux et les Mammifères, met l'oreillette en communication avec une sorte de golfe ou sinus veineux placé en arrière de l'oreillette, et qui sert de confluent, d'une part aux veines de la partie céphalique et brachiale de l'animal, d'autre part aux veines de la partie abdominale et crurale (Pl. XV, *fig*. 1, 2). Il est facile d'y reconnaître le sinus veineux des Poissons, moins le goulot, qui dans cette dernière classe relie ce sinus à l'oreillette, et lui donne une forme distincte et une existence indépendante.

Les parois des oreillettes sont formées de trabécules musculaires dont la disposition mérite de fixer notre attention, car elle est le rudiment d'une disposition qui s'accentuera fortement chez les Reptiles écailleux, les Oiseaux et les Mammifères. Ces trabécules présentent deux directions distinctes, et circonscrivent des aréoles à direction régulière. Les trabécules internes, qui sont les plus fortes, sont dirigées d'une manière générale du sommet et du bord supérieur de l'oreillette vers l'orifice auriculo-ventriculaire. Cette direction, qui présente par places une certaine obliquité, permet à ces trabécules de circonscrire des aréoles qui, par suite de leur direction, sont propres à projeter le sang avec force et sans perte de mouvement vers l'orifice auriculo-ventriculaire. De ces trabécules se détachent latéralement et profondément des trabécules transversales plus délicates, plus superficielles, qui forment comme une couche de fibres circulaires autour des oreillettes, et qui circonscrivent de fines aréoles transversales et périphériques. On voit par cette courte description, que je compléterai plus tard, que cette disposition peut être fidèlement rapprochée de celle des parois ventriculaires. Il faut seulement ajouter ici que les trabécules sont très-délicates et ne peuvent fournir à une aussi nombreuse succession de subdivisions que dans les ventricules, ce qui réduit à de faibles dimensions l'épaisseur du tissu spongieux des parois auriculaires, et ce qui diminue considérablement l'importance des cavités aréolaires.

En étudiant les oreillettes chez les Reptiles écailleux, nous verrons s'accroître l'importance de ce tissu aréolaire. Les trabécules acquerront plus de force et de régularité, et les aréoles plus de capacité et de profondeur. Enfin, chez les Oiseaux et les Mammifères, le tissu aréolaire des *auricules* (véritables représentants des oreillettes des Poissons, des Batraciens et des Reptiles) surpassera en développement et en importance le tissu aréolaire des ventricules. J'aurai l'occasion de revenir sur ces diverses observations ; aussi me borné-je à faire remarquer que la direction des aréoles auriculaires, étant favorable à la projection rapide et précise du sang dans telle ou telle portion du ventricule, est par cela même une condition heureuse pour le maintien de la distinction des deux sangs dans leur passage des oreiltettes dans le tissu aréolaire du ventricule.

Je termine là ce que j'avais à dire de la circulation cardiaque dans les types d'Amphibiens que j'ai choisis pour cette étude. Je puis ajouter que dans la salamandre maculée se retrouvent des dispositions anatomiques et des phénomènes semblables à ceux qui viennent d'être exposés. Chez l'axolotl, que j'ai également étudié, on remarque des différences de quelque importance dont je publierai la description dans un avenir peu éloigné. Malgré ces différences, je puis dire qu'il ressort comme fait général de l'étude du cœur des Batraciens, que si des dispositions utiles à la séparation des deux sangs manquent à l'appareil cardiaque de ces animaux, de nouvelles dispositions y suppléent d'une manière étonnamment ingénieuse.

CHAPITRE II

REPTILES A VENTRICULES COMMUNICANTS
(Chéloniens, Ophidiens, Sauriens).

ARTICLE PREMIER. — CHÉLONIENS.

La description du cœur des Reptiles à ventricules communicants, c'est-à-dire dont la cloison interventriculaire est incomplète, a été déjà faite, et bien faite. Je n'aurais donc pas à y revenir si je ne désirais insister sur quelques particularités intéressantes, et proposer une manière nouvelle de considérer les diverses parties de cet organe. La description que je vais en faire me permettra de donner une nomenclature uniforme aux parties analogues, et de les rapprocher par leurs désignations, comme elles le sont par leur nature. Sans cette description, du reste, il me serait impossible d'aborder avec quelque précision et quelque clarté la comparaison, qui est le but principal de ce travail. Sans elle aussi nous ne pourrions pas suivre avec succès les modifications progressives qui conduisent presque insensiblement du cœur des Reptiles au cœur des Vertébrés à circulation double et parfaite.

Il n'est nullement nécessaire de décrire successivement et avec un soin égal le cœur des Chéloniens, des Ophidiens et des Sauriens ; ces organes ne diffèrent entre eux que par des nuances. Il me suffira d'étudier soigneusement le cœur de l'une de ces familles, et d'indiquer pour les autres les particularités qui les distinguent. J'ai choisi pour type de ma description les Chéloniens, parce que cette famille possède des espèces de dimensions considérables et qui permettent d'observer sur de grands exemplaires. Mes descriptions sont basées sur l'étude du cœur de la *Cistudo europæa*, de la *Testudo mauritanica*, de la *Chelonia caouana*, et enfin sur l'examen attentif de deux cœurs très-volumineux de *Chelonia midas* appartenant aux collections du Muséum. C'est en me basant sur ces diverses observations que je vais donner une description du cœur des Chéloniens.

La partie ventriculaire du cœur des Chéloniens a la forme d'un cône à axe très-court, aplati d'avant en arrière, ce qui lui donne, vu de face, une figure triangulaire, et ce qui permet de lui considérer une face antérieure, une face postérieure, deux angles supérieurs, l'un droit et l'autre gauche, un sommet en général très-arrondi et adhérent au péricarde par un gros faisceau fibreux, et trois bords dont le supérieur ou base des ventricules est oblique de haut en bas et de gauche à droite, ce qui donne au bord gauche plus de longueur qu'au bord droit. La face antérieure du ventricule présente transversalement un certain degré de convexité; la face postérieure est plane. Nous avons trouvé des formes semblables chez les Batraciens; mais chez les Tortues, la face antérieure présente de plus un léger sillon médian commençant à gauche de l'artère pulmonaire, et se dirigeant un peu obliquement vers la pointe (Pl. XIII, *fig.* 5). Il y a aussi un sillon correspondant sur la face postérieure, mais très-faiblement indiqué. Chez les Batraciens, il n'existe rien de semblable, et nous en verrons la raison.

La base des ventricules présente à considérer les orifices auriculo-ventriculaires et les orifices du faisceau artériel (Pl. XVI, *fig.* 3). Les orifices auriculo-ventriculaires occupent la partie postérieure de la base du cœur et sont légèrement à gauche par rapport à la ligne médiane. Ils mettent les ventricules en relation avec des oreillettes volumineuses que nous étudierons plus loin. Quant au faisceau artériel, il est situé sur un plan antérieur, à droite de la ligne médiane; ses orifices sont donc placés à droite et un peu en avant par rapport aux orifices auriculo-ventriculaires. Le faisceau artériel est appliqué sur la face antérieure des oreillettes (Pl. XIII, *fig.* 5), et se trouve en continuité avec la portion droite de la cavité ventriculaire. Ce faisceau se compose de trois troncs volumineux qui sont, d'avant en arrière: l'artère pulmonaire, l'aorte gauche et l'aorte droite. Ces trois troncs, fortement unis l'un à l'autre, sont groupés de telle sorte que l'orifice de l'aorte gauche est à droite et surtout en arrière de l'orifice pulmonaire, celui de l'aorte droite à gauche et un peu en arrière de l'orifice de l'aorte gauche, et en arrière et un peu à gauche de l'orifice pulmonaire. Ces rapports sont du reste faciles à reconnaître sur les *fig.* 2 (Pl. II), *fig.* 1 et 2 (Pl. VI), et *fig.* 3 et 3 *bis* (Pl. XVI).

Le faisceau artériel est en partie entouré à son origine par un anneau musculaire incomplet, d'une faible largeur, et qui représente le bulbe aortique des Batraciens. Cet anneau, représenté en h, fig. 5 (Pl. XIII), commence précisément au point où finissent les parois ventriculaires, c'est-à-dire à l'origine même des vaisseaux, et constitue là un demi-anneau distinct. Plus épais et plus large sur la paroi antérieure de l'artère pulmonaire, il diminue au niveau de l'aorte gauche, et il n'en existe plus de traces sur les parois de l'aorte droite. Les insertions précises des fibres qui le composent et sa disposition particulière seront exposées avec plus de détails quand j'aurai décrit le noyau fibro-cartilagineux qui se trouve à la base des ventricules chez les Chéloniens.

Après sa naissance, l'aorte droite se porte en haut, en arrière et à droite, pour former la crosse droite B' (Pl. XIII, fig. 5); la gauche B se porte en haut, en arrière et à gauche, pour former la crosse gauche. Quant à l'artère pulmonaire, elle se porte en haut, en arrière et vers la gauche, en contournant l'aorte gauche, derrière laquelle elle se divise en deux troncs : l'un droit A' qui passe derrière les aortes, et l'autre gauche A. Il est bon de noter que le tronc de l'artère pulmonaire et ses deux branches forment un golfe ou sinus d'une capacité considérable, et qui peut facilement être augmentée à cause de la grande extensibilité des parois de ces vaisseaux. Au voisinage du point où elles pénètrent dans les poumons, les artères pulmonaires se rétrécissent brusquement et prennent un calibre trois fois moindre que leur calibre primitif. Mais au point où elles se rétrécissent, elles fournissent chez un certain nombre d'espèces (*Emys europæa*, *Testudo græca*) de petits troncs anastomotiques qui relient chacune des artères pulmonaires à l'aorte correspondante. L'artère pulmonaire paraît donc se bifurquer pour former un rameau pulmonaire et un rameau aortique. Ce dernier n'est que le vestige des troncs récurrents des arcs aortiques de l'embryon.

Les orifices auriculo-ventriculaires, dont j'ai déjà déterminé la situation par rapport aux orifices artériels, forment deux ouvertures contiguës et séparées uniquement par le bord inférieur de la cloison inter-auriculaire. Chacune de ces ouvertures est fermée pendant la systole ventriculaire par deux valvules, l'une interne et l'autre externe. Les deux valvules internes P, P' (Pl. VI, fig. 2), H (Pl. II, fig. 2), P (Pl. XII, fig. 2), semblent produites par un dédoublement du bord inférieur de la cloison interauriculaire. Leur ensemble forme pour ainsi dire une tente membraneuse quadrilatérale (Pl. XVI, *fig.* 3) adhérente supérieurement sur la ligne médiane antéro-postérieure à la cloison inter-auriculaire. Le bord postérieur de cette tente est fixé à la paroi postérieure de la cavité ventriculaire, et le bord antérieur à la paroi ventriculaire antérieure. Les cornes antérieures et postérieures de ces valvules reçoivent l'insertion de faisceaux charnus des parois ventriculaires. La face supérieure de ces voiles valvulaires porte, près du bord libre et sur la partie médiane, une saillie ou bouton fibreux disposé de manière à se mouler sur l'orifice auriculo-ventriculaire contracté, et à l'obturer parfaitement en pénétrant dans sa lumière. A ce niveau, le diamètre transversal des valvules s'élargit un peu, de sorte que le bord libre devient légèrement convexe (Pl. II, *fig.* 2).

La valvule externe de chaque orifice est uniquement formée par un petit repli fibreux placé au niveau du bord externe de l'orifice, vis-à-vis des valvules internes. Ces valvules externes sont étroites et sont peu apparentes, ce qui explique pourquoi certains anatomistes ont oublié d'en faire mention. Leurs cornes antérieures et postérieures n'en ont pas moins, surtout chez les grandes espèces, des relations évidentes avec certains faisceaux musculaires des parois cardiaques. La valvule externe du côté gauche est même quelquefois musculaire.

Avant de considérer la cavité ventriculaire en elle-même, je crois devoir décrire ses parois. Je lui reconnais comme au cœur des Batraciens une paroi antérieure et une paroi postérieure. Sur la face antérieure adhère une lame charnue qui joue un grand rôle dans la physiologie du cœur des animaux à cloison imparfaite, et qui (chose remarquable) n'entre que pour une bien faible part dans la constitution de la cloison interventriculaire des Vertébrés supérieurs. Pour cette dernière raison et pour éviter toute confusion, je la désigne sous le nom de *Fausse-cloison*. Je vais décrire cette fausse-cloison avec beaucoup de soin, et insister sur les détails, qui ont tous ici une véritable importance. Cette lame charnue *D* (Pl. II, *fig.* 1 et 2), *U* (Pl. VI, *fig.* 1 et 2), *K* (Pl. XII, *fig.* 2), *M* (Pl. XVI, *fig.* 9) semble formée par un repli interne de la paroi antérieure du cœur. Épaisse et largement étalée à son insertion inférieure, elle devient en haut plus étroite et plus mince, et se porte obliquement d'avant en arrière et de gauche à droite. Sa partie inférieure élargie en éventail se jette à droite dans les parois antérieure et surtout postérieure du ventricule. Du bord postérieur de la fausse-cloison se détache une lèvre musculaire K (Pl. VI, fig. 1 et 2) très-développée, et régnant sur toute la longueur de la fausse-cloison. Cette Lèvre, que Brücke désigne sous le nom de *Muskelleiste*, se porte à droite et un peu en avant. L'insertion de cette lèvre sur la fausse-cloison forme donc en avant un angle ouvert U (Pl. II, fig. 1 et 2), et en arrière une saillie verticale correspondant à cet angle D (Pl. II, fig. 2), K (Pl. XII, fig. 2). Cette saillie plus ou moins prononcée, je la distinguerai sous le nom de *Saillie postérieure* de la fausse cloison. Assez aiguë en haut, elle s'ouvre et s'émousse vers la partie inférieure.

La partie supérieure de la lèvre et de la fausse-cloison est occupée par un fibro-cartilage qui mérite une description spéciale. Il forme un noyau irrégulièrement arrondi, un peu elliptique, de l'extrémité inférieure duquel partent les fibres musculaires de la fausse-cloison et de la lèvre. Ce noyau fournit deux prolongements ou apophyses sous forme de languettes cartilagineuses, dont l'une, naissant du bord droit du cartilage Q, (Pl. XII, fig. 2), se dirige horizontalement à droite en avant, et est située entre l'orifice de l'aorte gauche et celui de l'artère pulmonaire. La seconde apophyse E (Pl. XII, fig. 2), naissant de la partie postérieure du noyau, est moins développée que la première et placée entre les deux orifices aortiques. Elle consiste en une mince languette qui se porte en haut et en arrière, occupant l'épaisseur de la lèvre antérieure d'une *Échancrure* ou *Fente inter-aortique* sur laquelle j'aurai l'occasion de revenir, et qui se voit très-bien en L dans la fig. 2 (Pl. XII). Cette apophyse est inférieurement en relation de continuité avec la saillie postérieure de la fausse-cloison, qui est tapissée d'une couche épaisse de tissu fibreux continue avec le noyau fibro-cartilagineux supérieur. Le noyau cartilagineux envoyant également un prolongement fibreux entre l'aorte droite et l'artère pulmonaire, il en résulte qu'une coupe du cœur, suivant un plan horizontal passant au niveau du noyau cartilagineux, représente ce corps comme constitué par une étoile irrégulière à trois rayons, dont chacun est placé dans l'interstice de deux vaisseaux contigus du faisceau artériel (Pl. XVI, fig. 3 et fig. 3 bis).

La description minutieuse que je viens de faire du noyau cartilagineux me permet de préciser la disposition et les insertions du demi-anneau bulbaire. On peut le considérer comme ayant son point d'insertion fixe sur le noyau cartilagineux à gauche et en arrière de l'artère pulmonaire, sur le prolongement qui pénètre entre cette artère et l'aorte droite. A partir de ce point il se porte, en s'élargissant de gauche à droite, sur la paroi antérieure de l'artère pulmonaire. Une grande partie de ses fibres s'insère sur l'apophyse antérieure du noyau cartilagineux ; les autres fibres forment un ruban étroit qui se perd bientôt sur les parois de l'aorte gauche, sans atteindre l'aorte droite. Cette disposition indique que la contraction du demi-anneau ou, si l'on veut, de la *cravate* bulbaire, doit avoir pour effet de porter en avant et vers la gauche l'apophyse antérieure du noyau, de rétrécir l'orifice pulmonaire et d'aplatir l'orifice de l'aorte gauche, en l'étirant et en appliquant le demi-anneau postérieur ou fibreux de cet orifice contre son demi-anneau antérieur ou fibro-cartilagineux. Pour l'intelligence de cette description, j'invite le lecteur à jeter les yeux sur les *fig*. 3, 3 *bis* (Pl XVI) et sur la *fig*. 3 (Pl. IX), où l'anneau bulbaire *X* est représenté très-exactement sur un cœur d'*Alligator sclerops* ; il diffère à peine de celui des Chéloniens.

La fausse-cloison étant attachée à la paroi antérieure du cœur, un peu à droite de la ligne médiane, il me reste à décrire ce que cette paroi présente à droite et à gauche.

A droite, naissent du pourtour antérieur de l'orifice pulmonaire des colonnes charnues, faibles et peu saillantes, qui se portent en bas et à droite vers le bord droit du cœur et vers la paroi postérieure du ventricule, où elles se mêlent à des faisceaux plus importants dont elles partagent la distribution et le trajet. Ces derniers faisceaux, plus volumineux et plus saillants que les précédents, naissent de la partie droite et postérieure de l'orifice pulmonaire, et partent de l'apophyse antérieure du noyau cartilagineux. Elles forment un faisceau qui se réunit à angle aigu ouvert inférieurement avec l'extrémité supérieure de la lèvre de la fausse-cloison *R* (Pl. VI, *fig*. 1), *F* (Pl. V, *fig*. 2) ; je le nomme *Faisceau droit antérieur*, parce qu'il est placé en avant de l'orifice de l'aorte gauche et à droite de la fausse-cloison. Les fibres qui le composent s'unissent bientôt à celles d'un faisceau que nous retrouverons en décrivant la paroi postérieure du ventricule *Faisceau droit postérieur* (Pl VI, *fig.* 1 et 2), (Pl. V, *fig.* 1, 2, 4), pour former un *Faisceau commun* dont les fibres affectent des terminaisons variées.

a. Les unes, antérieures, se dirigent en bas et en avant, et, décrivant un arc à faible concavité antérieure, se portent à droite de la base de la fausse-cloison pour se jeter sur la paroi antérieure du ventricule gauche ; elles se voient en *K* (Pl. V, *fig.* 2), qui représente un cœur de boa.

b. D'autres pénètrent entre les faisceaux qui forment la base de la fausse-cloison et de la lèvre dans toute sa longueur, et vont se réunir aux premières colonnes charnues, que je décrirai sur la paroi postérieure sous le nom de *Faisceau oblique gauche*. Elles se portent avec ces colonnes, d'abord en bas et en avant vers la paroi antérieure du cœur ; arrivées là, elles se dévient à gauche sur la paroi antérieure du ventricule gauche.

c. Enfin, les fibres profondes postérieures de ce *Faisceau commun* remontent à gauche, en arrière dans la paroi postérieure du ventricule gauche. Quelques-unes, les supérieures, décrivent dans l'épaisseur de la paroi postérieure du ventricule des anses à concavité supérieure ; d'autres, inférieures, se portent en bas vers la pointe et le bord gauche du cœur. Je ne les suivrai pas plus loin, mais je ferai remarquer que les fibres du *Faisceau commun* constituent un ensemble dont la portion supérieure réunie en un gros faisceau a pour résultante une ligne oblique de haut en bas et d'arrière en avant, et dont la portion inférieure s'irradie en éventail vers la paroi antérieure et surtout vers la paroi postérieure du ventricule.

Le faisceau commun forme à son point de jonction avec la lèvre droite de la fausse-cloison, et par conséquent avec l'apophyse antérieure du noyau cartilagineux, une sorte de *Pont* fibro-cartilagineux B' (Pl. VI, *fig.* 1), F' (Pl. V, *fig.* 2), (Pl. XVI, *fig.* 9). Nous le verrons se transformer en pont cartilagineux et même osseux chez les Crocodiliens, et en vrai pont fibro-musculaire chez les Oiseaux et les Mammifères. Il acquiert dans ces deux classes un volume et une importance considérables.

La partie de la paroi ventriculaire qui est à gauche de la fausse-cloison (Pl. II, *fig.* 2), (Pl. XII, *fig.* 2), (Pl. XIII, *fig.* 8), est tapissée de colonnes musculaires nombreuses partant d'une masse charnue supérieure analogue à celle que j'ai décrite chez les Batraciens, et divergeant de haut en bas et de droite à gauche vers le sommet et le bord gauche du cœur. Arrivées là, elles s'entre-croisent avec des colonnes semblables venant de la paroi postérieure du ventricule, et dont je dois bientôt parler. Les colonnes comprenant entre elles des intervalles ou lacunes profondes s'envoient réciproquement des trabécules anastomotiques qui, subissant des subdivisions successives, constituent le tissu spongieux ou aréolaire si remarquable des parois ventriculaires gauches. On voit ces colonnes et le tissu spongieux correspondant dans la *fig.* 2 (Pl. VI), où cependant la macération dans l'alcool avait fortement tassé les tissus ; elles sont bien plus évidentes dans la *fig.* 8 (Pl. XIII).

La paroi postérieure du ventricule présente plusieurs particularités importantes. En arrière et au-dessous de l'embouchure des deux aortes, se trouve un noyau fibreux *O* (Pl. VI, *fig.* 1, 2), qui donne naissance à deux faisceaux musculaires obliquement dirigés l'un en bas et à droite, *I* (Pl. VI, *fig.* 1, 2), l'autre en bas et à gauche *S* (Pl. VI, *fig.* 1, 2). Ces fibres très-abondantes recouvrent et cachent le noyau fibreux sur lequel elles s'insèrent. L'angle aigu formé par ces deux faisceaux est le plus souvent occupé par des fibres courbes, concaves inférieurement, qui transforment l'angle aigu en angle arrondi, et dont les extrémités se confondent avec les fibres internes des deux faisceaux. La disposition à angle aigu est très-marquée dans la *fig.* 1 (Pl. VI); l'angle arrondi se voit bien au contraire *fig.* 2 (Pl. VI), *fig.* 1, 4 (Pl. V). Je dois ajouter que cette dernière disposition m'a paru constante chez les Ophidiens (Pl. XVI, *fig.* 9), et chez les Sauriens (Pl. III, *fig.* 1, 2).

Celui des deux faisceaux postérieurs qui est oblique en bas et à droite est beaucoup moins volumineux que l'autre : il se compose de colonnes charnues qui vont se jeter sur le bord droit et la paroi antérieure du cœur, pour unir leurs fibres à celles du faisceau déjà décrit sous le nom de *Faisceau droit antérieur*, dont elles partagent la distribution inférieure; cette disposition se voit bien en *fig.* 4 (Pl. V). Je donne à ce faisceau le nom de *Faisceau droit postérieur*, en faisant remarquer que l'orifice de l'aorte gauche est ainsi compris entre deux faisceaux droits, l'un antérieur, l'autre postérieur. Ces deux faisceaux sont reliés entre eux, avant de se confondre, par des fibres ou des colonnes en forme d'anses ouvertes supérieurement, et que je nomme *Fibres commissurantes*. Elles existent toujours plus ou moins développées, et nous les retrouverons dans la série des Vertébrés avec des aspects variés. Elles sont indiquées *fig*. 4 (Pl. V); mais elles sont surtout remarquables *fig*. 1 (Pl. VI), où elles ont pris tant de développement qu'elles recouvrent et masquent les fibres propres du faisceau droit antérieur. Sur le sujet de la *fig*. 2 (Pl. VI), ces fibres étaient peu visibles et avaient du reste perdu leurs rapports par suite de la section du faisceau droit antérieur, section que l'ouverture longitudinale de l'aorte gauche avait rendue nécessaire. L'absence presque complète de ces fibres laissait voir clairement les faisceaux droits antérieurs et postérieurs réunis en un *faisceau commun*, ainsi que la figure permet d'en juger.

Le *Faisceau gauche postérieur* est beaucoup plus volumineux que le précédent. Il forme une masse charnue considérable qui se dirige en bas et à gauche, et qui se comporte exactement comme la masse charnue de la paroi postérieure du cœur des Batraciens, c'est-à-dire qu'elle fournit bientôt un certain nombre de colonnes musculaires divergentes, dirigées les unes en bas et les autres en bas et à gauche. Comme chez les Batraciens, la masse charnue *mère* ne s'épuise pas dans ce premier rayonnement, mais elle se continue à gauche, au-dessous des orifices auriculaires, en diminuant progressivement de volume, et en fournissant successivement des colonnes charnues qui se dirigent en bas et à gauche; ces colonnes se portent aussi vers la paroi antérieure et s'entre-croisent, comme nous l'avons déjà vu, avec des colonnes semblables provenant de la paroi antérieure. Les intervalles qui séparent les colonnes forment de grandes lacunes qui, subdivisées profondément en vacuoles dont la capacité diminue vers la périphérie, constituent le tissu aréolaire et spongieux des parois ventriculaires. L'ensemble du faisceau droit commun et du faisceau gauche postérieur constitue une masse charnue, arrondie, qui embrasse dans sa concavité la face postérieure de la lèvre de la fausse-cloison. Cette disposition se trouve bien représentée dans la *fig*. 1 (Pl. VI) et surtout en NN' de la *fig*. 9 (Pl. XVI), qui représente, vue de bas en haut, une coupe horizontale du ventricule chez le Python.

Il importe de noter que deux ou trois de ces colonnes naissent au-dessous des bords antérieur et postérieur de la tente auriculo-ventriculaire, et plus particulièrement au-dessous de la ligne d'insertion de la cloison inter-auriculaire *Y* (Pl. VI, *fig.* 2), *O*, *P* (Pl. V, *fig.* 3), *P*, *R* (Pl. V, *fig.* 4). Ces colonnes s'entre-croisent plutôt que les autres avec celles de la face opposée, et produisent là un véritable rétrécissement ou goulot dans la cavité ventriculaire. J'appelle sur cette disposition l'attention du lecteur, parce qu'elle est réellement la première trace de la séparation ventriculaire des Vertébrés supérieurs. Je fais seulement remarquer que si, chez les Chéloniens, cette cloison se complétait, le ventricule gauche resterait sans orifice artériel, puisque les deux aortes sont à droite du rétrécissement interventriculaire. Je démontrerai dans un chapitre spécial quelles sont les modifications qui donnent au cœur des Vertébrés supérieurs sa constitution définitive.

J'ajoute enfin que parmi les colonnes qui tapissent les parois ventriculaires, il y en a qui s'insèrent aux angles adhérents des valvules auriculo-ventriculaires, soit externes, soit surtout internes, et qui représentent les colonnes charnues, qui plus distinctes et plus indépendantes chez les Vertébrés supérieurs, sont appelées à agir si directement sur les voiles valvulaires auxquels elles s'attachent par de véritables tendons filiformes.

En résumé, à droite comme à gauche de la fausse-cloison, les parois antérieure et postérieure du ventricule se composent de colonnes charnues qui vont se jeter sur la paroi opposée. Au niveau des bords droit et gauche du cœur, la cavité ventriculaire est fermée par l'entre-croisement ou mieux la décussation de ces colonnes, qui a lieu sur toute la hauteur du bord correspondant. Au-dessus de cette couche interne, formée par les grandes colonnes verticales, se trouve une seconde couche composée de petits faisceaux dont les fibres se portent presque transversalement, la plupart de droite à gauche, et qui entrent surtout dans la composition des parois ventriculaires gauches. La fausse-cloison ne représente pas une de ces colonnes ventriculaires, mais un véritable repli interne de la paroi ventriculaire antérieure, repli sur les faces duquel naissent des colonnes appartenant aux cavités correspondantes du cœur. Ce repli fait une saillie considérable accrue par la lèvre de la fausse-cloison, et se jette surtout sur la paroi postérieure, dans laquelle il remonte. Sa saillie extraordinaire sépare en deux faisceaux bien distincts les colonnes de la paroi postérieure, et amène ainsi la distinction des faisceaux droit postérieur et gauche postérieur, qui ne forment proprement qu'un seul et même groupe chez les Batraciens.

L'étude détaillée que je viens de faire des parois de la cavité ventriculaire semblerait rendre inutile la description de cette cavité considérée en elle-même. Je crois néanmoins qu'il sera bon d'envisager la cavité ventriculaire comme espace, à cause même des divers compartiments ou loges dont il convient de préciser la forme et les limites, en vue des considérations d'anatomie comparative qui trouveront place dans ce travail.

Si nous parcourons la cavité ventriculaire de droite à gauche, nous rencontrons plusieurs loges successives :

1° A droite et en avant, une première loge qui correspond à l'artère pulmonaire, et qui est renfermée entre la fausse-cloison et sa lèvre d'une part, et la paroi antérieure du cœur droit d'autre part. Cette loge, qui est représentée ouverte, fig. 1 (Pl. II), fig. 1 et 2 (Pl. III), fig. 1 et 2 (Pl. V), fig. 1 (Pl. VI) et fig. 3 et 9 (Pl. XVI), a des limites très-tranchées et devient, à un moment donné de la systole, une cavité parfaitement close et séparée du reste de la cavité ventriculaire. Elle s'ouvre supérieurement dans l'artère pulmonaire, et je lui donne le nom de *Vestibule de l'artère pulmonaire*.

2° En arrière et à gauche de la fausse-cloison se trouve un espace ou loge que Corti a appelé: *Espace interventriculaire spatium interventriculare*). Il a pour limites, à droite le bord libre de la lèvre de la fausse-cloison, et à gauche le rétrécissement en goulot formé par la saillie des colonnes qui naissent de la face inférieure de la tente valvulaire au-dessous de la cloison inter-auriculaire. Cet espace communique d'une part avec le ventricule pulmonaire au niveau du bord de la lèvre, d'autre part avec la loge artérielle, que nous allons bientôt décrire. Elle présente supérieurement les orifices des aortes droite et gauche, et l'ouverture auriculo-ventriculaire droite, qui est à gauche et en arrière de ceux-ci. On voit cette loge largement ouverte, fig. 4 (Pl. V), fig. 2 (Pl. VI), fig. 2 (Pl. XII) et fig. 3 (Pl. XVI).

Elle offre plusieurs particularités qui n'ont pas été remarquées, et qui acquièrent de l'importance, à cause des transformations qu'elles subissent en passant des Chéloniens aux Crocodiliens.

Je fais d'abord remarquer que les parois antérieure et postérieure de cette loge sont, comme nous l'avons vu, tapissées par un endocarde fibreux épais, qui chez les Crocodiliens fournit une expansion fibreuse spéciale qui constitue la partie supérieure de la cloison des ventricules. Cette loge est du reste divisée en deux compartiments plus ou moins distincts, selon le moment de l'action du cœur, par une saillie placée sur sa paroi antérieure. Cette saillie n'est autre que l'apophyse postérieure du noyau cartilagineux et la saillie postérieure de la fausse-cloison qui lui fait suite inférieurement. Cette saillie, recouverte d'une bande fibreuse épaisse et quelquefois très-proéminente, se voit en *E*, *fig*. 2 (Pl. VI), sur un cœur de *Chelonia midas*, où la bande fibreuse était très-prononcée et formait presque une lame verticale. On voit également la saillie postérieure en *O*, *fig*. 4 (Pl. V). Le compartiment placé à droite est formé par l'espace compris entre la face postérieure de la lèvre d'une part, et les deux faisceaux droits antérieur et postérieur d'autre part, insérés chacun respectivement aux apophyses antérieure et postérieure du noyau cartilagineux. C'est le *Vestibule de l'aorte gauche*.

Le second compartiment de la loge, ou espace interventriculaire, correspond à l'aorte droite et à l'orifice auriculo-ventriculaire droit. Il comprend, à droite le *Vestibule de l'aorte droite*, et à gauche une cavité correspondant à l'orifice auriculo-ventriculaire droit. La *fig*. 4 (Pl. V) montre clairement les deux vestibules aortiques surmontés de leurs orifices et séparés par la saillie de la fausse-cloison. Voir également. *fig*. 3 et 3 *bis* (Pl. XVI).

3º Enfin, tout à fait à gauche se trouve une dernière cavité remarquable par l'épaisseur de ses parois et par un développement si exagéré du tissu aréolaire que la cavité centrale en est réduite à de très-faibles proportions. C'est la Loge artérielle (*cavum arteriosum* de Brücke). Elle présente deux ouvertures : en haut l'orifice auriculo-ventriculaire gauche, à droite l'orifice de communication avec la loge interventriculaire (Pl. V, *fig*. 3), (Pl. XVI, *fig*. 3, 3 *bis* et 9).

La description que je viens de donner des cavités ventriculaires des Chéloniens, description qui peut s'appliquer à tous les Reptiles écailleux, sauf les Crocodiliens, devrait rationnellement être suivie d'une détermination homologique exacte des parties qui correspondent aux ventricules droits des Vertébrés supérieurs. Mais un pareil résultat ne peut être efficacement obtenu que lorsque nous aurons étudié le cœur des Crocodiliens, des Oiseaux et des Mammifères. Je renvoie conséquemment le lecteur, pour la solution de cette question si délicate et si controversée, à la partie de ce travail qui traitera plus particulièrement des questions philosophiques et générales.

Cherchons maintenant à nous rendre compte de la manière dont se font la circulation cardiaque et la répartition des deux espèces de sang dans les cavités dont l'étude précède et dans les troncs artériels qui en naissent.

Pendant la diastole ventriculaire, il est clair que la loge ou vestibule pulmonaire et la loge interventriculaire se remplissent exclusivement de sang noir, attendu que les valvules auriculo-ventriculaires, abaissées par le choc du sang qui sort des oreillettes, viennent s'appliquer sur l'ouverture de communication de la loge artérielle et de l'espace interventriculaire, et rejeter tout le sang noir dans les cavités droites, ou loge veineuse de Brücke, et tout le sang rouge dans la loge artérielle.

Ces deux espèces de sang se distribuent *inégalement* aux trois artères qui naissent des cavités ventriculaires. C'est ce qui ressort clairement aujourd'hui des observations les plus positives, et ce qu'il est facile de constater; mais ce qu'il est moins aisé de connaître, ce qui même est d'une recherche délicate, c'est le mécanisme au moyen duquel se fait cette répartition inégale. Avant d'exposer les résultats auxquels m'ont conduit sur ces deux points mes recherches personnelles, je crois devoir donner quelques renseignements sur l'historique des deux questions.

Déjà, en 1835, le professeur Mayer [1] (de Bonn), à propos de la *Testudo tesselata*, avait fait remarquer combien les dispositions organiques du cœur des Chéloniens étaient favorables à la séparation des deux torrents sanguins.

Dans une note de l'*Anatomie comparée* de Cuvier [2], Duvernoy reproche à Mayer d'avoir donné trop d'importance à ces dispositions organiques, et

---

[1] *Analekten*, pag. 16. Bonn, 1835.
[2] Cuvier; *Anatomie comparée*, tom. VI, pag. 311. 1839.

d'avoir exagéré leur action séparative. En même temps, le texte de Cuvier, en établissant que les deux sangs doivent se mélanger dans la cavité du ventricule principal (loge artérielle et espace interventriculaire), conclut : 1° que le sang de l'artère pulmonaire est presque entièrement composé de sang veineux ; 2° que le sang des aortes est plus ou moins mélangé de sang veineux, et qu'aucune disposition organique ne peut empêcher le mélange des deux sangs, dont « le double torrent se croise nécessairement et se confond dans l'extrémité droite du ventricule ».

« On ne peut, dit Cuvier à la page 321, à propos des lézards, s'empêcher de voir, dans cette disposition des embouchures artérielles dans la partie du cœur la plus éloignée de l'entrée du sang qui a respiré, et dans cette structure extrêmement celluleuse, un double moyen de mélanger le sang artériel avec le sang veineux. » Cuvier a des conclusions identiques pour ce qui regarde les Ophidiens.

Pourtant, dans le *Zeitschrift für Physiol.* de Tiedmann et Treviranus [1], avait déjà paru un travail de F. Schlemm, qui arrivait à des résultats sensiblement différents. Dans cette description anatomique du système vasculaire des serpents, l'auteur établissait que le sang de l'oreillette pulmonaire remplit à lui seul la loge supérieure du ventricule (loge artérielle et espace interventriculaire), tandis que le sang veineux de l'oreillette droite entre de préférence dans la loge inférieure (loge pulmonaire), en coulant autour du bord libre de la cloison interloculaire du ventricule. Cela est d'autant plus probable, suivant l'auteur, qu'on peut bien admettre qu'à chaque contraction du ventricule la paroi de ce dernier s'applique contre le bord libre de la cloison interloculaire, en sorte que les deux loges soient à peu près complètement séparées l'une de l'autre pendant la durée de la contraction. Cependant Schlemm ne prétendait pas nier absolument par cette démonstration la réalité d'un mélange partiel du sang pulmonaire et aortique dans les loges du ventricule du cœur ; seulement il considérait l'aorte gauche comme naissant aussi bien que la droite de la loge supérieure, et comme recevant par conséquent le même sang qu'elle, c'est-à-dire surtout du sang rouge.

---

[1] *Zeitschrift für Physiol.*, tom. II, 1er fascicule.

En résumé : 1° sang artériel et veineux ne se mêlant que partiellement dans les loges du ventricule ; 2° séparation complète des deux loges ventriculaires pendant la systole ; 3° passage du sang veineux dans l'artère pulmonaire ; et 4° passage d'un sang mixte, mais surtout artériel, dans les deux aortes également : telles étaient les conclusions de Schlemm [1].

En 1847, Corti [2] voulut déduire d'une étude très-minutieuse du cœur du *Psammosaurus griseus* la notion rigoureuse du mécanisme de la circulation cardiaque chez cet animal. Voici les résultats auxquels il arriva : Le sang veineux projeté par l'oreillette droite dans le ventricule abaisse la valvule auriculo-ventriculaire, qui va ainsi fermer l'orifice interventriculaire. L'ondée sanguine, arrivée dans l'espace interventriculaire, ne peut pénétrer dans l'aorte droite ou artère anonyme, parce qu'une colonne charnue (*colonne aortique* de Corti, notre *faisceau gauche postérieur*) repousse le sang en avant et le détourne de l'orifice aortique. Le sang est ainsi rejeté en avant, c'est-à-dire vers la paroi antérieure du ventricule droit, à la fois par cette colonne et par la valvule atrio-ventriculaire. Pendant la systole ventriculaire, la valvule atrio-ventriculaire se relève, soit en vertu de son élasticité, soit aussi par l'effet du choc du sang comprimé dans le ventricule. Mais l'orifice de l'aorte droite regarde la partie postérieure de la cavité ventriculaire, et est entièrement occupé par le flot de sang artériel qui lui est envoyé avec une grande force par le ventricule gauche. Ce flot forme comme une colonne qui s'oppose au retour du sang veineux du ventricule droit dans l'espace interventriculaire. De cette première condition et de ce fait que l'aorte gauche et l'artère pulmonaire ont des orifices qui ne sont accessibles que du côté de la cavité droite du cœur, Corti conclut que ces orifices reçoivent seuls et presque uniquement, *maxima saltem ex parte*, le flot de sang veineux qui est lancé par le ventricule droit.

Quant au sang artériel, il est projeté dans le ventricule gauche par la contraction auriculaire. La systole ventriculaire relève les deux valvules atrio-ventriculaires, et chasse le sang vers la voûte ou base du ventricule.

---

[1] Voir *Bulletin de Férussac*, tom. IX, pag. 353. 1826.
[2] Corti ; *De systemate vasorum Psammosauri grisei*. Vindobonæ, 1847.

A ce niveau se trouvent plusieurs ouvertures : 1° l'orifice atrio-ventriculaire que le redressement des valvules a fermé au sang artériel ; 2° l'orifice de l'aorte gauche que sa direction en avant, vers le ventricule droit, rend déjà peu accessible au sang artériel, sans compter que le sang veineux projeté par la systole simultanée du ventricule droit repousse ce même sang artériel loin de l'orifice aortique gauche ; 3° enfin l'orifice aortique droit. Ce dernier se trouvant plus grand que tous les autres et étant justement dirigé vers la cavité du ventricule gauche, il est facile de comprendre que le sang artériel poussé par la contraction des fortes parois de ce ventricule pénètre avec impétuosité et presque tout entier, *maxima ex parte saltem*, dans ce large orifice.

En résumé, d'après Corti :

1° Sang artériel et sang veineux restant séparés dans les deux loges ventriculaires;

2° Sang veineux pénétrant presque tout entier dans l'artère pulmonaire et l'aorte gauche;

3° Sang artériel destiné presque tout entier à l'aorte droite;

4° Par conséquent, mélange des deux sangs presque nul, aussi bien dans les vaisseaux que dans les ventricules.

Brücke [1], venu plus tard (1853), a repris la question avec beaucoup de soin. Quoique mettant à profit les travaux de ses devanciers et ceux de Corti en particulier, il est arrivé à des résultats différents, surtout pour ce qui regarde la circulation des deux aortes. Comme son travail est digne à tous égards de considération, je dois en rendre compte avec quelques détails ; c'est ce que je ferai après avoir résumé l'opinion de M. Jacquart, opinion formulée dans deux intéressants Mémoires sur lesquels j'aurai à revenir plus longuement dans la partie physiologique de cette étude.

De l'examen du cœur du serpent Python et de la *Chelonia midas*, cœurs auxquels il reconnaît une disposition *entièrement semblable*, M. Jacquart conclut que, pendant la systole auriculaire, la valvule auriculo-ventriculaire s'accole sur le bord de la cloison (notre *fausse-cloison*), et rend impossible l'introduction du sang veineux dans le ventricule gauche[2]; que,

---

[1] Brücke ; *loc. cit.*

[2] Nous verrons plus tard que pour M. Jacquart le ventricule gauche comprend à la fois la

le bord supérieur de la cloison n'étant pas soudé aux parois du cœur, le mélange du sang veineux et du sang artériel a lieu au moment de la systole ventriculaire, mais que c'est le sang artériel, mû par une force plus grande (celle des parois très-épaisses de la loge artérielle), qui tend à s'introduire dans le ventricule droit, en contournant le bord libre de la cloison interventriculaire, et qui *artérialise ainsi le sang veineux avant son arrivée au poumon*.

Il est inutile, je pense, d'insister sur ce que ces diverses opinions ont de contradictoire. Je me borne à les rapprocher dans une simple énumération.

Pour le ventricule :
   a. Mélange complet des deux sangs dans sa cavité;
   b. Mélange partiel;
   c. Mélange à peine notable ou séparation presque complète.

Pour l'artère pulmonaire :
   a. Introduction de sang exclusivement veineux;
   b. Introduction de sang partiellement artérialisé.

Pour l'aorte gauche :
   a. Introduction de sang veineux;
   b. Introduction de sang mixte où peut dominer le sang rouge.

Pour l'aorte droite :
   a. Introduction de sang mixte;
   b. Introduction de sang artériel pur.

Telles sont les opinions différentes et diversement combinées entre elles que nous venons de rencontrer dans cette revue.

Le travail de Brücke a certainement apporté dans la solution de ces problèmes des résultats positifs et appuyés pour la plupart sur des moyens d'investigation plus variés et plus dignes de confiance. Il ne s'est pas borné en effet, comme les auteurs précédents, à déduire la notion du jeu fonctionnel de l'étude anatomique de l'organe; mais il a joint à cette méthode, qui a du reste sa légitimité, le contrôle si important de l'expérimentation

---

loge artérielle et l'espace interventriculaire, tandis que la loge pulmonaire constitue le ventricule droit.

physiologique et l'observation des organes vivants. Je vais exposer les résultats qu'il a obtenus, et après les avoir discutés je ferai connaître les modifications que de nouvelles recherches m'ont permis d'y apporter.

Lorsque le cœur d'une tortue vivante est mis à nu, on aperçoit facilement, d'après Brücke, la coloration rouge de l'oreillette gauche et de la moitié correspondante du ventricule, et la coloration brune de l'oreillette droite et de la portion ventriculaire du même côté. Dans le cours de la systole ventriculaire, la coloration de la moitié droite du ventricule devient de plus en plus claire, et se trouve à la fin tout à fait rouge. La contraction ventriculaire commence simultanément dans toutes les parties, *mais elle est plus rapide et se termine plus tôt dans la moitié droite que dans la gauche.* L'artère pulmonaire résiste moins que les aortes à la pression du doigt, ce qui indique que le sang y pénètre sous une pression moindre et y a une tension plus faible. On remarque aussi que l'*expansion maximum des aortes a lieu tout à fait à la fin de la systole ventriculaire (ganz am Ende der Kammersystole)*, tandis qu'à ce moment l'artère pulmonaire a déjà commencé à revenir sur elle-même. Si avec une aiguille à cataracte l'on pique l'artère pulmonaire, il s'en échappe aussitôt un jet très-faible, de courte durée, et interrompu à chaque diastole. Si l'on pique les aortes, on aperçoit aussitôt un jet de sang trois ou quatre fois plus considérable, jet d'abord continu et ne devenant intermittent que lorsque l'animal a déjà perdu une certaine quantité de sang; ce sang est plus clair que celui de l'artère pulmonaire, quoiqu'il ne soit pas tout à fait aussi clair que celui de la loge artérielle du ventricule.

De là on peut conclure que le sang ne pénètre dans l'artère pulmonaire que pendant la première partie de la systole ventriculaire, et que par conséquent, pendant la dernière période de cette systole, il ne pénètre que dans la grande circulation. Cette opinion est parfaitement en rapport avec ce qui se passe à l'origine de l'artère pulmonaire pendant la systole ventriculaire. Vers le milieu de la systole, en effet, l'anneau musculaire qui existe à ce niveau se contracte si fortement qu'il se forme un profond sillon circulaire à l'origine même de l'artère pulmonaire.

On peut du reste dissiper tous les doutes à cet égard en faisant l'expérience suivante : on sectionne les veines caves de manière à ce qu'il n'arrive plus de sang au cœur ; on fend l'artère pulmonaire et la paroi antérieure de la loge pulmonaire selon l'axe de ce vaisseau, et l'on voit alors, après avoir bien épongé le sang, que, le cœur continuant à se contracter, le cartilage qui est situé entre l'orifice de l'aorte gauche et celui de l'artère pulmonaire se porte vers la gauche. Il s'ensuit que *lorsque l'anneau musculaire se contracte, il ferme l'orifice de l'artère pulmonaire*, tandis que le sang peut encore passer à droite du cartilage dans l'aorte gauche. Ce résultat est assuré par cette circonstance que la lèvre de la cloison (*Muskelleiste* de Brücke) qui part du cartilage est appliquée contre la paroi inférieure (antérieure pour nous) du cœur, ce que démontrent suffisamment les rapports anatomiques déjà connus.

De ces observations, Brücke tire les conclusions suivantes : Puisque tous les troncs artériels naissent de la loge veineuse (*cavum venosum*), il en résulte qu'au début le sang noir passe à la fois dans les aortes et dans l'artère pulmonaire, mais pourtant dans cette dernière surtout, puisqu'il y rencontre une résistance moindre. Non-seulement, en effet, les obstacles que le cours du sang doit vaincre sont beaucoup plus faibles dans la petite circulation que dans la grande, mais encore l'extensibilité considérable des vaisseaux pulmonaires permet au sang un accès bien plus facile que ne le fait la résistance relative des artères du système aortique. C'est du reste ce que démontre le caractère des pulsations des deux ordres de vaisseaux.

Au sang brun succède le sang rouge, qui se mêle partiellement à lui en passant de la loge artérielle dans la moitié gauche d'abord, et en second lieu dans la moitié droite de la loge veineuse, pour parvenir ainsi aux orifices artériels. Mais en ce moment l'orifice pulmonaire est fermé, de telle sorte que *tout le sang artériel passe dans les artères du corps*, et que tout le travail qui représente le dernier temps de la systole est exclusivement réservé à la grande circulation. Conformément à ces données, Brücke affirme que chez les Sauriens, aussi bien que chez les Chéloniens et les Ophidiens, le *sang des deux aortes a une même coloration*, ce qui contredit l'opinion de Corti, qui attribue presque tout le sang artériel à l'aorte droite, et presque tout le sang veineux à l'artère pulmonaire et à l'aorte gauche. Il ne serait pourtant pas invraisemblable, ajoute Brücke, que le sang de l'aorte droite fût plus oxygéné que celui de la gauche ; mais la *différence est si faible qu'elle n'est pas reconnaissable à la couleur du sang.*

J'ai voulu contrôler les observations des Brücke sur un certain nombre de tortues vivantes (tortues mauresques, tortues bourbeuses), et je dois dire que mes observations ont confirmé la plupart d'entre elles. Je crois cependant qu'il y a des faits à relever et des modifications d'une certaine importance à introduire dans cette conception de la circulation cardiaque.

Il est vrai, comme le dit Brücke, que l'expansion de l'artère pulmonaire est plus accentuée que celle des aortes; mais, malgré toute l'attention et la patience que j'ai apportées dans mes observations, il m'a été impossible de constater que le maximum d'expansion des aortes coïncidât avec la période finale de la systole ventriculaire, tandis que celui de l'artère pulmonaire a lieu pendant la période de début de cette systole. Le maximum d'expansion des deux ordres de vaisseaux se produit *presque* simultanément immédiatement après le début de la systole ventriculaire. Il est juste seulement d'ajouter que le mouvement de retrait est plus précoce et beaucoup plus rapide pour l'artère pulmonaire que pour les aortes, et surtout pour l'aorte droite.

Il ne me paraît pas exact de dire aussi que la contraction ventriculaire finit plus tôt dans la moitié droite du cœur que dans la gauche ; le ventricule se contracte en masse, et sa contraction finit partout en même temps. La structure même du ventricule prouve qu'il y a solidarité complète entre ses diverses régions, et cette inégalité dans la terminaison de la contraction à droite et à gauche pourrait à peine s'expliquer par des différences dans la capacité des deux parties du cœur, la loge la plus petite devant être effacée avant la plus grande. Or, rien ne prouve que cette inégalité existe en faveur de la loge gauche, et l'on sait au contraire que la chambre centrale de la loge artérielle a des dimensions *pour le moins* aussi faibles que celles de la loge veineuse. Je dois ajouter encore que si, dans le cours de la systole ventriculaire, la coloration de la moitié droite du cœur devient de plus en plus claire et arrive finalement à la teinte rouge, il ne faut pas, comme le voudrait Brücke, attribuer ce changement de coloration à l'introduction du sang rouge dans cette cavité, mais bien à ce que les parois du ventricule, exprimant par leur contraction le sang noir qu'elles renferment, prennent de plus en plus leur couleur propre, qui est celle de muscles d'un rouge pâle arrosés par le sang artériel des artères cardiaques.

Les propositions de Brücke que je viens de discuter servent de point de départ et d'appui à la conception théorique de l'auteur sur la circulation cardiaque : elles me paraissent contraires à la fois à l'observation et à la logique. Pourquoi le maximum d'expansion des aortes aurait-il lieu *tout à fait à la fin* de la systole ventriculaire? N'est-ce pas peu après le début de la systole que la puissance et l'énergie des parois musculaires sont le plus considérables? Non-seulement la contraction ventriculaire atteint alors son plus haut degré de puissance, mais elle s'applique à une grande masse de liquide, et elle doit l'envoyer à la fois plus fortement et plus abondamment que jamais, aussi bien dans les vaisseaux de la grande que de la petite circulation. Que l'on remarque du reste que l'anneau musculaire qui entoure l'origine des artères et qui les rétrécit toutes, *quoique à des degrés très-différents*, vers la fin de la systole ventriculaire, doit certainement gêner à ce moment l'afflux du sang dans les aortes, et par conséquent diminuer l'expansion de ces vaisseaux.

Je pense qu'il faut comprendre autrement la circulation cardiaque chez les Chéloniens et les autres Reptiles à ventricules communicants. La notion que j'en ai, je la déduis d'une observation attentive du cœur pendant la vie et d'un examen très-minutieux des cavités cardiaques.

Pendant la diastole ventriculaire, la loge artérielle se remplit exclusivement de sang rouge ; la loge veineuse, c'est-à-dire le vestibule pulmonaire et les deux vestibules aortiques, se remplit de sang noir. En ce moment, les deux voiles membraneux auriculo-ventriculaires abaissés ferment le goulot interventriculaire et maintiennent la séparation complète des deux sangs.

Dès que la systole ventriculaire commence, les valvules auriculo-ventriculaires sont soulevées, et la communication est rétablie entre les deux loges du ventricule. Le mélange des deux sangs devient possible ; mais nous allons voir que dans les circonstances ordinaires, c'est-à-dire pendant la respiration aérienne, il n'a lieu que dans des limites fort restreintes.

Dès le premier choc ventriculaire, les valvules sigmoïdes reçoivent une impulsion de bas en haut qui tend à les relever. Les valvules de l'artère pulmonaire, à cause de la faible tension de ce vaisseau, obéissent les premières à cette impulsion ventriculaire, et un flot de sang noir très-considérable s'engouffre dans le golfe du tronc pulmonaire, dont la capacité est très-grande, dont les parois sont très-extensibles, et où la tension sanguine se trouve en ce moment très-abaissée. Pendant ce temps, très-court du reste, la loge artérielle comprime vigoureusement le sang rouge qui la remplit, et qui, s'échappant par la seule ouverture restée libre, c'est-à-dire le goulot interventriculaire, pénètre violemment dans l'espace interventriculaire de Corti et chasse vers le vestibule pulmonaire le sang noir qui occupait cet espace. Une certaine quantité de sang mixte se forme dans les vestibules aortiques et pénètre dans les deux aortes, dont les valvules ont été relevées immédiatement après celle de l'artère pulmonaire.

Pendant ce premier choc, presque instantané, s'établit rapidement une séparation complète entre la loge pulmonaire et les ventricules aortiques. Le premier effet de la contraction ventriculaire est de rétrécir et d'oblitérer brusquement la fente déjà étroite qui établissait une communication entre ces deux cavités. Ce résultat est dû à la contraction de la lèvre de la fausse-cloison, qui vient embrasser exactement la masse charnue postérieure O (Pl. VI, *fig.* 1 et 2) et NN' (Pl. XVI, *fig.* 9). Cette masse charnue elle-même, grossie et durcie par la contraction, est attirée en avant par les faisceaux droit et gauche postérieurs qui en dépendent, et appliquée dans la concavité du bord postérieur de la fausse-cloison, de telle sorte que la fente de communication est promptement fermée peu après le début de la systole. Cette occlusion très-précoce empêche le sang rouge, soit pur, soit mêlé au sang noir, de pénétrer dans la loge pulmonaire et le réserve intégralement pour les aortes. L'examen de la *fig.* 9 (Pl. XVI), qui représente les cavités distendues et la fente à son maximum d'ouverture, permettra de comprendre facilement ce mécanisme.

Le vestibule de l'artère pulmonaire se clôt donc ainsi, mais en séquestrant une certaine quantité de sang noir qui doit servir, pendant le reste de la systole, à alimenter la circulation pulmonaire sous la faible pression du vestibule, dont les parois musculaires sont relativement très-minces. Le vestibule se contracte du reste conjointement avec le reste des ventricules.

J'ai déjà dit que le sang mixte renfermé dans les vestibules aortiques pénètre dans les deux aortes ; j'ajoute que c'est l'aorte gauche surtout qui est appelée à le recevoir, car le sang rouge arrivant de la loge artérielle pousse ce sang mixte de gauche à droite, c'est-à-dire vers l'orifice de l'aorte gauche. L'aorte droite ne reçoit donc qu'une quantité très-faible de sang mixte, et l'aorte gauche en reçoit un peu plus qu'elle.

Le premier moment de la systole a donc eu pour effet de faire pénétrer presque tout le sang noir dans la loge et l'artère pulmonaire, et d'envoyer dans les deux aortes des quantités très-faibles et un peu inégales de sang mixte. A la fin de ce premier temps, la loge pulmonaire se trouve close et isolée par suite de l'application de la lèvre de la fausse-cloison contre la masse charnue postérieure des ventricules. Un résultat très-important de cette application consiste dans l'effacement du vestibule de l'aorte gauche, qui est précisément compris entre cette lèvre et la masse charnue. L'orifice aortique gauche, qui est comme le chapiteau et le couronnement de son vestibule, est aplati, mais non encore entièrement oblitéré. Son oblitération complète suit immédiatement et est le résultat de la contraction du demi-anneau bulbaire qui, attirant en avant et vers la gauche l'apophyse antérieure du cartilage, transforme l'orifice aortique en boutonnière et, appliquant en même temps la demi-circonférence postérieure de l'orifice allongé contre la demi-circonférence antérieure, ferme énergiquement la boutonnière.

On pourra se rendre compte de ces divers phénomènes en examinant les *fig.* 1 et 2 (Pl. III), *fig.* 1, 2, 4 (Pl. V), *fig.* 1, 2 (Pl. VI), *fig.* 2 (Pl. XII), et surtout la *fig.* 9 (Pl. XVI), où l'on aperçoit l'orifice de l'aorte gauche *B* comme resserré et comprimé entre les deux parois de son vestibule.

Cet *effacement du vestibule de l'aorte gauche* et surtout l'*aplatissement et la fermeture précoce de l'orifice aortique lui-même* sont des faits capitaux qui n'avaient pas été encore signalés, et qui jouent un rôle majeur dans la physiologie du cœur des Reptiles à ventricules communicants et des Crocodiliens, ainsi que dans la morphologie du cœur et des troncs aortiques des Oiseaux et des Mammifères. C'est ce que montrera la suite de ce travail.

Il résulte de tout cela que de très-bonne heure le vestibule pulmonaire est complètement isolé, et qu'il ne peut recevoir une goutte de sang rouge. Il semblerait en résulter aussi que l'aorte gauche, après avoir reçu pendant un temps extrêmement court du sang mixte, ne reçoit bientôt plus de sang, tandis que l'aorte droite reçoit tout le sang rouge. Or il ne peut en être ainsi, puisque l'aorte gauche reste distendue et prend de très-bonne heure une coloration rouge-clair semblable à celle de l'aorte droite ; il faut donc qu'elle reçoive incessamment du sang rouge.

Par quelle voie le reçoit-elle? Je rappelle que j'ai signalé et décrit, le premier, entre les deux orifices aortiques, une échancrure considérable, ou *fente inter-aortique*, qui fait communiquer entre elles les deux aortes au voisinage de leur origine (Pl. V, *fig.* 4), (Pl. XII *fig.* 2). Chacun des orifices aortiques est pourvu de deux valvules sigmoïdes, l'une antérieure et l'autre postérieure ; et c'est précisément dans l'intervalle de ces deux valvules que se trouve la fente dont je parle. Sur chacun des bords de cette échancrure est donc inséré, à droite et à gauche, le bord adhérent d'une valvule sigmoïde (Pl. V, *fig.* 4), *L*. (Pl. VI, *fig.* 2), (Pl. XII, *fig.* 2), (Pl. XVI, *fig.* 3, 3 *bis*). Des deux bords de l'échancrure, le postérieur est formé par un tissu fibreux souple et mobile ; l'antérieur renferme l'apophyse postérieure du cartilage, qui se prolonge plus ou moins, et se termine par un tissu fibreux. Cette apophyse, dirigée obliquement en haut et en arrière, vient buter par son sommet contre la paroi postérieure des deux orifices aortiques, et tend à maintenir béante la fente que nous décrivons.

Il convient de remarquer que cette fente s'étend au-dessus du niveau de l'anneau bulbaire *N* (Pl. XII, *fig.* 2), d'où il résulte que lorsque cet anneau se contracte, son action doit se borner à aplatir l'orifice aortique gauche et à transformer la fente inter-aortique en une boutonnière complète plus ou moins rétrécie, et qui permettra dans une certaine mesure le passage du sang de l'aorte droite dans la gauche.

Voici en effet ce qui arrive pendant les derniers temps de la systole ventriculaire, alors que le vestibule de l'aorte gauche est effacé et que l'orifice de cette artère a disparu par aplatissement : le vestibule pulmonaire est complètement isolé et envoie le sang qu'il renferme dans l'orifice de l'artère pulmonaire rétréci, mais non oblitéré par la contraction de l'anneau bulbaire. La contraction ultime de cet anneau a du reste pour effet d'exprimer les dernières gouttes de sang noir renfermées dans le vestibule pulmonaire. L'aorte gauche ne recevant plus de sang directement, puisque son vestibule est effacé, la tension sanguine s'affaiblit rapidement dans sa cavité. La tension de l'aorte droite, au contraire, reste sensiblement la même, puisque cette artère reçoit largement le sang que lui envoie avec une grande force la loge artérielle. Le sang de l'aorte droite fera donc irruption dans l'aorte gauche par la fente transformée en orifice complet et maintenue béante, soit par le cartilage de la lèvre antérieure, soit plutôt par le relèvement des valvules sigmoïdes.

La quantité de sang envoyée ainsi d'une aorte à l'autre est, dès le début, bien suffisante pour la circulation de l'aorte gauche, car ce dernier vaisseau a un calibre inférieur à celui de l'aorte droite. Mais vers la fin de la systole ventriculaire, alors que l'anneau musculaire considérablement contracté a rétréci la fente inter-aortique, et que la tension sanguine de l'aorte droite, diminuant comme l'énergie de la systole, n'est plus suffisante pour vaincre la résistance des lèvres rapprochées de la fente inter-aortique, alors, dis-je, le sang passe en très-petite quantité dans l'aorte gauche, de telle sorte que presque tout et peut-être tout le sang rouge lancé par la fin de la systole est réservé à l'aorte droite.

Les faits complexes qui précèdent doivent être résumés ainsi qu'il suit :

Premier temps. Au début, les trois loges ventriculaires communiquent. La plus grande quantité du sang noir s'engouffre dans la loge et l'artère pulmonaires; il pénètre dans les deux aortes du sang mixte, un peu moins artérialisé dans la gauche que dans la droite. A la fin de ce temps, la loge pulmonaire se clôt; le vestibule et l'orifice de l'aorte gauche s'aplatissent et se ferment.

Deuxième temps. Pendant le deuxième temps, le vestibule et l'orifice de l'aorte gauche étant effacés, ce vaisseau ne reçoit que le sang rouge qui lui est fourni par l'aorte droite à travers la fente inter-aortique ; et ce dernier vaisseau reçoit les dernières parties de sang rouge de la loge artérielle, dont elle envoie une fraction de plus en plus faible et finalement nulle à l'aorte gauche.

La distinction de ces divers temps de la circulation cardiaque n'est point une déduction purement théorique de la disposition du cœur des Chéloniens. Les divers phénomènes que j'ai décrits peuvent être directement observés à l'aide d'une expérimentation bien conduite. J'ai multiplié mes expériences sur ce point, mais je vais me borner à en rapporter une avec les diverses circonstances qu'elle a présentées, et qui se sont du reste reproduites dans les autres.

Le 12 mars 1868, j'enlève le plastron d'une tortue mauresque de forte taille. Le cœur mis à nu bat lentement, l'animal n'étant pas encore entièrement sorti de sa demi-stupeur hibernale. Les deux sangs ont pourtant des colorations distinctes que l'on peut facilement reconnaître à travers les parois du cœur et des vaisseaux. Pendant la systole ventriculaire, l'aorte droite offre une couleur rosée, l'aorte gauche est d'une couleur analogue, l'artère pulmonaire est d'un brun foncé. Je plonge l'animal dans un courant d'eau, en ayant le soin de laisser la tête au dehors, afin de ne pas accroître les troubles nerveux provoqués par la submersion en y ajoutant l'action de l'eau froide sur les orifices nasaux, etc. Je pique d'abord l'artère pulmonaire avec une aiguille à cataracte; un jet abondant de sang noir, long de 8 à 10 millim., se dessine nettement dans l'eau pure, et est aussitôt emporté par le courant. Ce jet est d'assez courte durée, et l'écoulement s'interrompt complètement jusqu'au retour d'une nouvelle systole; alors le jet se reproduit, et ainsi de suite.

Je pique ensuite l'aorte gauche, et il s'en échappe un jet plus fort et plus prolongé que le précédent. Composé au début de sang foncé, il devient rapidement de plus en plus clair, et ne fournit bientôt que du sang rouge. Ce jet dure plus longtemps que celui de l'artère pulmonaire; mais il baisse rapidement, et est continué par un écoulement faible, baveux, jusqu'à la reproduction du premier jet, qui coïncide avec une nouvelle systole ventriculaire.

Je pique enfin l'aorte droite: il s'en échappe vivement un jet abondant de sang rouge plus intense que les deux précédents, très-élevé pendant tout le temps de la systole ventriculaire, et ne décroissant que faiblement à la fin de cette systole. Ce jet est donc continu, avec une brusque élévation correspondant au début de la systole.

Les phénomènes précédents restent les mêmes tant que l'animal conserve une quantité suffisante de sang. Mais quand la perte de sang a atteint un certain degré, ils subissent des modifications significatives que voici :

L'artère pulmonaire donne un petit écoulement baveux très-court ;

L'aorte gauche donne un véritable jet, mais petit, cessant plus tard que l'écoulement de l'artère pulmonaire, et pourtant suivi d'une interruption complète ;

L'aorte droite donne un jet continu faible et légèrement rémittent.

Telles sont les premières modifications qui se produisent simultanément ; mais, les pertes augmentant, les phénomènes changent encore, et voici ce que l'on observe :

L'artère pulmonaire ne fournit plus de sang ;

L'aorte gauche donne à chaque systole un écoulement baveux de très-courte durée ;

L'aorte droite donne de petits jets assez prolongés, correspondant chacun à une systole et séparés par une courte interruption.

Plus tard enfin :

L'artère pulmonaire ne fournit rien ;

L'aorte gauche également ;

L'aorte droite donne un écoulement baveux intermittent, très-court.

A ce moment, j'ouvre largement l'artère pulmonaire, de manière à pouvoir observer directement son orifice ventriculaire. L'eau pure du courant pénètre dans la cavité de ce vaisseau, et me permet de constater facilement que son orifice ventriculaire rétréci est fermé par les valvules abaissées, et qu'il ne donne passage à aucune goutte de sang.

J'ouvre également l'aorte gauche, et je vois à chaque systole ventriculaire un filet de sang rouge pénétrer dans la cavité de ce vaisseau par la fente inter-aortique. Cette quantité de sang est du reste très-faible et incapable d'écarter d'elle-même les lèvres de la petite piqûre faite primitivement aux parois du vaisseau, ce qui l'empêchait de parvenir à l'extérieur. L'orifice ventriculaire de l'aorte gauche est du reste effacé et aplati, et il n'y passe pas trace de sang.

Tous ces phénomènes sont observés avec beaucoup de soin, et se produisent d'une manière assez nette pour qu'il ne reste aucun doute dans mon esprit. L'écoulement modéré de l'eau courante dans laquelle j'avais plongé l'animal entraînait à mesure le sang, ce qui rendait l'observation facile et permettait de constater exactement l'arrivée de la plus faible parcelle de sang.

Je n'ai pas besoin de tirer les conclusions des expériences que je viens de rapporter. Ces conclusions sont du reste déjà connues, et ne sont autres que les propositions précédemment émises; la concordance des unes et des autres ne saurait échapper au lecteur.

La théorie que j'expose, et que je considère comme l'expression exacte des phénomènes, se rapproche à certains égards des théories précédemment émises, mais elle en diffère par des points importants. Ainsi, je pense, avec Schlemm, que la loge pulmonaire remplie de sang bleu s'isole promptement à chaque systole ; je pense aussi, avec Schlemm et Brücke, que le sang de l'aorte gauche ne diffère pas *sensiblement* de celui de la droite.

Mais le point sur lequel mes conceptions diffèrent entièrement de celles de Brücke, qui est allé le plus avant dans l'analyse des faits, c'est le rôle de l'anneau bulbaire. Brücke considère cet anneau comme fermant l'orifice pulmonaire dès le milieu de la systole, et comme empêchant ainsi le sang noir et plus tard le sang rouge de pénétrer dans l'artère correspondante. Il explique ainsi l'abaissement précoce de la tension de ce vaisseau. Pour moi, je crois fermement au contraire que l'action de l'anneau bulbaire sur l'artère pulmonaire se borne uniquement à rétrécir progressivement l'extrémité supérieure du vestibule correspondant, pour en exprimer les dernières gouttes de sang avec la fin de la systole. Ma conviction s'appuie sur les dimensions considérables de l'orifice pulmonaire, sur sa nature en partie cartilagineuse et sur l'observation directe de la contraction bulbaire, qui ne produit un sillon profond à l'origine de l'artère pulmonaire que tout à la fin de la systole. Si la tension pulmonaire décroît bientôt et rapidement, c'est que le sang noir, dès qu'il est séquestré dans le vestibule, cesse d'être soumis à la pression générale des ventricules, pour n'obéir qu'à la faible contraction du vestibule pulmonaire. Si, lorsque je piquais finement l'artère pulmonaire, je n'obtenais qu'un jet peu prolongé, il fallait l'attribuer à la faiblesse de la tension du vaisseau, à la mollesse de ses parois et au défaut de puissance du vestibule pulmonaire. Si, quand l'animal avait perdu du sang, tout écoulement pulmonaire était supprimé, c'est que la quantité de liquide projeté par les oreillettes n'était pas suffisante pour écarter les bords de la fente ventriculaire et l'ouvrir au passage du sang.

Ce qui n'avait point été reconnu et ce dont j'affirme la réalité, c'est l'effacement du vestibule de l'aorte gauche par la contraction ventriculaire, et la fermeture rapide de l'orifice de ce même vaisseau dès le début de l'action de l'anneau bulbaire, c'est enfin la conservation d'une communication entre les deux aortes par la fente inter-aortique, et le passage du sang de l'aorte droite dans la gauche. Ces faits nouveaux offrent beaucoup d'intérêt au point de vue des analogies que présentent les phénomènes de la circulation centrale chez tous les Vertébrés à circulation double, parfaite ou imparfaite.

Ainsi donc, l'action de l'anneau bulbaire, qui, de l'avis de Brücke, avait pour résultat de fermer l'orifice pulmonaire vers le milieu de la systole, a, selon moi, pour effet remarquable de fermer l'orifice aortique gauche peu après le début de la systole, et n'influe que secondairement sur le vestibule pulmonaire.

Le mode de circulation cardiaque que je viens d'exposer se relie du reste à la distribution postérieure des deux troncs aortiques. On sait en effet que l'aorte droite fournit, non loin de son origine, les artères du cou, de la tête et des membres antérieurs. Elle forme ensuite la crosse aortique droite, et se recourbe en bas et en arrière pour constituer, en recevant l'anastomose de l'aorte gauche, l'aorte abdominale, qui se distribue ultérieurement aux membres postérieurs, à la partie postérieure du tronc et à la queue. L'aorte gauche, après avoir formé la crosse aortique gauche, se porte en bas et en arrière, et, arrivée dans la région abdominale, fournit un bouquet d'artères viscérales destinées aux organes chylopoïétiques (foie, estomac, intestin, rate, etc.). Elle se termine enfin par une branche anastomotique dont les dimensions diffèrent suivant l'espèce, et qui va se jeter dans l'aorte droite en formant un angle aigu ouvert antérieurement. Je laisse pour le moment de côté ce qui a trait à la direction du sang dans cette anastomose. Je me promets en effet d'y revenir longuement dans un autre chapitre de ce travail.

Cette distribution des vaisseaux, rapprochée du mécanisme de la circulation que nous avons longuement exposé, permet de comprendre comment les membres antérieurs, la tête et le cou ne reçoivent presque que du sang rouge pur, tandis que les membres postérieurs et la queue peuvent recevoir un sang mixte dans lequel pourtant la proportion de sang hématosé est toujours très-considérable, et tandis aussi que les viscères chylopoïétiques reçoivent, chez les Chéloniens et les Sauriens du moins, un sang mixte moins riche en sang rouge que celui des membres postérieurs. Il y a là une harmonie évidente sur laquelle je suis bien aise d'insister.

On ne peut contester, en effet, que les organes cervico-encéphaliques, parmi lesquels il faut placer en première ligne les centres nerveux les plus importants, ne soient légitimement appelés à recevoir le sang le plus propre à entretenir les phénomènes de nutrition et d'excitation. Les membres antérieurs, dont l'importance est accrue par le double rôle d'instruments de locomotion et de préhension, participent rationnellement à ce monopole du sang rouge pur. On sait du reste encore combien les organes musculaires présentent d'activité nutritive, et combien les échanges y sont rapides et multipliés.

La vie et les fonctions des organes chylopoïétiques, au contraire, paraissent en relation plutôt avec la partie liquide qu'avec les solides du sang, c'est-à-dire les globules. Il faut remarquer que ces organes sont tous plus ou moins des organes de sécrétion ou d'absorption, et pour l'accomplissement de ces deux fonctions, et de la seconde en particulier, il est plus que probable que la nature des parties liquides, leur abondance, leur tension et leur vitesse, sans oublier l'état de la membrane animale, jouent le rôle le plus important. Pour ce qui regarde la sécrétion, nous ne pouvons douter que le sang veineux ne suffise presque exclusivement au travail de l'un des organes chylopoïétiques les plus importants par sa constance et son volume, c'est-à-dire le foie. On voit en effet combien, même chez les animaux supérieurs, le volume de l'artère hépatique est disproportionnément petit, et que c'est la veine porte qui est en définitive la pompe alimentaire de ce vaste organe.

Si les parties postérieures du tronc, les membres postérieurs, la queue, reçoivent un sang mixte dans lequel la proportion de sang rouge est augmentée, il n'y a également là rien que de très-rationnel. Ces parties renferment une faible portion des centres nerveux, la moins importante il est vrai; mais elles sont surtout composées, comme les membres antérieurs, de masses musculaires. Cette composition seule indiquait le besoin d'un sang qui, sans être aussi riche et aussi hématosé que celui de la tête et du cou, n'en différât pourtant que dans de faibles limites. Aussi ne faut-il pas s'étonner qu'il arrive dans l'aorte abdominale, avec le sang mixte de l'aorte gauche, une proportion notable de sang rouge provenant de l'aorte droite. Je me borne à dire ici que l'étude que j'ai faite de la circulation dans l'anastomose abdominale m'a même démontré que dans bien des circonstances l'aorte gauche ne fournit pas de sang à l'aorte droite, ou même en reçoit de cette dernière, de telle sorte que l'aorte abdominale est, comme l'aorte droite, alimentée par du sang rouge pur.

Il y a là, je le répète, des harmonies dignes de remarque, qui se retrouvent chez la plupart des Reptiles avec des modifications plus ou moins importantes.

Il ne faudrait pourtant pas donner à ces considérations, intéressantes du reste, un caractère trop général et une signification trop absolue. Un des principaux résultats de mes recherches sur la circulation des Reptiles à ventricules communicants a été de démontrer que le sang de l'aorte gauche différait à peine de celui de l'aorte droite, puisque le premier de ces vaisseaux recevait du second la plus grande partie de son sang. Il est vrai que j'ai établi également qu'au début de la systole l'aorte gauche recevait une plus grande proportion de sang mixte que la droite. Cette différence dans la qualité du sang des deux aortes, quelque faible qu'elle soit, a de la valeur pour ce qui regarde la circulation des centres nerveux encéphaliques et des organes des sens qui en dépendent. Ces organes, recevant la plus grande partie du *premier flot* lancé dans l'aorte droite, seraient fâcheusement impressionnés par un degré de plus dans la veinosité du sang de cette aorte; aussi reçoivent-ils chez tous les Reptiles et d'une manière absolue leur sang de l'aorte droite. Ce sang est presque pur dès le début de la systole, pour devenir entièrement pur pendant tout le reste du temps. Mais il faut convenir que ces nuances dans le degré d'hématose ont infiniment moins d'importance quand il s'agit des branches viscérales et musculaires du système artériel. La diversité des points d'origine de ces branches chez les Reptiles est bien propre à démontrer que, pour l'intégrité des fonctions des organes qu'elles arrosent, il est indifférent qu'elles apportent du sang de l'aorte droite, ou de l'aorte gauche, ou de l'aorte abdominale, et que par conséquent la légère différence qu'il peut y avoir dans les degrés d'hématose du sang de ces troncs est sans importance vis-à-vis de ces organes, moins sensibles et moins impressionnables que les centres nerveux. On verra, en effet, dans la partie de ce travail où je m'occuperai du rôle de l'anastomose abdominale des Reptiles, on verra, dis-je, qu'une même artère viscérale, soit l'artère mésentérique, soit l'artère stomachique, est appelée à recevoir dans tel type de Chéloniens du sang de l'aorte droite, et dans tel autre du sang de l'aorte gauche ; on verra encore que chez les Ophidiens, et le Python par exemple, l'aorte gauche ne fournit pas de vaisseaux, et que les artères des organes chylopoïétiques, aussi bien que les artères pariétales de la partie postérieure du tronc, naissent toutes de l'aorte abdominale.

Pour compléter ce que j'ai à dire de la circulation cardiaque chez les Chéloniens, il me reste à faire remarquer en peu de mots le rôle que jouent les lacunes cardiaques dans la direction et la séparation des sangs de nature différente. Il suffit de jeter un coup d'œil sur : *fig.* 1, 2 (Pl. II); *fig.* 1 (Pl. III); *fig.* 1, 2, 3, 4 (Pl. V); *fig.* 1, 2 (Pl. VI); *fig.* 7, 8 (Pl. XIII), pour voir que les lacunes du vestibule pulmonaire, aussi bien que celles des vestibules aortiques et de la loge artérielle, convergent vers les orifices artériels correspondants. Je n'insiste pas sur ces particularités, auxquelles j'ai donné un développement suffisant dans le chapitre relatif à la circulation chez les Batraciens.

Je viens d'exposer quel m'a paru être le mécanisme de la circulation cardiaque chez les Chéloniens. La théorie que je viens d'en donner a pour elle d'être parfaitement en harmonie avec les dispositions anatomiques du cœur et avec les faits observés pendant le jeu de cet organe. Elle explique en effet d'une manière satisfaisante les variations rapides et brusques de tension que nous avons notées dans l'artère pulmonaire, et la tension bien plus uniforme et continue des aortes. Au début de la systole ventriculaire, le sang du vestibule pulmonaire acquiert tout d'un coup une tension élevée qui lui est commune avec le sang de toutes les loges ventriculaires, puisqu'à ce moment elles communiquent largement entre elles. Aussi y a-t-il presque simultanément expansion maximum de tous les troncs vasculaires qui en naissent ; mais dès que le vestibule pulmonaire a été séparé de l'espace interventriculaire et de la loge artérielle, la tension de l'artère pulmonaire diminue très-rapidement : 1° parce que l'énergie des parois du cœur va s'affaiblissant ; 2° parce que les parois de la loge pulmonaire sont beaucoup plus minces et moins puissantes que celles des autres loges du ventricule ; 3° enfin parce que la petite circulation rencontre bien moins de résistances que la grande, et n'est par conséquent pas susceptible de conserver une tension élevée. On peut facilement déduire de ces considérations les conditions inverses, qui font que la tension aortique s'abaisse peu et lentement.

Ainsi s'expliquent les phénomènes observés dans les gros troncs, sans qu'il soit nécessaire de supposer deux faits que l'observation ne justifie pas, c'est-à-dire l'inégalité de durée de la contraction dans les moitiés droite et gauche du ventricule, et l'existence de l'expansion maximum des aortes *tout à fait à la fin* de la systole ventriculaire.

L'effacement rapide du vestibule de l'aorte gauche et de la partie inférieure du vestibule de l'aorte droite rend compte de ce fait, pour moi incontestable, que l'aorte gauche acquiert de très-bonne heure une coloration aussi claire que celle de l'aorte droite. Elle reçoit en effet, au début seulement, une faible quantité de sang mixte, auquel succède du sang rouge identique à celui de l'aorte droite, puisqu'il lui est fourni par ce vaisseau à travers la fente inter-aortique.

Je me borne, en terminant ce sujet, à signaler combien le mécanisme de la circulation cardiaque chez les Reptiles à ventricules communicants présente de grandes analogies avec le mécanisme que nous avons constaté chez les Batraciens ; il n'en est que le perfectionnement, et dans l'un comme dans l'autre cas nous retrouvons, pendant la systole, l'occlusion plus ou moins complète et plus ou moins précoce de l'orifice de l'aorte gauche, au profit de la monopolisation du sang rouge par l'aorte droite. Je reviendrai du reste longuement sur ce sujet, dans le chapitre qui sera consacré aux considérations générales d'anatomie et de physiologie comparées. On verra également, à ce propos, combien l'analogie se poursuit plus évidente encore chez les Crocodiliens.

J'aurais encore, pour être complet, à décrire les oreillettes du cœur des Chéloniens; mais comme il y a une très-grande analogie de disposition et de structure de ces organes chez les Chéloniens, Sauriens, Ophidiens et Crocodiliens, je me bornerai à une description de ces parties considérées en général, quand j'aurai passé en revue la région ventriculaire du cœur chez ces diverses familles, ainsi que chez les Oiseaux et les Mammifères. Je joindrai à ce coup d'œil d'ensemble l'étude des oreillettes des Batraciens, qui ont du reste de grands rapports avec celles des Reptiles. Cette étude généralisée permettra de poursuivre les modifications successives des oreillettes dans la série des Vertébrés, et de déterminer sûrement l'homologie des parties dans cette même série.

ARTICLE II. — Ophidiens.

Dans l'étude que je viens de faire du cœur des Reptiles à ventricules communicants, j'ai pris surtout pour type le cœur des Chéloniens, et j'ai donné les raisons de ce choix. Presque la totalité des propositions que j'ai émises à leur sujet s'appliquent aux familles des Ophidiens et des Sauriens. Il y a pourtant quelques particularités à signaler, et c'est à le faire que je bornerai ce que j'ai l'intention de dire de ces deux familles.

Le cœur des Ophidiens est conique et allongé. Son aplatissement antéro-postérieur est beaucoup moindre que chez les Chéloniens, de sorte que les dimensions antéro-postérieures des loges sont relativement plus grandes. Les ouvertures artérielles et auriculo-ventriculaires présentent avec celles des Chéloniens de très-grandes ressemblances de forme et de rapports. Il faut pourtant noter un rapprochement, plus grand que chez les Chéloniens, des orifices artériels et des orifices auriculo-ventriculaires. La distance transversale qui sépare ces deux ordres d'orifices est bien moins grande, et les orifices artériels se sont portés un peu plus en avant et vers la gauche (Pl. XVI, *fig.* 3 et 3 *bis*). C'est là un mouvement que nous verrons s'accentuer encore davantage chez les Crocodiliens et les Vertébrés supérieurs.

La fausse-cloison antérieure est très-nettement formée, mais elle est peut-être plus mince. Sa lèvre est très-prononcée ; elle ne présente pas de cartilage à son extrémité supérieure, mais seulement un noyau fibreux, dont la saillie postérieure constitue un rudiment de cloison entre les deux vestibules aortiques. Cette saillie se laisse apercevoir en *O*, *fig.* 4 (Pl. V). La fente inter-aortique est très-prononcée. Sa lèvre antérieure, dépourvue de l'apophyse cartilagineuse des Chéloniens, n'est formée que par un tissu fibreux peu résistant, d'où il suit que les deux lèvres antérieure et postérieure de la fente sont mobiles et peuvent être facilement déplacées. La communication entre les deux vaisseaux au niveau de la fente est produite par l'écartement des lèvres qui résulte du soulèvement et de l'éloignement réciproque des valvules aortiques (Pl. V, *fig.* 4), (Pl. XVI, *fig.* 3 *bis*). Du reste, les lèvres étant mobiles, la supériorité de tension de l'aorte droite suffit pour les écarter et les repousser, et pour livrer passage au sang de l'aorte droite dans la gauche.

Les colonnes charnues qui naissent sur les parois antérieure et postérieure, au-dessous de la cloison inter-auriculaire, et qui produisent le rétrécissement ou goulot de la cavité ventriculaire, m'ont paru plus saillantes que chez les Chéloniens. Elles sont très-évidentes dans le cœur de Boa de la Pl. V (*O*, *P*, *fig.* 3, *P*, *R*, *fig.* 4), et dans le cœur de Python de la *fig.* 9 (Pl. XVI).

La constitution aréolaire des parois cardiaques est on ne peut plus prononcée (Pl. XVI, *fig.* 9). Les trabécules sont très-multipliées et très-fines, et la chambre centrale de la loge artérielle est réduite à de faibles dimensions. Le voile membraneux auriculo-ventriculaire est pourvu sur son bord libre, chez les Couleuvres, chez le Python, etc., d'un noyau fibreux qui est destiné à pénétrer dans l'orifice auriculo-ventriculaire, pour en rendre l'occlusion parfaite. Chaque orifice auriculo-ventriculaire ne paraît pas posséder une valvule externe bien distincte. Ces valvules rudimentaires ne sont visibles que dans les cœurs très-volumineux. Chez le Python, dont j'ai pu me procurer trois sujets de grande taille, j'ai trouvé une valvule externe très-distincte pour l'orifice auriculo-ventriculaire droit; cette valvule est placée entre l'orifice auriculo-ventriculaire droit et l'orifice de l'aorte droite. A gauche, la valvule externe était représentée par une saillie musculaire semi-lunaire peu distincte des parois, mais répondant bien évidemment à la valvule semi-lunaire musculo-fibreuse que nous trouverons chez les Crocodiliens.

Au point de vue physiologique, on peut considérer les Ophidiens comme présentant une analogie complète avec les Chéloniens. La seule différence notable entre les deux familles réside dans un développement plus grand, chez les Ophidiens, de la fausse-cloison, dans sa situation plus vers la gauche, et, comme conséquence, dans une capacité plus grande du vestibule pulmonaire, ce qui augmente d'autant la quantité de sang veineux pur, séquestré dès le début de la systole et réservé à la circulation pulmonaire. L'artère pulmonaire a un orifice bien supérieur en dimensions à ceux des aortes même réunis. Au-dessus de l'orifice et avant sa bifurcation, elle forme une dilatation remarquable ou golfe capable de recevoir une grande quantité de sang.

Les Ophidiens semblent donc représenter un degré un peu plus élevé au point de vue de la respiration pulmonaire et de la séparation des deux sangs (comparer *fig.* 1, Pl. VI, avec *fig.* 1 et 2, Pl. V). Ils représentent également un degré plus prononcé de rapprochement des orifices artériels et auriculo-ventriculaires (comparer *fig.* 3 et *fig.* 3 *bis* de la Pl. XVI).

ARTICLE III. — Sauriens.

Le cœur des Sauriens présente une forme plus régulièrement conique que celui des deux familles précédentes. Moins aplati surtout que celui des Chéloniens, il occupe pour la longueur une place intermédiaire entre celui des Tortues et celui des Serpents, plus allongé que le premier et plus raccourci que le second. Le cône ventriculaire est plus ou moins aigu suivant les groupes. Chez les Lézards, Varans, etc., le cône décroît lentement et se termine par une pointe arrondie (Pl. III, *fig.* 1); chez les Iguanes au contraire il s'effile rapidement et se termine par une pointe aiguë Pl. III, *fig.* 2). Dans les deux cas, la pointe adhère au péricarde.

Cuvier a cru devoir admettre deux types distincts quant à la disposition intérieure du cœur des Sauriens. Ces deux types se trouveraient précisément correspondre aux deux types de conformation extérieure que je viens de signaler.

Le premier type, celui des Lézards, peut être considéré, sauf quelques modifications de minime importance, comme le fidèle représentant du type des Chéloniens et des Ophidiens. Ainsi : artère pulmonaire dépendant d'un vestibule pulmonaire circonscrit; aorte droite et aorte gauche dépendant d'un espace interventriculaire; loge artérielle ne donnant directement naissance à aucun vaisseau; orifice auriculo-ventriculaire droit débouchant dans l'espace interventriculaire ; orifice auriculo-ventriculaire gauche débouchant dans la loge artérielle. A ce type appartiennent les Lézards ocellé, vert, etc., les Varans, l'Uromastix, le Gecko, etc.

Le second type, celui des Iguanes, a été décrit par Cuvier d'une manière assez incomplète et assez confuse pour avoir donné lieu à des interprétations erronées. D'après le célèbre auteur de l'*Anatomie comparée*, « le ventricule du cœur des Iguanes a deux loges : une droite qui forme proprement la cavité du ventricule, et une gauche et supérieure qui ne semble qu'un sinus de la première; c'est dans celle-ci que s'ouvrent l'oreillette pulmonaire et l'aorte postérieure droite, *à peu près comme cela a lieu dans les Crocodiles* ». L'artère pulmonaire et l'aorte gauche auraient leurs orifices dans la grande cavité droite. Le rapport exact des orifices auriculo-ventriculaires avec les orifices artériels, et surtout avec l'orifice de l'aorte droite, ne sont que vaguement et imparfaitement indiqués.

M. Milne-Edwards, dans un grand ouvrage qui est un vrai monument élevé à l'étude de la zoologie comparée [1], accentue encore plus la spécialité du type attribué par Cuvier au cœur des Iguanes. D'après M. Milne-Edwards, en effet, une cloison incomplète, qui paraît correspondre à la bande charnue du cœur du Python et de beaucoup d'autres Reptiles, « se développe de façon à diviser cette cavité en deux chambres, qui ont chacune non-seulement une entrée auriculaire, mais une sortie dans le système artériel ; *ce sont par conséquent deux ventricules* ». Celui de gauche donne naissance à

---

[1] *Leçons sur la physiologie et l'anatomie comparée*, tom. III, pag. 423.

l'aorte droite, et celui de droite, dans lequel débouche l'oreillette veineuse, loge l'orifice de l'autre crosse aortique ou aorte gauche, ainsi que l'orifice de l'artère pulmonaire [1].

Cette manière d'envisager le cœur des Iguanes rapprocherait singulièrement ces animaux des Crocodiliens, et en ferait un très-intéressant type de transition entre ces derniers et les Reptiles à ventricules communicants. Mais il faut abandonner cette conception du cœur des Iguanes, et arriver par une nouvelle étude à une connaissance exacte de cet organe.

Le cœur des Iguanes ne diffère du cœur des Lézards que par sa configuration extérieure. La disposition intérieure des cavités, des cloisons et des orifices est exactement semblable à celle des autres Sauriens. J'ai fait représenter (Pl. III, fig. 2) un cœur d'*Iguana delicatissima* de belles dimensions (l'espèce même sur laquelle a été faite la description de Cuvier), et l'on peut, en examinant la figure, constater l'exactitude de l'opinion que j'avance. La fausse-cloison et sa lèvre E ont été détachées de leur insertion inférieure, et présentent en H la coupe correspondant à cette insertion. A droite de cette fausse-cloison se trouve le vestibule pulmonaire, dans lequel s'ouvre l'artère pulmonaire C. A gauche se voient l'espace interventriculaire largement ouvert, et plus profondément le goulot qui conduit dans la loge artérielle. On aperçoit aussi la masse G de la face postérieure du ventricule, le faisceau oblique gauche L et ses subdivisions en colonnes. En haut et en arrière de la fausse-cloison se voit la valvule de l'orifice auriculo-ventriculaire droit relevée accidentellement en pointe. En arrière du sommet de la lèvre de la cloison se trouve l'orifice de l'aorte gauche B. En arrière de cet orifice et vers la loge gauche du ventricule je remarque l'orifice de l'aorte droite A ouverte dans toute sa longueur, et dont un des bords est caché par l'aorte gauche.

La description qui précède permet d'établir une ressemblance complète entre le cœur des Iguanes et celui des autres Reptiles à ventricules com-

---

[1] C'est par une confusion de mots bien facile à commettre dans la description de pareils détails qu'il faut attribuer l'erreur qui dans l'ouvrage cité rapporte l'aorte gauche au ventricule gauche, et l'aorte droite au ventricule droit. Cette confusion se retrouve du reste pag. 424, à propos des Crocodiliens ; et comme elle est en contradiction avec les dénominations adoptées dans le reste de l'ouvrage à ce sujet, il serait bon de la faire disparaître

municants. Dans celui-là comme dans celui-ci, en effet, il y a une loge pulmonaire à laquelle correspond l'artère de ce nom, un espace interventriculaire auquel correspondent les deux aortes et l'orifice auriculo-ventriculaire droit; on trouve enfin une loge artérielle sans orifice artériel direct, et dans laquelle s'ouvre l'oreillette gauche.

Il y a certainement loin de cette disposition à celle qu'on avait déjà attribuée au cœur des Iguanes. A ce point de vue donc, ce cœur ne peut être considéré comme un type distinct, intermédiaire entre le cœur des Reptiles et celui des Crocodiliens. Cependant, sous d'autres rapports, le cœur des Sauriens présente des modifications intéressantes qui peuvent lui donner cette situation intermédiaire. Ces modifications reposent sur :

1° L'accroissement relatif du diamètre antéro-postérieur des cavités ventriculaires;

2° L'accroissement des dimensions antéro-postérieures de la fausse-cloison et son redressement vers la gauche.

Ces circonstances donnent au vestibule pulmonaire une capacité supérieure à celle que l'on trouve chez les Ophidiens et *à fortiori* chez les Chéloniens. De plus, le transport vers la loge artérielle des orifices aortiques qui adhèrent à la fausse-cloison et qui la suivent, met l'aorte droite plus directement en relation avec la loge artérielle, et la dispose plus favorablement à recevoir le sang rouge de celle-ci (Pl. III, *fig.* 1 et 2, et dans Brücke Tab. XX, *fig.* 7 et 8). De tout cela il résulte, dans la proportion de sang noir réservée au système pulmonaire dans le degré de séparation des deux sangs, et dans l'attribution exacte du sang rouge aux aortes, de tout cela il résulte, dis-je, un perfectionnement remarquable qui nous conduit à l'intelligence des perfectionnements plus complets que nous allons constater dans la famille des Crocodiliens.

Quant au système aortique des familles de Reptiles dont nous venons de nous occuper, il présente des modifications dignes d'intérêt, qui diffèrent suivant ces familles et même quelquefois suivant certains groupes plus ou moins restreints. Je n'en parle point ici, parce que j'ai le dessein de donner quelque attention à ce sujet, quand je traiterai du développement sériel de l'appareil central de la circulation chez les Vertébrés.

CHAPITRE III

REPTILES A VENTRICULES SÉPARÉS

CROCODILIENS.

L'étude du cœur des Crocodiliens offre un intérêt considérable. Ce cœur présente en effet, dans la série des Vertébrés, la première réalisation d'une séparation complète, non pas des deux sangs, mais des deux cavités ventriculaires; et tout en conservant certains des caractères propres aux familles que nous venons d'étudier, il commence aussi à représenter le type des organisations supérieures. Il sert de trait d'union entre l'organe central de la circulation des animaux à sang froid et celui des animaux à sang chaud; et comme tel, il forme pour nous la clef de voûte d'une interprétation rationnelle de la constitution primitive du cœur, du mode de développement qu'il affecte et des modifications diverses qu'il présente, soit chez l'individu, soit dans l'espèce. Aussi apporterai-je beaucoup de soin et de précision dans sa description; car ici rien n'est à négliger, et tel détail, insignifiant en apparence, devient, quand il est sérieusement considéré, un véritable trait de lumière.

Réservant pour un chapitre postérieur la description des oreillettes, je vais m'attacher à la description des ventricules et des gros troncs artériels qui en naissent.

Puisque les Crocodiliens possèdent une cloison interventriculaire complète, je décrirai chacun des ventricules séparément, en conservant autant que possible les dénominations déjà employées dans les descriptions précédentes.

La forme de la portion ventriculaire du cœur des Crocodiliens est celle d'un cône à sommet arrondi, légèrement aplati d'avant en arrière. Elle se rapproche beaucoup de la forme du cœur des Lézards. Sa base est obliquement coupée de droite à gauche et de bas en haut, comme dans les familles déjà étudiées, et son sommet adhère fortement au péricarde par un faisceau de tissu fibreux.

Le ventricule droit est d'une capacité considérable et supérieure à celle du ventricule gauche. Comme chez les Reptiles à ventricules communicants, mais à un moindre degré, sa cavité descend plus près de la pointe du cœur que celle du ventricule gauche. La cavité du ventricule gauche d'autre part est relativement plus grande que chez les autres Reptiles et moins considérable que chez les Vertébrés à sang chaud. Or, comme nous savons aussi que chez les Vertébrés à sang chaud la cavité du ventricule droit s'arrête assez loin de la pointe du cœur, il en résulte que les Crocodiliens occupent à l'égard de la capacité relative et de la situation du ventricule droit une position intermédiaire entre les Reptiles ordinaires et les Vertébrés à sang chaud.

De plus, les parois du ventricule droit sont plus minces que celles du ventricule gauche; mais elles sont relativement plus épaisses que celles de la loge veineuse des autres Reptiles, tandis que les parois du ventricule gauche offrent moins de force et d'épaisseur relatives que celles de la loge artérielle de ces mêmes Reptiles. La différence d'épaisseur des parois des deux ventricules est donc beaucoup moins prononcée chez les Crocodiliens que chez les Tortues, les Serpents et les Lézards; et c'est là encore un caractère, accessoire sans doute, qui avec d'autres caractères plus importants nous aidera à rapprocher le cœur des Crocodiliens de celui des Vertébrés supérieurs.

De la partie antérieure de la base des ventricules, et un peu à droite de la ligne médiane, naît une réunion de gros troncs qui constituent le *Faisceau artériel*. Sur la face antérieure du ventricule, et à gauche du faisceau artériel, nous retrouvons ce sillon déjà décrit chez les Chéloniens, etc., et qui, très-prononcé au voisinage de la base, diminue rapidement de profondeur et est à peine accentué à partir de la portion moyenne du ventricule.

Le faisceau artériel est formé par l'artère pulmonaire et les deux aortes droite et gauche, fortement unies par un tissu fibreux élastique dense et serré qui les enveloppe, et au milieu duquel elles sont comme noyées. A ce niveau, chacun des gros troncs subit une dilatation remarquable, qui par son apposition aux dilatations voisines constitue un renflement arrondi et assez régulier, auquel nous donnerions volontiers, avec Bischoff, le nom de *Bulbe*, si ce nom ne devait conduire à une assimilation erronée avec le bulbe des Batraciens. J'adopte plutôt pour ce renflement le nom de *Cône*, que Bischoff lui a également donné (Pl. VII, *fig.* 1), (Pl. VIII, *fig.* 1,2), (Pl. IX, *fig.* 1, 2, 3), (Pl. XVIII, *fig.* 4). Quoique les vaisseaux soient fortement unis entre eux par une enveloppe commune de tissu fibreux élastique, chacun n'en conserve pas moins ses caractères propres et ses dispositions particulières. C'est ainsi que, tandis que l'aorte droite a des parois fort épaisses, résistantes, très-puissantes, l'artère pulmonaire possède des parois plus minces, moins consistantes, s'affaissant et se laissant plisser avec facilité. L'aorte gauche présente une constitution intermédiaire à celle de ces deux vaisseaux.

L'artère pulmonaire a son orifice en avant des deux orifices aortiques, dans l'angle que forment antérieurement ces deux orifices adossés, mais un peu vers la gauche. Cet orifice pulmonaire est par conséquent en avant et un peu à gauche de l'orifice de l'aorte gauche et directement en avant de l'orifice de l'aorte droite *C* (Pl. VIII, *fig.* 1, 2), *C* (Pl. IX, *fig.* 3), (Pl. XVI, *fig.* 4). De son point d'origine, l'artère pulmonaire se porte, en occupant la face antérieure du bulbe, très-obliquement en haut, à gauche et en arrière. Elle contourne ainsi le faisceau commun des deux aortes, en arrière desquelles elle se divise bientôt en deux gros troncs qui vont se distribuer chacun au poumon correspondant. Dans ce parcours, elle présente une dilatation très-considérable (Pl. VIII, *fig.* 2), à laquelle participent à la fois le tronc primitif de l'artère et la première partie des deux branches qu'il fournit. Par là se constitue un vaste *sinus* dont les parois, relativement minces et très-extensibles, peuvent, même sous une faible pression, donner accès à une quantité considérable de sang. Je dois faire remarquer que la dilatation correspondante de l'aorte droite est loin d'avoir la même étendue et la même importance, toutes proportions gardées. Quant à l'aorte gauche, sa dilatation est plus faible encore et se fait à peine remarquer. On peut juger de ces dispositions et de ces rapports par l'examen des *fig.* 2 (Pl. VIII) et *fig.* 3 (Pl. IX), dans lesquelles *C* désigne l'artère pulmonaire, *B* l'aorte gauche et *A A' A''* l'aorte droite et ses branches.

L'aorte gauche *B* naissant du ventricule droit en arrière et à droite de l'orifice pulmonaire, se porte au-devant de cette dernière artère, et suit un trajet oblique de bas en haut et de droite à gauche, pour aller constituer, sans avoir fourni de branches, la crosse aortique gauche. L'aorte droite A, venant du ventricule gauche, occupe d'abord la face postérieure de l'artère pulmonaire, puis de l'aorte gauche. Accolée à cette dernière, elle remonte obliquement en arrière et à droite, pour former la crosse aortique correspondante, après avoir fourni des vaisseaux importants pour la tête, le cou et les membres antérieurs.

Je ne dois point me borner à indiquer l'origine respective des troncs artériels; il importe aussi que je m'attache à en décrire les orifices, en insistant sur leurs formes et sur leurs rapports mutuels. Je signalerai tout d'abord le noyau ostéo-cartilagineux du cœur des Crocodiliens, qui, placé au point de contact des trois orifices artériels, joue un rôle très-important dans la constitution et les rapports de ces orifices. Ce noyau, je me hâte de le dire, n'est que le représentant accru et un peu modifié du noyau cartilagineux des Chéloniens, et l'on y retrouve les dispositions essentielles déjà observées chez ces derniers, mais avec quelques changements appropriés à des conditions nouvelles. Ce noyau forme dans le ventricule droit une saillie remarquable E (Pl. VII, fig. 1), E (Pl. VIII, fig. 1 et 2), saillie plus ou moins arrondie qui représente le corps même du noyau cartilagineux se voyant à nu dans le ventricule droit, tandis que chez les Chéloniens il est comme enfoui dans l'épaisseur de la fausse-cloison et de sa lèvre musculaire. Ce noyau est quelquefois irrégulier et présente des saillies et des dépressions plus ou moins multipliées. Tandis que chez les Chéloniens il conserve presque toujours sa nature cartilagineuse, chez les Crocodiliens il subit toujours en tout ou en partie une transformation osseuse qui, commençant au centre du noyau, s'étend plus ou moins vers la surface et envahit quelquefois le noyau tout entier. C'était le cas pour le cœur d'un petit Caïman (Pl. IX, fig. 1), et pour le cœur d'un autre Caïman de grande taille représenté dans fig. 1 (Pl. VII,) de grandeur naturelle. Ce noyau ostéo-cartilagineux donne naissance, comme celui des Chéloniens, à plusieurs apophyses, dont l'une antérieure et à droite, et l'autre postérieure.

L'apophyse antérieure est placée entre l'orifice de l'artère pulmonaire et celui de l'aorte gauche. Cette apophyse, représentée en Q, *fig.* 1 (Pl. VII et Pl. VIII), très-évidente en *fig.* 2 (Pl. IX), subit quelquefois partiellement une transformation osseuse. Elle constitue la partie antérieure et gauche du pourtour de l'orifice de l'aorte gauche. Chez les Chéloniens, elle donnait insertion à la partie supérieure de la lèvre de la fausse-cloison. Ici il n'en est rien, cette lèvre n'existant pas ou n'existant qu'à l'état de vestige, comme en N, *fig.* 1 (Pl. VII), *fig.* 1, 2 (Pl. IX).

L'apophyse postérieure du noyau cartilagineux est extrêmement remarquable comme dimensions et comme situation. Elle est représentée en E', *fig.* 1 (Pl. VII). Ainsi qu'on peut en juger par cette figure, cette apophyse forme une languette assez allongée, se terminant en pointe et placée entre les deux aortes droite et gauche. Comme chez les Chéloniens, elle constitue la lèvre antérieure d'une échancrure inter-aortique. Mais ce qu'il y a de remarquable ici, c'est que l'échancrure est transformée en une véritable ouverture, en un orifice complet, par suite d'un changement de situation des valvules sigmoïdes aortiques et du développement de la cloison qui sépare les vestibules aortiques l'un de l'autre. Par là se trouve constituée en effet cette ouverture remarquable que Brücke a nommée *Foramen Pannizzæ*, que Milne Edwards appelle plus justement *Pertuis aortique*, et qui sera décrite avec beaucoup de soin, à cause de son importance au point de vue de la physiologie et de la philosophie naturelle; j'y reviendrai après la description des orifices artériels.

Pour compléter l'étude du noyau cartilagineux, je dois signaler encore une saillie peu prononcée qui se porte en avant et à gauche, entre l'aorte droite et l'artère pulmonaire. C'est là que se fait l'insertion gauche de l'anneau bulbaire, que je décrirai plus tard.

L'orifice de l'artère pulmonaire est placé à l'extrémité d'un infundibulum ou entonnoir, et se trouve par conséquent dans un plan un peu supérieur à celui des orifices aortiques. Ses dimensions sont relativement plus grandes que celles de l'orifice correspondant des autres Reptiles. Il est muni de deux valvules sigmoïdes (Pl. VII, *fig.* 1), (Pl. VIII, *fig.* 2), (Pl. IX, *fig.* 2), (Pl. XVI, *fig.* 4), dont l'une antérieure est attachée à la paroi antérieure du ventricule droit, et dont l'autre postérieure est adhérente au noyau cartilagineux et semble tendue entre les deux apophyses antérieures de ce noyau. Ces deux valvules sont du reste identiques à celles de l'orifice pulmonaire des Chéloniens. Nous aurons à déterminer quelles sont leurs homologues chez les Batraciens.

L'orifice de l'aorte gauche mérite de nous arrêter plus longtemps. Je fais d'abord remarquer que cet orifice échappe facilement à la vue lorsqu'on examine superficiellement la cavité ventriculaire droite. Il est, en effet, la plupart du temps dissimulé par des plis et des inégalités remarquables que l'on n'est pas habitué à rencontrer autour des orifices artériels. Quand on l'étudie de près, on s'aperçoit que son anneau diffère singulièrement des anneaux appartenant à d'autres orifices artériels. Loin d'être régulièrement arrondi, il présente une forme très-allongée dont le grand diamètre est dirigé d'arrière en avant et un peu de dedans en dehors (Pl. VIII, *fig.* 2), (Pl. IX, *fig.* 2), (Pl. XVI, *fig.* 4). Il n'est point *béant*, comme les orifices artériels, mais revenu sur lui-même, ayant un calibre virtuel plutôt que réel. Il est limité par un rebord calleux plus ou moins résistant, dans tous les cas irrégulier et formant des bourrelets épais et inégaux qui rétrécissent l'ouverture. Si l'on examine encore plus intimement l'anneau artériel, on s'aperçoit qu'il est en réalité divisé en deux demi-anneaux, l'un interne et un peu antérieur, l'autre externe et un peu postérieur (Pl. XVI, *fig.* 4), qui sont clairement représentés *fig.* 1 (Pl. VII et Pl. VIII). Ces deux demi-anneaux, ou plus justement ces deux demi-ellipses (puisque chacun représente un des côtés de l'orifice aplati) donnent chacune insertion à l'une des valvules sigmoïdes de l'aorte gauche, qui sont par conséquent, l'une externe et postérieure, l'autre interne et antérieure. La nature de ces deux demi-ellipses varie suivant les sujets, l'âge, etc. L'externe est quelquefois formée par un tissu fibreux de consistance calleuse, comme dans l'*Alligator sclerops* de la *fig.* 2 (Pl. VIII). Quelquefois, au contraire, ce tissu fibro-calleux renferme un arc cartilagineux plus ou moins développé. D'autres fois, l'arc cartilagineux renferme un noyau osseux plus ou moins étendu, et il peut aussi arriver que l'ossification ait tout envahi et que la demi-ellipse externe soit entièrement osseuse. Quant à la demi-ellipse interne, sa nature varie également. Je dois faire remarquer que, comme on peut en juger par les *fig.* 1 (Pl. VII et Pl. VIII), ce demi-anneau est plus étendu que l'autre, parce qu'il est continué par l'apophyse antérieure du noyau ostéo-cartilagineux. Comme le demi-anneau externe, il est tantôt formé de tissu fibreux dense, de fibro-cartilage, ou même de tissu osseux, et le plus souvent d'un noyau cartilagineux central entouré et prolongé par des tissus fibreux. Ces diverses transformations histologiques du pourtour de l'orifice aortique gauche sont du reste dans un rapport fidèle avec les transformations correspondantes du noyau ostéo-cartilagineux. L'*Alligator sclerops* de la *fig.* 2 (Pl. VIII) avait un anneau aortique presque exclusivement fibro-calleux, sans cartilage, quoique l'animal fût de grande taille (2 mèt. 50 cent.). Le *Crocodilus lucius* de la Planche VII, qui était d'une taille un peu moindre, avait pourtant deux demi-ellipses cartilagineuses renfermant au centre un petit noyau osseux. Enfin le petit Caïman de la *fig.* 1 (Pl. IX), qui avait environ un mètre de longueur, présentait une ossification complète du noyau ostéo-cartilagineux et des demi-ellipses de l'orifice aortique. Mais, chose remarquable ! dans aucun cas, quelle que fût la nature de ces deux demi-ellipses, je ne les ai rencontrées soudées l'une à l'autre. Elles ont toujours conservé leur mobilité réciproque, et leurs extrémités correspondantes ont toujours été unies par des liens fibreux d'une certaine souplesse. Ces sortes de symphyses lâches et mobiles se trouvent à peu près aux extrémités du grand axe de l'orifice aortique, et là aussi correspondent des dispositions particulières dont le lecteur comprendra plus tard toute la signification.

Ainsi, au niveau de l'extrémité postérieure on remarque sur les parois ventriculaires un angle ou pli profond V (Pl. VII et VIII, *fig*. 1), qui s'ouvre ou se referme très-facilement. De l'extrémité antérieure de l'orifice aortique partent des plis plus ou moins nombreux qui rayonnent autour de cette extrémité, et qui sont bien représentés en U (Pl. VIII *fig*. 2). Ces plis, qui sont constants, ne sont pas également prononcés chez tous les sujets; mais sur celui-ci, ils étaient nombreux, profonds et se fermaient d'eux-mêmes. On ne pouvait les considérer comme un résultat du retrait des parties après la mort, car ils avaient l'aspect et la conformation de véritables dispositions organiques, et l'un d'entre eux, le supérieur, était comme goudronné et frangé. Lorsqu'on dilatait l'orifice aortique, ces plis s'effaçaient en grande partie, mais non entièrement ; et dès que cet orifice était abandonné à lui-même et se refermait en s'aplatissant, les plis se refermaient et acquéraient leur profondeur primitive. J'insiste à dessein sur cette disposition, car elle est une véritable révélation des fonctions et du rôle de cet orifice aortique, dont le sort est évidemment d'être tantôt ouvert et tantôt assez violemment et assez longtemps aplati pour qu'il se forme des plis permanents à ses deux extrémités.

Le fait important que j'énonce ici résulte également de l'examen du cœur de Caïman *fig.* 1 (Pl. IX), sur lequel les deux demi-ellipses étaient entièrement ossifiées. Sur ce cœur, en effet, l'orifice aortique se présentait sous la forme d'une fente très-allongée, moins large que ne l'indique la figure, et limitée sur ses deux côtés par deux arcs osseux aplatis, dont la mobilité limitée était juste suffisante pour permettre un rapprochement complet des deux bords et une oblitération de l'ouverture. Cette pièce vraiment précieuse m'a permis de saisir, fixée à l'état d'os pour ainsi dire, la forme de l'orifice aortique gauche, en dehors de tout soupçon de déformation *post mortem*. Elle prouve que cet orifice est soumis à des causes d'aplatissement fréquemment renouvelées. Elle prouve également que cet aplatissement, qui peut aller jusqu'à l'oblitération complète, n'est pourtant pas constant, et qu'il y a des alternatives de fermeture et de dilatation, puisque chez ce sujet, où l'ossification du noyau ostéo-cartilagineux et des deux demi-ellipses avait été poussée aussi loin que possible, les deux demi-ellipses avaient pourtant conservé leur indépendance et leur mobilité relative. Les ligaments synarthrodiaux qui les reliaient avaient résisté à l'envahissement osseux, grâce aux mouvements alternatifs dont ils étaient le siége.

Cette étude de l'orifice aortique gauche me donne le droit de conclure que cet orifice : 1° est irrégulier, de faibles dimensions, très-peu dilatable et très-peu favorable à l'introduction simultanée d'une grande quantité de sang ; 2° qu'il est soumis à des causes alternatives d'ouverture et de fermeture par aplatissement ; 3° que les périodes d'aplatissement doivent être relativement prolongées, puisqu'elles laissent des plis permanents qui restent spontanément fermés.

Si maintenant on pénètre dans l'aorte gauche, et si on la sectionne au niveau de l'angle antérieur de l'orifice, comme cela est représenté *fig.* 1 (Pl. VII), voici ce que l'on observe ; l'orifice aortique est garni de deux valvules sigmoïdes dont j'ai déjà parlé, et dont l'une interne est plus étendue que l'externe ; si la valvule interne est incisée comme dans la *fig.* 1 (Pl. VII), on voit à découvert et dans toute son étendue le pertuis aortique que la valvule cachait entièrement avant toute incision.

Le pertuis aortique T est une grande ouverture de forme ovalaire à grand diamètre antéro-postérieur; elle fait communiquer l'aorte gauche avec la droite. Il est limité en haut par l'apophyse postérieure E' du noyau ostéo-cartilagineux, et en bas par la demi-ellipse interne de l'orifice aortique gauche sur laquelle s'insère, à droite la valvule sigmoïde interne de l'aorte gauche, et à gauche la valvule sigmoïde interne de l'aorte droite. De cette manière, le pertuis aortique se trouve recouvert et caché de chaque côté par une valvule sigmoïde, et sur la *fig.* 1 (Pl. VII), grâce à la section médiane de la valvule de l'aorte gauche, on aperçoit au fond du pertuis la valvule sigmoïde plissée de l'aorte droite. L'examen de cette figure, qui est extrêmement fidèle, peut suffire à démontrer que la valvule de l'aorte droite s'élève moins haut que celle de l'aorte gauche, et que par conséquent le pertuis est plus facilement accessible par l'aorte droite que par l'aorte gauche. C'est là un fait avancé par Pannizza, et dont j'ai pu parfaitement vérifier l'exactitude. Nous verrons plus tard les conclusions que l'on peut en tirer.

Le pertuis aortique, limité en haut et en bas par des arcs cartilagineux fixés au noyau ostéo-cartilagineux et que rien ne tend à rapprocher, reste constamment béant et ne peut être oblitéré que par l'application latérale face à face des deux valvules sigmoïdes. Je crois utile d'ajouter que ce pertuis, que Cuvier et Duvernoy ont considéré comme transitoire et comme s'effaçant à l'état adulte, a été trouvé constant et permanent par Hentz (1824), par Harlan (1824 et 1835), par Pannizza (1833), par Mayer (de Bonn) (1835), par Bischoff (1836), par Brücke (1852), par Poey (1853), par Poëlman (1854) et par Crisp (1855). Je demande la permission d'ajouter que chez tous les animaux adultes que j'ai examinés j'ai toujours trouvé le pertuis aortique largement ouvert.

Les détails que je viens de donner sur le foramen de Pannizza me dispensent d'insister longuement sur l'orifice de l'aorte droite. Ce vaisseau, d'un très-gros volume, est en relation avec le ventricule gauche. Son orifice A (Pl. VII, *fig.* 2), est profondément caché à l'extrémité d'un infundibulum placé sous une large valvule auriculo-ventriculaire *B*. Il est muni de deux valvules sigmoïdes, dont l'une, droite et un peu antérieure, a été déjà étudiée dans ses rapports avec le pertuis aortique. L'autre valvule est gauche et un peu postérieure.

A l'origine du faisceau artériel se trouve une sorte de demi-anneau, d'écharpe ou de cravate musculaire, qui correspond exactement à l'anneau bulbaire des Chéloniens, etc., et que je désire faire connaître avec précision. Cette cravate, qui est fidèlement représentée en *X* dans la *fig*. 3 (Pl. IX), n'a pas encore été décrite chez les Crocodiliens, quoiqu'elle ait une importance que la suite de ce travail fera assez comprendre. Elle est désignée par la lettre *X* dans les diverses figures où je l'ai fait représenter. En jetant les yeux sur la *fig*. 3 (Pl. IX), qui lui est plus spécialement destinée, on peut se rendre compte de sa forme et de sa composition. Cet anneau bulbaire, comme celui des Chéloniens, s'insère à gauche sur le noyau ostéo-cartilagineux, dans l'angle que forment en avant et à gauche l'aorte droite et l'artère pulmonaire. De là ses fibres se portent en se multipliant et en s'étalant sur la face antérieure du vestibule ou infundibulum de l'artère pulmonaire *X* (Pl. VIII, *fig*. 1 et 2, Pl. VII, *fig*. 1, Pl. IX, *fig*. 1); à ce niveau, l'écharpe atteint sa plus grande largeur. Parvenues au niveau de la cloison qui sépare l'artère pulmonaire de l'aorte gauche, le plus grand nombre de ses fibres musculaires s'insèrent sur cette cloison, c'est-à-dire par conséquent au sommet de l'apophyse antérieure du noyau ostéo-cartilagineux *Q* (Pl. VII et Pl. VIII, *fig*. 1), et par conséquent aussi au niveau de l'extrémité antérieure de l'ellipse aortique. Les autres fibres, réduites à un petit faisceau, se jettent sur la paroi externe de l'aorte gauche, c'est-à-dire sur la demi-ellipse externe, et se perdent progressivement sur cette paroi sous la forme d'une queue qui se prolonge jusqu'au sillon de séparation des deux aortes, mais sans atteindre jamais les parois de l'aorte droite.

Le bulbe des Crocodiliens forme donc une écharpe étendue surtout autour de l'infundibulum de l'artère pulmonaire et autour de l'orifice de l'aorte gauche. Cette écharpe, large dans sa partie moyenne, se rétrécit et s'amincit aux extrémités et surtout à l'extrémité droite. La partie moyenne descend au-dessous des extrémités, qui sont relevées de telle sorte qu'il y a courbure à la fois suivant les faces et suivant les bords. La forme générale de cette écharpe bulbaire est à peu près celle d'un croissant.

Le bulbe des Crocodiliens diffère de celui des Chéloniens parce qu'il est plus puissant, plus large, et parce qu'il se distingue moins nettement au premier abord des parois ventriculaires voisines, avec lesquelles il semble vouloir se confondre. C'est à cette dernière particularité qu'il faut attribuer sans doute le silence des auteurs à son égard, et par suite l'ignorance du rôle important que joue ce ruban musculaire.

Le rôle et les fonctions de l'anneau bulbaire des Crocodiliens se déduisent facilement de l'étude anatomique que nous venons d'en faire. Cet anneau ne peut avoir pour point fixe que son insertion gauche sur le noyau ostéo-cartilagineux et doit naturellement en rapprocher à chaque contraction ses deux insertions mobiles, qui sont à droite. En agissant ainsi, il rétrécit et comprime l'infundibulum de l'artère pulmonaire et exprime le sang qui y est contenu. Mais en même temps ses fibres insérées sur l'angle antérieur de l'orifice aortique gauche rétrécissent fortement cet orifice en l'allongeant comme une boutonnière dont les deux extrémités sont tirées en sens inverse. De plus, les fibres musculaires de l'anneau qui recouvrent l'aorte gauche appliquent directement la demi-ellipse externe contre la demi-ellipse interne, et rendent l'orifice impénétrable. Les plis permanents, soit postérieurs V (Pl. VIII, *fig.* 1), soit antérieurs U (Pl. VIII, *fig.* 2), que nous avons si bien remarqués autour de l'orifice aortique gauche, sont à la fois les conséquences et les témoins de cet aplatissement aortique ; et la forme très-étroite et allongée de l'orifice B' du cœur, *fig.* 1 (Pl. IX), sur lequel les deux bords de l'ellipse étaient entièrement ossifiés, est également un témoin irrécusable de cette action du bulbe sur l'orifice aortique gauche.

Nous avons déjà signalé chez les Chéloniens cette action oblitérante de l'anneau bulbaire sur cet orifice aortique ; mais chez ces animaux un autre fait remarquable était produit : c'était l'application du bord de la lèvre de la fausse-cloison contre la masse postérieure du ventricule, et par conséquent la formation d'une cavité vestibulaire distincte et nettement isolée pour l'artère pulmonaire. Ici cet effet ne peut être atteint, puisque la lèvre de la fausse-cloison manque ; et tandis que le noyau ostéo-cartilagineux et son apophyse antérieure viennent appuyer contre la paroi du ventricule, il existe au-dessous d'eux un espace vide qui maintient une communication constante entre le vestibule pulmonaire et le reste de la cavité ventriculaire, c'est-à-dire l'espace correspondant au vestibule de l'aorte gauche et à l'orifice auriculo-ventriculaire droit. C'est là une considération très-importante que je tenais à présenter, et dont l'application trouvera naturellement sa place quand j'aurai à traiter la partie purement physiologique de ce chapitre.

On peut considérer le ventricule droit comme ayant deux parois, l'une interne légèrement convexe, et l'autre externe fortement concave. Il a de plus une base et un sommet. La paroi interne correspond à la cloison interventriculaire. Le sommet de l'angle antérieur des deux parois est occupé par l'orifice de l'artère pulmonaire; au sommet de l'angle postérieur correspond l'orifice auriculo-ventriculaire. Entre les deux se place l'orifice de l'aorte gauche; à la base du ventricule droit se trouvent donc trois orifices, dont deux nous sont déjà bien connus. Pour être complet, il me reste à parler de l'orifice auriculo-ventriculaire.

L'orifice auriculo-ventriculaire H (Pl. VII, fig. 1) est oblong et dirigé d'avant en arrière et de droite à gauche. Il est situé à gauche et en arrière, et son extrémité postérieure se trouve un peu engagée derrière le ventricule gauche. Son plan n'est pas horizontal, mais oblique de haut en bas et d'avant en arrière. Cet orifice est fermé, lors de la systole ventriculaire, par un système de valvules très-remarquables, dont la forme, la nature et la position frappent immédiatement l'œil de l'observateur. L'une est antérieure P (Pl. VII, fig. 1; Pl. VIII, fig. 1 et 2; Pl. IX, fig. 1 et 2); l'autre est postérieure S' (Pl. VII, fig. 1; Pl. VIII, fig. 1 et 2; Pl. IX, fig. 1 et 2). Comme la valvule postérieure S' dépend en grande partie de certains faisceaux musculaires qui appartiennent à la paroi externe du ventricule gauche, et comme la valvule antérieure P a des relations remarquables avec ces faisceaux, je dois décrire les parois ventriculaires avant de passer à l'étude des valvules.

Si l'on examine la paroi interne du ventricule droit en allant de la partie antérieure à la partie postérieure, voici ce que l'on y remarque:

Du noyau cartilagineux E (Pl. VII, fig. 1; Pl. VIII, fig. 2), qui se trouve placé entre les trois orifices artériels, part en dedans de l'orifice pulmonaire un faisceau musculaire important *N* (Pl. VII, *fig.* 1; Pl. VIII, *fig.* 1 et 2). Ce faisceau, qui suivant les sujets est plus ou moins distinct des faisceaux voisins, représente la fausse-cloison des Chéloniens, etc. Étroit et épais à son extrémité ou insertion supérieure, il s'étale légèrement en éventail pour se porter obliquement, en bas et en avant, vers la paroi antérieure du ventricule. Là, comme chez les Chéloniens, ses fibres se divisent en deux ordres. Les unes, profondes, se jettent sur la paroi antérieure du ventricule gauche, et les autres, superficielles, qui apparaissent à nu dans le ventricule droit, se jettent sur la paroi externe de ce ventricule, et se portent, *N'*, *N''* (Pl. VIII, *fig.* 2), en bas et en arrière jusqu'à l'angle postérieur de ce ventricule. Arrivées là, les unes se recourbent de nouveau en bas et en avant, et pénètrent dans l'épaisseur de la partie inférieure de la cloison interventriculaire; les autres remontent dans la paroi postérieure du ventricule gauche.

Il convient de remarquer, à propos de cette fausse-cloison du cœur des Reptiles, combien elle a perdu chez les Crocodiliens de son volume et de son importance, et combien surtout elle est considérablement amoindrie et modifiée par le défaut complet de cette lèvre qui, partant de l'apophyse antérieure du noyau cartilagineux, servait à la fois à séparer l'orifice aortique de l'orifice pulmonaire, et à isoler le vestibule pulmonaire du vestibule de l'aorte gauche. Ici l'apophyse cartilagineuse est conservée *Q* (Pl. VII et Pl. VIII, *fig.* 1), ainsi que la saillie du noyau cartilagineux *E* (Pl. VII, *fig.* 1; Pl. VIII, *fig.* 1 et 2; Pl. IX, *fig.* 1 et 2); mais ces parties saillantes sont à nu et dépouillées de fibres musculaires, et les deux orifices pulmonaire et aortique gauche, loin d'être cachés l'un à l'autre comme ils le sont (Pl. VI, *fig.* 1; Pl. V, *fig.* 1 et 2), sont au contraire en vue l'un de l'autre et appartiennent à une même cavité non cloisonnée.

Du noyau cartilagineux partent quelquefois des fibres qui rayonnent en bas et en arrière *Z* (Pl. VII, *fig.* 1 et Pl. VIII, *fig.* 1), formant une couche mince et se perdant bientôt sur un faisceau très-important que je vais décrire. Ces fibres rayonnantes *Z* n'existent pas toujours. Quand elles existent, elles constituent ce que j'appellerai le *Premier faisceau rayonnant antérieur.*

En arrière des vestiges de la fausse-cloison, la face interne du ventricule est en effet tapissée par un faisceau musculaire volumineux Y (Pl. VII, fig. 1 et Pl. VIII, fig. 1) qui, prenant naissance au niveau de l'extrémité postérieure de l'orifice auriculo-ventriculaire, ou plus exactement au-dessous de la cloison inter-auriculaire et à la face inférieure des valvules atrio-ventriculaires, vient se porter en bas et en avant sous forme de colonnes et de trabécules formant un éventail dont les rayons gagnent le sommet et la face antérieure du ventricule dans le plan de la fausse-cloison. Leur distribution ultérieure est du reste assez semblable à celle des fibres de cette dernière. Le bord antérieur de ce faisceau, que je nommerai *Premier faisceau rayonnant postérieur*, vient se confondre plus ou moins avec le bord postérieur de la fausse-cloison. Son bord postérieur repose sur la face postérieure du ventricule, et se met en relation avec la face inférieure et le bord adhérent de la valvule auriculo-ventriculaire antérieure P (Pl. VII, Pl. VIII, fig. 1). Quelquefois ce premier faisceau rayonnant postérieur se distingue plus nettement de la fausse-cloison par une direction plus oblique et va passer au-dessous d'elle (Pl. IX, fig. 2).

Ainsi donc, les parties appartenant proprement à la paroi interne du ventricule droit sont : 1° la fausse-cloison N; 2° le premier faisceau rayonnant antérieur Z, qui est toujours peu développé; et 3° le premier faisceau rayonnant postérieur Y, qui est considérable.

Ces faisceaux rayonnants antérieur et postérieur doivent être en réalité considérés comme représentant les faisceaux saillants qui produisent le goulot ou rétrécissement interventriculaire des Reptiles à ventricules communicants O, P (Pl. V, fig. 3), P, R (Pl. V, fig. 4), Y, Z (Pl. VI, fig. 2); ils constituent chez les Crocodiliens la véritable *Cloison interventriculaire*. Mais il faut remarquer qu'au-dessus d'eux, dans l'angle ouvert supérieurement qu'ils laissent entre eux et au-dessous de l'orifice de l'aorte gauche, il resterait un espace libre mis en évidence dans la fig. 1 (Pl. VIII), et qui établirait une communication entre les deux ventricules, au-dessous même des orifices aortiques et du foramen de Pannizza. Or, remarquons que les parties des deux ventricules qui seraient ainsi mises en relation directe par cette ouverture supposée correspondent précisément aux vestibules aortiques droit et gauche des Chéloniens, etc. Ces deux vestibules communiquent largement chez ces derniers animaux et n'ont qu'un rudiment de cloison que j'ai signalé le premier, et qui n'est qu'une saillie fibreuse surmontant la saillie postérieure de la fausse-cloison E (Pl. VI, *fig.* 2), O (Pl. V, *fig.* 4). Chez les Crocodiliens, cette saillie fibreuse, prenant plus de développement, forme une véritable lame ou cloison fibreuse dont le bord supérieur se confond avec le bord inférieur du trou de Pannizza (Pl. VIII, *fig.* 1), et qui constitue une véritable *Cloison intervestibulaire*.

Quant au pertuis aortique, il représente fidèlement la fente inter-aortique que j'ai décrite chez les Chéloniens, fente transformée ici en orifice complet par la présence de la *cloison intervestibulaire*, et par le mode nouveau d'insertion des valvules sigmoïdes aortiques. Ces valvules, qui s'inséraient chez les Chéloniens, etc., l'une en avant et l'autre en arrière de la fente inter-aortique A', B' (Pl. V, *fig.* 4), (Pl. XVI, *fig.* 7), de manière à comprendre cette fente dans leur angle de séparation, s'insèrent au contraire chez les Crocodiliens de façon à ce que l'une d'entre elles, l'interne pour chaque aorte, embrasse la fente dans sa concavité (Pl. VII, *fig.* 1), (Pl. XVI, *fig.* 8), de telle sorte que les bords adhérents de ces valvules se correspondent et viennent s'insérer au bord supérieur de la *cloison intervestibulaire* (Pl. XVI, *fig.* 8).

Ainsi donc, chez les Crocodiliens, la cloison de séparation des deux cavités ventriculaires, vue du côté du ventricule droit, présente à considérer deux portions distinctes : 1° la *cloison interventriculaire*, qui est charnue et formée par les *faisceaux rayonnants antérieur et postérieur*, 2° la *cloison intervestibulaire*, qui est membraneuse et quelquefois tapissée en partie par quelques fibres du premier faisceau rayonnant antérieur (Pl. VIII, *fig.* 1). Enfin au-dessus se trouve la *fente inter-aortique* transformée en *pertuis aortique*.

Cette manière de concevoir la formation de la cloison complète des ventricules des Crocodiliens est très-importante et donne parfaitement l'explication de certains faits tératologiques sur lesquels je reviendrai plus tard. Pour le moment, je me borne à soulever une objection qui naîtra certainement dans l'esprit du lecteur, et à laquelle je donnerai une solution qui, je l'espère, sera trouvée satisfaisante. Si la saillie fibreuse E du cœur de la Tortue de la *fig.* 2 (Pl. VI) venait à former par son développement la cloison intervestibulaire, et par conséquent le complément de la cloison des ventricules, il devrait en résulter que le ventricule droit, donnant naissance à l'artère pulmonaire et à l'aorte gauche, se trouverait sans relations avec l'orifice auriculo-ventriculaire droit qui est placé entre les valvules P et Q (Pl. VI, *fig.* 2), tandis que le ventricule gauche serait à la fois en relation avec l'aorte droite et les deux orifices auriculo-ventriculaires. Or ce sont là des conditions qui s'opposeraient absolument au fonctionnement normal du cœur, et qui ne se rencontrent du reste pas chez les Crocodiliens, chaque ventricule étant directement en communication avec l'oreillette correspondante.

C'est là une objection sérieuse et qui ne nous permettrait pas d'établir les homologies précédentes et de poursuivre avec succès la série des transformations que je viens d'exposer, si nous ne pouvions y répondre complètement. Mais comme cette réponse appartient au chapitre où je traiterai d'une manière générale du développement du cœur et de l'enchaînement de ces transformations successives dans la série des Vertébrés, je renvoie le lecteur à cette partie de mon travail.

La paroi externe du ventricule droit est tapissée par des fibres dont la direction générale est oblique de *haut en bas et d'avant en arrière*, dans toute la partie supérieure de leur parcours. Ces fibres présentent de telles analogies avec celles que j'ai décrites dans le cœur des Chéloniens, qu'il me suffira de désigner les groupes que j'ai déjà reconnus chez ces animaux. Il ne me restera ensuite qu'à insister sur ce que leur disposition présente de particulier chez les Crocodiliens.

Dans le cœur de ces derniers Reptiles, on trouve comme chez les Chéloniens : 1° un *faisceau droit antérieur* R (Pl. VII, *fig.* 1), qui s'unit bientôt à un *faisceau droit postérieur* I (Pl. VII, *fig.* 1), pour constituer un *faisceau commun* qui présente inférieurement une distribution exactement comparable à celle qu'il affecte chez les Chéloniens, avec cette différence pourtant que, la fausse-cloison étant très-réduite et la lèvre n'existant pas, les relations des fibres du faisceau commun avec la base de la lèvre sont supprimés. Les fibres de ce faisceau commun qui pénétraient à travers les faisceaux de la base de la lèvre, pour se porter sur la paroi antérieure du ventricule gauche, sont au contraire à nu chez les Crocodiliens et peuvent être facilement suivies dans leur parcours, comme en N'' (Pl. VIII fig. 2).

Les fibres *commissurantes* qui relient les faisceaux droits antérieur et postérieur des Chéloniens se retrouvent également chez les Crocodiliens. Je recommande au lecteur à cet égard, et du reste pour ce qui regarde aussi les faisceaux que je viens d'étudier, la comparaison de la fig. 1 (Pl. VI) d'un cœur de Tortue Midas, avec la fig. 2 (Pl. VIII), qui représente un cœur d'*Alligator sclerops*. Il lui sera certainement facile de saisir les ressemblances remarquables que présentent ces deux figures au point de vue des faisceaux R et I que je viens de décrire.

Mais s'il y a une analogie évidente dans la disposition de ces diverses parties, il y a aussi des différences notables qui sont loin d'être sans influence sur le fonctionnement du cœur. Chez les Crocodiliens le *faisceau commun* est plus développé et plus puissant que chez les autres Reptiles. Il constitue un épaississement notable de la paroi externe du ventricule droit, et il commence à donner une idée de la puissance qu'il acquiert chez les Oiseaux et les Mammifères, où il a reçu le nom de *Pont musculaire*.

J'ajoute comme considération importante que ce faisceau, qui prend naissance sur toute l'étendue de la demi-ellipse externe de l'orifice aortique gauche, que ce faisceau, dis-je, affecte une obliquité générale en bas et en arrière qu'il n'avait pas chez les Chéloniens. Il est en effet fortement dirigé en arrière et va prendre pour ainsi dire ses insertions sur la partie inférieure de l'angle postérieur du ventricule. Il résulte clairement de cette disposition que lorsque ce faisceau se contracte, il a une tendance très-prononcée à porter fortement la paroi externe du ventricule contre la paroi interne, à appliquer la demi-ellipse externe de l'orifice aortique gauche contre sa demi-ellipse interne, et à clore cet orifice en l'aplatissant vigoureusement. Le volume et surtout l'obliquité de ce faisceau contribuent à rendre cet effet plus prompt et plus énergique.

J'ai décrit sur la paroi postérieure de la cavité ventriculaire des Chéloniens un faisceau puissant auquel j'ai donné le nom de *Faisceau oblique gauche*. Ce faisceau, composé de colonnes dirigées en bas et à gauche, était séparé du faisceau droit postérieur par la base de la lèvre de la fausse-cloison. Cette lèvre étant supprimée chez les Crocodiliens, nous ne devons plus nous attendre à retrouver chez eux la séparation des deux faisceaux postérieurs; cette séparation n'existe pas en effet : les faisceaux sont contigus ; leur délimitation rigoureuse n'est pas facile, mais on retrouve fort bien les fibres qui appartiennent à chacun des deux. Pour le faisceau droit postérieur, nous venons de faire cette reconnaissance ; il sera aisé de la faire pour le faisceau gauche postérieur : les fibres qui lui appartiennent, très-obliquement dirigées de haut en bas et de droite à gauche, sont désignées par les lettres $S\ S'\ S''$ dans la *fig.* 1 (Pl. VII) et *fig.* 1 et 2 (Pl. VIII). Elles se dirigent vers l'angle postérieur du ventricule droit et prennent là deux directions différentes : les unes pénètrent dans la cloison interventriculaire et s'unissent S'' (Pl. VII, *fig.* 1) au premier faisceau rayonnant postérieur ; les autres se portent dans la paroi postérieure du ventricule gauche. A ces fibres naissant du bord postérieur des orifices aortiques succèdent des fibres semblables naissant de la partie postérieure de l'anneau auriculo-ventriculaire, comme du reste chez les Chéloniens. Ces fibres forment des colonnes charnues qui limitent entre elles des vacuoles. Je répète ici que chez les Crocodiliens comme chez les Reptiles à ventricules communicants, au-dessous des valvules auriculo-ventriculaires et au niveau même du bord inférieur de la cloison des oreillettes, naissent des colonnes charnues plus saillantes que les voisines et qui constituent les *couches ou faisceaux rayonnants antérieurs et postérieurs.* Ces faisceaux rayonnants ne sont en effet que des colonnes détachées des masses charnues antérieure ou postérieure, colonnes plus saillantes que les voisines et constituant par leur rencontre et leur entre-croisement la véritable cloison interventriculaire. Nous verrons à propos du ventricule gauche que ces faisceaux sont multiples et donnent à la cloison une certaine épaisseur.

J'aurai complété la description du ventricule droit quand j'aurai fait connaître l'appareil valvulaire auriculo-ventriculaire. La forme et la disposition de cet appareil surprennent beaucoup au premier abord, et son homologie avec l'appareil valvulaire des Chéloniens est loin d'être facile à saisir, si l'on n'apporte une grande attention aux relations des parties.

L'occlusion de l'orifice atrio-ventriculaire est effectuée par deux valvules, dont l'une très-grande et surtout fibreuse, et dont l'autre de moindres dimensions est exclusivement musculaire.

La grande valvule fibreuse *P* (Pl. VII, *fig*. 1 ; Pl. VIII, *fig*. 1 et 2 ; Pl. IX, *fig*. 1 et 2) peut être considérée comme un ruban de forme trapézoïde irrégulière, présentant un bord libre et trois bords adhérents, deux extrémités ou cornes et deux faces. Pour la décrire, je dois la supposer dans une position déterminée, tout en ayant soin d'indiquer ultérieurement les changements de forme et de position qu'elle peut affecter aux divers moments de l'action cardiaque. Supposant la valvule à l'état d'abaissement, c'est-à-dire telle qu'elle est représentée en *P* (Pl. VII, *fig*. 1), on peut dire qu'elle a une face inférieure qui regarde la cloison interventriculaire, et l'autre supérieure qui regarde l'orifice auriculo-ventriculaire 5' (Pl. XVI, *fig*. 4).

Les trois bords interne, antérieur et postérieur sont tous adhérents ; le bord externe seul est libre. Le bord interne s'aperçoit dans la *fig*. 2 (Pl. VII), derrière la corne antérieure de la valvule (Pl. XVI, *fig*. 4). Il est court et adhère au bord interne de la valvule auriculo-ventriculaire interne du ventricule gauche. Ce bord est suivi en avant du bord antérieur, qui adhère dans sa portion postérieure au bord postérieur de la cloison intervestibulaire, comme le montrent les *fig*. 1 (Pl. VIII) et *fig*. 4 (Pl. XVI). Ce bord antérieur, plus long que l'interne, s'infléchit en arrière et décrit ainsi une courbe convexe en avant. Les deux bords interne et antérieur se continuent l'un avec l'autre sans former d'angle appréciable (Pl. XVI, *fig*. 4). Le bord postérieur est plus long que les deux précédents; il est très-oblique de haut en bas et d'avant en arrière (Pl. VII et Pl. VIII, *fig*. 1), presque vertical. Il donne insertion à des fibres musculaires qui se confondent avec les faisceaux obliques postérieurs, après avoir tapissé le quart inférieur de la valvule. Le bord externe libre est membraneux, mince et égal; il affecte des formes et des situations différentes suivant que la valvule est abaissée ou relevée. La valvule se termine supérieurement par une corne ou angle aigu qui s'insère au-dessous de l'extrémité postérieure de l'orifice aortique gauche sur un noyau fibreux appartenant à la partie externe de l'anneau auriculo-ventriculaire, et dont je déterminerai plus tard la vraie signification (Pl. VII, *fig*. 1) ; (Pl. VIII, *fig*. 1 et 2) ; 5' (Pl. XVI, *fig*. 4). De ce noyau partent, dans une direction opposée, des fibres musculaires appartenant aux faisceaux obliques postérieurs droit et gauche.

L'extrémité inférieure de la valvule, au lieu de présenter comme l'extrémité supérieure une structure exclusivement fibreuse, se couvre d'une couche musculaire dont l'épaisseur s'accroît de haut en bas. Cette lame va se jeter sur la paroi postérieure du ventricule, et ses fibres musculaires s'épanouissent pour se joindre aux fibres de la paroi correspondante, dont elles partagent le trajet ultérieur (Pl. VII et Pl. VIII, *fig.* 1). Cette partie musculaire de la valvule joue naturellement le même rôle que les muscles papillaires des Mammifères.

La forme étroite et allongée de cette valvule ne lui permettrait pas de fermer assez complètement l'orifice auriculo-ventriculaire. Aussi y a-t-il une seconde valvule exclusivement musculaire qui vient lui faire face et joindre son action à la sienne. Cette valvule S' (Pl. VII, *fig.* 1 ; Pl. VIII, *fig.* 1 et 2 ; Pl. IX, *fig.* 1 et 2) ; 5^2 (Pl. XVI, *fig.* 4) est constituée par la saillie remarquable d'une colonne charnue appartenant au faisceau oblique gauche, et prenant naissance sur le noyau fibreux auquel vient aboutir l'extrémité supérieure de la valvule membraneuse ; cette saillie valvulaire est inégalement développée suivant les sujets. Tantôt simple saillie, tantôt lamelle musculaire, tantôt colonne charnue puissante, elle existe toujours et a la même disposition essentielle. Ses fibres parcourent un trajet identique à celui des fibres du faisceau oblique gauche, auquel elles appartiennent du reste. Elles viennent par conséquent passer au-dessous du bord postérieur adhérent de la valvule fibreuse, et les fibres musculaires des deux valvules se mêlent et se confondent de manière à former la commissure d'une boutonnière. Il résulte de là (Pl. VII, *fig.* 1) que les deux valvules comprennent entre elles une ouverture en forme de boutonnière qu'elles ferment complètement par leur contraction et leur rapprochement réciproque.

Après cette étude détaillée du ventricule droit, je passe à la description du ventricule gauche, qui présente beaucoup plus de simplicité et de régularité. Tandis, en effet, que l'on peut facilement constater dans le ventricule droit des marques de torsion et de déformation qui lui donnaient un aspect irrégulier et s'opposaient à ce qu'on en saisît aisément la constitution générale, le ventricule gauche, au contraire, offre une régularité et une symétrie presque parfaites. Nous y retrouvons, comme dans le ventricule des Batraciens et comme dans la loge artérielle des Reptiles à ventricules communicants, une paroi antérieure et une paroi postérieure semblables et symétriques l'une à l'autre (Pl. VII, *fig.* 2). Du pourtour antérieur et postérieur de l'anneau auriculo-ventriculaire partent des colonnes charnues qui s'étalent en forme d'éventail et qui se dirigent, les unes, de beaucoup les plus nombreuses, en bas et à gauche vers le sommet et le bord gauche du cœur M, N (Pl. VII, *fig.* 2), et les autres, plus rares, en haut et à gauche vers l'angle supérieur gauche de cet organe. Ces colonnes se subdivisent et s'anastomosent plus ou moins, en formant des vacuoles et des trabécules bien moins multipliées que chez les Chéloniens et *à fortiori* que chez les Batraciens. Ces colonnes plus ou moins subdivisées arrivent au bord gauche de la cavité ventriculaire, et là s'unissent ou s'entrecroisent avec celles de la face opposée pour clore la cavité ventriculaire, et pour entrer ensuite dans la constitution des couches moyennes circulaires R (Pl. VII, *fig.* 2), et plus tard des couches superficielles du ventricule.

La cloison interventriculaire forme la troisième face de la cavité pyramidale du ventricule gauche. Son étude chez les Crocodiliens offre un véritable intérêt, en ce qu'elle met pour ainsi dire à nu la constitution de cette cloison, qui est restée jusqu'à présent complètement inconnue chez les Vertébrés supérieurs, et sur laquelle il y aurait lieu de revenir longuement dans un travail spécial sur la structure du cœur. On voit nettement dans la *fig.* 2 (Pl. VII) que les faisceaux musculaires $M'N'$ des faces antérieure et postérieure du ventricule qui naissent en-dessous de la valvule auriculo-ventriculaire B, c'est-à-dire immédiatement au-dessous du bord inférieur de la cloison inter-auriculaire, au voisinage de l'aorte droite, sont plus développés et plus puissants que ceux qui naissent plus à gauche. Or, ces faisceaux, plus forts, plus développés, loin de se porter plus ou moins vers la gauche, se dirigent plutôt en bas et directement vers la face opposée, de manière à s'entre-croiser. Ils correspondent exactement aux faisceaux Z, Y (Pl. VI, *fig.* 2) et O, P (Pl. V, *fig.* 3, 4); et si, comme ces derniers faisceaux, ils envoient un certain nombre de leurs fibres vers le bord gauche du cœur, ils emploient la plus grande partie d'entre elles à s'entrecroiser dans un plan vertical et antéro-postérieur, et à constituer la cloison interventriculaire. La seule différence qu'il y ait entre la *fig.* 3 (Pl. V) et la *fig*. 2 (Pl. VII) n'est qu'une différence de degré, de niveau, l'entre-croisement des faisceaux chez les Crocodiliens s'élevant un peu plus haut et jusqu'à la base du ventricule, tandis que chez les Chéloniens, Ophidiens, etc., il reste au-dessus de l'entre-croisement un espace vide qui laisse communiquer largement la cavité ventriculaire gauche avec l'espace interventriculaire. C'est au-dessus de cette cloison musculaire *interventriculaire* que s'élève chez les Crocodiliens la cloison membrano-fibreuse *intervestibulaire* que j'ai déjà signalée et montrée dans le ventricule droit (Pl. VIII, *fig*. 1), et qui a été cachée dans la *fig*. 2 (Pl. VII), par la nécessité de représenter à la fois la valvule *B* et la lumière de l'aorte droite *A*. Si cette cloison intervestibulaire n'existait pas, le cœur des Crocodiles se distinguerait à peine de celui des Chéloniens, Sauriens et Ophidiens. C'est donc surtout par l'existence de cette cloison membraneuse intervestibulaire et par son union avec la cloison interventriculaire que le cœur des Crocodiliens peut être caractérisé ; car c'est là un trait de conformation qui commande pour ainsi dire tous les autres (pertuis aortique, situation des valvules sigmoïdes, transport vers la droite des orifices aortiques, etc.).

De cette étude il résulte, comme notion générale de la constitution de la cloison interventriculaire, que cette cloison est formée de *faisceaux rayonnants* superposés, naissant alternativement des faces antérieure et postérieure du ventricule au-dessous du niveau de la cloison inter-auriculaire.

Le ventricule gauche possède deux orifices, celui de l'aorte droite et l'orifice auriculo-ventriculaire gauche. Ces deux orifices affectent des rapports réciproques bien différents de ceux que nous avons trouvés chez les autres Reptiles. En effet, tandis que chez les Chéloniens, Ophidiens, etc. (Pl. VI, *fig*. 2 ; Pl. XVI, *fig*. 3 et 3 *bis*), l'orifice aortique droit est placé à droite et un peu en avant des deux orifices auriculo-ventriculaires, et se trouve par conséquent éloigné de l'orifice auriculo-ventriculaire gauche, et séparé de ce dernier par l'orifice auriculo-ventriculaire droit ; chez les Crocodiliens au contraire (Pl. XVI, *fig*. 4), l'orifice de l'aorte droite est placé au devant de l'orifice auriculo-ventriculaire droit, au-devant et à droite de l'orifice auriculo-ventriculaire gauche. Il est donc en contact avec les deux orifices auriculo-ventriculaires et compris dans l'ouverture d'un angle formé en avant et à droite par ces deux orifices. Ce changement de position a beaucoup d'importance. Nous verrons plus tard comment il se produit et quelle est son influence sur la constitution définitive du cœur des Crocodiliens, c'est-à-dire d'un cœur à ventricules complètement séparés.

L'orifice de l'aorte droite se trouve placé au sommet du vestibule aortique correspondant, et ce vestibule se trouve transformé en un entonnoir membrano-fibreux légèrement aplati, dont la paroi interne est constituée par la cloison intervestibulaire, et dont la paroi externe est formée par la valvule interne de l'orifice auriculo-ventriculaire (Pl. VII, *fig.* 2 ; Pl. XVI, *fig.* 4). Ce rapport du vestibule de l'aorte droite avec la valvule ou demi-tente auriculo-ventriculaire est, chez les Crocodiliens, une conséquence de la nouvelle situation de l'aorte droite par rapport à l'orifice auriculaire. L'orifice de l'aorte droite, qui chez les Chéloniens se trouvait à gauche et un peu en arrière de l'orifice aortique gauche, se trouve, chez les Crocodiliens, à peu près dans la même situation. L'infundibulum vestibulaire a son axe dirigé obliquement en haut, en dedans et un peu en avant.

L'orifice de l'aorte droite a un calibre double au moins de celui de l'aorte gauche. Il est, comme ce dernier, muni de deux valvules sigmoïdes, dont l'une, droite et antérieure, embrasse dans sa concavité le pertuis aortique; l'autre lui est directement opposée. Le pertuis aortique, qui appartient aussi bien à l'aorte droite qu'à la gauche, a été étudié avec assez de détails à propos de cette dernière pour que je n'aie pas à y revenir.

L'orifice auriculo-ventriculaire gauche *I* (Pl. VII, *fig.* 2) a une forme presque circulaire, et occupe la partie interne et postérieure de la base du ventricule. Il est muni de deux valvules, l'une interne et l'autre externe. La valvule interne *B* (Pl. VII, *fig.* 2) ; *4* (Pl. XVI, *fig.* 4) est de beaucoup la plus considérable; elle représente exactement la demi-tente gauche des Chéloniens, Ophidiens, Sauriens *T* (Pl. V, *fig.* 3) ; *4* (Pl. XVI, *fig.* 3 et 3 *bis*); seulement elle s'en distingue, par ses rapports de nouvelle création, avec l'orifice de l'aorte droite. Le bord adhérent de cette valvule, en effet, au lieu de s'insérer sur toute sa longueur au bord inférieur de la cloison inter-auriculaire, comme chez les Chéloniens (Pl. XVI, *fig.* 3, 3 *bis*), ne contracte de courts rapports avec ce dernier que dans sa partie postérieure, et se trouve en avant en rapport avec la partie externe de l'anneau de l'aorte droite (Pl. VII, *fig.* 2 ; Pl. XVI, *fig.* 4), dont nous avons déjà signalé le déplacement. Quant aux rapports de la partie adhérente de ce bord de la valvule avec la demi-tente droite, rapports qui étaient complets chez les Chéloniens, Ophidiens, etc. (Pl. V, *fig.* 4 ; Pl. VI, *fig.* 2 ; Pl. XVI, *fig.* 3), j'y reviendrai en recherchant l'homologie de la valvule fibreuse droite des Crocodiliens avec la demi-tente droite des Chéloniens. Le bord libre de la valvule est plissé à l'état de repos, mais il est égal et un peu concave à l'état de tension. Les bords adhérents antérieur et postérieur sont en relation supérieurement avec un épaississement fibreux de l'endocarde. La partie inférieure des bords et les angles inférieurs de la valvule donnent insertion à des faisceaux de colonnes charnues qui s'irradient de là dans la paroi antérieure et dans la paroi postérieure du ventricule, pour entrer dans la constitution des colonnes charnues qui tapissent les parois correspondantes de cette cavité. Nous avons vu une disposition semblable, mais moins prononcée, chez les Chéloniens, etc., pour ce qui regarde les demi-tentes droite et gauche (Pl. V, *fig.* 4), (Pl. VI, *fig.* 2). L'appareil valvulaire prend plus de puissance et plus de précision à mesure que nous nous élevons dans la série des Vertébrés ; aussi voyons-nous la partie musculaire de cet appareil, c'est-à-dire la partie active, directrice, prendre un volume de plus en plus marqué. C'est ce que nous constaterons encore mieux chez les Vertébrés supérieurs.

Vis-à-vis de la valvule interne, qui suffirait presque à elle seule pour clore l'orifice correspondant, se trouve une valvule dont il n'existait que le rudiment chez les Chéloniens, Ophidiens, etc., et qui s'est développée chez les Crocodiliens, tout en conservant de petites proportions : c'est la valvule externe C (Pl. VII, *fig.* 2); 4^1 (Pl. XVI, *fig.* 4) qui forme un petit croissant à concavité inférieure, dont les cornes donnent insertion à des faisceaux musculaires puissants. Cette valvule, qui représente pour la forme une valvule sigmoïde renversée, applique son bord libre tendu et relevé contre le bord libre de la valvule interne, et complète ainsi l'occlusion de l'orifice auriculo-ventriculaire.

Pour achever de décrire ce qui a trait à l'anatomie du cœur et des gros vaisseaux chez les Crocodiliens, je dois dire quelques mots de la distribution générale des troncs aortiques qui partent du cœur. L'aorte droite, avant de se recourber pour former la crosse aortique correspondante, fournit un premier tronc volumineux *A* (Pl. VIII, *fig.* 2) *c* (Pl. XVIII, *fig.* 4) qui, après avoir donné naissance à l'artère sous-clavière gauche et à ses dépendances (artère vertébrale, mammaire interne, collatérale du cou, etc.), forme le tronc commun des deux carotides ou *carotide subvertébrale* de Rathke.

Au-dessus naît de la crosse aortique elle-même un tronc moins volumineux *A'* (Pl. VIII, *fig.* 2,) *e'* (Pl. XVIII, *fig.* 4) qui est l'artère sous-clavière droite, dont les subdivisions sont symétriques à celles de la sous-clavière gauche, mais qui ne fournit pas de carotide. Après avoir donné ces deux troncs, l'aorte droite *A* se recourbe derrière le tube digestif et, se rapprochant de la ligne médiane, vient, après avoir reçu une anastomose de l'aorte gauche, former l'*aorte abdominale*, qui va se distribuer à la partie postérieure du tronc, aux membres postérieurs et à la queue.

La crosse aortique gauche ne fournit pas de branches dans la région cervicale, mais arrivée sous la colonne vertébrale elle se divise en deux troncs : l'un, très-important, forme l'*artère viscérale*, qui se distribue à l'estomac, à l'intestin, au foie, à la rate, etc.; et l'autre, beaucoup moins volumineux, va s'aboucher obliquement dans l'aorte droite, qui devient, à ce niveau, *aorte abdominale*.

L'étude très-détaillée que je viens de faire du cœur et des gros vaisseaux des Crocodiliens va me permettre d'aborder avec quelque fruit le problème de la circulation du sang dans ces cavités, problème très-intéressant, complexe, controversé, encore plein d'obscurité, et sur lequel je désire jeter quelque lumière.

Le problème à résoudre a deux faces : les Crocodiliens vivant tantôt à l'air libre et tantôt dans l'eau, il importe de déterminer la manière dont s'opère la circulation du sang dans ces deux conditions, très-différentes en apparence. Je vais d'abord faire un exposé des différentes solutions qui ont été données à ce double problème. Après avoir montré ce qu'elles ont de contradictoire, je m'attacherai à l'étude du mécanisme de la circulation pendant la vie aérienne; j'utiliserai pour cela les données nouvelles que j'ai exposées dans les pages précédentes. Ce n'est que plus tard que je pourrai aborder utilement l'étude de la circulation des Vertébrés pendant la vie aquatique. Cette question comporte des développements importants et des considérations générales qui ne peuvent trouver place qu'après une étude des modifications du cœur et des gros vaisseaux dans les diverses classes des Vertébrés.

Je passe à dessein sous silence ce qu'on a pu penser de la circulation centrale des Crocodiles avant que l'on connût l'existence du pertuis aortique.

Le premier naturaliste qui a signalé cet orifice, Hentz, avait pensé que pendant l'état de respiration libre et aérienne il ne devait livrer passage qu'à très-peu de sang; et que pendant le séjour de l'animal au fond de l'eau et la suspension de la circulation qui en est la conséquence, la gêne de la circulation pulmonaire devait produire le passage d'une partie du sang veineux de l'aorte gauche dans l'aorte droite.

Duvernoy, dans la seconde édition de l'*Anatomie comparée* de Cuvier, tout en conservant quelques doutes regrettables sur la persistance du pertuis aortique, pensa que ce pertuis « sert surtout à introduire dans l'aorte gauche une petite quantité de sang oxygéné venant de l'aorte droite ».

A côté de ces deux opinions contradictoires, énoncées par leurs auteurs sans développements suffisants, se sont produites des appréciations physiologiques de ce phénomène appuyées sur une étude plus complète des organes et sur une analyse plus sérieuse de leurs fonctions. Je dois citer d'abord Pannizza et Bischoff comme ayant les premiers cherché à donner au problème une solution vraiment scientifique ; et puisque l'examen de leurs théories offre un véritable intérêt, je vais les mettre *in extenso* sous les yeux du lecteur. Ce n'est qu'après avoir exposé ces théories, qui ont particulièrement attiré l'attention des naturalistes, que je pourrai faire connaître avec fruit les critiques qu'on a le droit de leur adresser.

Un exposé succinct des opinions acceptées actuellement par des naturalistes éminents servira de complément à cet historique, et pourra mettre en lumière toute l'incertitude et l'indécision qui règnent encore sur la question.

Voici la traduction à peu près littérale du remarquable passage de Pannizza :

« Les deux veines caves et leur sinus commun versent leur sang dans l'oreillette inférieure ou droite. Celle-ci l'envoie dans le ventricule correspondant ; et quand ce dernier vient à se contracter, le sang, empêché par les valvules de refluer dans l'oreillette, pénètre dans les deux ouvertures artérielles, dont l'une correspond à l'artère pulmonaire et l'autre à l'aorte gauche. Le sang de l'artère pulmonaire se rend au poumon, et revient de là par deux veines à l'oreillette supérieure ou gauche. Cette dernière le verse dans le ventricule correspondant, dont la contraction pousse nécessairement ce liquide dans l'orifice de la grande artère ou grande aorte, parce que la grande valvule déjà décrite s'oppose à son retour dans l'oreillette. De la grande aorte, une partie du sang passe aussitôt (*subito*) par l'orifice de communication dans l'aorte gauche, et s'y mêle ainsi au sang veineux de cette artère. La grande aorte donnant naissance aux deux sous-clavières et à l'aorte droite, il en résulte que tous ces vaisseaux sont pourvus uniquement de sang artériel. Plus loin l'aorte droite, après avoir décrit sa crosse, revenant directement vers la ligne médiane et se trouvant parallèle à l'aorte gauche, se met encore en communication avec cette dernière par un ramuscule anastomotique. De là résulte qu'il y a dans l'artère pulmonaire du sang purement veineux, et dans l'aorte gauche du sang mixte, puisqu'elle reçoit du sang artériel de la grande aorte dès son origine par l'orifice de communication, et encore plus tard lorsqu'elle est devenue parallèle à l'aorte droite. Dans les artères sous-clavières, les carotides et l'aorte droite, il y a du sang artériel pur. »

A cette opinion nettement formulée on peut opposer l'opinion non moins précise de Bischoff. « La circulation du sang, dit-il, s'accomplit de la façon suivante chez le *Crocodilus lucius* : le sang arrive des diverses parties du corps par les veines dans leur dilatation ou sinus, et de celui-ci dans l'oreillette droite. Lorsque celle-ci se contracte, les valvules placées à l'embouchure du sinus s'opposent au reflux du sang dans les veines, et ce liquide se précipite dans le ventricule droit. Lorsque ce dernier se contracte, les deux valvules s'opposent au retour du sang dans l'oreillette, et le sang s'écoule dans l'aorte gauche et dans l'artère pulmonaire, où il est retenu par des valvules sigmoïdes. Du poumon, le sang revient à l'oreillette gauche, qui le pousse dans le ventricule correspondant. Au moment de la contraction de ce dernier, les deux valvules qui se trouvent à l'orifice auriculo-ventriculaire s'opposent au retour du sang dans l'oreillette, et le sang se jette dans l'aorte droite. Il coule dans l'aorte gauche du sang non hématosé, et dans l'aorte droite du sang qui a respiré. Ces deux sortes de sang se mêlent ensuite à deux reprises dans ces vaisseaux ; une première fois par l'orifice de communication, et plus loin, au niveau de la région dorsale, par le vaisseau anastomotique. Mais la question est de savoir si, par l'orifice de communication, c'est le sang veineux de l'aorte gauche qui va se mêler au sang artériel de l'aorte droite, ou bien si, au contraire, c'est le sang artériel de l'aorte droite qui pénètre dans le sang veineux de l'aorte gauche. Le choix entre ces deux solutions est difficile. Pannizza accepte la dernière, parce que, ainsi qu'il l'a justement remarqué, la disposition des valvules sigmoïdes entre lesquelles le pertuis est placé permet de faire passer une sonde de l'aorte droite dans la gauche beaucoup plus facilement que dans le sens inverse. Cependant je serais disposé à penser que, tout au moins pendant que l'animal est sous l'eau, et que par conséquent il ne respire pas, le cours du sang a lieu dans la direction opposée. Pendant ce temps, en effet, la circulation pulmonaire étant interrompue, le ventricule gauche ne peut envoyer du sang dans l'aorte droite, et tout le sang est poussé dans l'aorte gauche par le ventricule droit. Si, dans ces conditions, il n'existait pas d'orifice de communication entre les deux aortes, l'aorte droite et toutes ses branches resteraient privées de sang, et toute la partie supérieure de l'animal, et notamment la tête, n'en recevrait pas. Mais cela est très-invraisemblable, et il est plus rationnel de penser que, dans ce cas seulement, une partie du sang passe par le pertuis de l'aorte gauche dans la droite, et que les parties supérieures du corps sont ainsi pourvues de sang. Toutefois ce passage du sang ne peut avoir lieu que pendant la diastole ventriculaire, alors que le sang qui a été poussé dans l'aorte gauche tend à refluer vers le cœur. Dans ce cas, en effet, les valvules placées à l'orifice aortique s'abaissent et rendent libre l'orifice de communication, de telle sorte que le sang peut passer dans l'aorte droite. Pendant la systole ventriculaire, au contraire, le sang lancé relève les valvules et les presse contre l'orifice, qui se trouve ainsi fermé des deux côtés. *De tout cela il me semble résulter que cet orifice de communication ne sert que pendant que l'animal ne respire pas, et qu'en dehors de ce cas aucun mélange des deux sangs ne peut avoir lieu à ce niveau.* Ainsi donc, quand l'animal se trouve dans l'air, les parties supérieures du corps, la tête et les extrémités supérieures, ne reçoivent que du sang artériel ; l'aorte gauche, qui se distribue aux organes abdominaux, ne contient que du sang veineux, et l'aorte droite *descendante*, dans laquelle s'abouche devant la colonne vertébrale le vaisseau anastomotique de l'aorte gauche, et qui se distribue à la queue et aux extrémités inférieures, renferme du sang mixte. La disposition des vaisseaux au niveau de cette dernière anastomose permet tout au moins de penser que c'est le sang veineux de l'aorte gauche qui passe dans la droite, et non pas le contraire. »

Les citations précédentes permettent de mesurer la distance qui sépare les opinions des deux illustres observateurs. Il y a, en effet, opposition complète entre les deux, quant au sens des courants sanguins dans les deux anastomoses aortiques. Dans le pertuis supérieur, il y a, pendant la vie aérienne, un courant d'une aorte à l'autre pour Pannizza ; il n'en existe pas pour Bischoff. Le courant, quand il existe, va pour Bischoff de l'aorte gauche à l'aorte droite ; tandis que pour Pannizza il a une direction inverse. Ce dernier pense que le mélange des deux sangs a lieu pendant la systole ventriculaire ; Bischoff affirme que c'est seulement pendant la diastole. Dans l'anastomose prévertébrale, il y a pour Pannizza courant de l'aorte droite dans la gauche, et pour Bischoff de l'aorte gauche dans la droite.

Placé en présence de ces opinions si contradictoires, Brücke a recherché de quel côté se trouvait la vérité, et on ne peut nier qu'il n'ait apporté beaucoup de perspicacité et de discernement dans le choix de ce que chacune des deux opinions avait de vrai. Toutefois, comme il ne connaissait pas certains faits que nous verrons être d'une grande utilité pour la solution de la question, et comme il lui manquait des éléments précieux de certitude, il n'a pu qu'être incomplet, parfois erroné, et dans presque tous les cas plein d'une légitime réserve.

Conformément à l'opinion de Bischoff et en opposition avec celle de Pannizza, Brücke pense avec raison que le pertuis aortique n'est perméable au sang que pendant la diastole ventriculaire. Mais pour ce qui regarde le rôle de ce pertuis, quand l'animal respire librement, Brücke se range à l'avis de Pannizza. Il pense, avec lui, que le sang artériel de l'aorte droite se jette alors dans l'aorte gauche, et non, avec Bischoff, qu'il n'y a pas de mélange des deux sangs à ce niveau dans les conditions de la vie aérienne. Nous verrons même qu'il va plus loin, et qu'il pense qu'il ne peut jamais y avoir là de courant en sens inverse. La raison capitale qu'il donne à l'appui de ces opinions est tirée de la différence de constitution des parois des deux ventricules. Le ventricule gauche étant en effet beaucoup plus puissant que le ventricule droit, on peut affirmer sans hésitation qu'à la fin de la systole ventriculaire la tension sanguine est plus grande dans ce ventricule et dans les vaisseaux qui en naissent que dans le ventricule droit et dans les vaisseaux qui dépendent de lui. La conséquence nécessaire de ce fait, c'est qu'au moment où les valvules s'abaissent et laissent libre le pertuis aortique, le sang se précipite aussitôt de l'aorte droite dans la gauche ; et comme pendant tout le temps de la diastole ventriculaire, c'est-à-dire pendant le seul temps où le foramen de Pannizza soit perméable, il n'y a pas de raison pour que la tension dans l'aorte droite se trouve inférieure à celle de l'aorte gauche, il ne semble pas juste de dire que le sang puisse jamais aller, par le foramen, de l'aorte gauche dans la droite.

Si pendant la vie aérienne Brücke n'admet pas le passage du sang de l'aorte gauche dans la droite, il ne l'admet pas davantage pendant la vie sous-aquatique, quand l'animal ne respire pas librement. Combattant la théorie de Bischoff, il ne voit pas pourquoi, chez un Amphibie, la circulation pulmonaire serait interrompue pendant que l'animal ne respire pas. Tout en reconnaissant que les mouvements respiratoires apportent une aide considérable à la progression du sang dans le poumon, Brücke prétend que l'arrêt de ces mouvements peut simplement ralentir cette progression, mais qu'une interruption de la circulation pulmonaire aussi complète que le suppose Bischoff, ne pourrait résulter que d'une occlusion parfaite de l'artère pulmonaire, occlusion qui serait du reste possible chez les Tortues par exemple[1]. Il ne serait pas rationnel, en effet, d'attribuer cet arrêt de la

---

[1] On se souvient que Brücke considère l'anneau bulbaire des Chéloniens comme destiné à fermer l'orifice pulmonaire, et comme capable de produire une occlusion complète de ces vaisseaux.

circulation à une occlusion correspondante des veines pulmonaires, puisqu'un pareil phénomène exposerait les capillaires pulmonaires à la pression qui règne à l'orifice artériel du ventricule droit.

Du reste, Brücke a cherché dans l'expérimentation la confirmation de ce qu'il présumait être la vérité. N'ayant pas un Crocodile vivant à sa disposition, il a cru pouvoir faire ses observations sur un autre Reptile qui, comme le Crocodile, pût rester un certain temps sous l'eau sans respirer. Il a *enlevé pour cela le plastron* d'une *Emys europæa*, de manière à pouvoir observer facilement le cœur et les gros vaisseaux à travers la membrane transparente du péricarde. Tantôt il laissait l'animal respirer librement, tantôt il lui fermait la trachée en l'aplatissant et la serrant sur un morceau de bois ; puis il plongeait l'animal dans une cloche remplie tantôt d'eau, tantôt d'hydrogène, tantôt d'acide carbonique, et il a observé dans tous les cas que les pulsations de l'artère pulmonaire conservaient leurs caractères habituels ; après avoir ouvert le péricarde, il a constaté que l'oreillette gauche et les artères du corps avaient une coloration aussi foncée que l'oreillette droite et les artères pulmonaires. De là, Brücke conclut sans hésitation que chez tous les Amphibies (car il ne voit pas de raison sérieuse d'établir quelque différence entre eux à cet égard) la circulation pulmonaire est maintenue, que l'animal respire ou ne respire pas. Ce fait, une fois admis, renverse naturellement la théorie de Bischoff sur la circulation centrale du Crocodile pendant la submersion.

Restait à trancher un dernier point sur lequel diffèrent entièrement Bischoff et Pannizza, c'est-à-dire le sens de la circulation dans l'anastomose prévertébrale des deux aortes. D'après Pannizza, le sang coule de l'aorte droite dans la gauche, d'où il résulte que les extrémités postérieures ne reçoivent que du sang artériel pur. D'après Bischoff, le courant a lieu de l'aorte gauche vers la droite, et c'est par conséquent du sang mixte qui arrive à la partie postérieure du corps. Sur cette dernière question, Brucke adopte les vues de Bischoff.

Pour confirmer cette manière de voir, qui paraît au premier abord en contradiction avec ce qu'il a déjà dit de la supériorité de tension de l'aorte droite, Brücke fait remarquer que la situation et la direction du rameau anastomotique est, par rapport aux deux aortes, celle d'une ligne très-oblique coupant deux lignes parallèles de manière à former avec l'aorte droite un angle très-aigu ouvert vers la tête, et avec l'aorte gauche un angle très-obtus ouvert dans le même sens (Pl. XVIII, *fig.* 7). Or, dans ce cas, les lois de l'hydraulique démontrent qu'il est possible que le sang coule dans l'anastomose de l'aorte gauche vers la droite, quoique la tension soit plus forte dans celle-ci que dans celle-là, et que cette direction du courant doit nécessairement s'établir dès que la tension s'est égalisée dans les deux vaisseaux, le sang continuant à couler dans leurs cavités. Brücke pense du reste pouvoir encore invoquer en faveur de la théorie de Bischoff ce fait, que chez aucun autre des Reptiles écailleux les parties postérieures du corps ne sont arrosées par du sang artériel pur, circonstance qui devrait se produire chez les Crocodiles si l'opinion de Pannizza était juste, et qui serait du reste peu en harmonie avec la faible capacité du ventricule gauche.

Brücke croit enfin qu'on peut trouver un élément précieux de contrôle, en constatant si l'aorte abdominale augmente réellement de diamètre au-dessous de l'anastomose. Le Crocodile qu'il a eu à sa disposition n'était pas en état de permettre une injection ; mais autant qu'il a pu en juger sur les parties non injectées, l'aorte abdominale au-dessous de l'anastomose était plutôt un peu moins large; il est vrai de dire aussi que l'aorte gauche ne présentait pas non plus une augmentation de diamètre au-dessous de l'anastomose. Sur une *Emys europæa* parfaitement injectée, cet auteur a constaté au contraire que l'aorte droite augmentait très-évidemment de diamètre après avoir reçu l'anastomose, tandis que la somme des sections des artères viscérales qui naissent avec l'anastomose de l'aorte gauche était évidemment inférieure à la section de cette aorte au point où elle fournit ces divers vaisseaux, de sorte qu'on ne peut douter que le courant dans l'anastomose n'aille de l'aorte gauche vers la droite. Ce fait parle, par analogie, en faveur de l'opinion de Bischoff, sans l'établir pourtant avec certitude. Aussi peut-on penser à ce sujet, ou bien que la théorie de Bischoff est vraie dans tous les cas, ou bien que la direction du courant dans l'anastomose subit chez les Crocodiles des variations qui peuvent provenir des circonstances suivantes :

1° Des phases de la contraction du cœur, en ce sens que vers la fin de la systole ventriculaire le sang cesse de couler dans l'anastomose, ou coule de l'aorte droite vers la gauche, et que vers la fin de la diastole il se dirige au contraire de l'aorte gauche vers la droite;

2°. De l'état de plénitude ou de vacuité du tube intestinal, parce que le sang, lorsqu'il rencontre une plus grande résistance dans le système chylopoïétique, a plus de raison pour passer de l'aorte gauche dans la droite ;

3°. De la persistance ou de la cessation des mouvements respiratoires, en ce sens que cette dernière condition cause un ralentissement dans la progression du sang de l'artère pulmonaire, et en ce sens aussi, que, le ventricule droit continuant à recevoir autant de sang que si les mouvements respiratoires étaient maintenus, l'aorte gauche reçoit nécessairement une plus grande quantité de ce liquide. — Telles sont, fidèlement exposées, la discussion à laquelle se livre Brücke et les conclusions auxquelles il arrive.

Dans une note présentée à l'Académie royale de Belgique (1854) et que j'ai déjà eu l'occasion de citer, M. C. Poëlman, après avoir établi par la dissection d'un certain nombre de Crocodiles (*Lacertus crocodilus*) et de Caïmans (*Crocodilus lucius*) adultes la persistance du foramen de Pannizza, est amené à exposer brièvement ce qu'il pense de la circulation centrale chez les Crocodiliens : « Sans elle (l'ouverture de communication, ou foramen de Pannizza), dit-il, la circulation viscérale nous paraît difficile à expliquer, et *nous ne sommes pas éloigné de croire que par cette ouverture il se fait un mélange de sang artériel et veineux beaucoup plus prononcé que par le canal de communication qui existe plus loin entre les deux aortes*. En effet l'aorte gauche, à laquelle nous préférons donner le nom de veineuse ou viscérale..., présente à la vérité une anastomose avec l'aorte droite ou artérielle ; mais ce vaisseau de communication, peu volumineux et dirigé obliquement, ne peut pas permettre à l'aorte veineuse de recevoir une proportion de sang artériel en rapport avec le volume des viscères abdominaux. Or, s'il n'y avait pas de communication entre les deux aortes à leur sortie du cœur, le vaisseau qui vient du ventricule droit, et que sous le rapport de ses usages Cuvier a comparé avec raison à un long tronc cœliaque, n'amènerait aux viscères abdominaux, et notamment à l'estomac et au foie, que du sang veineux presque pur, chose incompatible avec l'importance des fonctions dévolues à ces organes. »

Sur un Caïman à museau de brochet (*Crocodilus lucius*) de plus de 2^m,50 de long, bien adulte, Poëlman a trouvé que le pertuis aortique, entouré d'un cercle cartilagineux propre à le tenir béant, avait une forme ovalaire dont le diamètre transverse était de 0^m,007 et le vertical de 0^m,003. Le canal de communication présentait une direction oblique, une longueur de 0^m,008, et un diamètre d'environ 0^m,002; il était placé à 0^m,24 de l'origine des deux aortes. « Or, ajoute l'auteur, comme ces dernières sont en quelque sorte parallèles, et qu'il ne se trouve à l'endroit où aboutit le vaisseau transversal aucune disposition anatomique qui puisse faciliter le mélange des deux sangs, celui-ci, *possible* dans certaines circonstances, doit être *insignifiant* quand la fonction circulatoire s'exécute normalement. Ce canal de communication, que chez un Crocodile adulte nous avons trouvé *une fois complètement oblitéré*, nous le considérons plutôt comme destiné à servir de *diverticulum quand la circulation a été troublée, qu'à opérer un mélange permanent de sang veineux et artériel.* Nous croyons en définitive que le principal mélange se fait à *l'origine des deux aortes*, et, contrairement à l'opinion généralement admise, nous pensons que le sang que les extrémités postérieures et la queue reçoivent *ne diffère pas sensiblement* de celui qui est dirigé vers la tête et les extrémités antérieures. »

L'illustre zoologiste anglais Owen, dans son magistral ouvrage sur l'*Anatomie et la Physiologie des Vertébrés*[1], expose en quelques lignes ses vues sur la circulation chez les Crocodiliens. Il pense que quand la circulation pulmonaire est embarrassée, le ventricule droit et les artères qui en dépendent sont très-distendus; le sang veineux passe à travers l'orifice aortique dans le tronc artériel, qui, après avoir fourni des vaisseaux à la tête et aux membres inférieurs, se recourbe au-dessus de la bronche droite et va s'unir avec l'aorte gauche. Cet état de la circulation coïncide avec la submersion prolongée des Crocodiles et la rend possible. Lorsque l'animal est sur terre et respire librement, le sang artérialisé afflue aisément dans le ventricule gauche, et le courant synchronique des deux ventricules soulève les valvules des deux aortes et ferme l'orifice inter-aortique; les courants artériel et veineux coulent donc sans se mélanger; le premier se rend au

---

[1] R. Owen; *Comp. Anat. and Physiol. of Vertebrates*, tom. I, pag. 512. 1866.

cerveau, aux autres parties de la tête et aux membres antérieurs; le second fournit une branche au foie et aux viscères voisins; et une petite partie de sang veineux passant par l'anastomose va se mêler au sang rouge de l'aorte droite et s'écoule dans l'aorte abdominale, qui le distribue aux autres viscères abdominaux, aux membres postérieurs et à la queue.

Je termine enfin cet exposé historique en faisant connaître ici l'opinion à laquelle s'est arrêté l'un des plus éminents zoologistes actuels, opinion qui n'est elle-même que la résultante des travaux antérieurs, et que j'extrais des *Leçons sur la Physiologie et l'Anatomie comparées* de H. Milne Edwards : «Le pertuis aortique, dit Milne Edwards, ou foramen de Pannizza, ne peut livrer passage qu'à *une petite quantité de sang veineux*; et par conséquent tous les organes dont les artères naissent de la crosse aortique droite, avant la jonction de celle-ci avec la crosse veineuse ou crosse gauche, doivent recevoir *un mélange dans lequel le sang vermeil domine*; tandis que ceux dont les artères naissent du point de jonction des deux crosses ou plus loin en arrière doivent recevoir du sang veineux mêlé au sang artériel en proportion bien plus grande...... Le sang qui arrive à la tête et aux membres antérieurs doit être *du sang artériel mêlé de très-peu de sang veineux*; celui qui se rend par l'aorte dorsale aux membres postérieurs et à la queue doit être plus chargé de sang noir, puisque de nouvelles quantités de ce liquide ont pu arriver dans cette portion du système artériel par la branche anastomotique terminale de la crosse gauche; enfin le sang qui circule dans les vaisseaux du foie, de la rate et de l'estomac *doit être principalement du sang veineux*, car la majeure partie du courant vient du ventricule droit, et du sang vermeil n'a pu y arriver que par le pertuis aortique et par la branche anastomotique qui représente la portion terminale de la crosse gauche ou la racine aortique du même côté; or ces voies de communication *sont étroites et semblent être disposées de façon à livrer passage au sang veineux dans la portion du système aortique, où se trouve le sang rouge, plutôt qu'à se laisser traverser en sens contraire.* »

La variété des théories que je viens de faire connaître, et, qui plus est, l'opposition radicale qui existe entre plusieurs d'entre elles, suffisent à montrer combien la science en est encore à désirer une solution définitive sur cet intéressant sujet. Cette solution, j'essaierai de la trouver à l'aide de données nouvelles, et j'espère y réussir, pour quelques points du moins. Je ne puis donner ici une critique particulière de chacune des théories que je viens de présenter au lecteur : cela m'entraînerait trop loin. Il vaut mieux que j'expose la théorie qui, à défaut d'expérimentation directe sur le vivant, ressort de la disposition même des organes et des données légitimes de l'analogie. Un pareil exposé, accompagné de l'analyse rigoureuse des faits qui l'appuient, mettra suffisamment en évidence les éléments d'une pareille critique.

Le soin scrupuleux avec lequel nous avons étudié la cavité et les orifices du ventricule droit, ainsi que le pertuis aortique, va trouver ici sa justification. Je prie le lecteur de se rappeler ce qui a été dit à ce sujet, et qui se résume en quelques points : orifice irrégulier et rétréci de l'aorte gauche ; aplatissement et occlusion précoces et prolongés de cet orifice ; action du faisceau oblique droit commun (faisceau droit antérieur et postérieur réunis) et surtout du demi-anneau bulbaire, pour l'occlusion de l'orifice aortique gauche peu après le début de la systole ventriculaire ; forme et constitution du pertuis aortique maintenu béant par ses bords cartilagineux ; rapports de ce pertuis avec les valvules sigmoïdes des deux aortes ; absence de la lèvre de la fausse-cloison, et par conséquent communication permanente entre le vestibule aortique gauche et le vestibule de l'artère pulmonaire ; dilatation très-considérable et extensibilité très-grande du tronc pulmonaire et de ses deux branches, etc., etc.

En partant de ces données, sur lesquelles le doute me semble à peine possible, recherchons ce qui va se passer au niveau du pertuis aortique pendant une révolution complète des mouvements du cœur. Les oreillettes, en se contractant, remplissent de sang les ventricules correspondants : le ventricule droit de sang noir, et le ventricule gauche de sang rouge. Les parois ventriculaires relâchées se laissent distendre par ce flot de sang. Quand la systole ventriculaire commence, les valvules auriculo-ventriculaires se relèvent, ferment les orifices correspondants, et le sang, soumis à la pression des parois ventriculaires contractées, tend à s'échapper par les orifices artériels : voilà les phénomènes qui sont communs aux deux ventricules. Voyons maintenant quels sont les faits spéciaux à chaque ventricule.

Dans le ventricule droit, *au début* de la systole ventriculaire, le sang soulève les valvules sigmoïdes des deux orifices artériels (aorte gauche et artère pulmonaire) et pénètre dans ces deux orifices, mais dans des conditions bien différentes pour les deux. L'orifice pulmonaire, par sa largeur et son extensibilité, par la régularité de sa forme, par le poli de son pourtour, par sa situation au sommet d'un vaste infundibulum qui est comme le point de convergence des efforts de contraction du ventricule, est éminemment propre à recevoir très-rapidement, dès le début, une quantité considérable de sang. Cette quantité peut être d'autant plus grande, même en un temps très-court, que, comme nous l'avons vu, l'artère pulmonaire et ses deux branches présentent immédiatement au-dessus de l'orifice un sinus très-considérable et très-extensible, et que la tension dans les vaisseaux pulmonaires se trouve très-abaissée à la fin de la diastole ventriculaire, à cause de la facilité avec laquelle se fait l'écoulement du sang dans ce système. L'aorte gauche présente des conditions diamétralement opposées. Son orifice elliptique étroit, à bords rugueux et irréguliers, presque inextensible, avec un infundibulum insignifiant, ne peut livrer passage qu'à une faible quantité de sang. Cette quantité sera d'autant plus faible qu'elle doit pénétrer dans un vaisseau dont la dilatation est à peine sensible, dont l'extensibilité est bien moindre que celle de l'artère pulmonaire, et dans lequel, comme la suite le montrera, la tension s'est maintenue *élevée jusqu'à la fin de la diastole ventriculaire*. De là ressort un premier fait important à noter : c'est que, tout à fait au début de la systole ventriculaire, le sang se précipitera vers l'orifice pulmonaire, où tout favorise son passage ; le courant se déterminera donc de ce côté, et une très-faible quantité de sang noir pénétrera dans l'aorte gauche.

Suivons maintenant les diverses phases de la contraction ventriculaire, et voyons ce qui va se passer. Aussitôt après le début de la systole, le *faisceau oblique droit commun* commencera à aplatir l'orifice de l'aorte gauche et en diminuera beaucoup la lumière, de telle sorte que la quantité de sang qui pénétrera dans l'aorte gauche, déjà faible au début, se réduira encore très-rapidement. Mais n'oublions pas que, pendant le cours de la systole ventriculaire, le demi-anneau bulbaire, réagissant contre l'extension que le premier choc de la systole lui a fait subir, entre en contraction, et, tout en exprimant le sang renfermé dans l'infundibulum ou vestibule pulmonaire, complète l'occlusion de l'orifice aortique, dont il comprime violemment les deux lèvres, et les applique avec force l'une contre l'autre. Le sang du ventricule, au lieu d'entrer dans ce vaisseau, glissera sur son orifice comme dans une gouttière antéro-postérieure qui le conduira dans l'entonnoir pulmonaire. Nous avons déjà vu que l'absence de la lèvre de la demi-cloison maintenait, jusqu'à la fin de la systole, une libre communication entre les vestibules pulmonaire et aortique, et permettait à tout ce qui restait de sang dans le ventricule de s'écouler dans l'artère pulmonaire.

Nous venons de voir ce qui se passe dans le ventricule droit. Mettons en regard ce qui a lieu dans le ventricule gauche. Ici, il n'y a qu'une ouverture artérielle, celle de l'aorte droite, et tout le sang renfermé dans le ventricule est violemment poussé dans cet orifice. Le sang y pénètre abondamment parce que l'orifice est large, régulier et situé au sommet d'un infundibulum vers lequel convergent plus exactement encore que pour l'artère pulmonaire toutes les forces du ventricule. Cet orifice, largement ouvert pendant tout le temps de la systole ventriculaire, reçoit constamment du sang et donne ainsi passage à tout le sang du ventricule.

Ces premiers faits nous permettent d'établir qu'il pénètre peu de sang dans l'aorte gauche, et seulement pendant une partie très-restreinte de la systole, tandis que dans l'aorte droite il pénètre beaucoup de sang à la fois et pendant toute la durée de la systole.

A ces faits, ajoutons : 1° que les parois du ventricule gauche offrent une épaisseur et une force musculaire au moins double de celles du ventricule droit, et exercent par conséquent sur le sang artériel une pression bien supérieure à celle que subit le sang veineux dans le ventricule droit ; 2° que la différence de tension qui en résulte ne peut en aucune façon être diminuée dans les troncs aortiques correspondants, puisque l'aorte droite présente au-dessus de son origine une dilatation médiocre et des parois fortes, résistantes, bien plus difficiles à distendre que celles de l'aorte gauche. Si l'on réunit tous ces faits et si l'on en cherche les conséquences, on arrive légitimement aux conclusions suivantes :

1° Pendant tout le temps de la systole ventriculaire, la tension du sang artériel dans l'aorte droite est de beaucoup supérieure à la tension du sang veineux dans l'aorte gauche;

2° Toute communication étant supposée impossible entre les deux aortes pendant la systole, cette différence de tension qui existe dès le début augmente jusqu'à la fin, puisque l'aorte gauche ne reçoit au début qu'une faible quantité de sang, et bientôt après pas du tout ;

3° Dès l'instant que l'orifice de communication des deux vaisseaux deviendra libre, ce sera le sang de l'aorte droite qui se précipitera dans l'aorte gauche.

Il va sans dire que la différence de tension ne pourra augmenter entre les deux vaisseaux, pendant la systole ventriculaire, qu'à la condition que l'orifice de communication se trouve fermé; car, s'il en était autrement, l'équilibre tendrait à s'établir aux dépens de l'aorte droite.

Il me reste donc à déterminer à quel moment de l'action du cœur le pertuis aortique se trouve ouvert.

Sera-ce, comme le veut Pannizza, pendant la systole ventriculaire ? Non, répond Bischoff, parce que les valvules semi-lunaires aortiques, relevées alors par le courant sanguin et appliquées contre l'orifice, s'opposent au passage du sang. Tout en me rattachant à l'opinion de Bischoff, je ne puis considérer la raison dont il l'appuie comme inattaquable. Si en effet l'on reconnaît justement, avec Pannizza, que la valvule semi-lunaire de l'aorte droite, comme nous l'avons du reste fait remarquer sur la *fig*. 1 (Pl. VII), s'élève moins haut que celle de l'aorte gauche et bien peu au-dessus du bord supérieur du pertuis, et si l'on reconnaît aussi que, lorsque l'orifice de l'aorte gauche vient à se fermer, la différence de pression entre les deux vaisseaux devient très-considérable, l'on est en droit de se demander si la différence de pression n'est pas suffisante pour que cette valvule soit renversée dans l'aorte gauche à travers le pertuis, et laisse un certain passage au sang artériel. L'examen du cœur du *Crocodilus lucius* de la *fig*. 1 (Pl. VII) avait laissé sur ce point quelques doutes dans mon esprit, mais l'examen d'autres sujets a bientôt dissipé ces doutes dans le sens de la négative. Sur tous les sujets, en effet, j'ai pu constater que le bord de la valvule sigmoïde de l'aorte droite s'élève toujours notablement au-dessus du bord supérieur du pertuis aortique. Mais il faut surtout penser que, quand l'orifice aortique gauche est fermé, c'est-à-dire alors que la différence de pression s'accuse davantage, l'action du bulbe applique fortement les deux demi-ellipses aortiques gauches l'une contre l'autre, et par suite les valvules sigmoïdes de l'aorte gauche contre le pertuis aortique. Il est ainsi mis obstacle, soit au renversement de la valvule sigmoïde de l'aorte droite, s'il était possible d'ailleurs, soit à la perméabilité du pertuis, si elle eût également existé d'autre part.

Ce n'est donc pas pendant la systole ventriculaire que le sang de l'aorte droite se jette dans la gauche à travers le pertuis aortique. Pendant ce temps, en effet, l'orifice de communication est fermé, et la différence de tension des deux aortes augmente jusqu'à la fin de la systole.

La systole terminée, le sang contenu dans les aortes tend à refluer vers les ventricules ; les valvules sigmoïdes s'abaissent ; l'orifice aortique gauche cesse d'être aplati, puisque les parois du ventricule et du bulbe sont relâchées ; le foramen de Pannizza devient entièrement libre et perméable. Bien plus, les deux valvules sigmoïdes qui l'embrassent, s'abaissent avec force et entraînent en bas leur bord adhérent, c'est-à-dire la demi-circonférence inférieure du pertuis, qui en est par suite agrandi. Le sang artériel de l'aorte droite fait librement irruption dans l'aorte gauche, et ce dernier vaisseau, n'ayant reçu qu'une très-faible quantité de sang veineux reçoit dès-lors incessamment le sang de l'aorte droite, qui l'alimente ainsi pendant tout le temps de la diastole ventriculaire. Je fais remarquer que c'est au commencement de la diastole, c'est-à-dire quand la différence de tension entre les aortes a atteint son maximum, que s'ouvre brusquement l'orifice de communication, et que cette différence de tension doit diminuer insensiblement jusqu'à la fin de la diastole ventriculaire.

Je ne crains pas de dire que, avec les données positives et logiques que j'ai placées sous les yeux du lecteur, il n'est plus permis de penser, que dans les conditions ordinaires de la respiration aérienne libre, il puisse y avoir au niveau du foramen de Pannizza, ou absence d'échange entre les deux sangs, ou échange réciproque, ou passage du sang veineux dans l'aorte droite. Ces théories ne sont plus acceptables, et, si je ne m'abuse, je puis considérer comme positivement établi :

1° Que le trou de Pannizza, fermé pendant la systole ventriculaire, donne passage pendant la diastole au sang de l'aorte droite faisant irruption dans l'aorte gauche ;

2° Que ce dernier vaisseau, n'ayant reçu que *peu* de sang veineux du ventricule droit, est presque entièrement alimenté par le sang rouge que lui fournit le ventricule gauche par l'intermédiaire de l'aorte droite et du pertuis aortique;

3° Que l'aorte droite ne reçoit que du sang artériel.

Ce sont là des faits dont la démonstration présente un véritable intérêt, et d'autant plus qu'ils établissent une frappante analogie entre la circulation centrale des Crocodiliens et celle que j'ai précédemment démontrée chez les Reptiles à ventricules communicants.

APPENDICE.

Depuis que l'impression de ces pages est commencée, j'ai lu un Mémoire du Dr Fritsch, sur l'*Anatomie comparée du cœur des Amphibiens* (Reptiles et Batraciens[1]). Ce Mémoire, qui renferme des renseignements intéressants sur un grand nombre de cœurs d'animaux qu'il n'est pas toujours facile de se procurer, est accompagné de nombreux dessins. L'auteur ne se borne pas à décrire les dispositions anatomiques, mais il aborde aussi les questions physiologiques, et je tiens à dire un mot de quelques opinions qui lui sont personnelles.

Conciliant l'opinion de Pannizza et celle de Bischoff, le Dr Fritsch pense que le sang rouge de l'aorte droite traverse le foramen de Pannizza pendant la systole ventriculaire et pendant la diastole. Il reconnaît pourtant que le courant de la diastole est bien plus intense.

Voici les raisons sur lesquelles s'appuie l'auteur pour prouver la perméabilité du foramen de Pannizza pendant la systole. Il n'est pas du tout

---

[1] *Zur vergleich. Anatomie der Amphibienherzen.* von Dr Gustave Fritsch, Assistenten am anat. Mus. zu Berlin. *(Archiv, für Anat. Phys.* von Reichert et Du Bois-Reymond. 1869. Heft. vi.)

démontré, dit-il, que deux valvules tendues suivant le diamètre de la lumière d'un large vaisseau puissent, quand elles sont redressées par le flot ascendant, aller s'appliquer contre la paroi du vaisseau et laissent entièrement libre la lumière de ce dernier. Il faudrait pour cela qu'elles fussent d'une laxité si grande ou d'une tonicité si faible, qu'elles seraient incapables de résister au choc du reflux sanguin, et seraient retournées par lui. Il ne peut se produire entre les deux valvules qu'une ouverture en forme de fente. C'est là ce que démontrent du reste les préparations desséchées après injection. Quoique l'injection eût été poussée des veines vers le ventricule, et par conséquent de celui-ci vers les orifices artériels, le Dr Fritsch a toujours trouvé les deux valvules des aortes ou de l'artère pulmonaire des Reptiles séparées seulement par une fente, et éloignées par conséquent de la paroi artérielle. Il en était ainsi sur les pièces dont les dessins accompagnent le Mémoire en question. Les orifices à trois valvules de l'homme ou des animaux ont fourni au Dr Fritsch une contre-épreuve, car généralement sur les pièces injectées on trouve les trois valvules relevées et appliquées plus ou moins parfaitement contre la paroi vasculaire.

Jusqu'à preuve du contraire, le Dr Fritsch pensera donc que les deux valvules des Crocodiliens restent pendant la systole ventriculaire éloignées du foramen de Pannizza et en laissent l'ouverture entièrement libre. Le sang de l'aorte droite, où la pression est plus élevée, peut donc passer dans l'aorte gauche pendant ce premier temps de l'action cardiaque.

Il y a quelque chose de spécieux dans les assertions du Dr Fritsch, et je comprends qu'un observateur qui se bornerait à l'examen de pièces préparées, soit par la méthode anglaise, soit par des injections au suif, comme quelques-unes de celles que j'ai reproduites, pût se laisser impressionner et convaincre par les considérétions ci-dessus. Si je ne me trompe, le Dr Fritsch n'a pas puisé ses convictions à d'autres sources ; mais il ne me sera pas difficile de lui démontrer qu'il est dans l'erreur.

Il est vrai que les pièces ainsi préparées présentent les orifices artériels réduits à une fente plus ou moins étroite comprise entre deux valvules raides et sans souplesse ; il est vrai aussi que ces valvules semblent fortement tendues suivant le diamètre du vaisseau et paraissent ne pas pouvoir être plus complètement relevées vers les parois vasculaires. Mais bien autres sont les valvules considérées sur des pièces fraîches. On trouve là ces organes souples, flexibles, élastiques, cédant facilement à la pression qui les relève, et capables de venir s'appliquer contre la paroi du vaisseau. M. Fritsch considère bien à tort leur bord libre comme tendu entre deux points diamétralement opposés de la lumière du vaisseau, et comme ne pouvant être rapprochés de la paroi vasculaire qu'en usant de leur élasticité. Sur des pièces fraîches, M. Fritsch aurait vu que leur bord libre est lâche, mobile, flexueux, et capable d'un jeu étendu qui leur permet de s'approcher déjà beaucoup de la paroi vasculaire, avant même que leur élasticité ait été mise à profit pour une application complète. Le Dr Fritsch oublie aussi que les valvules sigmoïdes, même très-élastiques, peuvent résister à un choc en retour très-considérable, parce qu'elles sont dans des conditions telles qu'elles n'agissent pas pour cela, en vertu seulement de leur élasticité. En s'appliquant l'une à l'autre, elles se prêtent un mutuel appui, s'opposent à leur renversement, et réalisent par cela même quelques-unes des conditions de la voûte.

Il n'est pas étonnant que les valvules soient trouvées abaissées après les injections. Une injection poussée du ventricule aux troncs artériels n'est autre chose qu'une systole très-prolongée, suivie nécessairement d'une diastole. Il faudrait, pour obtenir les valvules fixées dans leur état de relèvement complet, que la masse injectée fût instantanément solidifiable pendant que l'injection est encore poussée. On conçoit que dans les conditions contraires (les seules possible du reste), dès que la poussée vient à cesser, il y a reflux artériel et abaissement plus ou moins complet des valvules, suivant que la masse est plus ou moins fluide. Malgré les assertions du Dr Fritsch, je soutiens qu'il en est de même pour les orifices à trois valvules des Vertébrés supérieurs. J'ai sous les yeux des préparations sèches du cœur, préalablement injecté, de l'homme, du mouton, etc. J'en ai fait un très-grand nombre de semblables, et j'affirme que presque toujours, pour ne pas dire toujours, les valvules sigmoïdes aortiques et pulmonaires se sont trouvées abaissées et plutôt éloignées que rapprochées de la paroi vasculaire. C'est donc là un fait commun aux orifices artériels, soit à deux, soit à trois valvules, et qui ne peut être invoqué par le Dr Fritsch en faveur de sa théorie spéciale pour les orifices à deux valvules.

Voilà les objections générales que je fais à l'opinion du Dr Fritsch. Passons aux considérations qui s'appliquent particulièrement aux Crocodiliens.

Si, comme je viens de le faire à propos de cette question spéciale, si, dis-je, l'on examine avec soin la cavité de l'aorte droite d'un cœur de Crocodile frais ou conservé dans des liquides qui n'altèrent pas trop la souplesse des tissus, on s'aperçoit :

1° Que les anneaux aortiques au niveau de la région des valvules sont résistants et peu dilatables, et que par conséquent ils ne sont pas susceptibles de tendre par leur dilatation exagérée le bord libre des valvules;

2° Que la valvule interne ou droite destinée à s'appliquer contre le foramen de Pannizza est très-mince, très-souple, douée d'une certaine laxité et d'une élasticité suffisante pour que son application contre le foramen soit non-seulement possible, mais même facile et complète ;

3° Que cette valvule se trouve directement (Pl. XVII, fig. 3) exposée par sa face gauche au choc du courant sanguin que lance avec violence le ventricule gauche. Ce choc puissant contribue à l'appliquer complètement contre le foramen de Pannizza, et tendrait même à la retourner dans l'aorte gauche.

Avant de passer à une réfutation expérimentale des assertions du Dr Fritsch, je suis bien aise de lui faire remarquer combien la région du foramen est favorable à l'application des valvules sigmoïdes aortiques contre la paroi vasculaire. En effet, les deux aortes à ce niveau sont en contact, non pas par un point de leur circonférence, mais par une surface plane dont l'étendue atteint et dépasse même les dimensions du foramen, et qui transforme la coupe de chacun de ces orifices aortiques en un cercle plus ou moins irrégulier dont un segment a été supprimé. C'est ce que démontrent fort bien les figures mêmes de M. Fritsch. Il en résulte donc que les valvules internes de chacun des deux orifices aortiques n'ont point, pour s'appliquer contre leur paroi et sur le foramen, à atteindre la profondeur d'une courbe concave, mais qu'il leur suffit de parvenir jusqu'à la corde qui la tend. C'est là une considération qui ressort aussi bien de la vue des pièces fraîches que des dessins du Dr Fritsch, dans l'examen desquels il faut tenir compte de ce que la dessiccation a donné de dureté et d'acuité aux angles.

Dans tous les cas, et en supposant, avec le Dr Fritsch, que l'écoulement pût avoir lieu de l'aorte droite dans la gauche pendant la systole, il serait bien faible et de courte durée. Au début de la systole, les valvules le gêneraient toujours dans une certaine mesure, puisque, si le courant était, comme le veut M. Fritsch, lancé violemment à travers une fente étroite, le sang formerait une veine fluide projetée dans les parties supérieures de la cavité aortique, et serait ainsi détourné du foramen de Pannizza. En second lieu, l'occlusion précoce de l'orifice aortique gauche, occlusion que M. Fritsch n'a pas soupçonnée et que je considère comme hors de contestation, vient de bonne heure obturer le foramen de Pannizza par sa face droite. J'ai constaté en effet, de la manière la plus rigoureuse, que le plan de l'orifice aortique gauche étant oblique de haut en bas et de droite à gauche (Pl. VIII, *fig.* 2; Pl. IX, *fig.* 1 et 2), la demi-ellipse fibro-cartilagineuse externe vient, par l'action de l'anneau bulbaire, s'appliquer non-seulement contre la demi-ellipse externe, mais aussi contre le foramen de Pannizza, qui se trouve immédiatement au-dessus, et qui par cela même est obturé.

Le passage du sang n'est donc possible qu'au début de la systole; voyons par voie expérimentale jusqu'où va cette possibilité. J'ai pris un gros cœur d'Alligator conservé dans l'alcool étendu d'eau et renfermant une faible proportion de chlorure de zinc : ce cœur a conservé un certain degré de souplesse, et les valvules ont une élasticité suffisante, quoique moindre que l'élasticité de valvules fraîches. L'aorte gauche est ouverte pour voir ce qui va se passer dans le foramen. Un large tube de verre est introduit par l'extrémité du ventricule gauche, et disposé de façon qu'un courant d'eau lancé par ce tube soit dirigé vers l'orifice aortique droit. Un tube en caoutchouc attaché à un robinet d'écoulement est destiné à fournir de l'eau sous une pression assez considérable pour distendre fortement l'aorte droite. Le courant est établi à plusieurs reprises; l'aorte droite se distend, et l'eau s'échappe avec force par la section de l'aorte et par les troncs innominés; et pourtant c'est à peine s'il s'écoule un peu d'eau à travers le foramen, et seulement au niveau de son angle antérieur. On observe tantôt un petit jet presque filiforme, ou tantôt un petit écoulement baveux sans importance. Cette expérience, qui a été faite en présence de M. le professeur Jourdain et de quelques observateurs, a eu des résultats constants et nous a laissé à tous l'impression que le passage du sang sur le vivant devait être nul, même au début de la systole.

Remarquons en effet que l'expérience s'est faite dans des conditions éminemment défavorables à l'occlusion du foramen. Les valvules, quoique passablement souples, n'avaient pourtant ni l'étendue, ni la souplesse, ni l'élasticité dont elles jouissent sur le frais et surtout pendant la vie. De plus, le jet d'eau lancé par le tube de verre ne saurait produire un effet identique à celui de la systole ventriculaire, car cette dernière représente un ensemble d'efforts qui viennent se concentrer sur la valvule sigmoïde droite de l'aorte, et dont la résultante relève et applique exactement cette valvule. De plus encore, toute pression avait été supprimée dans l'aorte gauche, qui était ouverte; et il n'est pas douteux que pendant la vie la tension de l'aorte gauche, quoique faible, et le relèvement de la valvule correspondante contre le foramen de Pannizza n'opposent une certaine résistance au passage du sang venant de l'aorte droite.

Ainsi donc, les résultats expérimentaux, aussi bien que les considérations anatomiques, confirment l'opinion que le sang ne traverse le foramen de Pannizza que pendant la diastole ventriculaire. J'ai dû insister sur ces considérations pour redresser les vues du Dr Fritsch, qui m'ont paru plus spécieuses que vraies.

Le Mémoire du Dr Fritsch renferme, à propos du cœur de la Grenouille et de celui des Reptiles à ventricules communicants, plusieurs assertions contre lesquelles j'aurais bien des objections à présenter; mais j'ai donné une assez large place à la critique, et je laisse au lecteur le soin de s'aider des opinions et des expériences qui me sont personnelles, pour juger les opinions et les théories de l'honorable Assistant du Musée anatomique de Berlin.

CHAPITRE IV

OISEAUX.

Avec les Oiseaux, nous entrons dans l'étude des Vertébrés chez lesquels manque toute ouverture de communication directe entre le système à sang rouge et le système à sang noir. Ici, ventricules et gros vaisseaux sont complètement indépendants et séparés les uns des autres ; et toute idée de mélange des deux sangs est naturellement exclue de la conception rationnelle des fonctions de l'appareil central de la circulation chez ces animaux.

Je place l'étude du cœur des Oiseaux immédiatement après celle du cœur des Crocodiliens et avant celle des Mammifères, parce que, comme nous le verrons, il y a entre la constitution du cœur des Crocodiliens et celle du cœur des Oiseaux des analogies d'un haut intérêt qui ressortiront déjà de ma description, mais que je me propose de mettre en saillie dans un chapitre spécial de ce travail. On aurait pourtant tort de conclure, de la place que je donne ici à l'étude du cœur des Oiseaux, que cet organe et ses dépendances servent de tout point de type de transition entre le cœur des Crocodiliens et celui des Mammifères. Cette opinion ne serait vraie que d'une manière très-relative et pour certaines dispositions seulement ; car à certains égards, ainsi que nous le verrons, le cœur des Oiseaux semble constituer un progrès réel sur le cœur des Mammifères. Mais, sans aborder ici ce sujet, qui ne peut être traité que dans la suite, je me borne à dire, pour justifier l'intérêt que j'attache à cette étude : que le cœur des Crocodiliens aide singulièrement à comprendre certaines particularités jusqu'à présent inexpliquées du cœur des Oiseaux, que la constitution du cœur de ces deux classes éclaire à son tour celle du cœur des Mammifères, et que ce dernier organe est ainsi rattaché au cœur des Reptiles à ventricules communicants, dont il a paru jusqu'à présent si difficile de le rapprocher.

Je m'étendrai bien moins sur le cœur des Oiseaux que je ne l'ai fait pour les classes précédentes. Il est plus connu, et je n'aurai qu'à insister sur certaines particularités qu'on a décrites d'une manière insuffisante, pour le but que je me propose. Le ventricule gauche ne demandera que quelques mots. Le ventricule droit m'arrêtera plus longtemps, car il est le nœud de la difficulté, et il présente des particularités importantes. J'aurai à noter dans les gros vaisseaux des dispositions fort remarquables au point de vue des analogies. Quant aux questions physiologiques, c'est à peine si j'aurai besoin d'en parler, car je n'ai ici qu'à m'occuper du cours général du sang, et c'est un sujet sur lequel les notions positives sont depuis longtemps acquises et même vulgairement connues.

Le ventricule droit est vraiment la partie caractéristique du cœur des Oiseaux (Pl. IV, fig. 1); aplati latéralement et présentant un faible diamètre transversal, il a au contraire un diamètre antéro-postérieur considérable. Présentant une courbure antéro-postérieure, il embrasse le ventricule gauche sur ses faces antérieure, latérale droite, et surtout postérieure. Son axe vertical s'arrête assez haut au-dessus de la pointe du cœur et atteint à peu près le point d'union du tiers moyen avec le tiers inférieur de l'axe du ventricule gauche. La capacité de ce ventricule est, on le voit, inférieure à la capacité du ventricule correspondant des Crocodiliens. L'épaisseur de ses parois n'est pas considérable, mais les fibres y sont tassées et ne forment que de faibles saillies ou colonnes assez régulières, parallèles et adhérentes par toute l'étendue de leur face profonde.

La forme de ce ventricule permet de lui distinguer une face interne et une face externe, des bords, une base et un sommet.

La face interne a une convexité très-prononcée dans le sens antéro-postérieur, et représente la saillie d'un demi-cône à base supérieure et à sommet tronqué. Cette face est assez uniforme et présente des faisceaux charnus parallèles, obliques de haut en bas et d'arrière en avant, et formant ainsi des fragments de spire enroulés autour du ventricule gauche. De ces faisceaux, les antérieurs naissent du noyau fibro-cartilagineux, qui est enclavé entre les anneaux aortiques et pulmonaires; les postérieurs naissent d'un noyau fibreux placé entre les anneaux auriculo-ventriculaires et dépendant de la masse ventriculaire postérieure.

Les faisceaux antérieurs correspondent à la fausse-cloison des Reptiles et aux fibres verticales du premier faisceau rayonnant antérieur. Les faisceaux postérieurs représentent ce que nous avons décrit sous le nom de premier faisceau rayonnant postérieur de la cloison interventriculaire. Seulement chez les Oiseaux ces deux ordres de faisceaux sont tellement contigus par leurs bords et si régulièrement parallèles, qu'on ne peut réellement les distinguer les uns des autres que par la différence de leurs insertions supérieures. Cette distinction est rendue encore plus difficile par le manque de tout angle supérieur de séparation (angle qui existe chez les Crocodiliens), et par le défaut complet de la lèvre de la cloison, dont il existe quelquefois des traces chez les Crocodiliens.

Au reste, les fibres de ces faisceaux, soit antérieur, soit postérieur, venant aboutir au bord antérieur et au sommet du ventricule, se comportent à ce niveau et dans leur parcours ultérieur exactement comme les fibres correspondantes du cœur des Crocodiliens.

La paroi externe du ventricule droit présente une concavité très-prononcée, destinée à embrasser la convexité de la paroi interne. Cette paroi est tapissée de colonnes charnues séparées par des fentes étroites et réunies par de nombreuses anastomoses. Ces colonnes sont toutes dirigées très-obliquement de haut en bas et d'avant en arrière, et elles décrivent dans ce trajet un arc à concavité supérieure et postérieure. Par suite de cette courbure, elles deviennent presque horizontales dans la portion postérieure de la paroi. Leur direction générale est donc à peu près perpendiculaire à la direction des faisceaux déjà décrits sur la paroi interne.

Les fibres de la paroi externe prennent leur origine d'avant en arrière :

1° De la partie antérieure de l'orifice pulmonaire ;

2° De la saillie de l'aorte et d'un noyau fibreux situé en arrière de cette saillie, et qui correspond à l'orifice effacé de l'aorte gauche. Ces faisceaux représentent les faisceaux droits antérieur et postérieur des Reptiles et des Crocodiliens. Ils constituent ici, mieux que chez les Reptiles, un *faisceau droit commun*, car les faisceaux secondaires qui le constituent ont été fortement rapprochés par le transport en avant du faisceau artériel, ce qui enlève toute existence distincte aux fibres commissurantes ;

3° De la lèvre externe de l'orifice auriculo-ventriculaire. Ces faisceaux correspondent aux faisceaux obliques gauches postérieurs des Chéloniens et des Crocodiliens.

C'est de la face externe du ventricule que dépend un appareil valvulaire très-remarquable, qui suffirait à lui seul pour caractériser le cœur des Oiseaux, et qui est représenté *fig* 1 (Pl. IV) plus fidèlement peut-être qu'il ne l'a été jusqu'à présent. C'est une vraie lame charnue à forme allongée, présentant deux bords et deux extrémités. Par l'un de ces bords, le supérieur, elle adhère à la lèvre externe de l'orifice auriculo-ventriculaire. Le bord inférieur est libre et tranchant. Il présente une légère concavité inférieure. L'extrémité antérieure de la valvule forme une languette charnue qui se porte en avant et en bas, au-dessous et en arrière du noyau fibreux qui tapisse la saillie de l'aorte. Cette languette vient adhérer à la paroi interne du ventricule, et se jette sur la face interne du faisceau rayonnant postérieur, avec lequel elle confond ses fibres. Un peu en arrière de cette languette, le bord libre de la valvule se relie à la paroi externe par une languette charnue dont les fibres, dirigées en bas et en arrière, vont se confondre avec les faisceaux obliques dans le même sens qui tapissent la paroi ventriculaire (et particulièrement avec le faisceau droit commun). Chez presque tous les Oiseaux, la valvule se compose entièrement de fibres musculaires se dirigeant, comme les fibres de la paroi externe, obliquement de haut en bas et d'avant en arrière. Postérieurement les fibres composant la valvule s'étalent en éventail, pour se jeter sur une grande hauteur dans l'angle postérieur du ventricule. Là, elles se mêlent aux fibres de la paroi externe et se comportent exactement comme elles, c'est-à-dire que les unes remontent en haut et en arrière vers l'anneau auriculo-ventriculaire gauche, tandis que les autres se replient derrière et au-dessous du premier faisceau rayonnant postérieur, pour se porter obliquement dans l'épaisseur de la cloison interventriculaire, et de là sur la paroi antérieure du ventricule gauche. Cette valvule est surtout très-puissante chez les Oiseaux plongeurs; elle est le moins développée chez l'Autruche, et tout particulièrement chez l'Aptéryx, où elle est en partie membraneuse, et a son bord libre attaché par un petit nombre de tendons à une saillie musculaire de la paroi fixe du ventricule.

Cette valvule compose tout l'appareil valvulaire de l'orifice auriculo-ventriculaire droit, car la lèvre gauche de l'orifice auriculo-ventriculaire est entièrement dépourvue de valvule et se continue presque sans démarcation avec la paroi voisine de l'oreillette droite, ou cloison inter-auriculaire.

La base du ventricule droit a la forme d'un croissant (Pl. XVI, *fig.* 5) dont la corne postérieure est occupée par l'orifice auriculo-ventriculaire droit, et dont la corne antérieure correspond à un infundibulum très-allongé conduisant à l'orifice pulmonaire qui est muni de trois valvules sigmoïdes. Cet entonnoir ou infundibulum pulmonaire est limité en arrière par une forte saillie demi-cylindrique formée par l'aorte, qui à sa sortie du ventricule droit se porte obliquement en haut et à droite. Cette saillie présente un épaississement ou noyau fibreux recouvert de quelques fibres musculaires qui viennent se mêler aux fibres du faisceau droit commun. Un peu en arrière de cette saillie et entre elle et la languette antérieure de la valvule charnue, se remarque un enfoncement ou sillon *k* (Pl. IV, *fig.* 1) occupé par une sorte de noyau fibreux ressemblant à une cicatrice. En consultant avec exactitude la situation et les rapports de ce noyau cicatriciel avec les parties analogues du cœur des Crocodiliens, on reste convaincu que là aurait dû se trouver l'orifice aortique gauche, si ce vaisseau eût existé chez les Oiseaux. Je répète qu'il y a là une espèce de cicatrice qui se trouve donner insertion aux fibres du faisceau droit commun, que j'ai déjà signalées chez les Reptiles comme contribuant à l'occlusion de l'aorte gauche. Ici le faisceau droit commun a acquis une épaisseur et une importance que nous ne lui avions pas encore reconnues.

La valvule musculaire des Oiseaux représente en réalité la valvule musculaire des Crocodiliens, car elle naît, comme cette dernière, de la lèvre externe de l'orifice auriculo-ventriculaire, et n'est qu'une saillie très-exagérée d'un des faisceaux obliques gauches postérieurs. La languette, qui partant du bord libre de la valvule va se jeter dans la paroi externe du ventricule, n'est qu'un faisceau de ces fibres obliques gauches, qui, au lieu de n'atteindre la paroi externe que dans le sillon postérieur du ventricule, se détache bientôt du bord libre, pour se jeter prématurément sur cette paroi externe et se confondre avec le faisceau oblique droit commun qui la tapisse. Quant à la languette ou extrémité antérieure de cette valvule musculaire, elle représente la valvule membrano-fibreuse des Crocodiliens. Je renvoie à plus tard la démonstration de ce fait intéressant, démonstration à laquelle nous conduira la constatation d'une série de transformations successives.

Avant de passer à l'étude du ventricule gauche, essayons de déterminer la manière dont fonctionne le ventricule droit. Quand le sang est lancé dans ce ventricule par l'oreillette correspondante, la valvule musculaire est appliquée contre la paroi externe par la pression du sang. Mais, dès que le ventricule se contracte, le sang, s'insinuant entre la paroi externe et la lame valvulaire, soulève cette dernière et l'applique contre la paroi interne, de telle sorte que le sang comprimé suit la gouttière comprise entre la valvule et la paroi externe, et passe dans l'infundibulum et dans l'artère pulmonaire.

Si l'on réfléchit à la direction du faisceau droit commun et de la valvule musculaire, il est aisé de voir combien le rapprochement et l'application de la paroi externe du ventricule contre sa paroi interne devront être rapides et énergiques; et si l'on venait à supposer l'existence de l'orifice de l'aorte gauche à la place déjà déterminée, on voit clairement avec quelle promptitude et quelle force cet orifice se trouverait aplati et fermé. Le sens presque direct d'avant en arrière du faisceau droit commun et des fibres de la valvule, l'enroulement pour ainsi dire de ces faisceaux autour de la convexité de la paroi interne, permettent de concevoir l'aplatissement presque instantané qui se produirait et qui rendrait cet orifice impénétrable dès le début de la systole.

De plus, la pression du sang, qui pourrait tendre à ouvrir l'orifice aortique gauche, s'il existait, tendrait fortement d'un autre côté à le fermer. Cette pression, en effet, soulevant la valvule et l'appliquant contre la paroi interne, contribue également, par l'intermédiaire de la languette externe, à attirer et à appliquer contre cette même paroi interne le faisceau droit commun, qui dans cette situation se trouve admirablement disposé pour produire l'occlusion de l'orifice aortique.

Mais l'aplatissement rapide et, dirai-je même, instantané de l'orifice aortique n'est pas uniquement dû aux faisceaux de fibres que le lecteur connaît déjà. Il y a, dans la constitution de l'infundibulum de l'artère pulmonaire, une disposition remarquable que je dois ne pas passer sous silence : cet infundibulum très-étendu est doué d'une paroi musculaire composée de deux couches distinctes. Il y a une couche de fibres internes obliques en bas et en arrière, et qui vont se mêler aux fibres du faisceau droit commun; cette couche est mince et composée de faisceaux grêles et clair-semés. Autour de ces fibres, se trouve une couche de fibres circulaires formant des portions d'anneaux dont les supérieures sont horizontales et les inférieures légèrement obliques de haut en bas et d'arrière en avant. Ces fibres, que nous retrouverons chez les Mammifères et qui sont représentées sur un cœur de Mouton en X (Pl. IX, *fig.* 4), prennent naissance dans l'angle formé à gauche et en avant par le contact de l'artère pulmonaire et de l'aorte sur le noyau fibro-cartilagineux du faisceau artériel, et viennent, après avoir contourné de gauche à droite l'infundibulum de l'artère pulmonaire, se terminer sur la saillie que forme l'aorte droite et sur la cicatrice fibreuse qui est le vestige de l'orifice aortique gauche. Ces faisceaux circulaires puissants représentent certainement l'anneau bulbaire des Reptiles, et reproduisent exactement la disposition générale que nous avons reconnue chez les Crocodiliens. Ils en diffèrent seulement en ce qu'ils ne sont pas complètement distincts, au dehors, du reste de la paroi ventriculaire. Ils se fondent insensiblement dans cette paroi, et ne peuvent en être séparés que théoriquement. J'ai à peine besoin d'ajouter que l'action de ce puissant anneau bulbaire, comme celle de ce même organe chez les Crocodiliens, doit vider l'infundibulum du sang qu'il renferme, et contribuerait puissamment à aplatir l'orifice aortique gauche et à le maintenir fermé jusqu'à la fin de la systole, si cet orifice existait. Si nous remarquons maintenant: que l'orifice pulmonaire du cœur des Oiseaux est très-large et dilatable ; que l'artère pulmonaire a des parois minces et très-extensibles ; que l'emboîtement concentrique des parois interne et externe du ventricule et la direction oblique des faisceaux de la paroi externe doivent amener un effacement rapide de la cavité de ce ventricule ; que toutes les conditions anatomiques tendraient à oblitérer l'orifice aortique gauche dès le début de la systole ventriculaire; si, dis-je, nous tenons compte de toutes ces conditions, nous comprendrons que la masse de sang renfermé dans le ventricule gauche, trouvant un accès facile dans l'artère pulmonaire, où la pression est extrêmement faible, se précipite abondamment dans l'orifice de ce dernier vaisseau, et permette par conséquent un effacement rapide de la cavité ventriculaire et l'aplatissement subit et instantané de l'orifice aortique gauche dès le début de la systole ventriculaire. Cet orifice aortique, ne recevant pas de sang, s'oblitère et s'efface, et il n'en reste qu'une cicatrice dont nous avons déterminé la position.

Quoique les considérations que je viens de présenter me paraissent donner un degré suffisant de certitude et d'évidence aux modifications dont je crois que l'orifice aortique est le théâtre chez les Oiseaux, je dois ajouter que je n'ai pas tout dit là-dessus, et j'annonce d'ores et déjà, pour un des chapitres subséquents, des considérations générales sur le rôle de l'aorte gauche et sur les causes de sa conservation ou de sa disparition.

L'étude du ventricule gauche devra nous retenir bien peu. Comme constitution générale, il ressemble beaucoup à celui des Crocodiliens; je vais dire par quoi il en diffère. Sa cavité est relativement plus grande que celle du ventricule gauche des Crocodiliens, et dans tous les cas cette cavité présente un axe vertical plus long et s'étend jusqu'à une faible distance de la pointe. Les parois du ventricule chez les Oiseaux, épaisses vers la partie supérieure, s'amincissent considérablement vers la pointe, disposition contraire à celle que l'on remarque chez les Crocodiliens, où la pointe présente une épaisseur de parois au moins égale à celle de la base. Chez les Oiseaux, les parois ventriculaires n'ont pas une structure spongieuse ; les fibres musculaires y sont solidement tassées et forment seulement de petites colonnes serrées, adhérentes, légèrement obliques, presque parallèles, séparées par des sillons convergeant tous en haut et à droite vers l'orifice aortique. En bas, ces lacunes et colonnes convergent vers le sommet et présentent à peu près l'aspect de tourbillon que j'ai fait reproduire (Pl. XI, *fig.* 1) sur un cœur de Mouton. Je reviendrai sur ces dispositions à propos du cœur des Mammifères, où elles diffèrent à peine. L'épaisseur des parois ventriculaires est relativement plus considérable chez les Oiseaux que chez les Crocodiliens, excepté vers la pointe.

Un trait fort distinctif des parois ventriculaires consiste en ceci, que sur chacune des parois antérieure et postérieure s'élève un muscle en forme de masse papillaire qui se termine par plusieurs filaments tendineux destinés aux valvules auriculo-ventriculaires. Ces valvules sont au nombre de deux (Pl. XVI, *fig.* 5), comme celles des Crocodiliens, l'une interne et l'autre externe; mais elles ne présentent pas l'inégalité considérable d'étendue qu'elles avaient chez les Crocodiliens. Elles forment deux voiles membraneux dont l'externe est un peu moins grand que l'interne, voiles continus l'un avec l'autre à leurs extrémités, et dont le bord inférieur, au lieu d'être uni et tranchant, comme celui des valvules correspondantes des Crocodiliens, présente au contraire des pointes ou saillies nombreuses auxquelles viennent s'attacher les tendons des muscles papillaires antérieur et postérieur. Chez les Crocodiliens, nous avons également vu des colonnes musculaires destinées à la tension des valvules, mais elles ne se détachent pas en forme de papilles, elles s'insèrent directement et sans l'intermédiaire de filaments tendineux à chacune des extrémités des valvules auriculo-ventriculaires. Chez les Oiseaux, la papille antérieure reçoit le faisceau des tendons antérieurs des deux valvules, et la papille postérieure les tendons postérieurs de ces deux mêmes valvules. C'est ainsi que, par des transformations faciles à saisir, les deux valvules lisses et très-inégales des Reptiles et des Crocodiliens arrivent à former la valvule mitrale des Vertébrés supérieurs.

Enfin, un dernier trait distinctif du cœur des Oiseaux, c'est qu'immédiatement au-dessus de la paroi inter-ventriculaire musculaire, et par conséquent en rapport direct avec son bord supérieur, se trouve l'orifice aortique correspondant. Nous n'avons donc pas ici cet entonnoir membrano-fibreux vestibulaire des Crocodiliens, et l'orifice aortique se trouve directement en rapport avec la cavité ventriculaire. Le vestibule de l'aorte droite a disparu ; il s'est opéré là ce que j'appellerai un *travail de concentration des éléments ventriculaires*, travail intéressant que je dois montrer à l'œuvre dans toute la série des Vertébrés. L'aorte droite, qui chez les Oiseaux émane du ventricule gauche comme chez les Crocodiliens, a son orifice plus près de la cavité ventriculaire que chez ces derniers, et confond à peu de chose près son diamètre transversal avec le diamètre transversal du ventricule. C'est là un effet de la suppression du vestibule aortique, dont l'axe, comme je l'ai dit, est oblique à droite et en avant.

Toutefois l'aorte droite, au niveau de son origine, est assez excentrique à l'orifice auriculo-ventriculaire gauche pour faire dans le ventricule droit, en arrière de l'infundibulum pulmonaire, une saillie d'autant plus marquée qu'immédiatement après sa naissance l'aorte se dirige en haut et *fortement* à droite (Pl. XVI, *fig.* 5 et 5 *bis*). Cette exagération de la saillie aortique est beaucoup moins marquée chez les Mammifères et est caractéristique du cœur des Oiseaux.

L'aorte droite des Oiseaux diffère notablement, par la direction de sa crosse, de celle des Crocodiliens. Elle a en réalité une direction intermédiaire entre celle de l'aorte droite de ces Reptiles et celle de l'aorte gauche des Mammifères. Après sa sortie du ventricule gauche, l'aorte se dirige obliquement en haut et à droite; puis, après avoir fourni, par la face gauche, deux troncs brachio-céphaliques, elle se porte en arrière et *vers la gauche* en dessinant ainsi sa crosse; elle descend ensuite située vers la gauche de la colonne vertébrale; de là elle se reporte sur la ligne médiane pour former l'aorte abdominale. Ce qui permet de reconnaître en elle une aorte droite, c'est moins sa position et sa direction que la naissance, sur sa face gauche, des troncs brachio-céphaliques et ses rapports avec le nerf récurrent droit, qui l'embrasse en passant au-dessous d'elle.

En définitive, le cœur des Oiseaux se caractérise par l'exagération du transport vers la gauche de l'orifice pulmonaire, et, comme conséquence, par la forme semi-lunaire très-prononcée de son ventricule droit; il se caractérise encore par la disposition de la valvule auriculo-ventriculaire droite, par l'oblitération définitive de l'orifice de l'aorte gauche, par la disparition presque complète du vestibule de l'aorte droite et par la conservation des relations du ventricule gauche avec l'aorte droite, relations qui rapprochent ce cœur de celui des Crocodiliens d'une manière très-intéressante.

Au point de vue physiologique, ce qui caractérise le cœur des Oiseaux, c'est la puissance de ses parois, la séparation complète des deux sangs, la présence d'un seul vaisseau aortique chargé de porter au corps le sang rouge du ventricule gauche, et enfin les conditions très-favorables à un effacement rapide et énergique de la cavité du ventricule droit. Tout, en effet, dans ce ventricule, même son appareil valvulaire, est construit de manière à atteindre ce but. Le sang qui arrive du corps au ventricule droit est destiné entièrement à la circulation pulmonaire, tandis qu'une partie était précédemment destinée à l'aorte gauche. On voit donc que la circulation pulmonaire a acquis une activité et une importance extraordinaires et sans précédent dans les classes déjà étudiées.

CHAPITRE V

MAMMIFÈRES.

Quelques lignes me suffiront pour décrire ce que le cœur des Mammifères présente de vraiment spécial. Je prendrai pour types les cœurs de l'Homme, du Mouton, du Chien, etc.

Le ventricule droit semble avoir, par rapport au ventricule gauche, une capacité plus grande que chez les Oiseaux. Sa coupe est encore celle d'un croissant: l'orifice pulmonaire est au sommet d'un infundibulum antérieur; la corne postérieure du croissant est, comme chez les Oiseaux, occupée par l'orifice auriculo-ventriculaire (Pl. XVI, fig. 6).

La paroi interne se compose de deux parties plus ou moins distinctes; la partie antérieure est formée de faisceaux obliques de haut en bas et légèrement d'arrière en avant. Ces faisceaux naissent supérieurement à gauche de l'orifice pulmonaire N (Pl. X, fig. 1 et 2), et vont se rendre à la moitié supérieure du bord antérieur du ventricule; ils correspondent à la fausse-cloison des Reptiles et se comportent du reste comme les faisceaux correspondants des Vertébrés déjà étudiés. La partie postérieure de la paroi interne est formée par des faisceaux obliques de haut en bas et d'arrière en avant, et dont le bord antérieur est contigu au bord postérieur des faisceaux de la fausse-cloison. Ces faisceaux, naissant, comme chez les Reptiles, les Crocodiliens et les Oiseaux, du point de contact des orifices auriculo-ventriculaires, représentent le premier faisceau rayonnant postérieur. Ils sont figurés en Y (Pl. X, fig. 1 et 2). Ils offrent, suivant les espèces, plus ou moins de régularité. Le plus souvent ils sont séparés des faisceaux de la fausse-cloison par un sillon plus prononcé que les sillons voisins. Chez la plupart des Mammifères, du reste, le bord postérieur de la fausse-cloison forme une saillie très-évidente, ou bien envoie obliquement à la paroi externe une languette charnue (Pl. IV, *fig.* 2), *M* (Pl. X, *fig*, 1), qui accentue la distinction des deux groupes de faisceaux. Ce sont là des vestiges de la lèvre, comme, dans les types déjà étudiés, la fausse-cloison est interposée entre l'artère pulmonaire et l'aorte, et les faisceaux rayonnants sont placés entre les deux orifices auriculo-ventriculaires et les deux cavités ventriculaires. Les différences de position et de direction des deux ordres de faisceaux sont nettement accentuées (Pl. IV, *fig.* 2) sur un cœur de fœtus de Veau représenté quatre fois plus grand que nature : *M* désigne la fausse-cloison, *L* les faisceaux rayonnants. La languette charnue du bord postérieur de la fausse-cloison est très-distincte. On voit également que les plans de ces deux parties de la cloison interventriculaire forment un angle saillant vers la droite.

La paroi externe du ventricule droit est tapissée de colonnes charnues nées de l'orifice pulmonaire, obliques de haut en bas et d'avant en arrière, et formant à la partie externe et postérieure de l'orifice pulmonaire une masse charnue considérable *R* (Pl. X, *fig.* 1) qui établit une limite entre la cavité ventriculaire et l'infundibulum. Ce gros faisceau se porte en arrière et en bas. Il correspond au faisceau droit commun des Reptiles. Les fibres commissurantes y sont représentées par des arcs à concavité supérieure qui relient les faisceaux entre eux (Pl. X, *fig.* 1). Ce faisceau commun tire son origine supérieure d'une cicatrice fibreuse *B* (Pl. X, *fig.* 1 et 2), qui mérite toute notre attention. Cette cicatrice, à forme allongée, oblique d'avant en arrière et de gauche à droite, vient se relier antérieurement par un sillon à la partie postérieure de l'infundibulum pulmonaire, et postérieurement à l'extrémité antérieure de l'orifice auriculo-ventriculaire. Cette cicatrice répond également au bord postérieur de la fausse-cloison et serait cachée derrière sa lèvre, si elle s'était développée.

Si l'on perfore ce tissu fibreux, on pénètre dans l'aorte immédiatement au-dessus de la valvule sigmoïde droite. On ne peut douter que cette cicatrice ne soit le vestige de l'orifice de l'aorte gauche, orifice aplati et oblitéré chez les Mammifères comme chez les Oiseaux.

En arrière du faisceau commun, naissent du pourtour externe et postérieur de l'orifice auriculo-ventriculaire des faisceaux obliques parallèles aux précédents *S,S* (Pl. X, *fig.* 1). Ces faisceaux, exactement comparables aux premiers faisceaux obliques gauches postérieurs des Reptiles, se rendent au bord postérieur du ventricule. La disposition et le parcours ultérieur de tous ces faisceaux ne diffèrent pas essentiellement de ce que nous avons vu dans les classes dont nous nous sommes déjà occupé.

L'orifice pulmonaire (Pl. XVI, *fig.* 6) a trois valvules sigmoïdes: l'une antérieure, les deux autres postérieures droite et gauche. La disposition de la valvule auriculo-ventriculaire mérite une description spéciale. Celles qu'on en a données n'ont pas une précision suffisante pour nous permettre de poursuivre les curieuses analogies qui la rapprochent des valvules, différentes en apparence, que nous avons rencontrées chez les Chéloniens, les Crocodiliens et les Oiseaux.

Cette valvule, qui forme un voile circulaire continu sur tout le pourtour de l'orifice, peut néanmoins être décomposée en deux valves, l'une externe, l'autre interne. La valve interne, que l'on voit représentée (Pl. X, *fig.* 1), de telle manière que son bord inférieur dépasse celui de la valve externe, forme un voile fibreux dont le bord supérieur s'insère sur toute la longueur de la lèvre interne de l'orifice auriculo-ventriculaire. Il correspond par conséquent au bord supérieur de la cloison interventriculaire. Le bord inférieur de cette valve, qui est convexe, donne insertion à un nombre variable de tendons qui vont aboutir aux colonnes charnues de la paroi interventriculaire. Cette valvule paraît donc être une dépendance de cette paroi, et peut en définitive être considérée comme constituant la réunion des tendons du faisceau rayonnant postérieur YY (Pl. X, *fig.* 1 et 2).

La valve externe offre une disposition plus compliquée : ses insertions supérieures occupent tout le bord externe ou libre de l'orifice auriculo-ventriculaire droit. Les insertions inférieures de cette valve forment deux groupes distincts de tendons, l'un antérieur et l'autre postérieur.

Cette disposition a fait reconnaître à cette valve deux pointes qui, ajoutées à la pointe de la valve interne, ont valu à l'ensemble de ces deux valves le nom de valvule *triglochine* ou *tricuspide*. Le faisceau antérieur du tendon de la valve externe vient se porter vers le bord postérieur de la fausse-cloison P (Pl. X, *fig.* 1 et 2), S (Pl. XVI, *fig.* 6). Ces tendons se continuent ordinairement chez l'Homme avec des colonnes musculaires qui se confondent plus ou moins avec la fausse-cloison, ou qui quelquefois conservent entièrement leur indépendance dans la partie supérieure de leur parcours, P (Pl. X, *fig*. 2), et semblent s'insinuer dans la ligne de séparation de la fausse-cloison et de la cloison interventriculaire.

Il arrive aussi assez souvent, notamment chez le Porc et le Mouton, qu'une partie des tendons se rendent à un faisceau charnu tout particulier qui continue leur direction d'arrière en avant et de bas en haut, et qui, croisant à angle droit les faisceaux de la fausse-cloison sur lesquels il est appliqué, vient s'insérer directement à la partie droite de l'anneau pulmonaire HH' (Pl. X, *fig*. 2, où le faisceau est représenté coupé). Dans ce cas, le groupe de tendons de la valve externe se concentre d'abord sur un faisceau charnu qui se bifurque pour constituer les deux faisceaux H et P de la *fig*. 2 (Pl. X). Le groupe postérieur de tendons de la valve externe P' (Pl. X, *fig*. 1 et 2) se rend au sommet de papilles charnues qui appartiennent à la paroi externe du ventricule; ces papilles constituent l'extrémité de colonnes qui se confondent avec les faisceaux obliques gauches déjà décrits. Comme ces derniers, ces colonnes se portent en bas et en arrière pour partager aussi leur distribution ultérieure. Telles sont les dispositions de la valvule tricuspide; j'avais besoin de la décrire avec précision et sans négliger des détails en apparence inutiles, afin de pouvoir déterminer ses homologues dans les classes précédentes.

Il me reste à faire remarquer, à propos du ventricule droit, que son sommet n'atteint pas généralement celui du ventricule gauche; mais pourtant la distance qui les sépare est variable suivant les conditions d'existence que je déterminerai plus tard en recherchant les conditions de la vie amphibienne.

Le ventricule gauche des Mammifères diffère si peu de celui des Oiseaux, qu'il me suffira d'y signaler quelques traits distinctifs pour en donner une idée complète. L'épaisseur des parois est relativement moindre que chez les Oiseaux; mais par contre la structure spongieuse de la partie interne et surtout de la pointe y est généralement plus prononcée. Cette structure spongieuse est du reste très-variable. Prononcée chez l'Homme, le Porc, le Singe, etc., elle l'est très-peu chez le Chien, le Bœuf, le Mouton, etc. L'orifice auriculo-ventriculaire gauche, ayant la forme d'une circonférence un peu échancrée (Pl. XVI, *fig*. 6), est fermé par la valvule mitrale, dont les deux valves, l'une interne et l'autre externe, correspondent exactement aux deux valves des Oiseaux.

Deux masses papillaires musculaires, l'une antérieure et l'autre postérieure, correspondent, comme chez les Oiseaux, à cet appareil valvulaire $M\,N$ (Pl. XI, *fig*. 1). La valve interne s'insère sur la ligne de contact des orifices auriculo-ventriculaire et aortique (Pl. XVI, *fig*. 6) ; ce dernier orifice est situé en dedans et en avant de l'orifice auriculaire, en arrière et un peu à gauche[1] de l'orifice pulmonaire (Pl. XVI, *fig*. 6). Par rapport à la cavité ventriculaire, il est dans la direction interne d'un diamètre transversal et à peine oblique en avant de cette cavité. Sur une coupe horizontale du cœur à ce niveau, on peut voir que la lumière de cet orifice fait une faible saillie excentrique sur la coupe circulaire de la cavité ventriculaire (Pl. XVI, *fig*. 6 *bis*). C'est que le travail de concentration des éléments ventriculaires, que j'ai signalé chez les Oiseaux, se prononce encore plus chez les Mammifères.

L'aorte qui reste en relation avec le ventricule a reçu le nom d'aorte gauche; elle forme un tronc assez long, avant de fournir chez l'Homme trois grosses branches, et ces dernières ne naissent qu'au point où commence la portion horizontale de la crosse. Les trois branches qui naissent chez l'Homme de la crosse de l'aorte sont d'abord : à droite le tronc brachio-céphalique, puis la carotide primitive gauche, et enfin la sous-clavière gauche. Nous verrons quelle est la vraie signification de ces divers vaisseaux. La disposition et l'origine de ces branches supérieures de l'aorte présentent assez de variété chez les Mammifères. Mais il est cependant facile de les ramener au même type général.

En résumé, ce qui caractérise le cœur des Mammifères, c'est : la disposition de sa valvule auriculo-ventriculaire droite ou valvule tricuspide,

---

[1] Je n'ignore pas que dans plusieurs Traités classiques d'anatomie l'orifice aortique est considéré comme placé en arrière et *à droite* de l'orifice pulmonaire. Cette relation, qui serait commune aux Mammifères et aux Oiseaux, est le résultat d'une distension exagérée du ventricule droit. Dans les injections modérées, et sur des cœurs examinés à vide, le rapport que j'indique s'est retrouvé d'une manière constante chez l'Homme, le Mouton, le Veau, le Porc, etc.

l'obliquité très-prononcée en arrière et la puissance du faisceau droit commun, un moindre degré de développement que chez les Oiseaux de la portion bulbaire de l'infundibulum, l'oblitération définitive de l'orifice de l'aorte gauche, la disparition plus complète que chez les Oiseaux du vestibule de l'aorte droite, la mise en relation du ventricule gauche avec l'aorte gauche, la disparition apparente de l'aorte droite. A ces dernières conditions, qui éloignent considérablement ce cœur de celui des Oiseaux, il faut ajouter encore que l'orifice aortique se trouve en arrière et légèrement à gauche de l'orifice de l'artère pulmonaire, tandis que chez les Oiseaux il est en arrière et fortement à droite.

Au point de vue physiologique, le cœur des Mammifères participe des perfectionnements introduits chez les Oiseaux pour la séparation complète des deux sangs ; mais il y a en lui moins d'éléments d'activité et d'énergie pour ce qui a trait surtout à la circulation pulmonaire. Le ventricule droit est moins bien disposé pour un effacement rapide de sa cavité ; le système valvulaire auriculo-ventriculaire droit est moins puissant, et l'anneau bulbaire est moins étendu et moins riche en fibres musculaires.

LIVRE DEUXIÈME

Oreillettes.

Forme, structure, composition et transformations dans la série des Vertébrés

Pour terminer la partie purement descriptive et expérimentale de ce travail, il me reste à parler de la région auriculaire du cœur. Elle a déjà été décrite chez les Batraciens, et je me suis même alors livré à quelques considérations générales sur la structure aréolaire de ses parois. Ce chapitre sera consacré à l'étude de ce que présentent de particulier les oreillettes dans les diverses classes de Vertébrés. Nous serons par là conduit naturellement à la recherche rationnelle des homologies qui relient entre elles ces parties à travers les modifications dont elles sont le siége. Nous aborderons ainsi la partie philosophique et spéculative de ce travail, dans laquelle je me propose de traiter successivement les questions que j'ai en partie énoncées dans mon Introduction.

CHAPITRE PREMIER

POISSONS.

Chez les Poissons, l'oreillette ne présente, comme le ventricule, qu'une cavité. Le cœur n'étant traversé que par du sang veineux, toute cloison devenait inutile, et il suffisait d'une poche contractile qui pût servir au sang de réservoir pendant la systole ventriculaire et d'organe propulseur pendant la diastole. Mais ce que l'oreillette des Poissons présente de remarquable, c'est sa capacité considérable, la structure partout aréolaire de ses parois, et les relations de sa cavité avec une poche veineuse de moindre capacité, le grand sinus veineux péricardique.

L'oreillette des Poissons présente une capacité supérieure à celle du ventricule. Non-seulement elle déborde celui-ci de tous côtés, mais ses parois, étant beaucoup plus minces, laissent au réservoir une lumière bien plus étendue. C'est là un premier point que je tiens à noter [1]. Tout le sang veineux du corps se rend dans l'oreillette, mais pas directement, car les veines caves, au lieu d'aboutir à l'oreillette, se concentrent d'abord dans une loge ou sinus commun qui communique avec l'oreillette par une ouverture placée sur la face postérieure et supérieure de celle-ci, et correspondant à un étranglement postérieur ou isthme. Ce sinus offre une dilatation variable, mais d'une capacité à peu près égale à celle de l'oreillette; ses parois sont tapissées de trabécules musculaires entre-croisées, mais aplaties et relativement peu développées. Ce sinus, qui chez les Poissons osseux est appliqué contre la cloison postérieure de la chambre cardiaque, est au contraire, chez les Plagiostomes, logé dans le péricarde [2].

---

[1] Les animaux à sang froid et ceux qui ont une circulation lente ou longuement interrompue ont des oreillettes relativement plus grandes que les autres animaux; c'est là une loi qui m'a paru générale.

[2] Milne Edwards; *Leçons sur la Physiologie*, tom. III, pag. 316.

L'orifice de communication du sinus et de l'oreillette est dépourvu de valvules chez beaucoup de Poissons osseux, mais il en possède deux chez un grand nombre de Poissons, tels que la Carpe, la Perche, la Truite, la Baudroie, les Plagiostomes, l'Esturgeon.

Enfin, un quatrième point que je signale pour en tirer plus tard des réflexions intéressantes, c'est la situation relative de l'oreillette et du ventricule. Chez certains Poissons, les Myxinoïdes par exemple, l'oreillette, le ventricule et le bulbe forment trois cavités séparées par des étranglements et constituant presque une série verticale régulière[1], l'oreillette et le sinus veineux qui lui est postérieur et légèrement supérieur étant placés en bas, tandis que le bulbe forme l'extrémité supérieure de la série. Mais généralement cette régularité de succession est altérée ; l'axe commun de ces cavités en série se coude au niveau de la région ventriculaire ; et, tandis que la partie supérieure conserve sa position primitive, la partie inférieure du ventricule se porte en haut et en arrière, entraînant avec elle l'oreillette. Celle-ci se trouve ainsi placée en arrière du ventricule et même du bulbe, suivant le degré variable de courbure que subit l'axe cardiaque primitif. Cette courbure de l'axe dans un plan vertical est très-prononcée chez les Sélaciens, et même elle s'accompagne, chez certains d'entre eux, d'une flexion latérale alternative de l'axe du bulbe, de l'oreillette et du ventricule : c'est ainsi que le bulbe naissant de la partie droite du ventricule se porte obliquement en haut vers la ligne médiane, tandis que l'oreillette et l'orifice auriculo-ventriculaire se trouvent non-seulement en arrière de l'orifice artériel, mais encore à gauche. J'ai tenu à signaler cette dernière relation, qui rapproche la position réciproque des cavités du cœur des Poissons de celle que nous avons observée chez les Batraciens ; nous verrons du reste ces changements de rapport et la torsion de l'axe s'accentuer bien davantage dans les autres classes de Vertébrés, et contribuer à créer entre les cavités du cœur des relations que la topographie du cœur des Poissons n'aurait pas permis de pressentir.

Quant à la constitution des parois de l'oreillette, je dois entrer dans quel-

---

[1] Je rappelle ici que je considère l'animal comme verticalement placé suivant l'axe de la colonne vertébrale.

ques détails qui me permettront d'établir nettement les homologies dans la série des Vertébrés. Voici les dispositions que présente l'oreillette des Sélaciens, sur laquelle ont plus particulièrement porté mes recherches : l'oreillette présente la forme d'une pyramide quadrangulaire aplatie sur deux de ses faces, dont la base est percée par un orifice arrondi, l'orifice auriculo-ventriculaire; dont la face antérieure est en rapport de contact avec la face postérieure du bulbe; dont la face postérieure présente sur la ligne médiane l'orifice du sinus; dont le sommet est arrondi, et dont les angles latéraux, arrondis également, forment deux cornes débordant les côtés du ventricule. L'orifice qui met en communication l'oreillette et le sinus veineux a la forme d'une boutonnière verticale occupant la face postérieure de l'oreillette et pourvue de deux valvules fibreuses latérales. Telle est la disposition de l'oreillette chez les Squalidés. Les Rajidés présentent quelques modifications qui sont en harmonie avec la forme aplatie et élargie de l'animal. Sur la partie médiane de l'oreillette se trouve un rétrécissement qui se traduit au dehors par un sillon circulaire antéro-postérieur : de là vient que le sommet de l'oreillette est bifurqué. Le bulbe artériel est logé en partie dans la portion antérieure de ce sillon. L'oreillette a chez ces Poissons un diamètre transversal plus long que chez les Squalidés; son diamètre vertical, c'est-à-dire la distance du sommet à la base, est moindre au contraire. Ces différences superficielles mises de côté, la composition et la structure des parois de l'oreillette sont identiques dans les deux cas. Une oreillette ouverte et surtout examinée sous l'eau, ou desséchée dans l'état de distension, présente sur toute l'étendue de ses parois des colonnes musculaires saillantes régulièrement disposées et ayant un sens déterminé dont je désire formuler la loi.

De la partie antérieure de l'anneau auriculo-ventriculaire, naissent des fibres musculaires qui se réunissent bientôt en petits faisceaux ou colonnes. Ceux de ces faisceaux qui proviennent de la région moyenne convergent d'abord vers la ligne médiane : quelques-uns, internes, s'entre-croisent; les autres restent du même côté de la ligne médiane, et tous, rapprochés, forment par leur réunion une masse verticale un peu saillante dont les faisceaux divergent bientôt, en gagnant le sommet et les parties voisines des bords supérieurs de l'oreillette. Ces faisceaux dépassent le bord et le sommet, et viennent sur la face postérieure de l'oreillette embrasser l'orifice du sinus. Quelques-uns, les plus internes, semblent s'insérer au sommet de l'orifice; les autres se portent sur les côtés du même orifice et en suivent les bords, pour converger au-dessous de son extrémité inférieure et s'insérer, en divergeant de nouveau, sur la partie postérieure de l'anneau auriculo-ventriculaire. Cette dernière partie du trajet des faisceaux musculaires est fort courte, parce que l'extrémité inférieure de l'orifice du sinus touche presque l'orifice auriculo-ventriculaire; aussi la disposition que je leur ai décrite est-elle là peu évidente, mais elle existe, et je l'ai notée avec soin, parce que nous la retrouverons très-accentuée chez les Batraciens, tels que le Crapaud, où la distance qui sépare les deux orifices est bien plus grande.

Les faisceaux qui naissent antérieurement des régions externes de l'orifice auriculo-ventriculaire se portent obliquement en dehors, et d'autant plus obliquement qu'ils sont plus externes. Ils contournent la face antérieure et les bords des cornes de l'oreillette, et gagnent la face postérieure, sur laquelle ils convergent pour atteindre l'orifice auriculo-ventriculaire. Leur disposition sur la face postérieure de l'oreillette est exactement symétrique à celle qu'ils avaient sur la face antérieure.

Pour résumer cette description, je dirai: 1° que les faisceaux médians de la face antérieure, après avoir convergé avec ou sans entre-croisement, divergent pour embrasser l'orifice du sinus; qu'ils convergent une seconde fois en arrière de cet orifice, et qu'ils divergent enfin pour s'insérer sur l'anneau auriculo-ventriculaire. Ces faisceaux forment donc deux X, l'une en avant, l'autre en arrière de l'orifice du sinus (Pl. XV, fig. 9 et 10); 2° que les faisceaux latéraux enveloppent les cornes latérales de l'oreillette, en formant des circonférences presque complètes, dont les extrémités viennent se rendre à des points peu éloignés de l'anneau auriculo-ventriculaire; et 3° pour embrasser dans une seule loi ces deux ordres de fibres, je dirai que de la demi-circonférence antérieure de l'anneau auriculo-ventriculaire partent des fibres qui divergent en rayonnant vers le sommet et les bords supérieurs de l'oreillette; qu'arrivées à ce niveau, elles se recourbent pour se jeter sur la face postérieure, où, après avoir embrassé l'orifice du sinus, elles convergent de nouveau pour venir s'insérer sur la demi-circonférence postérieure de l'anneau auriculo-ventriculaire (Pl. XV, fig. 9, 10, 11).

CHAPITRE II

AMPHIBIENS.

J'ai, dans le chapitre des Batraciens, longuement insisté sur la disposition générale de leurs oreillettes; je dois pourtant y revenir ici pour compléter ce que j'en ai déjà dit. Continuant à prendre pour types le cœur de la Grenouille et celui du Crapaud commun, je désire faire remarquer la prédominance très-prononcée de l'oreillette droite sur la gauche, et l'existence d'un sinus postérieur aux deux oreillettes. Ce sinus forme une cavité assez considérable, aplatie d'avant en arrière, et dont la face antérieure est adhérente à la face postérieure des oreillettes, tandis que la face postérieure convexe est libre et fait saillie dans le péricarde (Pl. XV, *fig.* 1 et 2). Ce sinus s'étend en arrière des deux oreillettes, et est aussi bien en rapport avec la face postérieure de l'oreillette gauche qu'avec celle de la droite. L'étendue qu'il occupe est marquée par une ligne pointée sur la *fig.* 4 (Pl. XIII). À la partie supérieure de cette face convexe du sinus, se rendent plusieurs vaisseaux veineux. En haut et à gauche s'abouche la veine cave supérieure gauche. Un peu plus haut et à droite se trouve l'orifice de la veine cave supérieure droite et celui de la veine cave inférieure, ces deux vaisseaux se réunissant quelquefois en un tronc commun très-court au moment même où ils vont s'ouvrir dans le sinus commun. Ces trois troncs veineux, d'un calibre considérable, versent le sang du système veineux général dans un vaste compartiment du sinus qui représente à lui seul presque tout le sinus. Mais tout à fait dans l'angle formé supérieurement par les deux embouchures des veines caves, viennent se rendre deux petites veines qui convergent jusqu'à la fusion, pour s'aboucher dans un petit compartiment supérieur du sinus commun (Pl. XV, *fig.*1). Ce compartiment, extrêmement petit par rapport au grand compartiment, reçoit le sang des veines pulmonaires. Il est entièrement séparé de l'autre par une cloison membraneuse délicate, qui paraît n'être autre chose que le prolongement de l'éperon qui sépare l'orifice des veines pulmonaires de l'orifice des veines caves.

A chacun des compartiments du sinus correspond un orifice particulier percé dans sa paroi antérieure, et qui le met en communication avec l'une des oreillettes, le grand compartiment avec l'oreillette droite et le petit avec la gauche (Pl. XIII, *fig.* 1, 2, 4.), (Pl. XV, *fig.* 1). Ces deux orifices, parfaitement distincts et séparés par la cloison inter-auriculaire, permettent de constater, lorsqu'on considère leur ensemble par la cavité de l'oreillette, qu'ils n'ont été formés que par le cloisonnement d'un orifice unique qui mettait en communication le sinus et la cavité générale des oreillettes avant la formation de la cloison inter-auriculaire (Pl. XIII, *fig.* 2, 4). Ces deux orifices correspondent donc par leur ensemble à l'orifice du sinus du cœur des Poissons, orifice qui serait cloisonné par la rencontre de la *cloison du sinus* et de la *cloison des oreillettes*. Cette vue, sur laquelle je reviendrai, sera du reste confirmée par la comparaison qui va suivre de la disposition des faisceaux musculaires des oreillettes chez les Poissons et chez les Batraciens.

Si nous supprimons par la pensée la cloison inter-auriculaire des Batraciens, nous retrouvons en effet exactement la disposition des faisceaux musculaires que nous avons rencontrée chez les Poissons. De la partie antérieure et médiane de l'anneau auriculo-ventriculaire (Pl. XIII, *fig.* 3), s'élève en effet, comme chez les Poissons, un *faisceau vertical A* de trabécules musculaires, faisceau dont la saillie est dans l'oreillette droite, parce que la cloison inter-auriculaire est à gauche de la ligne médiane. Ces colonnes ou trabécules divergent successivement sur la face antérieure et vers la partie supérieure des bords latéraux de l'oreillette *B* (Pl. XIII, *fig.* 3). Les plus internes atteignent, sur la face postérieure de l'oreillette, le sommet de l'orifice commun des veines caves et des veines pulmonaires, ou orifice du sinus. Quelques-unes, rares, s'entre-croisent pour passer sur le bord opposé de l'orifice; d'autres embrassent ce même orifice en restant du même côté. Enfin tous ces faisceaux viennent converger au-dessous de l'extrémité inférieure de l'orifice commun du sinus en *C* (Pl. XIII, *fig.* 4). Là, comme chez les Poissons, les uns, plus internes, s'entre-croisent, et les autres divergent. Tous viennent s'insérer plus ou moins obliquement sur les parties postérieure et latérale de l'anneau auriculo-ventriculaire. Cette dernière partie du trajet des fibres médianes, que nous avons vue être très-courte chez les Poissons, a une assez grande étendue chez les Batraciens, et présente une grande netteté dans la disposition des faisceaux musculaires. Cette différence dans les dimensions, qui tient à la différence de position relative de l'orifice du sinus, semble masquer au premier abord la similitude complète qu'il y a dans la disposition de ces faisceaux chez les Poissons et chez les Batraciens. Mais un examen plus approfondi démontre cette similitude et permet d'éclairer par l'étude des Batraciens, où la disposition est on ne peut plus claire, ce point moins facile à constater de l'anatomie des Poissons.

Chez les Batraciens, la plus grande partie de ces fibres s'entre-croisent au-dessous de l'orifice du sinus, et vont former à droite un plan profond de fibres obliques, et à gauche un plan superficiel de fibres symétriques à ces dernières. Toutes vont s'insérer plus ou moins obliquement sur les parties postérieure, latérale et même un peu antérieure de l'anneau auriculo-ventriculaire (Pl. XIII, *fig.* 3, 4).

Quant aux fibres que nous avons vues chez les Poissons embrasser par des circonférences presque complètes les cornes latérales de l'oreillette, elles sont aussi très-nettement représentées chez les Batraciens $C'\,C'$ (Pl. XIII, *fig.* 3 et 4), où elles forment également des demi-circonférences et même des trois quarts de circonférence qui enveloppent d'avant en arrière les angles latéraux des oreillettes, et viennent s'insérer par leurs extrémités sur des points latéraux de l'anneau auriculo-ventriculaire.

Ainsi donc, chez les Batraciens comme chez les Poissons, les oreillettes se composent de fibres à direction générale antéro-postérieure embrassant l'orifice du sinus veineux. Cette disposition commune a cela d'intéressant pour nous, qu'elle établit une analogie complète entre l'orifice du sinus des Poissons et les orifices réunis des veines caves et des veines pulmonaires chez les Batraciens. Ces orifices, en effet, vus chez ces derniers dans la cavité des oreillettes (Pl. XIII, *fig.* 2, 4), forment par leur ensemble un orifice ovale, à grand axe légèrement oblique, embrassé par des faisceaux musculaires exactement comparables à ceux qui chez les Poissons embrassent l'orifice du sinus. On voit nettement que cet orifice, d'abord unique dans sa charpente musculaire, a été cloisonné secondairement. C'est là un point intéressant, relativement au processus, de la constitution du système des veines pulmonaires. Je compte du reste insister sur la manière dont s'établit ce système, mais il convient actuellement de décrire la cloison inter-auriculaire et les valvules placées à l'orifice du sinus.

La *cloison inter-auriculaire* (Pl. XIII, *fig.* 1, 2, 3, 4) est constituée chez le Crapaud par une membrane fibreuse mince et délicate, qui présente une légère concavité du côté de l'oreillette droite, et se trouve à gauche de la ligne médiane des oreillettes. Au niveau de l'orifice du sinus, elle correspond à la cloison qui divise le sinus et cet orifice en deux cavités et orifices secondaires, et adhère à cette *cloison du sinus* (Pl. XV, *fig.* 1, 2).

Une particularité digne de remarque de la cloison inter-auriculaire, c'est son indépendance à peu près complète des faisceaux musculaires qui tapissent les parois. En effet, elle passe au-dessus d'eux en y adhérant légèrement, mais sans interrompre leur parcours et sans influer en rien sur leur direction et leur disposition, de telle sorte que, la cloison enlevée, il ne reste, sur les parois auriculaires, pour ainsi dire aucun témoin de sa présence. C'est là une forme rudimentaire du cloisonnement de l'oreillette qui conserve à cette cavité tous les signes de son unité primitive. Cette cloison présente en outre sur sa face droite une valvule importante que nous allons retrouver à propos des orifices veineux.

L'orifice du sinus des veines caves dans l'oreillette droite (Pl. XIII, *fig.* 1, 2, 4) a la forme d'une ellipse dont le grand axe est plus ou moins oblique de haut en bas et de droite à gauche. Cet orifice est fermé par deux valvules, dont l'une, externe, est constituée proprement par la lèvre droite de l'orifice du sinus veineux commun et correspond exactement à la valvule droite de l'orifice du sinus veineux des Poissons. Cette valvule, qui a un bord fibreux très-étroit, contient une partie des faisceaux musculaires qui embrassent à droite l'orifice commun du sinus veineux. La valvule interne doit attirer notre attention, car elle est de création nouvelle. Cette valvule (Pl. XIII, *fig.* 1, 2; *E*, *fig.* 4), large, fibreuse, est tout entière insérée sur la face droite de la cloison inter-auriculaire; elle se dirige obliquement en bas et en avant, et son angle inférieur donne quelquefois insertion à un petit faisceau musculaire grêle qui vient se porter obliquement en bas jusqu'au faisceau musculaire antérieur et vertical des parois de l'oreillette, dans lequel il se perd. Cette valvule n'a de relations avec l'orifice du sinus commun que par son angle supérieur ; elle appartient exclusivement à la cloison, dont elle partage la structure fibreuse et dont elle semblerait être une sorte d'apophyse. Sa face inférieure regarde en bas, en arrière et à gauche, de manière qu'elle paraît devoir repousser le sang en bas vers l'orifice auriculo-ventriculaire droit, ou plus exactement vers la portion de cloison qui sépare l'embouchure des veines caves de l'embouchure des veines pulmonaires. Si cette portion de cloison était supprimée, la valvule tendrait donc à rejeter le sang des veines caves dans l'oreillette gauche. Je dois faire observer du reste que la portion de cloison qui est comprise entre le bord adhérent de cette valvule et les embouchures veineuses se distingue nettement du restant de la cloison auriculaire par une minceur, une délicatesse et une transparence plus grandes ; aussi semble-t-on autorisé à considérer la valvule comme le bord postérieur dévié à droite de la cloison inter-auriculaire, tandis que la cloison mince et transparente qui est en arrière n'est en définitive que le prolongement de l'éperon veineux ou *cloison des sinus*. Cette dernière est venue adhérer par son bord antérieur à la face gauche de la cloison auriculaire, en avant du bord postérieur de cette cloison (Pl. XV, *fig.* 2). La portion de la cloison auriculaire laissée en arrière de cette ligne d'adhérence serait poussée en avant par le courant sanguin et déviée à droite, de manière à constituer la valvule que je viens de décrire. Ces vues seront du reste confirmées par les études comparatives qui vont suivre. Cette valvule n'a point son analogue dans la classe des Poissons, puisqu'ils n'ont pas de cloison auriculaire ; mais nous la retrouverons plus ou moins modifiée chez tous les Vertébrés à oreillette double.

Quant à l'orifice pulmonaire *H* (Pl. XIII, *fig.* 2), il ne représente qu'un segment supérieur et gauche de l'orifice commun du sinus. Il semble constitué par le sommet même de l'orifice du sinus, sommet séparé par une coupe très-oblique en bas et à gauche. C'est une ouverture taillée en bec-de-flûte (Pl. XIII, *fig.* 2, 4), dont la lèvre droite, très-courte, n'est que la continuation supérieure de la lèvre droite de l'orifice des veines caves, et dont la lèvre gauche forme une légère saillie musculaire qui correspond à la lèvre gauche et à la valvule de l'orifice du sinus veineux des Poissons. Le point de réunion de ces deux lèvres représente l'angle supérieur de ce même orifice. Il résulte de cette description que l'orifice pulmonaire a la forme d'un bec-de-flûte dont la lèvre gauche est beaucoup plus longue que la droite. Les lèvres de ce bec-de-flûte possèdent des fibres musculaires. En dedans, au niveau de la cloison qui sépare les deux orifices veineux et les deux oreillettes, l'orifice pulmonaire est dépourvu de valvules. Nous verrons du reste, à propos des Reptiles, comment se ferme cet orifice pendant la systole auriculaire. Nous tirerons également, des détails de structure que je viens de donner, des déductions propres à jeter quelque lumière sur le mode de formation du système des veines pulmonaires.

CHAPITRE III

REPTILES.

Chez tous les Reptiles écailleux, nous trouvons une disposition semblable à la précédente sous certains rapports, mais présentant à d'autres égards de notables modifications.

La paroi postérieure de l'oreillette droite chez les Chéloniens est coupée obliquement de haut en bas et de droite à gauche par une grande ouverture en forme de boutonnière (Pl. XIII, *fig.* 7), bordée de deux fortes et larges lèvres musculaires près de leur bord adhérent, et fibreuses vers le bord libre. Cette ouverture met le ventricule en communication avec une cavité ou dilatation veineuse dont le fond est occupé par deux orifices. L'un, supérieur, pénètre dans une seconde dilatation veineuse ou arrière-cavité qui sert de confluent à la veine cave inférieure 7 (Pl. XIII, *fig.* 7), et à la veine cave supérieure droite 6, tandis que l'orifice inférieur 8 reçoit la veine cave supérieure gauche, qui présente également à ce niveau une dilatation ou sinus. On sait que, tandis que la veine cave supérieure droite L (Pl. XIII, *fig.* 6) se porte directement vers la tête, la veine cave supérieure gauche M se porte d'abord presque horizontalement à gauche, dans la partie postérieure du sillon auriculo-ventriculaire gauche, et se recourbe ensuite pour se porter en haut, en décrivant un angle arrondi très-ouvert avec sa direction première. Les deux veines caves s'anastomosent dans la région cervicale, plus ou moins près de la tête, par une ou plusieurs branches transversales. Nous verrons plus tard quelle est la signification de cette disposition particulière de la veine cave supérieure du côté gauche.

L'orifice de la veine cave supérieure gauche 8 (Pl. XIII, *fig.* 7), est séparé du sinus commun des deux autres orifices par un éperon membraneux saillant en forme de croissant, dont la concavité regarde en bas. On voit cet éperon en écartant les lèvres de la valvule. Immédiatement en bas et en dehors de la corne externe de cet éperon, se trouve l'embouchure d'une veine qui se divise en plusieurs branches, dont les unes, qui descendent sur la face postérieure du cœur, reçoivent les veines de cette région, et dont les autres, contournant, soit le sillon auriculo-ventriculaire droit, soit le bord droit du ventricule, recueillent le sang veineux de la face antérieure des ventricules.

L'oreillette gauche des Chéloniens, dont la capacité dépasse un peu la moitié de celle de l'oreillette droite, présente en bas et en arrière un orifice *unique* qui est l'orifice commun des veines pulmonaires (Pl. XIII, fig. 7). Cet orifice conduit dans un petit sinus au fond duquel sont juxtaposés les deux orifices des veines pulmonaires. Cet orifice du sinus pulmonaire mérite une description spéciale. Il est situé dans l'angle rentrant que forment les faces postérieure et interne de l'oreillette gauche; et comme il est dirigé en bas vers l'orifice auriculo-ventriculaire, il a, en réalité, la forme d'un bec-de-flûte ouvert en avant, en bas et en dehors. De sa concavité se détache un *voile membraneux très-étroit*, tendu de la face interne à la face postérieure de l'oreillette. C'est là une valvule insuffisante pour oblitérer l'orifice veineux pendant la diastole de l'oreillette, quand cet orifice est largement dilaté. Mais il est facile de comprendre que, dès que les faisceaux musculaires de l'oreillette, qui enlacent les deux extrémités et le bord externe de l'orifice veineux et lui forment comme un sphincter allongé, ont commencé à se contracter, cet orifice est rétréci, et le voile membraneux, pressé par le sang, vient s'appliquer dans l'angle rentrant formé par les parois interne et postérieure de l'oreillette, et aide à fermer complètement l'orifice pulmonaire. C'est ainsi que peu après le début de la systole auriculaire il y a obstacle au reflux du sang dans les veines pulmonaires.

J'ai insisté sur cette disposition, parce qu'elle a été plus ou moins méconnue jusqu'à présent. Elle peut, il est vrai, être plus ou moins accentuée; mais je l'ai vue très-nette et très-évidente chez une Tortue caouanne, chez trois Pythons et dans le cœur des Crocodiliens. M. Jacquart ne l'a décrite ni chez le Python ni chez la Tortue midas, et il considère l'orifice pulmonaire comme dépourvu de valvule. Corti parle, il est vrai, d'un pli temporaire chez le *Psammosaurus griseus* (*plica quæpiam temporaria quæ ostium illud perfecte fere occludit*); mais je dois faire remarquer qu'il attribue la formation de ce pli à un mécanisme assez compliqué, et dont le jeu est dû à l'impulsion du sang de la veine pulmonaire contre la paroi interne de l'oreillette. La paroi céderait à cette impulsion, se creuserait en golfe temporaire concave vers l'oreillette gauche, et la traction exercée sur la partie supérieure de la paroi interne rétrécirait l'orifice pulmonaire, en même temps qu'elle ferait naître un pli temporaire là où existait un sillon semi-circulaire pendant que l'orifice était ouvert. D'un autre côté, la traction exercée par la partie inférieure de la même paroi interne de l'oreillette relèverait la valvule auriculo-ventriculaire, qui fermerait ainsi l'orifice de même nom. La contraction du sphincter de l'orifice pulmonaire et des faisceaux musculaires de la paroi interne voisins de cet orifice rendrait son occlusion parfaite.

Cette théorie, qui de sa nature ne peut être le résultat de l'expérience et de l'observation directe, me paraît soulever contre elle de graves objections. Si l'on réfléchit que le sang pulmonaire pénètre dans l'oreillette gauche en même temps que le sang des veines caves pénètre dans l'oreillette droite et la distend, on comprendra que la cloison membraneuse inter-auriculaire se trouve en ce moment pressée des deux côtés par des masses sanguines dont les tensions ne doivent pas différer d'une manière considérable, mais qui contribuent à maintenir et à fixer la cloison dans une position déterminée. Pour dévier la cloison, et surtout pour lui donner une concavité prononcée vers une des faces, il faudrait par conséquent une impulsion relativement assez vive et un choc assez puissant. Or, il ne me paraît pas possible de soutenir que la force acquise par le sang à la sortie des veines pulmonaires soit capable de fournir une pareille impulsion. Tout au contraire, j'ai pu observer sur des Tortues vivantes combien la tension des veines pulmonaires était faible, et combien ces vaisseaux étaient médiocrement distendus par le sang qui les parcourait. Du reste, le sang qui lancé par la contraction peu puissante du vestibule pulmonaire a pénétré aussitôt dans une artère pulmonaire très-dilatée et très-extensible, a ensuite traversé un réseau capillaire très-riche, celui du tissu pulmonaire, et parcouru toute la longueur des veines pulmonaires; ce sang, dis-je, ne peut arriver à l'oreillette qu'avec une pression très-faible, et ne peut produire un choc assez vigoureux pour refouler la paroi inter-auriculaire et la masse sanguine de l'oreillette droite qui lui sert d'appui. J'ajouterai aussi que la théorie de Corti trouve une objection des plus graves dans ce fait, que chez tous les Reptiles le confluent des veines pulmonaires se dirige obliquement de droite à gauche avant de s'ouvrir dans l'oreillette gauche, et que l'orifice de ce confluent regarde en bas, en avant et en dehors. Il suit de là que le flot sanguin venant des veines pulmonaires pénètre dans l'oreillette suivant une direction qui l'éloigne de la paroi interne, et est projeté en dehors et non en dedans (*introrsum et deorsum oblique directus*), comme le voudrait Corti.

La théorie de Corti est du reste très-compliquée. Le mécanisme qu'elle invoque aurait aussi pour résultat de relever la valvule auriculo-ventriculaire, résultat aussi inutile qu'improbable, et dont l'existence et l'utilité ne sont démontrées par aucun fait de physiologie comparée.

La théorie que je propose me paraît au contraire aussi simple qu'en harmonie avec les dispositions anatomiques. Pour ces raisons, je la crois vraie, et j'ajoute que si l'étroite valvule que j'ai décrite est passée jusqu'à présent inaperçue, c'est au mode de préparation employé ou aux méthodes d'examen qu'il faut l'attribuer. Sur des cœurs frais et dont les oreillettes sont molles et flasques, ces voiles étroits échappent facilement à l'observateur. Mais sur des cœurs préparés par la dessiccation pendant l'état de distension, par la méthode du Dr Brunnetti, par exemple, j'ai nettement vu ces dispositions valvulaires ; et j'ajouterai comme dernier argument que, quoique dans ces préparations la cloison inter-auriculaire ne présentât aucune trace du sinus temporaire de Corti, la valvule musculo-membraneuse n'en existait pas moins étalée et distincte. Ce fait a sa signification si l'on se rappelle que le pli temporaire de Corti n'était dû qu'à la formation de ce sinus par le choc du sang des veines pulmonaires. Il n'y a ici ni choc d'un fluide, ni sinus, ni traction; l'orifice pulmonaire est très-dilaté, et pourtant la valvule existe, ce qui suffit à démontrer non-seulement sa réalité, mais encore sa permanence. Je me crois donc autorisé à considérer comme un caractère appartenant à l'oreillette gauche des Reptiles l'existence d'un petit vestibule ou sinus commun où viennent aboutir, chez les

Chéloniens et les Crocodiliens, les deux orifices contigus des veines pulmonaires; chez les Sauriens et quelques serpents (Python), le tronc commun de ces deux veines; et chez d'autres serpents, le tronc de la veine unique. Ce sinus, placé dans l'angle postérieur de l'oreillette, est pourvu d'une valvule supérieure en forme de croissant étroit dont la base musculaire est formée par une des colonnes charnues de l'oreillette, et dont le bord libre est membraneux. L'orifice de ce sinus commun des veines pulmonaires est circonscrit en dehors par des faisceaux musculaires à concavité interne que nous retrouverons plus loin, et qui séparent cet orifice en bec-de-flûte des parois aréolaires et caverneuses du reste de l'oreillette.

Je dois compléter l'étude détaillée que je viens de faire des oreillettes chez les Reptiles par une description rapide de leur structure et par une recherche attentive des modifications que ces organes ont subies en passant de la classe des Batraciens à celle des Reptiles.

Un coup d'œil jeté sur l'ensemble de la masse auriculaire des Reptiles permet de constater un fait intéressant : c'est la fusion d'une partie de la cavité du sinus veineux avec les oreillettes. Chez les Batraciens, nous avons vu cette tendance à la fusion se manifester par la suppression de l'isthme ou goulot qui réunit ces deux cavités chez les Poissons, et par l'application du sinus contre la paroi postérieure des oreillettes. Mais, tandis que ces cavités conservaient leur ancienne limite et ne communiquaient que par l'orifice du sinus des Poissons, chez les Reptiles la limite des deux cavités s'est déplacée et a été reportée en arrière ; l'orifice de communication s'est fortement élargi, et une partie de la cavité du sinus est venue se fusionner avec la partie postérieure de la cavité des oreillettes. C'est ce que démontrent clairement l'étude des orifices des veines caves et des veines pulmonaires et l'examen des parois auriculaires.

En considérant l'ensemble des orifices des veines caves et des veines pulmonaires, abstraction faite de la cloison inter-auriculaire, nous pouvons constater que ces orifices s'ouvrent dans une sorte d'arrière-cavité occupant la face postérieure des oreillettes et s'évasant fortement vers la cavité de ces dernières (Pl. XIII, *fig.* 7). Cette arrière-cavité se distingue en ce que ses parois sont presque lisses et contrastent avec les parois très-aréolaires de la cavité des oreillettes. Elle est du reste limitée par des faisceaux musculaires concaves *DD'*, qui l'embrassent à droite et gauche, et sur lesquels je reviendrai. Ces faisceaux forment un bord saillant qui correspond à l'orifice proprement dit du sinus des Poissons et des Batraciens. Il est facile en effet de démontrer que l'orifice commun des veines caves des Reptiles ne correspond point à l'orifice du sinus, mais qu'il a été reporté en arrière. C'est ce qui ressort surtout des rapports de cet orifice et de l'étude de ses valvules. Cet orifice n'est point en effet directement environné, comme chez les Poissons et les Batraciens, par les faisceaux musculaires qui forment le tissu aréolaire de l'oreillette droite; mais il en est séparé par une surface en forme de bande lisse ou tapissée de fines trabécules qui forment l'arrière-cavité de l'oreillette droite, et qui représente une partie du sinus qui s'est incorporé à l'oreillette.

Les deux valvules des veines caves ont également subi des modifications significatives. Tandis que la valvule interne des Batraciens dépend presque exclusivement de la cloison inter-auriculaire, dont elle représente la bande postérieure, et tandis qu'elle atteint à peine par son extrémité supérieure la paroi postérieure des oreillettes, la même valvule, chez les Reptiles, se trouve tellement reportée en arrière qu'elle adhère par plus de la moitié de son bord fixe à la paroi postérieure de l'oreillette. Elle représente également la bande postérieure repliée de la cloison inter-auriculaire, mais de cette cloison prolongée en arrière dans la cavité même du sinus. Aussi, tandis que chez les Batraciens le bord adhérent de la valvule est placé sur un plan antérieur à celui de l'orifice pulmonaire, chez les Reptiles le bord adhérent de la valvule est un peu postérieur au plan de cet orifice.

La valvule externe cesse d'être en rapport immédiat, par son bord adhérent, avec les faisceaux musculaires aréolaires des parois de l'oreillette. Elle en est séparée par l'espace lisse dont je viens de parler.

L'orifice commun des veines caves se présente du reste, au plus simple examen, comme étant percé dans la paroi postérieure d'une sorte d'arrière-cavité ou infundibulum, qui est la partie du sinus qui a été englobée dans l'oreillette. Il résulte de là que l'orifice et les valvules des Batraciens ont été transportés en arrière; mais il faut observer qu'ils ne l'ont point été dans un plan parallèle à leur première direction. L'extrémité supérieure de l'orifice et la commissure supérieure des valvules ont conservé leur situation primitive et leurs connexions avec les faisceaux musculaires de l'oreillette qui entouraient l'orifice du sinus, tandis que l'extrémité inférieure de l'orifice et la commissure inférieure des valvules se sont transportées en arrière, en décrivant un arc autour de l'extrémité supérieure prise comme centre. Il résulte de là que c'est surtout la partie inférieure du sinus des Batraciens qui s'est incorporée à l'oreillette des Reptiles, tandis que la partie supérieure, dans laquelle venaient s'ouvrir les veines caves, est restée en arrière des valvules et conserve seule son indépendance. C'est ce que permet de constater facilement l'examen des pièces et des figures (Pl. XIII, *fig.* 7), (Pl. XV, *fig.* 3, 4). Cet examen démontre en effet que, tandis qu'en avant des valvules se trouve l'arrière-cavité lisse de l'oreillette, qui offre plus de profondeur inférieurement et qui est la portion de sinus incorporée, on ne trouve en arrière des valvules qu'une cavité réduite dont la paroi postérieure est presque entièrement occupée par les orifices veineux. Cette cavité représente la partie postérieure et supérieure du sinus des Batraciens, dans laquelle s'ouvraient en effet les veines caves. De ces orifices considérés chez les Chéloniens, l'inférieur, c'est-à-dire celui de la veine cave supérieure gauche, est le plus rapproché de l'orifice commun, ce qui devait résulter nécessairement du transport plus prononcé en arrière de l'angle inférieur de l'orifice commun.

Dans l'oreillette gauche, les modifications sont peu sensibles, et l'orifice des veines pulmonaires a conservé une position peu différente de celle qu'il avait chez les Batraciens. Il n'y a qu'un retrait peu marqué en arrière; aussi cet orifice est-il placé sur un plan antérieur à celui des veines caves. On comprendra qu'il devait en être ainsi, puisque cet orifice n'est originairement qu'un segment supérieur de l'orifice du sinus commun, qui, nous l'avons vu, conserve en haut sa position primitive. L'orifice des veines pulmonaires correspond à un tronc commun ou confluent de ces veines, qui représente le confluent pulmonaire des Batraciens et qui est, comme lui, une faible portion du sinus veineux des Poissons.

Il résulte, de toutes ces dispositions, un certain écartement des orifices des veines caves et des veines pulmonaires qui ne permet pas aussi facilement que chez les Batraciens de les réunir dans un même coup d'œil d'ensemble, pour reconstituer l'orifice unique du sinus. Aussi bien avons-nous vu, du reste, que ce n'est pas dans ces orifices veineux eux-mêmes qu'il faut chercher chez les Reptiles l'analogue de l'orifice des sinus des Batraciens, mais plutôt dans un anneau musculaire DD' (Pl. XIII, fig. 7) que nous allons revoir attentivement en parlant de la structure des oreillettes.

La structure des oreillettes présente une analogie frappante avec celle que nous avons observée chez les Batraciens et les Poissons (Pl. XIII, fig. 7, 8), (Pl. XV, fig. 3, 4) : un faisceau antérieur médian et vertical A (Pl. XIII, fig. 8) de trabécules musculaires, sur la disposition duquel il est inutile de revenir. Ce faisceau, arrivé sur le bord supérieur de l'oreillette, se divise en deux faisceaux secondaires qui s'écartent pour embrasser l'arrière-cavité des oreillettes et pour représenter l'orifice commun du sinus des Poissons et des Batraciens P, D, D' (Pl. XIII, fig. 7). A droite et à gauche, ces faisceaux s'étalent sur les parois de l'oreillette en un éventail dont les rayons viennent aboutir aux portions latérales postérieures et un peu antérieures de l'anneau auriculo-ventriculaire. A droite, les plus internes sont en contact avec la commissure supérieure des valvules du sinus des veines caves ; puis elles circonscrivent l'arrière-cavité de l'oreillette pour venir converger vers la ligne médiane, en arrière et au-dessous de l'orifice du sinus. A gauche, les plus internes passent en arrière du bord postérieur de la cloison inter-auriculaire, et viennent dans l'oreillette gauche circonscrire le sommet et le bord externe de l'orifice pulmonaire, pour converger inférieurement vers la ligne médiane. Ces deux faisceaux internes D, D' droit et gauche limitent l'orifice de l'ancien sinus ; les autres faisceaux, rejetés comme ceux-ci en dehors par l'introduction du sinus entre les parties postérieures des deux oreillettes, se portent sur les parties latérales de ces cavités et s'y subdivisent en fascicules anastomosés, pour constituer le tissu aréolaire des parois. A ces faisceaux viennent s'ajouter pour cela des faisceaux musculaires qui correspondent à ceux qui, chez les Poissons et les Batraciens, forment sur les cornes latérales des oreillettes des segments plus ou moins étendus de circonférence $C'C'$ (Pl. XIII, fig. 8), (Pl. XV, fig. 3 et 4). Mais ici, il faut en convenir, la distinction des deux ordres de fibres est moins facile, parce que la couche de tissu caverneux est bien plus épaisse et présente une multiplicité d'anastomoses au milieu desquelles il est bien difficile de poursuivre les faisceaux.

Le faisceau vertical antérieur *A* (Pl. XIII, *fig.* 8) des oreillettes forme à l'intérieur une saillie qui se continue sur la face supérieure des oreillettes, et à laquelle correspond un sillon extérieur (Pl. XIII, *fig.* 5, 6 ; *P*, *fig.* 7, 8) qui semble diviser la masse des oreillettes en deux parties à peu près égales, la droite étant cependant plus grande que la gauche. Toutefois la cloison des oreillettes *1* (Pl. XIII, *fig.* 7, 8) n'est point placée sur cette saillie médiane; elle est portée fortement à gauche, ce qui réduit à de faibles dimensions l'oreillette gauche. Le faisceau vertical antérieur fait saillie dans l'oreillette droite, et n'a aucun rapport avec la gauche. La cloison inter-auriculaire se distingue de celle des Batraciens en ce qu'elle contracte des rapports plus intimes et plus solides avec les parois auriculaires; elle n'est point simplement fibreuse et indépendante des faisceaux musculaires des oreillettes. Ces faisceaux passent sur ses bords sans les dévier, mais ils lui fournissent des fibres musculaires qui la parcourent et la renforcent, et qui, provenant de la base du faisceau vertical antérieur, sont dirigées diagonalement de bas en haut et d'avant en arrière. Comme nous l'avons déjà vu, cette cloison *1,2* (Pl. XV, *fig.* 3) s'étend d'avant en arrière jusqu'au bord adhérent de la valvule interne de l'orifice veineux droit. Elle se replie à droite pour constituer cette valvule *4* (Pl. XV, *fig.* 3); et c'est à la saillie de l'angle formé par la cloison inter-auriculaire et la valvule que vient adhérer une cloison mince et délicate *3* qui sépare le sinus des veines pulmonaires du sinus des veines caves. Cette cloison postérieure est ce que nous avons vu chez les Batraciens sous le nom de *cloison du sinus*; elle est visible sur le cœur d'une Tortue mauresque *T* (Pl. XIV, *fig.* 7), qui représente le sinus des veines caves ouvert postérieurement. Elle diffère de la cloison inter-auriculaire par ses faibles dimensions, par sa constitution plus délicate, par une moindre épaisseur et par le défaut complet de fibres musculaires.

C'est au niveau du point de rencontre de ces deux cloisons que peut et doit se trouver une communication temporaire entre les veines pulmonaires et les veines caves, c'est-à-dire le *Trou de Botal* des Reptiles. C'est là un résultat auquel m'amène l'analogie, et que confirmera la suite de mes études sur les Oiseaux et les Mammifères. J'en conclus, sauf confirmation ultérieure, que chez les Reptiles, comme chez les Batraciens, le trou de Botal n'appartient pas à la cavité auriculaire, mais à la cavité du sinus, soit du sinus ayant conservé son indépendance et son intégrité, comme chez les Batraciens, soit du sinus restreint et réduit, comme chez les Reptiles.

Il résulte de ces diverses considérations que ce que l'on décrit sous le nom d'oreillettes chez les Reptiles se compose d'éléments multiples, c'est-à-dire des oreillettes proprement dites des Batraciens et des Poissons, plus d'une portion du sinus veineux. Cette portion de sinus est très-inégalement répartie entre les deux oreillettes. Une très-faible partie, représentée par le sinus pulmonaire, appartient à l'oreillette gauche ; mais une partie plus considérable vient s'ajouter à l'oreillette droite et constituer son arrière-cavité à parois plus lisses. Cette inégalité de répartition du sinus entre les deux oreillettes est nécessairement liée à la situation de la cloison inter-auriculaire *1* (Pl. XV, *fig.* 3), qui placée fortement à gauche du centre de l'orifice commun du sinus veineux, mais non en dehors du champ de cet orifice, le divise en deux parties très-inégales.

Par suite de ces transformations, l'ancien sinus veineux se trouve donc en rapport à la fois avec l'oreillette gauche et avec l'oreillette droite, et beaucoup plus avec cette dernière. La portion de ces deux cavités qui appartenait au sinus est embrassée à droite et à gauche par des faisceaux musculaires demi-circulaires. C'est une portion du sinus veineux des Poissons dilatée et évasée vers l'oreillette qui s'est introduite comme un coin entre les deux moitiés latérales de l'oreillette des Poissons, et les a écartées postérieurement. Ces deux moitiés de l'oreillette des Poissons constitueront les auricules des Reptiles, des Oiseaux et des Mammifères, avec leurs parois riches en muscles et en tissu aréolaire, tandis que le reste de la cavité des oreillettes sera formé par l'introduction et la fusion de plus en plus complètes du sinus dans les chambres auriculaires du cœur.

Au premier abord, il est vrai, il semblerait plus légitime de considérer dans le cœur des Reptiles le confluent des veines caves et le confluent des veines pulmonaires, comme représentant la totalité du sinus veineux des Poissons. La situation des valvules, qu'on serait tenté de considérer comme une limite fixe, semblerait favorable à cette analogie complète ; mais la situation des valvules n'a rien de vraiment stable d'une classe à l'autre, et ne peut servir de point de départ unique pour la détermination des homologies. Ce travail nous fournira l'occasion de constater la vérité de cette assertion, et l'étude que nous allons faire des oreillettes chez les Oiseaux et chez les Mammifères nous permettra de démontrer ce transport successif en arrière des valvules et cette fusion croissante du sinus veineux avec les oreillettes. Aussi m'est-il permis de dire que dans le cœur des Reptiles le sinus veineux des Poissons est représenté à la fois : par le confluent des veines caves, par celui des veines pulmonaires et par la portion évasée et à parois lisses de l'oreillette droite, qui est située en arrière entre les auricules, et qui constitue l'arrière-fond de cette oreillette.

CHAPITRE IV

OISEAUX.

Dans la classe des Oiseaux, les oreillettes diffèrent notablement sans doute de ce que nous venons de trouver chez les Reptiles ; néanmoins le passage de la première de ces classes à la seconde peut être parfaitement suivi. L'oreillette droite reçoit, comme chez ces derniers, la veine cave inférieure et les deux veines caves supérieures. La situation réciproque de ces orifices reste la même, c'est-à-dire qu'ils forment sur les faces supérieure et postérieure de l'oreillette une série oblique de haut en bas et de droite à gauche, série commençant au sommet de l'oreillette par l'orifice de la veine cave supérieure droite, et finissant par l'orifice de la veine cave inférieure gauche (Pl. XIII, *fig.* 9), (Pl. XIV, *fig.* 3). L'orifice supérieur et le moyen, c'est-à-dire celui de la veine cave supérieure droite L et celui de la veine cave inférieure N, forment deux boutonnières placées bout à bout, mais dont les extrémités contiguës chevauchent l'une sur l'autre, l'extrémité supérieure de l'orifice de la veine cave inférieure passant à gauche de l'extrémité inférieure de l'orifice de la veine cave supérieure droite. Ces deux orifices sont entourés chacun de deux valvules musculo-membraneuses, ou, pour parler plus justement, les deux orifices (Pl. XIII, *fig.* 9) sont embrassés ensemble par deux lèvres valvulaires membraneuses qui sont reliées l'une à l'autre, au niveau de leur partie supérieure, par une cloison dont la direction est très-oblique par rapport à celle des lèvres valvulaires. Il y a là deux lignes parallèles formées par les deux valves latérales coupées par une sécante très-oblique, qui partant du sommet de la lèvre interne va couper la lèvre externe à l'union de son tiers supérieur avec les deux tiers inférieurs (Pl. XIII, *fig.* 9).

Au-dessus et dans l'angle inférieur et postérieur du ventricule (Pl. XIII, *fig.* 9), (Pl. XIV, *fig.* 3) se trouve l'orifice de la veine cave supérieure gauche *M*. Cet orifice est muni dans sa demi-circonférence supérieure d'une valvule résistante, membraneuse, en forme de croissant dont la concavité regarde en bas, un peu en avant et en dehors : c'est la valvule de Thébésius. A l'extrémité droite de cette valvule, s'insèrent des faisceaux musculaires puissants, qui peuvent la tendre et l'appliquer contre l'orifice veineux que leur traction contribue aussi à rétrécir. Les pointes inférieures des lèvres valvulaires de l'orifice de la veine cave inférieure ne se terminent pas exactement au même niveau. L'externe se perd sur la face supérieure et jusqu'au voisinage du bord libre de la valvule de Thébésius, et se confond par cela même avec la moitié interne de cette valvule (Pl. XIII, *fig.* 9), (Pl. XIV, *fig.* 3). La valve interne descend un peu moins bas ; son extrémité inférieure, placée au dedans de l'orifice de la veine cave supérieure gauche, semble se recourber pour se continuer sur la cloison inter-auriculaire avec un faisceau fibro-musculaire saillant *G* (Pl. XIII, *fig.* 9; Pl. XIV *fig.* 3) qui remonte verticalement sur la cloison, et qui en haut se recourbe en arrière pour venir se terminer, en s'effaçant, au voisinage de la commissure supérieure des valvules des veines caves. Cette colonne fibreuse plus ou moins saillante, très-prononcée sur le cœur de Vautour de la *fig.* 9 (Pl. XIII), n'est, comme nous le verrons, que la valve interne atrophiée de l'orifice veineux des Batraciens et des Reptiles, et par conséquent le bord postérieur de la cloison des auricules de ces animaux. Elle représente cette valvule devenue rudimentaire. L'extrémité inférieure de cette saillie fibreuse se relie aussi avec la valvule externe de l'orifice des veines caves ou valvule d'Eustachi. C'est là un rapport spécial que je note en passant, parce qu'il se retrouve avec des modifications intéressantes chez les Mammifères.

En arrière de cette colonne, et circonscrite antérieurement par elle, se trouve une dépression légère, de forme ovale *Z* (Pl. XIII, *fig.* 9, et Pl. XIV, *fig.* 3), dont le fond, formé par une cloison qui recouvre la saillie des veines pulmonaires, est destiné à séparer ces veines des veines caves. Cette cloison postérieure constitue là ce que nous avons déjà désigné sous le nom de *cloison du sinus*, et c'est en arrière de la colonne fibreuse qui la limite antérieurement qu'est la place du trou de Botal. La dépression ainsi limitée représente la *fosse ovale* des Mammifères, et la colonne fibreuse placée en avant n'est autre chose que l'anneau de Vieussens. La fosse ovale recouvre le confluent des veines pulmonaires, c'est-à-dire la portion de sinus qui leur a été dévolue ; et la cloison de séparation ou cloison du sinus n'est, comme chez les Reptiles, que le prolongement antérieur de l'éperon, qui primitivement se trouvait au confluent des veines caves avec les veines pulmonaires, alors qu'au début de la vie embryonnaire les deux systèmes veineux étaient encore confondus.

C'est là la reproduction exacte de ce que nous avons vu chez les Batraciens et chez les Reptiles. Il y a cette seule différence que, tandis que chez ces derniers la rencontre des deux cloisons (cloison des auricules et cloison du sinus) avait lieu dans le sinus lui-même, entre les deux compartiments du sinus, c'est-à-dire dans une cavité tout à fait indépendante des oreillettes, chez les Oiseaux la rencontre des deux cloisons, et par conséquent le trou de Botal, se trouvent établis entre l'oreillette droite d'une part et le confluent ou sinus des veines pulmonaires d'autre part. Cette différence provient des modifications subies par l'oreillette droite chez les Oiseaux, modifications sur lesquelles j'insisterai, et qui ont pour résultat de rapporter à la cavité auriculaire droite une portion de sinus qui chez les Reptiles était le siège même du trou de Botal.

La valve externe des deux veines caves supérieure droite et inférieure s'élargit de haut en bas (Pl. XIV, *fig.* 3), de telle sorte que, tandis que la partie qui appartient à l'orifice de la veine cave supérieure droite est fort étroite, la portion qui appartient à l'orifice de la veine cave inférieure est très-large. La valve interne, au contraire, est très-étroite dans sa moitié inférieure. D'autre part, cette valvule est en retrait par rapport à la valvule droite, et il y a inférieurement entre les deux une sorte de gouttière dirigée obliquement d'arrière en avant et de droite à gauche. Il résulte de cette disposition que le sang arrivant de la veine cave inférieure est projeté directement vers la fosse ovale, c'est-à-dire vers la cloison du sinus. D'un autre côté, la valvule intermédiaire ou sécante est beaucoup plus large que la partie supérieure de la valve externe : non-seulement elle est plus large, mais son bord libre est fortement dirigé à gauche, de telle sorte que le sang de la veine cave supérieure est projeté vers la partie externe de l'oreillette, c'est-à-dire vers les lacunes de l'auricule, qui sont éminemment propres à le projeter dans le ventricule droit. Quant à la veine cave inférieure gauche, son sang est déversé dans le ventricule droit d'une manière immédiate et sans passer pour ainsi dire dans l'oreillette. Ces dispositions sont admirablement accentuées chez les Oiseaux, et indiquent chez cette classe de Vertébrés une précision dans la circulation centrale que nous verrons n'être qu'ébauchée chez les Mammifères.

Chez les Oiseaux comme chez les Reptiles, immédiatement au-dessous de la valvule des Thébésius, et par conséquent à l'entrée même et à la face inférieure de la veine cave supérieure gauche, vient s'ouvrir la grande veine cardiaque R (Pl. XIII, fig. 9, et Pl. XIV, fig. 3), qui occupe le sillon médian postérieur du cœur, et recueille le sang des veines de la face postérieure du ventricule R (Pl. XIII, fig. 10).

On voit donc que chez les Oiseaux, contrairement à ce qui se passe chez les Reptiles, les trois troncs veineux de la grande circulation ont leurs orifices distincts dans l'oreillette. Il est intéressant de rechercher comment s'est produite cette modification. Deux explications se présentent naturellement à l'esprit : les éperons qui séparaient les orifices veineux dans le sinus des Reptiles se sont élargis et prolongés en forme de valvules membraneuses, et ont ainsi atteint les bords libres des deux grandes lèvres valvulaires ; ou bien ces deux lèvres valvulaires se sont transportées en arrière, ont atteint les orifices veineux et leurs éperons de séparation, et les ont même dépassés et laissés à nu dans l'oreillette. L'examen minutieux des parties prouve que c'est le dernier processus qui s'est produit.

Si nous portons notre attention sur l'orifice de la veine cave supérieure gauche qui est dans l'angle postérieur et inférieur de l'oreillette, nous verrons que cet orifice a conservé la situation absolue qu'il avait chez les Reptiles. En effet, la position relative de l'embouchure de la veine cardiaque postérieure, que j'ai déjà signalée chez les Reptiles, est exactement la même, c'est-à-dire qu'elle s'ouvre immédiatement au-dessous de la valvule de Thébésius. Or, si l'on considère que la situation de cette veine cardiaque est identique chez les Reptiles et chez les Oiseaux par rapport à la face postérieure du cœur, R(Pl. XIII, fig. 6 et fig. 10), on reconnaîtra que la constance du rapport de son orifice avec celui de la veine cave supérieure gauche permet d'établir que ce dernier orifice a aussi conservé la position absolue qu'il occupait chez les Reptiles. C'est ce que démontre également l'examen de tous les autres rapports de cet orifice. L'orifice de la veine cave supérieure gauche est donc resté fixe dans ses rapports et dans sa forme, et il est facile de se convaincre d'autre part que l'éperon valvulaire, qui chez les Reptiles le séparait de l'orifice de la veine cave inférieure (Pl. XIII, *fig.* 7), ne s'est point sensiblement allongé et a conservé la forme d'un croissant à concavité inférieure. Si maintenant nous considérons les deux orifices veineux supérieurs et les deux grandes lèvres qui les bordent, nous verrons facilement aussi que ces deux lèvres ou valvules, qui sont les analogues des deux valvules du cœur des Reptiles, n'embrassent plus l'orifice de la veine cave supérieure gauche, et viennent même se terminer par leurs pointes inférieures, l'une sur la face supérieure de la valvule de Thébésius, c'est-à-dire sur l'éperon même du cœur des Reptiles, et l'autre un peu au-dessus et en arrière. Or, chez les Reptiles, les deux lèvres embrassant l'orifice de la veine cave supérieure gauche venaient se terminer au-dessous et en avant de lui, laissant ainsi une distance notable entre leur face postérieure et l'éperon[1]. Il résulte évidemment de là que, l'orifice de la veine cave supérieure gauche ayant conservé la position qu'il avait chez les Reptiles, l'orifice valvulaire du sinus veineux des Reptiles a dû se transporter en arrière, chez les Oiseaux, d'une quantité assez considérable pour laisser en avant de lui l'orifice de la veine cave supérieure gauche, qui chez les Reptiles était en arrière. Ce transport, en supprimant au profit de l'oreillette une partie du sinus des Reptiles, a mis également la face postérieure des valvules en contact avec la saillie qui séparait dans le sinus l'orifice de la veine cave inférieure de celui de la veine cave supérieure droite. Cette saillie, formant un éperon étendu jusqu'au bord libre des deux grandes lèvres, constitue la valvule sécante Y (Pl. XIII, *fig.* 9, et Pl. XIV, *fig.* 3) que nous avons vue dans l'oreillette

---

[1] Chez le Python, on trouve une situation des valvules intermédiaire à celles que je viens de déterminer chez les Chéloniens et chez les Oiseaux. L'orifice de la veine cave supérieure gauche, sans s'ouvrir directement dans l'oreillette, comme chez les Oiseaux, est pourtant très-rapprochée du bord libre des valvules, et l'éperon de séparation ou valvule de Thébésius atteint presque ce bord libre. Il y a donc là, comme partout du reste, des formes qui permettent de saisir la transition.

des Oiseaux. Les deux lèvres valvulaires, embrassant moins d'orifices et étant destinées à obturer un orifice commun bien moindre que chez les Reptiles, présentent aussi beaucoup moins de largeur. Leur bord adhérent et toute leur face antérieure, jusqu'au voisinage du bord libre, sont garnis de faisceaux musculaires longitudinaux qui manquaient chez les Reptiles, et qui assurent dans l'oreillette droite des Oiseaux une occlusion très-perfectionnée des orifices veineux.

Chez les Oiseaux comme chez les Reptiles, il y a deux parties à distinguer dans l'oreillette droite : la partie externe et antérieure à parois caverneuses aréolaires, garnie de fortes colonnes musculaires et correspondant à l'auricule, et une partie postérieure et interne à parois presque lisses, embrassant la région des orifices veineux, et représentant la part de l'ancien sinus veineux qui a été incorporée à la cavité auriculaire *Y* (Pl. XIII, *fig.* 9), (Pl. XV, *fig.* 5). Cette part est ici plus grande que chez les Reptiles, attendu que, comme nous l'avons vu, chez les Oiseaux le transport en arrière des lèvres valvulaires de l'orifice des veines caves a rendu une plus grande portion de la cavité du sinus dépendante de la cavité de l'oreillette. Par suite de ces transformations, la portion auriculaire proprement dite est rejetée, un peu plus que chez les Reptiles, en avant de l'orifice auriculo-ventriculaire correspondant. Cette portion de l'oreillette droite, qui faisait partie de l'ancien sinus, forme dans la région postérieure de l'oreillette une arrière-cavité de forme ovalaire qui est nettement dessinée en *Y* (Pl. XIII, *fig.* 9 et 10). Le grand axe de cette arrière-cavité est occupé par la série des orifices veineux ; à droite de cet axe se trouve une fosse qui fait extérieurement une saillie indiquée en *Y* jusqu'à *1* (Pl. XIII, *fig.* 10). Cette fosse, à parois minces et tapissée par des faisceaux musculaires longitudinaux aplatis, est limitée en dehors par une colonne musculaire saillante *D* (Pl. XIII, *fig.* 9), *7* (Pl. XV, *fig.* 5), qui appartient au tissu de l'auricule. Cette colonne, qui chez les Poissons et les Batraciens formait la lèvre externe même de l'orifice du sinus, est éloignée déjà chez les Reptiles, *D* (Pl. XIII, *fig.* 7), *8* (Pl. XV, *fig.* 4), de la valvule externe de l'orifice veineux *6* (Pl. XV, *fig.* 3) par une petite rigole à parois lisses. Chez les Oiseaux, le retrait des valvules en arrière augmente la distance qui sépare les orifices veineux de la colonne musculaire. A gauche des orifices veineux, se trouve ce que j'ai déjà décrit sous le nom de fosse ovale. Cette portion de l'oreillette des Oiseaux appartenait tout entière au sinus veineux des Reptiles, et était placée en arrière de la valve interne. Elle se compose de deux parties : une fosse postérieure concave, à parois lisses faisant saillie sur la face postérieure des oreillettes entre l'orifice de la veine cave et la veine pulmonaire droite ; cette partie est cachée sur la *fig.* 9 (Pl. XIII) par la valvule interne ; la saillie en est peu marquée en *fig.* 10, où elle est également cachée par le bord et l'ombre portée de la veine cave inférieure; elle se voit en O, *fig.* 3 (Pl. XIV). En avant de cette excavation, se trouve une saillie cylindrique verticale Z (Pl. XIII, *fig.* 9, et Pl. XIV, *fig.* 3) tapissée par des fibres musculaires en arcs concaves en bas et en avant. Nous avons vu que cette seconde partie correspond à la cloison du sinus, et forme réellement l'analogue de la fosse ovale des Mammifères. Elle est limitée antérieurement par la colonne G (Pl. XIII, *fig.* 9 ; Pl. XIV, *fig.* 3), qui est le bord postérieur de la cloison des auricules, et par conséquent un vestige de la valve interne des Reptiles.

En avant de la fosse ovale, la paroi interne de l'oreillette droite présente une excavation profonde H (Pl. XIII, *fig.* 9, et Pl. XIV, *fig.* 3), qu'il ne faut point confondre avec la fosse ovale, comme on pourrait être tenté de le faire. Cette excavation est obturée au fond par une membrane fibro-musculaire. Ce n'est autre chose que la cloison des auricules qui, partant de la paroi antérieure de l'oreillette, se porte d'abord en arrière et à gauche, et puis se replie brusquement à angle droit vers la droite, pour tapisser la paroi postérieure de cette excavation, et se terminer enfin par le bord fibreux saillant que nous savons être l'anneau de Vieussens. Je reviendrai plus tard, dans un paragraphe spécial, sur la cloison inter-auriculaire et sur son mode de constitution, et j'expliquerai alors la forme tourmentée et coudée en Z qu'elle a chez les Oiseaux (Pl. XV, *fig.* 5).

L'oreillette gauche du cœur des Oiseaux est très-intéressante à étudier, parce qu'elle présente un développement considérable, soit du confluent des veines pulmonaires, soit de la valvule musculo-membraneuse que nous avons trouvée chez les Reptiles, mais à l'état rudimentaire. L'oreillette gauche (Pl. XIV, *fig.* 2) est composée de deux compartiments distincts, mais communiquant largement l'un avec l'autre : ces deux compartiments sont séparés supérieurement l'un de l'autre par une demi-cloison oblique à gauche et en arrière *6* (Pl. XIV, *fig.* 2), *5* (Pl. XV, *fig.* 5), ayant la forme d'un large croissant à concavité inférieure, suspendu verticalement à la voûte de l'oreillette. Cette demi-cloison est musculaire au voisinage de son bord convexe adhérent, et est formée par une membrane fibreuse dans le reste de son étendue. Le compartiment qui se trouve au-devant d'elle, deux fois plus considérable environ que le compartiment postérieur, représente l'auricule proprement dite, et en a la conformation et les parois aréolaires. Cette partie est en relation directe par sa base avec les deux tiers antérieurs de l'orifice auriculo-ventriculaire gauche *7* (Pl. XIV, *fig.* 2). Son sommet arrondi s'élève au-dessus du niveau du sommet du compartiment postérieur ; de ce sommet partent assez régulièrement des colonnes charnues *8* (Pl. XIV, *fig.* 2) qui se courbent en bas et vont, en divergeant, s'insérer à l'anneau auriculo-ventriculaire correspondant.

Le compartiment postérieur, dont la capacité est de moitié moindre environ, présente des parois lisses et est en relation avec le tiers postérieur de l'orifice auriculo-ventriculaire. Le sommet de ce compartiment est occupé tout entier par deux orifices *10* (Pl. XIV, *fig.* 2) juxtaposés latéralement et séparés seulement par un éperon tranchant. Ce sont les orifices des veines pulmonaires.

Les homologies ici sont on ne peut plus évidentes, et les transformations subies par les éléments primitifs du cœur ne le sont pas moins. La petite valvule de l'orifice pulmonaire des Reptiles s'est développée et a acquis les dimensions d'une grande cloison semi-lunaire capable de se relever en arrière sous l'influence de la contraction de l'oreillette, et surtout de l'auricule, qui forme la partie la plus musculaire et la plus puissante. Cette grande valvule, propre à aller ainsi obturer l'orifice des veines pulmonaires, est assez étendue pour constituer une sorte de demi-cloison mobile au-devant de laquelle se trouve l'auricule proprement dite, et dont la face interne et postérieure est en rapport avec un vaste sinus à parois lisses qui n'est qu'une dilatation du petit confluent que présentaient les veines pulmonaires chez les Reptiles. Le confluent des veines pulmonaires des Reptiles n'était chez ces derniers qu'un fragment du sinus distinct de l'oreillette.

Chez les Oiseaux, ce confluent s'est considérablement dilaté en forme de golfe, et est entré dans la constitution de l'oreillette, à laquelle il était étranger. De cette fusion est résultée l'adjonction de ce compartiment postérieur qui repousse en avant l'auricule et contribue à diminuer sa capacité relative. En effet, une partie du sang accumulé pendant la diastole auriculaire, et destiné à remplir le ventricule, recevant asile dans ce compartiment lisse postérieur, le compartiment aréolaire antérieur en est d'autant diminué comme capacité.

Il résulte encore de ces modifications que, tandis que chez les Reptiles les veines pulmonaires semblent s'ouvrir par un orifice unique en arrière et en haut de l'oreillette, chez les Oiseaux chacune des veines possède son orifice distinct, placé au sommet du compartiment postérieur de la cavité générale de l'oreillette.

Ainsi donc, dans l'oreillette gauche comme dans la droite : introduction croissante du sinus en arrière et en dedans de l'élément auriculaire proprement dit, adjonction de la cavité du sinus à la cavité de l'oreillette, phénomènes de fusion et de concentration. Une seule différence doit être signalée entre les deux oreillettes, et encore n'est-ce qu'une différence de degrés : c'est que, tandis que la portion de sinus incorporée à l'oreillette droite ne subit qu'une faible augmentation de capacité, la portion qui, constituant le sinus des veines pulmonaires, vient s'unir à l'auricule gauche, se dilate considérablement et apporte à l'oreillette un accroissement de capacité considérable.

Tels sont les processus dont la transformation des oreillettes est le résultat, et que nous retrouverons avec un plus haut degré de netteté et de puissance chez les Mammifères.

Les modifications que nous venons de constater dans la composition des oreillettes chez les Oiseaux sont naturellement accompagnées de modifications correspondantes dans la situation relative et la disposition des faisceaux musculaires qui composent leurs parois. Nous retrouvons ici les faisceaux musculaires des oreillettes des Poissons, des Batraciens et des Reptiles, mais dont le trajet est modifié par l'introduction, en arrière et entre les deux auricules, de tout le sinus des Poissons et des Reptiles. Ainsi, sur la partie médiane de la paroi antérieure des oreillettes, on distingue un gros faisceau de fibres ascendantes A (Pl. XIII, *fig.* 9), (Pl. XV, *fig.* 5), représentant les fibres antérieures en X du cœur des Batraciens A (Pl. XIII, *fig.* 3), et les fibres du cœur des Chéloniens A (Pl. XIII, *fig.* 8). Ces fibres divergent en haut chez les Poissons et les Reptiles, pour embrasser l'orifice du sinus. Elles le font également chez les Oiseaux, mais avec des modifications qui masquent singulièrement l'analogie. Au lieu de se porter sur la paroi postérieure, comme en *fig.* 4 (Pl. XIII), *fig.* 4, (Pl. XV), pour s'étaler sur la paroi postérieure des oreillettes, en embrassant l'orifice du sinus, elles ne dépassent point la paroi supérieure des oreillettes (Pl. XV, *fig.* 5), parce que le sinus, qui s'est introduit comme un coin entre les deux oreillettes, a refoulé ces fibres en avant et les a tassées en une masse charnue transversale B (Pl. XIII, fig_{c} 9; Pl. XIV, *fig.* 3), (Pl. XV, *fig.* 5).

Cette masse, qui est étendue transversalement sur la paroi supérieure des oreillettes, limite en avant l'embouchure de l'ancien sinus. Elle passe au-dessus de la cloison des auricules, et va s'épanouir, à chacune de ses extrémités, en un certain nombre de faisceaux musculaires qui s'irradient en éventail pour former le tissu aréolaire et caverneux des auricules droite et gauche. Les faisceaux antérieurs latéraux C' (Pl. XIII, *fig.* 9) représentent les faisceaux latéraux en arcs C' (Pl. XIII, *fig.* 3 et 4) des Batraciens, pressés et coudés à leur sommet (Pl. XV, *fig.* 5). Les faisceaux latéraux et les faisceaux postérieurs D'' (Pl. XIII, *fig.* 9) représentent les autres faisceaux C, D (Pl. XIII, *fig.* 3, 4) des Batraciens. Le faisceau saillant D (Pl. XIII, *fig.* 9) représente la limite postérieure de l'auricule.

Dans l'oreillette gauche, la masse transversale B s'étale également en faisceaux divergents 8 (Pl. XIV, *fig.* 2), (Pl. XV, *fig.* 5), dont le postérieur occupe le bord adhérent de la demi-cloison qui sépare le sinus pulmonaire de l'auricule 5 (Pl. XV, *fig.* 5). Ces divers faisceaux divergents donnent naissance à des faisceaux secondaires que l'on aperçoit *fig.* 9 (Pl. XIII) au fond des lacunes ou aréoles, et qui constituent des anastomoses transversales et obliques entre les faisceaux. Toute la partie de la masse des oreillettes sur laquelle se distribuent les faisceaux charnus que je viens d'étudier, et dont les parois sont conséquemment très-aréolaires, constitue les *auricules* proprement dites, et représente ce que l'on considère comme les oreillettes des Poissons et des Batraciens. Ces parties sont séparées extérieurement du restant des oreillettes, c'est-à-dire du sinus incorporé, par un sillon plus ou moins profond, visible à la surface des oreillettes *1* (Pl. XIII, *fig*. 10). Les parties qui représentent le sinus ont des parois plus minces, et sont tapissées par des fibres musculaires bien moins nombreuses, formant des faisceaux lisses et aplatis. C'est ce que l'on voit bien en *Y fig*. 9 (Pl. XIII), et dans la portion de l'oreillette gauche qui forme le confluent dilaté des veines pulmonaires *11* (Pl. XIV, *fig*. 2).

CHAPITRE V

MAMMIFÈRES.

Si chez les Reptiles nous avons rencontré l'absorption partielle du sinus veineux au profit de l'oreillette droite; si chez les Oiseaux nous avons constaté à droite l'absorption totale de la portion correspondante du sinus, et à gauche non-seulement l'absorption du sinus des veines pulmonaires, mais encore une dilatation considérable de ce sinus, chez les Mammifères nous allons trouver, à droite comme à gauche, l'absorption totale du sinus, et l'incorporation dans l'oreille d'une portion considérable des vaisseaux veineux. Cette incorporation atteint non-seulement les troncs veineux de premier ordre ou confluents, mais encore les troncs de second ordre qui sont le résultat de la division des premiers.

L'oreillette droite (Pl. XIV, *fig.* 5), (Pl. XV, *fig.* 7) se compose de deux compartiments très-distincts, séparés par un étranglement plus ou moins prononcé, mais inégaux en capacité. L'un, postérieur et externe, très-grand, à parois lisses dans la plus grande étendue, et quelquefois faiblement aréolaire dans la portion externe, constitue ce que les Traités d'anatomie nomment proprement l'*Oreillette*. Il est formé aux dépens du sinus et des veines. L'autre, antérieur *1* (Pl. XIV, *fig.* 5) représente l'auricule. Ces deux compartiments sont séparés par une sorte d'étranglement auquel correspond leur orifice de communication *2* (Pl. XIV, *fig.* 5). Cet étranglement est marqué à l'extérieur par un sillon plus ou moins profond ; à l'intérieur il est circonscrit par un faisceau musculaire saillant en forme d'arc à concavité inférieure, qui est l'analogue du faisceau postérieur de la masse charnue des oreillettes décrit en *D* (Pl. XIII, *fig.* 9). Les parois de l'auricule sont tapissées de colonnes charnues qui limitent de grandes aréoles ovalaires à grosse extrémité inférieure. Au fond de ces aréoles et dans toute leur longueur, s'ouvrent de fines aréoles transversales. C'est du reste la reproduction exacte de ce que nous avons vu chez les Reptiles, mais avec un degré plus élevé de régularité et d'uniformité dans les dimensions des lacunes et dans leur direction

Le compartiment postérieur ou sinus (Pl. XIV, *fig.* 5) a des parois lisses dans la plus grande partie de son étendue et en particulier au voisinage des orifices veineux ; mais sa paroi externe, en arrière de l'auricule, présente assez souvent, par suite d'un grand développement des faisceaux musculaires du sinus, une structure aréolaire assez analogue à celle de l'auricule, mais pourtant toujours moins accentuée. Dans quelques cas, cette structure aréolaire étant assez prononcée et la saillie qui sépare les deux compartiments de l'oreillette étant presque effacée dans sa portion externe, la délimitation paraît plus difficile, et l'on est tenté de rapporter à l'auricule cette région postérieure aréolaire qui appartient en réalité au sinus ; mais il est des cas où la différence de structure et l'étranglement intermédiaire sont partout très-accentués et permettent d'établir nettement la distinction des deux compartiments. Je citerai le Cheval, l'Ane, le Lapin, comme présentant ces dernières conditions. Il n'en est pas de même chez le Chien.

Le compartiment postérieur de l'oreillette droite a des dimensions bien plus considérables que l'antérieur. Il est largement évasé en avant ; on y distingue les trois orifices veineux que nous avons déjà trouvés au fond du sinus veineux des Reptiles et sur la paroi postérieure de l'oreillette droite des Oiseaux. Seulement ces orifices présentent dans leur forme, dans leurs rapports mutuels et dans leur situation, des modifications remarquables qui ne permettent pas de confondre cette oreillette avec l'oreillette correspondante d'aucune des autres classes de Vertébrés.

On distingue dans l'angle postérieur et inférieur de l'oreillette un orifice 3 (Pl. XIV, *fig.* 5) qui correspond exactement par sa situation et par sa forme à l'orifice de la veine cave supérieure gauche des Oiseaux. C'est l'orifice d'un vaisseau veineux qui subit, suivant les divers groupes de Mammifères, des changements de destination remarquables. Chez les Monotrèmes, les Marsupiaux et les Rongeurs, en effet, ce vaisseau constitue, comme chez les Oiseaux, une veine cave et jugulaire supérieure gauche, tandis que chez les Ruminants (Mouton, Bœuf, Chèvre, etc.) elle forme la terminaison centrale de la veine hémi-azygos gauche. Chez l'Homme et la plupart des Carnivores, tels que le Chien, le Chat, le Tigre, etc., elle constitue la partie horizontale de la grande veine coronaire. Cet orifice veineux est donc précisément l'analogue de l'orifice de la veine cave supérieure gauche des Oiseaux et des Reptiles, et possède, comme celui des Oiseaux, une valvule semi-lunaire à concavité inférieure, ou valvule de Thébésius 4 (Pl. XIV, fig. 5). La seule différence qu'il faille signaler a trait aux dimensions relatives de cet orifice, qui sont naturellement bien moindres chez les animaux où il n'est l'aboutissant que de quelques veines cardiaques ou d'une petite veine hémi-azygos, que chez ceux où il correspond à la fois à une veine cave supérieure volumineuse et aux veines cardiaques.

En dedans et au-dessous de la valvule de Thébésius, se trouve, comme chez les Reptiles et les Oiseaux, l'orifice de la veine cardiaque postérieure. Au-dessus et en dehors de l'orifice de la veine coronaire et sur la paroi postérieure, se trouve l'orifice de la veine cave inférieure dilatée en forme d'entonnoir ouvert vers la cavité de l'oreillette. Cet orifice a la forme d'une ellipse peu allongée dont le grand diamètre est obliquement dirigé de haut en bas et de dehors en dedans. Des deux valvules musculo-membraneuses que nous lui avons reconnues chez les Oiseaux à un degré de développement remarquable, le cœur des Mammifères adultes n'en a conservé qu'une, l'externe, et même considérablement atrophiée 6 (Pl. XIV, fig. 5). Cette valvule, nommée ici valvule d'Eustachi, forme un étroit repli semilunaire qui, bordant le côté droit ou externe de l'orifice, passe au-dessus de la valvule de Thébésius, à la face supérieure de laquelle il adhère, comme chez les Oiseaux. Ensuite cette valvule se relie, encore comme chez les Oiseaux, sur la cloison inter-auriculaire, avec un faisceau musculaire saillant G (Pl. XIV, fig. 5) qui remonte sur cette cloison, pour se recourber en arrière jusqu'à la rencontre de l'extrémité supérieure de la valvule d'Eustachi. Ce faisceau saillant constitue l'anneau de Vieussens, qui circonscrit antérieurement le trou de Botal et la fosse ovale. La valve interne des Reptiles et des Oiseaux a complètement disparu et n'est en réalité représentée, et même pas toujours, que par quelques inégalités douteuses occupant le bord interne lisse et convexe de l'orifice [1]. Au-dessus et bien en avant de l'orifice de la veine cave inférieure, et séparé par un intervalle assez considérable, se trouve l'orifice de la veine cave supérieure droite 7 (Pl. XIV, *fig.* 5), orifice arrondi, infundibuliforme, évasé vers l'oreillette et dépourvu de valvules. L'espace qui sépare ces deux orifices, loin de former un éperon saillant, comme chez les Oiseaux, représente seulement une surface légèrement convexe et parfaitement lisse. Les deux orifices ne sont donc plus contigus, ils se sont éloignés l'un de l'autre ; et l'orifice de la veine cave supérieure droite, qui occupait chez les Oiseaux la partie moyenne de la face supérieure de l'oreillette L, L' (Pl. XIV, *fig.* 3), s'est transporté à la partie supérieure et antérieure de l'oreillette, au voisinage du tronc aortique (Pl. XIV, L,L' *fig.* 1 ; $7,7'$ *fig.* 5 ; *10 fig.* 6).

Si nous comparons ces orifices veineux à ceux des Oiseaux, nous serons frappés de la différence qu'ils présentent au point de vue de l'appareil valvulaire. Tandis, en effet, que chez ces derniers les orifices des veines caves, inférieure et supérieure droite possédaient chacun un appareil valvulaire complet, nous trouvons ici, pour la veine cave inférieure une valvule atrophiée et insuffisante, et pour la veine cave supérieure droite une absence complète de valvules. La structure musculaire de ces veines au niveau de leurs embouchures permet de penser que pendant la systole auriculaire le rétrécissement des orifices s'oppose plus ou moins au reflux du sang ; mais, outre qu'il est douteux que ces orifices très-larges se ferment complètement, on doit nécessairement penser que, cette occlusion *complète* n'ayant lieu, dans tous les cas, que quelque temps après le début de la systole auriculaire, le reflux du sang dans les veines reste possible pendant les premiers moments de cette systole. Il y a donc dans la circulation du sang

---

[1] Quand on examine l'orifice de la veine cave inférieure en tirant en sens inverse les deux extrémités de l'orifice elliptique, les deux lèvres de l'orifice se rapprochent en forme de boutonnière, et l'on a, d'une part la valvule d'Eustachi, qui représente la valve externe des Oiseaux, et d'autre part l'anneau de Vieussens, qui semble en représenter la valve interne modifiée. Mais c'est là une simple apparence qui ne répond en rien à la réalité, car chez les Oiseaux la valve interne existe d'une manière tout à fait indépendante de l'anneau de Vieussens. En réalité, la valve interne a tout à fait disparu chez les Mammifères adultes, et il ne reste que la valve externe atrophiée.

de l'oreillette droite chez les Mammifères un défaut de précision auquel remédie chez les Oiseaux l'occlusion instantanée des valvules doubles des orifices veineux.

C'est là une première disposition propre à caractériser l'oreillette droite des Mammifères ; mais la comparaison de cette cavité avec la cavité correspondante des Reptiles et des Oiseaux nous conduit à une considération que j'ai déjà fait pressentir, et dont je donne ici la preuve: c'est l'envahissement croissant des vaisseaux veineux par la cavité de l'oreillette, c'est la diminution relative en importance et en étendue de la cavité de l'auricule proprement dite, et l'augmentation croissante de la capacité des dilatations veineuses qui font partie de l'oreillette. Ici, en effet, non-seulement l'ancien sinus veineux a été incorporé à l'oreillette, mais une portion des vaisseaux eux-mêmes a été appelée à en faire partie. Il y a eu dilatation considérable de la veine cave inférieure et de la veine cave supérieure droite, dilatation dont fait foi leur forme en entonnoir ; il y a eu aussi incorporation dans l'oreillette des parties largement dilatées de ces vaisseaux, car c'est ainsi que s'expliquent le plus naturellement la disparition des valvules et des éperons, et l'écartement considérable de deux orifices qui, séparés chez les Oiseaux par un simple éperon tranchant, se trouvent actuellement éloignés l'un de l'autre et séparés par une large surface lisse à peine convexe.

Cette dilatation et cet accroissement de la portion veineuse de l'oreillette droite chez les Mammifères donnent à cette région du cœur un aspect tout particulier. Vue à l'intérieur, en effet, elle représente une grande cavité à parois lisses, offrant de larges ouvertures béantes, parmi lesquelles, en avant et à droite, l'orifice de l'auricule. Cette dernière partie 1 (Pl. XIV, fig. 5), très-réduite dans ses dimensions, semble n'être qu'un simple diverticulum de l'oreillette, tandis que chez les Reptiles elle en constituait la loge principale. L'introduction du sinus veineux et d'une portion des cavités veineuses voisines dans l'oreillette, et la distension excentrique de ces parties, ont refoulé l'auricule en avant, plus encore que chez les Oiseaux; et cette dernière partie n'est plus en relation avec toute la partie externe de la circonférence de l'orifice auriculo-ventriculaire, mais seulement avec la partie antérieure et une faible portion de la partie externe. Je dois dire pourtant que les relations de capacité et de position de l'oreillette veineuse et de l'auricule varient assez, suivant les familles et les espèces. Chez le Mouton, l'auricule droite est relativement plus considérable et plus latérale que chez l'Homme, où elle a des dimensions assez restreintes; et même chez certains Mammifères, tels que l'Ane et le Cheval, l'auricule est extrêmement réduite et forme un petit appendice peu saillant placé sur la partie antéro-latérale de l'oreillette et limité par un étranglement très-prononcé.

Nous allons trouver très-nettement accusées dans l'oreillette gauche des modifications du même ordre que les précédentes. Cette cavité constitue en effet, chez l'Homme et la plupart des Mammifères, une large poche ayant la forme d'un cuboïde irrégulier à parois lisses, et au-devant de laquelle se voit un très-petit appendice à parois aréolaires, qui n'est autre chose que l'auricule. La capacité relative des deux cavités présente une inégalité beaucoup plus grande que pour l'oreillette et l'auricule droites. Il y a, à cet égard, des variations suivant les familles et les espèces. Ainsi, chez le Lapin, l'auricule offre des dimensions assez considérables; mais d'une manière générale, l'auricule gauche ne représente qu'une très-faible fraction, qu'un appendice très-restreint de l'oreillette correspondante, et hors de proportion avec elle. Ces deux loges communiquent par un orifice étroit assez régulièrement arrondi.

Les transformations que nous avons constatées pour l'oreillette droite se présentent ici avec un grand degré de netteté et fortement accentuées. L'étroit confluent ou tronc commun des veines pulmonaires des Reptiles, devenu plus vaste chez les Oiseaux et commençant à faire partie de l'oreillette, s'est fortement dilaté et a acquis un volume si considérable qu'on ne saurait le reconnaître si l'on n'avait recours à l'examen des connexions, et si l'on ne tenait compte de la marche progressive des transformations et des degrés intermédiaires. Il est vrai que cette large cavité ne représente pas exactement et d'une manière exclusive le tronc commun des veines pulmonaires des Reptiles et l'arrière-cavité de l'oreillette gauche des Oiseaux. A ces parties fortement dilatées sont venus se joindre le tronc de la veine pulmonaire droite et celui de la gauche jusqu'au niveau de la bifurcation de chacun d'eux en tronc de troisième ordre. Je trouve la preuve de cet envahissement dans la multiplication des orifices veineux. Tandis, en effet, que chez les Reptiles on ne trouve qu'un seul orifice veineux, par suite de la réunion des deux veines pulmonaires droite et gauche en un tronc commun très-court, on trouve chez les Oiseaux deux orifices veineux séparés par un éperon tranchant et placés au sommet du compartiment postérieur de l'oreillette, qui n'est, nous le savons, que le tronc commun dilaté de veines pulmonaires. Chez les Mammifères, chacun des troncs veineux pulmonaires droit et gauche se dilate à son tour, jusqu'à la bifurcation en tronc de second ordre, et cette portion dilatée s'ajoute et s'incorpore à la cavité de l'oreillette ; de telle sorte que les veines de troisième ordre s'ouvrent directement dans la cavité vestibulaire ou oreillette, et qu'au lieu de deux orifices pulmonaires on en compte quatre et quelquefois cinq disposés en groupes latéraux; deux à droite correspondent aux veines pulmonaires droites, et deux à gauche aux veines pulmonaires gauches. De ces deux groupes, l'un occupe l'angle supérieur droit et l'autre l'angle supérieur gauche de l'oreillette, de telle sorte qu'au lieu d'être séparés par un simple éperon tranchant, comme les deux orifices pulmonaires des Oiseaux, ils sont en réalité éloignés, et entre eux se trouve une surface lisse légèrement convexe.

Il y a plus : non-seulement les troncs primitifs des deux veines pulmonaires droite et gauche se dilatent quelquefois jusqu'à leur bifurcation en troncs secondaires, mais encore la portion voisine de ces troncs secondaires eux-mêmes se dilate et arrive à faire partie de la cavité de l'oreillette. Ces transformations successives peuvent être exactement suivies lorsqu'on étudie à divers âges le cœur du fœtus humain, de l'Enfant et de l'Homme adulte. Dans le cœur du fœtus de 6 mois environ, on ne trouve en effet à la face supérieure de l'oreillette gauche que deux orifices, l'un à droite, l'autre à gauche *1, 2* (Pl. XIV, *fig*. 8). Ils correspondent à deux troncs évasés, à l'extrémité desquels on aperçoit deux orifices. Plus tard les troncs évasés font partie de l'oreillette, et les deux orifices de chaque côté viennent s'ouvrir directement dans l'oreillette. Les deux orifices de droite, comme ceux de gauche, sont séparés par un éperon peu aigu. Enfin plus tard, chez l'adulte, quand les troncs secondaires sont entrés dans l'oreillette pour en faire partie, les deux orifices de droite, comme ceux de gauche, sont séparés l'un de l'autre par un intervalle relativement large, occupé par une surface lisse légèrement convexe, et les orifices de droite sont éloignés de ceux de gauche de presque toute la longueur du diamètre transversal de l'oreillette. L'examen suivi de ces modifications montre clairement l'incorporation successive des troncs veineux dans l'oreillette, et prouve que les surfaces lisses et légèrement convexes qui séparent les divers orifices et remplacent les simples éperons tranchants qui leur servaient primitivement de cloison, sont formés par les parois veineuses elles-mêmes, distendues et étalées.

Quant à la valvule musculo-membraneuse des Reptiles, devenue chez les Oiseaux une demi-cloison verticale placée entre l'arrière-cavité de l'oreillette gauche et l'auricule, elle a perdu sa partie inférieure membraneuse ; et, transportée en avant par la dilatation du compartiment postérieur de l'oreillette, elle est réduite au faisceau musculaire qui entoure supérieurement l'orifice de l'auricule, et que nous avons vu occuper la base du pli valvulaire chez les Reptiles et les Oiseaux.

Toutes ces transformations entraînent plusieurs conséquences dignes d'être notées. J'ai déjà parlé des différences de capacité relative que présentent les deux compartiments. La partie lisse de l'oreillette devenant vaste et étendue, l'auricule se réduit considérablement et n'est presque plus comparable à ce qu'elle était chez les Reptiles et chez les Oiseaux, où sa capacité dépassait de beaucoup celle de la partie lisse. De plus, les rapports de l'auricule avec l'orifice auriculo-ventriculaire, rapports très-étendus chez les Reptiles, et encore très-étendus, quoique un peu moins, chez les Oiseaux, sont presque réduits à rien chez les Mammifères; et, tandis que chez les Reptiles et chez les Oiseaux l'auricule est en relation avec tout le bord antérieur externe et en partie postérieur de l'orifice auriculo-ventriculaire, et occupe par conséquent toute la partie antérieure et latérale de la région auriculaire gauche, chez les Mammifères les dilatations veineuses du sinus et des troncs pulmonaires l'ont rejetée en avant, où elle forme un appendice étroit, recourbé *6* (Pl. XIV, *fig.* 8), (Pl. XV, *fig.* 7 et 8), dont la pointe a été ainsi déjetée en avant et à droite, au-devant du faisceau artériel.

Il convient d'ajouter que tous les Mammifères ne présentent pas des modifications aussi considérables. Ainsi, chez les Rongeurs, et le Lapin en particulier, l'oreillette et l'auricule droites (Pl. XV, *fig.* 6) rappellent, par leurs proportions et leur situation, assez exactement les parties correspondantes des Reptiles et des Oiseaux. L'auricule est restée plus grande que le sinus des veines pulmonaires, et son orifice est en relation avec les parties antérieure et latérale de l'orifice auriculo-ventriculaire.

Je viens de décrire les transformations que nous a présentées l'oreillette gauche des Mammifères supérieurs et de l'Homme en particulier. Je crois les avoir suffisamment fait connaître, et je me borne à ajouter que les orifices des veines pulmonaires dépourvus de valvules, mais entourés d'anneaux musculaires, méritent les réflexions que j'ai déjà appliquées aux orifices veineux de l'oreillette droite, et indiquent un certain défaut de précision dans l'arrêt du reflux du sang, défaut que l'on ne peut reprocher au même degré à l'oreillette des Reptiles et des Oiseaux.

La structure des oreillettes et des auricules est chez les Mammifères la reproduction exacte de celle que nous avons reconnue chez les Oiseaux, sauf les modifications superficielles qui proviennent des transformations survenues dans la forme des parties. Nous retrouvons en effet, sur la partie moyenne de la face antérieure, une masse de faisceaux ascendants et divergents qui, tassés supérieurement par le transport en avant du sinus et des orifices veineux, forment en définitive une masse charnue transversale qui s'épanouit de chaque côté en faisceaux rayonnants, pour constituer les colonnes charnues très-saillantes et le tissu aréolaire très-riche des auricules (Pl. XV, *fig.* 7, 8). La partie des oreillettes qui appartient au sinus veineux est également tapissée de faisceaux charnus larges, aplatis, peu saillants, qui entourent généralement les orifices veineux, et qui viennent se relier antérieurement à la masse charnue des auricules.

Il ne faut du reste point considérer, comme on le fait généralement, les auricules des Mammifères comme des appendices sans importance et sans valeur, au point de vue du mécanisme de la circulation cardiaque. Il convient d'observer au contraire qu'elles constituent les parties les plus musculaires et les plus puissantes des oreillettes, et que la disposition même de leurs faisceaux charnus et la direction des aréoles qui les séparent, sont très-convenablement combinées pour projeter vivement le sang des oreillettes dans les ventricules. Elles excitent ainsi les parois de ces dernières cavités, et elles en provoquent les contractions. Ce sont en définitive les agents de beaucoup les plus actifs de la circulation auriculaire.

La description précédente démontre clairement que dans le cœur des Mammifères adultes la région des oreillettes diffère notablement de ce qu'elle est chez les Oiseaux. Les différences principales peuvent être classées sous quelques chefs :

1° Introduction plus complète et incorporation, dans l'oreillette, du sinus et des troncs veineux afférents;

2° Diminution proportionnelle des dimensions des auricules ;

3° Dans l'oreillette droite, transport considérable en avant de l'orifice de la veine cave supérieure, et disparition de tout appareil valvulaire autour de cet orifice ; disparition de la valvule interne de l'orifice de la veine cave inférieure; atrophie presque complète de la valvule externe;

4° A gauche, disparition de la demi-cloison placée entre le sinus pulmonaire et l'auricule, dilatation très-considérable de l'arrière-cavité ou portion du sinus ; et chez les Mammifères supérieurs, réduction très-notable de l'auricule, qui est déjetée tout à fait en avant.

Si nous ajoutons à ces différences quelques détails sur la forme de la cloison inter-auriculaire, qui n'est pas la même dans ces deux classes de Vertébrés, et sur laquelle je dois bientôt revenir, nous aurons résumé les points principaux qui distinguent les oreillettes des Mammifères adultes de celles des Oiseaux.

Ces différences sont assez remarquables, et l'on peut se demander si elles ont existé dès l'origine, ou si elles sont le résultat du développement. Une étude attentive du cœur de fœtus de Mammifère m'a révélé, même chez l'Homme, la trace des dispositions diverses qui caractérisent le cœur des Oiseaux, de telle sorte qu'à un moment donné le cœur des Mammifères et celui des Oiseaux ont présenté, pour ce qui concerne les oreillettes, des éléments identiques. Ces éléments n'ont fait plus tard que subir dans les deux classes des développements différents. C'est ainsi que nous allons voir que les valvules veineuses de l'oreillette droite des Oiseaux ont eu leurs homologues dans le cœur des Mammifères encore jeunes, homologues qui, restés stationnaires ou s'étant atrophiés, ont tellement échappé à l'œil des observateurs, qu'on n'en a pas même soupçonné l'existence.

Sur des cœurs de fœtus à terme et même d'enfant de quelques mois, soit frais, soit injectés avec du suif et lavés dans l'essence de térébenthine, on retrouve en effet les traces évidentes des dispositions valvulaires si complètes de l'oreillette droite des Oiseaux *8* (Pl. XIV, *fig.* 1). A cette époque de la vie, la valvule de Thébésius est extrêmement développée, et de sa face supérieure part, comme chez les Oiseaux, une large valvule d'Eustachi *14* (Pl. XIV, *fig.* 1), de forme semi-lunaire, qui représente exactement la valve externe de la veine cave inférieure des Oiseaux. Cette valvule d'Eustachi se rétrécit, s'effile longuement à son extrémité supérieure, et se prolonge, sous la forme d'une petite saillie fibreuse blanche, jusqu'à l'orifice de la veine cave supérieure *L* (Pl. XIV, *fig.* 1), qui chez les Mammifères est assez éloignée de l'orifice de la veine cave inférieure, au lieu de lui être contiguë, comme chez les Oiseaux. Arrivée à ce niveau, cette saillie fibreuse semble se diviser en deux autres saillies plus petites, fibreuses, blanchâtres *9* (Pl. XIV, *fig.* 1), qui passent, l'une en dehors et l'autre en dedans de cet orifice de la veine cave supérieure, pour venir se rejoindre au-devant de lui. Ces saillies ont par place tout à fait la forme et la disposition de petites lamelles valvulaires ; dans d'autres points, elles sont réduites à quelques petites inégalités fibreuses disposées en série continue. Dans tous les cas, on ne peut douter qu'elles ne représentent les deux valvules interne et externe de la veine cave supérieure droite des Oiseaux ; et il suffit de comparer les deux *fig.* 1 et 3 (Pl. XIV) pour saisir l'analogie complète de ces parties.

Quant à la valvule interne de la veine cave inférieure des Oiseaux, elle est également représentée chez le fœtus. On la voyait distinctement sur le cœur de fœtus de 8 mois dont je donne le dessin *1* (Pl. XIV, *fig.* 1), seulement elle est très-peu prononcée ; ce qui nous étonne d'autant moins que cette valvule est assez étroite chez les Oiseaux eux-mêmes (Pl. XIV, *fig.* 3). Chez le fœtus, elle représente une valvule fort étroite, dont l'extrémité supérieure terminée en pointe se perd et s'efface vers la partie supérieure de l'orifice de la veine cave inférieure, tandis que la partie inférieure affecte avec l'anneau de Vieussens v (Pl. XIV, *fig.* 1) exactement les mêmes rapports que nous lui avons reconnus chez les Oiseaux ; c'est dire qu'elle se relie directement avec cet anneau, dont elle forme le bord inférieur. La valve externe se relie également avec lui, mais plus indirectement et par l'intermédiaire de la valvule de Thébésius, avec laquelle elle s'est fondue *15* (Pl. XIV, *fig.* 1). Si l'on veut comparer les deux figures *1* et *3* (Pl. XIV), on se rendra immédiatement compte de ces analogies, qui sont on ne peut plus grandes à l'époque de la vie fœtale. Mais à mesure que le développement se fait chez l'Homme, les orifices veineux se dilatent, les parois veineuses s'étalent pour ainsi dire, les valvules deviennent insuffisantes et disparaissent par suite de leur insuffisance même[1].

La veine cave supérieure droite, dont l'orifice subit relativement les plus grandes transformations et se dilate largement en entonnoir, perd de bonne heure toute trace de valvule. Les parois deviennent lisses au point où se trouvaient primitivement les valvules, et il est impossible de fixer l'ancienne limite de la veine et de l'oreillette.

Au niveau de la veine cave inférieure, la valve interne, déjà étroite, se rétrécit encore davantage et disparaît, au point qu'on n'en trouve plus de traces. La valve externe ou valvule d'Eustachi, très-large primitivement, se rétrécit aussi successivement, au point que dans beaucoup de cœurs, chez des sujets âgés, il en existe à peine des vestiges. La valve interne ayant entièrement disparu, c'est la valvule d'Eustachi qui reste seule en relation avec l'anneau de Vieussens, ou cloison inter-auriculaire. Aussi semble-t-elle chez l'adulte se continuer directement avec cet anneau ; mais en réalité la partie inférieure de l'anneau est un reste de la valve interne dont la partie supérieure a disparu. Quant à la valvule de Thébésius, l'orifice auquel elle appartient ne subit pas de dilatation ; il reste plutôt stationnaire, et même il perd de son importance relative chez les Mammifères qui sont dépourvus de veines caves supérieures gauches. Aussi la valvule de Thébésius reste-t-elle *suffisante* et est-elle intégralement conservée.

Si nous jetons un regard sur l'oreillette gauche des Mammifères, com-

---

[1] Dans un chapitre postérieur, je m'occuperai des causes qui provoquent la formation ou la disparition des valvules cardiaques ; c'est là que j'expliquerai le rôle que semblent jouer à cet égard la *suffisance* ou l'*insuffisance* des valvules.

parée à celle des Oiseaux, nous trouverons également les raisons de leur différence. Chez les Oiseaux, l'auricule a conservé son importance et se trouve directement en relation avec l'orifice auriculo-ventriculaire. Quoique l'arrière-cavité ou sinus des veines pulmonaires se soit agrandi, la valvule qui la sépare de l'auricule est *suffisante* pour fermer les orifices pulmonaires et s'opposer au reflux du sang. Chez les Mammifères, des dispositions nouvelles s'établissent ; c'est avec le sinus des veines pulmonaires que l'orifice auriculo-ventriculaire est réellement en relations, et l'auricule est très-réduite et repoussée en avant. La valvule placée entre ces deux cavités serait complètement *insuffisante* pour fermer les orifices pulmonaires ; aussi a-t-elle entièrement disparu, et ne reste-t-il que l'étranglement qui séparait les deux compartiments de l'oreillette, et dont les parois sont lisses et arrondies chez l'adulte. Chez le fœtus des Mammifères, la dilatation du sinus pulmonaire a lieu de très-bonne heure (Pl. XIV, *fig.* 8), (Pl. XV, *fig.* 8); aussi, même chez le fœtus, ne reste-t-il qu'un bord tranchant avec une saillie fibreuse peu prononcée, comme traces de la valvule pulmonaire des Oiseaux.

C'est ainsi que se retrouvent complètement les homologies entre les oreillettes des Oiseaux et celles des Mammifères, et que s'expliquent les différences notables que l'on remarque dans ces deux classes de Vertébrés arrivés à l'état adulte.

CHAPITRE IV

CONSIDÉRATIONS GÉNÉRALES SUR LES OREILLETTES.

ARTICLE I. — Cloison des oreillettes et Trou de Botal.

Si nous jetons maintenant un coup d'œil d'ensemble sur les oreillettes dans la série des Vertébrés, nous voyons que ce mot d'*oreillettes* est loin de représenter exactement les mêmes parties dans les diverses classes de cet embranchement. Ce que l'on désigne de ce nom chez les Poissons et chez les Batraciens ne correspond en réalité qu'aux auricules des Reptiles, des Oiseaux et des Mammifères ; et, d'un autre côté, les oreillettes de ces derniers Vertébrés sont composées à la fois des auricules ou oreillettes des Vertébrés anallantoïdiens, d'une portion plus ou moins grande du sinus veineux qui s'est incorporée à l'oreillette, et quelquefois aussi, chez les Mammifères en particulier, d'une portion dilatée des troncs des veines caves ou pulmonaires. Aussi y a-t-il lieu de distinguer dans les oreillettes des Vertébrés allantoïdiens une *partie sinus* et une *partie auricule*. C'est là un fait intéressant qui, rapprochant les Batraciens des Poissons et les éloignant des Reptiles, vient à l'appui de cette opinion, que partagent certains naturalistes : qu'il y a plus d'affinités entre les Poissons et les Batraciens qu'entre ces derniers, que Cuvier appelait Reptiles nus, et les Reptiles proprement dits.

A chacune des deux parties des oreillettes (sinus et auricule) correspond, chez les Vertébrés qui ont deux oreillettes, une cloison qui lui est propre : l'une antérieure, placée entre les auricules *cloison des auricules*, et l'autre postérieure, *cloison du sinus*, partageant le sinus en deux compartiments plus ou moins inégaux : le sinus des veines caves et le sinus des veines pulmonaires. La rencontre et la soudure de ces deux demi-cloisons, qui s'avancent l'une vers l'autre, donnent lieu à la séparation complète des deux oreillettes. L'intervalle plus ou moins grand qui existe entre les deux demi-cloisons, avant l'époque de leur rencontre et de leur soudure, constitue précisément l'ouverture à laquelle chez les Vertébrés supérieurs on a donné le nom de *Trou de Botal*.

Ces deux cloisons, dont la réunion constitue la cloison des oreillettes, diffèrent entre elles par leur origine, par leur structure, par leurs dimensions relatives et par leur direction.

La demi-cloison antérieure ou cloison des auricules est une dépendance de la région auriculaire proprement dite. Elle est toujours en relation directe, dans une partie plus ou moins grande de son bord antérieur, avec le faisceau musculaire vertical de la paroi antérieure des auricules *1* (Pl. XIII, *fig*. 3, 8) *G* (Pl. XIV, *fig*. 1, 5). Chez les Batraciens, tels que le Crapaud, cette cloison des auricules est constituée par une membrane délicate de tissu conjonctif, dont les bords adhèrent faiblement aux parois auriculaires, excepté pourtant en bas et en avant, au niveau du faisceau musculaire antérieur des auricules. La paroi droite de cette cloison est tapissée, chez le Crapaud, de quelques trabécules musculaires dirigées obliquement de haut en bas et d'arrière en avant, pour venir se jeter sur le faisceau musculaire antérieur. Ces trabécules musculaires sont les premiers indices d'un développement plus prononcé de l'élément musculaire chez les Vertébrés supérieurs aux Batraciens.

Chez les Chéloniens, en effet, cette cloison se montre pourvue d'un plus grand nombre de faisceaux musculaires, dont la plupart se dirigent de haut en bas et d'arrière en avant, c'est-à-dire diagonalement de l'angle supérieur et postérieur de la cloison à son angle antéro-inférieur. Ces fibres se jettent dans le faisceau musculaire antérieur des auricules ; la cloison au-dessus de ces faisceaux obliques, c'est-à-dire au niveau de son angle antéro-supérieur, est plus mince et presque exclusivement fibreuse. On peut en dire autant des Oiseaux, dont la cloison présente en outre des particularités de direction sur lesquelles je reviendrai.

Chez les Mammifères, la cloison inter-auriculaire est plus musculaire que dans les autres classes. Cela est surtout vrai chez les Mammifères supérieurs et l'Homme en particulier. Elle est formée de nombreux faisceaux obliquement dirigés en bas et en avant *G* (Pl. XIV, *fig*.5). Chez les Oiseaux et chez les Mammifères surtout, le bord antérieur de cette cloison contracte des relations intimes avec le faisceau vertical antérieur des auricules, dans lequel viennent se jeter toutes les fibres musculaires de la cloison. Chez les Oiseaux et chez les Mammifères également, cette cloison présente une particularité de plus que chez les autres Vertébrés. Elle se relie inférieurement avec un prolongement fibro-musculaire inférieur des deux valvules de la veine cave inférieure, ou de la valvule d'Eustachi, quand cette dernière existe seule. Ce prolongement, dont les fibres remontent en haut et en avant, forme le bord inférieur de l'anneau de Vieussens, dont le bord antérieur est constitué par la cloison des auricules elle-même.

La demi-cloison postérieure ou cloison du sinus, que l'on a nommée *Valvule du trou ovale*, n'est au fond que le prolongement de l'éperon qui sépare les veines pulmonaires des veines caves. C'est là un fait sur lequel je reviendrai. Cet éperon prolongé partage le sinus veineux commun en deux portions très-inégales : le sinus des veines caves qui est très-considérable, et le sinus des veines pulmonaires qui primitivement est fort restreint. La cloison du sinus est exclusivement fibreuse, très-mince, très-délicate, chez les Batraciens et les Reptiles adultes. Chez les Oiseaux et les Mammifères, elle présente ces mêmes caractères pendant une partie variable du cours de la vie fœtale, et quelquefois même pendant les premiers temps de la vie extra-utérine ; mais plus tard, et surtout chez les grands animaux, elle acquiert une quantité plus ou moins grande de fibres musculaires, dont quelques-unes forment des arcs concentriques ouverts en bas et en avant Z (Pl. XIII, *fig.* 9, et Pl. XIV, *fig.* 1), et dont un grand nombre se dirigent obliquement d'arrière en avant et un peu de haut en bas.

La cloison du sinus se distingue donc de la cloison des auricules par son origine, puisqu'elle provient de l'éperon qui sépare les veines pulmonaires des veines caves, et par sa constitution, puisqu'elle est plus mince, plus délicate et beaucoup moins riche en tissu musculaire. Elle s'en distingue également par l'époque de sa formation, car la cloison des auricules paraît avant la cloison du sinus.

Enfin les dimensions de ces deux cloisons présentent une sorte de balancement que je dois mettre en lumière. Il est évident que l'étendue relative de la cloison des auricules et de la cloison du sinus est en rapport direct avec la longueur relative des diamètres antéro-postérieurs de ces deux éléments des oreillettes ; c'est-à-dire que là où dans la composition des oreillettes la région des auricules sera très-large dans le sens antéro-postérieur par rapport à la région du sinus, la cloison antérieure sera beaucoup plus étendue que la postérieure; et par contre, là où l'introduction du sinus dans l'oreillette et la dilatation de cette portion de sinus introduite auront refoulé en avant et rétréci la région des auricules, la cloison antérieure sera étroite, tandis que la postérieure aura acquis un diamètre considérable. Ainsi, chez les Batraciens, dont les oreillettes sont uniquement constituées par les auricules, la cloison antérieure forme entièrement la cloison des oreillettes. Le bord postérieur de cette cloison des auricules, chez le Crapaud, s'insère au-dessus de l'orifice du sinus sur la paroi postérieure des auricules, qui forme aussi la paroi antérieure du sinus. Au niveau de l'orifice du sinus, ce bord coupe obliquement cet orifice en deux parties très-inégales, l'une pour le sinus des veines caves, et l'autre pour les veines pulmonaires. Au-dessous de l'orifice du sinus, le bord postérieur de la cloison adhère à la paroi postérieure des oreillettes. La valvule interne de l'orifice des veines caves n'est autre chose, comme je l'ai déjà dit, que le bord postérieur de cette cloison des auricules, bord resté libre et dévié à droite et en avant par le courant sanguin qui arrive des veines caves. Les bords opposés des deux cloisons chevauchant l'un sur l'autre, c'est sur la face gauche de cette cloison que vient se porter et adhérer le bord antérieur de la cloison du sinus, pour compléter la séparation des deux circulations veineuses à ce niveau. La partie de la cloison des auricules qui est en arrière de cette ligne d'adhérence des deux cloisons constitue la valvule interne de l'orifice veineux (Pl. XV, *fig.* 1).

C'est naturellement au point de rencontre de ces deux cloisons qu'a dû se trouver l'orifice de communication des deux systèmes veineux, c'est-à-dire le trou de Botal. Cet orifice se trouve donc, chez le Crapaud, la Grenouille, la Salamandre, et peut-être chez tous les Batraciens, dans la partie antérieure et supérieure de la cavité du sinus, et appartient chez tous au sinus, et non aux auricules. C'est là un point intéressant que cette étude va confirmer.

Chez les Chéloniens, une faible portion du sinus, et presque exclusivement la portion inférieure, s'est incorporée à l'oreillette. La cloison antérieure ou cloison des auricules *1* (Pl. XV, *fig.* 3) continue à former intégralement la cloison des oreillettes. La partie postérieure de cette cloison divise, comme chez les Batraciens, l'orifice du sinus en deux parties très-inégales, l'une pour les veines caves, l'autre pour les veines pulmonaires. Cette partie postérieure de la cloison, arrivée au niveau du sinus des veines pulmonaires, se dévie fortement à droite *2* (Pl. XV, *fig.* 3) et limite en avant et à droite ce sinus, qu'il sépare de la portion du sinus des veines caves qui a été incorporée à l'oreillette droite. C'est sur la face postérieure et gauche de cette partie déviée que vient adhérer le bord antérieur et droit de la cloison du sinus *3* (Pl. XV, *fig.* 3); et à partir de cette ligne d'adhérence, le bord de la cloison des auricules devenu libre constitue, comme chez les Batraciens, la valvule interne de l'orifice des veines caves *4*. On voit donc que chez les Chéloniens, comme chez les Batraciens, la position du trou de Botal est dans le sinus, car c'est là qu'a lieu la rencontre des deux cloisons. Ce fait résulte nécessairement de ce que c'est surtout la portion inférieure du sinus qui s'est incorporée à l'oreillette, tandis que le trou de Botal, qui appartenait à la partie supérieure du sinus, est resté dans cette dernière cavité.

Les Oiseaux présentent sur ce point des modifications remarquables (Pl. XV, *fig.* 5). Comme nous l'avons déjà vu, toute la portion de sinus réservée au sang noir est incorporée à l'oreillette droite, et les valvules des orifices des veines caves inférieure et supérieure droite *12*, *13*, ont été fortement transportées en arrière. Il résulte de là que la cloison du sinus *3*, qui dans les classes précédentes ne pénétrait pas dans l'oreillette et se trouvait entièrement en arrière des valvules des orifices veineux, se voit au contraire dans l'oreillette droite des Oiseaux, sur une grande étendue. Elle s'étend en effet depuis la paroi postérieure de l'oreillette jusqu'au faisceau fibreux *G* (Pl. XIII, *fig.* 9; Pl. XIV, *fig.* 3), que nous avons vu représenter le bord postérieur de la cloison des auricules et la valvule interne des Reptiles, réduite et atrophiée *4* (Pl. XV, *fig.* 5). D'un autre côté, à l'oreillette gauche est venu s'adjoindre, comme compartiment postérieur, le sinus très-dilaté des veines pulmonaires. La paroi interne de ce compartiment *13* (Pl. XIV, *fig.* 2), *3* (Pl. XV, *fig.* 5) est formée par la cloison du sinus qui devient ainsi évidente dans l'oreillette gauche des

Oiseaux, tandis qu'elle était cachée chez les Reptiles dans l'étroit confluent des veines pulmonaires. On conçoit du reste que, l'introduction du sinus veineux en arrière des auricules ayant réduit les dimensions antéro-postérieures de la cloison antérieure, les dimensions correspondantes de la cloison postérieure ont dû être augmentées d'autant, pour que les deux cloisons pussent arriver à se rencontrer et à se réunir.

Chez les Oiseaux, le point de rencontre des deux cloisons a donc lieu dans l'oreillette droite elle-même, d'où résulte que le trou de Botal n'est plus caché en arrière des valvules et en dehors de l'oreillette, comme dans les classes précédentes, mais qu'il s'ouvre directement dans l'oreillette droite Z (Pl. XIII, *fig.* 9 ; Pl. XIV, *fig.* 3). Mais si l'on considère quelles sont les parties des deux oreillettes que cette ouverture met directement en communication, il sera aisé de constater qu'en réalité, comme chez les Batraciens et les Reptiles, c'est encore entre les deux portions du sinus qu'existe l'ouverture en question. D'un côté, en effet, se trouve la portion de sinus des veines caves qui a été incorporée à l'oreillette droite, et de l'autre la portion de sinus des veines pulmonaires que nous avons vue constituer chez les Oiseaux le compartiment postérieur de l'oreillette gauche. Il reste donc établi que dans les classes précédentes le trou de Botal est une ouverture de communication placée entre les deux portions du sinus. Nous allons voir si cette proposition reste vraie pour les Mammifères.

Chez ces derniers, la portion de sinus incorporée à chacune des oreillettes s'agrandit, comme chez les Oiseaux, par une dilatation plus ou moins grande de la portion du sinus elle-même, et en outre par la dilatation des veines caves ou pulmonaires qui débouchent dans ce sinus. La portion auriculaire des oreillettes en est d'autant réduite et rejetée en avant ; aussi la cloison antérieure ou des auricules G (Pl. XIV, *fig.* 1 et 5), *1, 2* (Pl. XV, *fig.* 7, 8) voit-elle ses dimensions antéro-postérieures réduites de moitié au moins, en prenant les Oiseaux comme point de comparaison ; tandis que la cloison postérieure ou cloison du sinus Z (Pl. XIV, *fig.* 1, 5), *3* (Pl. XV, *fig.* 6, 7, 8) s'allonge d'autant pour arriver à obturer entièrement le trou de Botal, *10* (Pl. XIV, *fig.* 1) ; mais, chez les Mammifères comme chez les Oiseaux, il est on ne peut plus aisé de se convaincre que ce trou de Botal met en communication les deux portions de sinus, le sinus des veines caves à droite, et le sinus très-dilaté des veines pulmonaires à gauche. Je puis donc émettre ici, comme une proposition générale vraie pour tous les Vertébrés à oreillettes séparées, que le *trou de Botal est un orifice de communication placé entre les deux portions du sinus veineux, et non entre les deux cavités des oreillettes primitives*, c'est-à-dire des auricules.

La cloison des oreillettes, considérée dans la série de Vertébrés à double circulation, présente dans sa disposition et dans sa direction des variations assez intéressantes que je dois signaler et expliquer. Pour cela, il convient de suivre à la fois les figures des Planches XIII, XIV, XV.

Chez les Batraciens, la cloison (Pl. XV, *fig*. 1 et 2), uniquement composée par la cloison des auricules, offre une légère concavité vers l'oreillette droite et se termine postérieurement, ainsi que je l'ai déjà dit. En arrière et au niveau des orifices du sinus, la cloison du sinus vient s'offrir à elle ; cette cloison du sinus forme dans le sinus une gouttière ouverte en avant, concave dans le sens transversal, et dont la convexité fait saillie dans le sinus *3* (Pl. XV, *fig*. 1).

Chez les Chéloniens, la cloison des oreillettes (Pl. XIII, *fig*. 7 et 8) est légèrement oblique de bas en haut et de droite à gauche, c'est-à-dire que placée inférieurement à peu près sur la ligne médiane, elle se dévie en haut vers l'oreillette gauche, de manière à agrandir l'oreillette droite aux dépens de celle-là. Elle est plane dans la plus grande partie de son étendue, et ne présente que tout à fait en arrière un changement de direction. Au niveau de l'orifice du sinus pulmonaire, elle forme un angle ouvert à droite, et se porte en effet à droite et en arrière ; son bord postérieur se comporte, je l'ai déjà dit, de manière à former à ce niveau la valvule interne de l'orifice du sinus des veines caves (Pl. XV, *fig*. 3, 4). Cette partie de la cloison, oblique en arrière et à droite, *2* (Pl. XV, *fig*. 3), limite à droite le sinus pulmonaire et le sépare de l'oreillette droite. La saillie présentée à gauche par l'angle que forme cette portion oblique de la cloison avec la portion antérieure, donne insertion dans l'oreillette gauche à la valvule fibro-musculaire de l'orifice du sinus pulmonaire, *5* (Pl. XV, *fig*. 3). C'est dans la cavité du sinus et au niveau de l'angle saillant formé en arrière par l'insertion de la valvule interne des veines caves, que la cloison reçoit le bord antérieur et droit de la cloison du sinus, *3* (Pl. XV, *fig.* 3) qui, comme chez les Batraciens, est tout entière dans le sinus, et forme une gouttière plus ou moins prononcée, dont la convexité fait saillie dans le sinus.

Chez les Oiseaux (Pl. XV, *fig.* 5), apparaissent des changements très-accentués qui servent de transition et d'explication aux modifications plus remarquables que l'on trouve chez les Mammifères. Considérée d'avant en arrière, la cloison présente une première partie (un peu moins de la moitié) dont la direction est presque verticale et antéro-postérieure (Pl. XIV, *H fig.* 3, *12, fig.* 2); *1* (Pl. XV, *fig.* 5). Pour être tout à fait exact, je devrais dire pourtant que, située en haut bien à gauche de la ligne médiane, elle tend à s'en rapprocher inférieurement. Son bord antérieur est en relation avec la masse musculaire verticale antérieure et transversale des auricules.

Cette portion antéro-postérieure de la cloison, qui a la forme d'une ellipse à grand axe vertical, se continue avec une seconde portion dont la direction est exactement transversale, *2* (Pl. XV, *fig.* 5), et qui se porte brusquement à droite en formant un angle droit arrondi avec la première portion. Cette partie transversale se termine à droite par un bord saillant fibro-musculaire *G* (Pl. XIII, *fig.* 9; Pl. XIV, *fig.* 3); *4* (Pl. XV, *fig.* 5), que nous avons vu être le bord postérieur de la cloison des auricules.

En arrière de cette seconde portion s'en trouve une troisième *3* (Pl. XV, *fig.* 5), *Z* (Pl. XIII *fig.* 9, et Pl. XIV, *fig.* 3), qui se porte en arrière en formant une saillie verticale convexe vers l'oreillette droite, et conséquemment une gouttière verticale concave vers l'oreillette gauche *11* (Pl. XIV, *fig.* 2); c'est la cloison du sinus devenue visible dans l'oreillette.

La cloison des oreillettes des Oiseaux se compose donc de trois portions réunies à angles alternes *1, 2, 3* (Pl. XV, *fig.* 5), et formant un *Z* transversal à angle droit. Quoiqu'elle présente ainsi de notables différences avec la cloison des Batraciens et des Reptiles, il est pourtant possible d'établir rigoureusement ses homologies et d'expliquer ses modifications. Ces dernières tiennent en effet à deux conditions que nous avons déjà constatées : 1° le transport en arrière des valvules des veines caves inférieure et supérieure droite; et 2° la dilatation considérable et dans tous les sens du sinus des veines pulmonaires. Cela ressort clairement de la comparaison des figures *3* et *5* (Pl. XV). Tandis que chez les Chéloniens le bord interne *3* (Pl. XV, *fig.* 3) du sinus des veines pulmonaires se trouvait en arrière de la valvule interne *4* des veines caves, et par conséquent dans le sinus des veines caves, le transport en arrière de cette valvule interne place chez les Oiseaux ce même bord interne du sinus pulmonaire *3* (Pl. XV, *fig.* 5) en avant de la valvule interne des veines caves, et par conséquent dans la partie postérieure de la cavité des oreillettes. Mais en vertu de la deuxième condition que j'ai énoncée, c'est-à-dire de la dilatation considérable et dans tous les sens du sinus pulmonaire, le bord interne de ce sinus cesse d'être un bord étroit, pour devenir une véritable face interne formée par la cloison du sinus *3* (Pl. XV, *fig.* 5) qui, très-étroite chez les Reptiles, s'est considérablement élargie chez les Oiseaux.

Quant aux deux portions antérieures de la cloison, voici quelles sont leurs homologies chez les Reptiles. La première portion ou antéro-postérieure *1* (Pl. XV, *fig.* 5) correspond à la presque totalité de la cloison des oreillettes des Batraciens et des Reptiles *1* (Pl XV, *fig.* 1 et *fig.* 3). Seulement, chez les Oiseaux ses dimensions sont relativement restreintes, par suite de l'incorporation du sinus dans les oreillettes, et par la dilatation du sinus pulmonaire en particulier. La deuxième portion ou partie transversale de la cloison *2* (Pl. XV, *fig.* 5) représente la partie postérieure de la cloison des Reptiles, partie oblique à droite et en arrière, à peine indiquée chez les Batraciens, encore très-restreinte chez les Reptiles, et formant un angle obtus ouvert à droite *2* (Pl. XV, *fig.* 3). Nous avons déjà vu, et les figures de la Planche XV le représentent clairement, que cette portion limitait en avant et à droite le sinus pulmonaire, et que la saillie de l'angle formé par les deux portions de la cloison donnait insertion dans l'oreillette gauche à la valvule du sinus pulmonaire. La dilatation considérable du sinus pulmonaire dans le sens transversal chez les Oiseaux produit un agrandissement correspondant de cette partie de la cloison *2* (Pl. XV, *fig.* 3 et 5) qui en formait la paroi antérieure; et la dilatation antéro-postérieure de ce même sinus, refoulant en avant cette portion oblique de la cloison, lui donne une direction transversale et transforme en un véritable angle droit l'angle obtus des Reptiles. Un fait vient compléter et établir l'exactitude des homologies que je viens d'exposer: c'est que, à la saillie que forme dans l'oreillette gauche l'angle rectangulaire de ces deux portions de la cloison, vient s'insérer, comme chez les Reptiles, l'extrémité droite et antérieure de la valvule du sinus pulmonaire 5 (Pl. XV, fig. 3 et 5), valvule qui chez les Oiseaux a suivi un développement proportionnel à celui du sinus, et est devenue une véritable cloison de l'oreillette gauche.

Ainsi donc, chez les Oiseaux comparés aux Reptiles (Pl. XV, fig. 3 et 5):

1° Introduction de la cloison du sinus prolongée, comme élément de la cloison des oreillettes ;

2° Diminution relative de la portion antérieure et antéro-postérieure de la cloison des auricules 1 (Pl. XV, fig. 3 et 5), et accroissement relatif de la portion oblique 2 (Pl. XV, fig. 3 et 5) ; de telle sorte que, de très-inégales qu'elles sont chez les Reptiles, ces deux portions deviennent à peu près égales chez les Oiseaux ;

3° Transformation en un angle droit brusque, chez les Oiseaux, de l'angle obtus et arrondi que formaient ces deux portions de la cloison des auricules chez les Reptiles ;

4° Chez les Oiseaux, direction en zigzag ou Z transversal de la cloison des oreillettes ; d'où résultent dans l'oreillette droite, du côté de la cloison, une fosse antérieure et une saillie postérieure ;

5° Siége du trou de Botal dans la cavité des oreillettes, et non plus, comme chez les Reptiles, dans la cavité du sinus.

La cloison des oreillettes chez les Mammifères diffère en apparence d'une manière complète de cette même cloison chez les Oiseaux. Mais au fond ces cloisons ont de très-grandes analogies et sont exactement comparables entre elles. Les éléments qui les composent sont identiques, et si elles diffèrent considérablement quant à la forme, cela tient en définitive à certaines modifications produites chez les Mammifères par l'exagération des mêmes causes qui avaient modifié la cloison des Oiseaux. Chez les Mammifères, en effet, les portions de sinus incorporées aux deux oreillettes, et celle des veines pulmonaires en particulier, subissent une dilatation bien supérieure à celle que nous avons constatée chez les Oiseaux. Or il en résulte que la région des auricules est à la fois très-réduite et rejetée en avant, et que le diamètre antéro-postérieur de sa cloison diminue considérablement, tandis que la cloison du sinus acquiert une grande extension relative. Pour plus de clarté, considérons les deux parties de la cloison des auricules des Oiseaux et l'angle droit qu'elles forment, et voyons les transformations qu'elles subissent chez les Mammifères.

La portion antérieure *1* (Pl. XV, *fig.* 5), qui se trouve chez les Oiseaux dans un plan vertical antéro-postérieur, s'étend, chez ces animaux, du faisceau antérieur vertical des auricules à l'angle d'insertion de la demi-cloison ou grande valvule de l'oreillette gauche. Chez les Mammifères, l'accroissement antéro-postérieur du sinus des veines pulmonaires est si considérable, que l'angle où s'insère la cloison qui sépare le sinus de l'auricule gauche est porté au contact même du faisceau antérieur vertical des auricules, de telle sorte que cette partie antérieure de la cloison des Oiseaux disparaît complètement chez les Mammifères *1* (Pl. XV, *fig.* 7). La seconde portion de la cloison des Oiseaux ou portion transversale *2* (Pl. XV, *fig.* 5) s'étendait de l'angle droit déjà désigné au bord antérieur du trou de Botal. Puisque chez les Mammifères la portion antérieure de la cloison est supprimée, il est aisé de comprendre que la deuxième portion doit avoir son point de départ sur le faisceau vertical antérieur des auricules *2* (Pl. XV, *fig.* 7). C'est de là que partent en effet : 1° le faisceau musculaire saillant *5* (Pl. XV, *fig.* 7), qui, représentant la grande valvule des Oiseaux, va, en se dirigeant plus ou moins directement vers la gauche, former la partie supérieure de l'anneau rétréci qui met en communication le sinus pulmonaire et l'auricule ; et 2° la cloison des auricules *2* (Pl. XV, *fig.* 7), qui, réduite à sa seconde portion, va à la rencontre de la cloison du sinus *3*.

Cette cloison des auricules *8* (Pl. XIV, *fig.* 5), *2* (Pl. XV, *fig.* 7) est du reste en général bien moins étendue que la seconde portion de la cloison des Oiseaux, dont elle est l'homologue. Cette infériorité de dimensions est d'autant plus grande que la région des auricules est plus réduite et plus rejetée en avant, fait qui semble en rapport avec le degré d'élévation du groupe auquel appartient l'animal. De plus, cette cloison de l'auricule des Mammifères est loin de présenter une direction transversale, comme chez les Oiseaux : elle est plutôt antéro-postérieure et légèrement oblique en arrière et à droite. Ce changement de direction s'explique naturellement par l'excès de dilatation du sinus pulmonaire. Il faut remarquer en effet que cette dilatation, repoussant la cloison en avant et à droite, a contribué à lui donner une direction antéro-postérieure, et je n'en veux pour preuve que le transport vers la droite du bord antérieur de cette cloison et de sa ligne d'insertion sur la face antérieure des oreillettes. Tandis, en effet, que chez les Oiseaux (Pl. XV, *fig*. 5) le bord antérieur de la cloison était placé à une grande distance à gauche de la ligne médiane, ce même bord chez les Mammifères (Pl. XV, *fig*. 7) se trouve presque exactement sur la ligne médiane, peut-être plutôt à droite qu'à gauche. Il résulte clairement de l'examen des pièces et des dessins qui en sont la reproduction, que l'accroissement antéro-postérieur très-considérable du sinus pulmonaire a poussé la seconde portion de la cloison des auricules en avant et à droite, et l'a fait tourner de gauche à droite sur son bord postérieur pris comme axe, jusqu'à transformer sa direction transversale primitive en une direction presque antéro-postérieure et légèrement oblique d'avant en arrière et de gauche à droite (Comparez Pl. XV, *fig*. 5 et *fig*. 7).

Ce mécanisme fait ainsi disparaître presque entièrement l'angle arrondi qui existait entre la seconde portion de la cloison des auricules et la cloison du sinus ; et comme l'angle droit des deux portions de la cloison des auricules a également disparu, il en résulte que la cloison en zigzag des Oiseaux s'est ainsi transformée chez les Mammifères en une cloison antéro-postérieure à peu près plate et ne présentant qu'un léger angle extrêmement obtus et saillant à droite, au point d'union de la cloison du sinus et de la cloison des auricules *4* (Pl. XV, *fig*. 7).

Toutes ces homologies et ces transformations pour passer de la classe des Oiseaux à celles des Mammifères, se saisissent fort nettement quand on examine le cœur d'un Mammifère appartenant aux groupes inférieurs, un Rongeur par exemple. On trouve alors des dispositions intermédiaires qui légitiment entièrement tout ce que je viens d'avancer. Sur un cœur de Lapin, par exemple (Pl. XV, *fig*. 6), on peut remarquer les dispositions suivantes:

1° Le sinus pulmonaire a des dimensions intermédiaires à celles que l'on trouve chez les Oiseaux et chez les Mammifères supérieurs;

2° On retrouve ces deux portions de la cloison des auricules, dont la première *1* tend à disparaître et est très-étroite ;

3° La seconde portion *2* de cette cloison est encore aussi large que chez les Oiseaux;

4° La cloison présente des angles alternes en Z, mais très-ouverts et tendant à s'effacer par suite de l'accroissement du sinus pulmonaire;

5° La cloison du sinus est moins large dans le sens antéro-postérieur que chez les Mammifères supérieurs.

On peut comparer avec fruit, pour se rendre compte de cette série de transformations, les figures de la Pl. XV, qui représentent des coupes de cœur d'Oiseau *fig.* 5, de cœur de Lapin *fig.* 6, de cœur de Chien *fig.* 7 et de cœur d'Enfant *fig.* 8.

ARTICLE II. — ORIGINE ET SÉPARATION DES VEINES PULMONAIRES.

Le moment est venu d'aborder une question aussi intéressante qu'obscure : celle de la formation des veines pulmonaires. « Nous n'avons aucun document, dit M. Longet, sur le développement des veines pulmonaires [1]. » Il est vrai qu'aucun fait d'observation directe n'est encore venu donner une réponse à la question que je me pose actuellement. Ce n'est point du reste aux faits de cet ordre que je vais avoir recours pour trouver une solution ; je vais essayer seulement, à l'aide des notions de l'anatomie comparée et de quelques faits tératologiques intéressants, d'arriver à une notion satisfaisante du mécanisme qui préside à la formation du système veineux pulmonaire.

Un premier fait, sur lequel j'attire l'attention, est celui des rapports intimes et multipliés des veines pulmonaires et des veines caves. Il y a là une sorte d'intrication. Cette intrication, cette dépendance, paraissent peu évidentes chez les Mammifères supérieurs, parce que la disparition de la veine cave supérieure gauche permet de répartir en deux pôles distincts les veines qui aboutissent aux oreillettes, veines caves à droite et veines pulmonaires à gauche; mais chez les Mammifères inférieurs (Monotrèmes,

---

[1] Longet: *Traité de Physiologie*, 1869, tom. III, pag. 938.

Rongeurs), chez les Oiseaux, les Reptiles et les Batraciens, les veines pulmonaires sont embrassées à leur origine entre les veines caves supérieure droite et inférieure, qui sont à leur droite, et la veine cave supérieure gauche, qui est du côté opposé, de telle sorte que les veines pulmonaires font vraiment partie intime d'un bouquet veineux naissant de la partie postérieure des oreillettes, ou même du sinus veineux. Si l'on jette un coup d'œil sur les *fig.* 6 et 10 (Pl. XIII), *fig.* 7 (Pl. XIV), *fig.* 3 (Pl. XVIII), on se rendra compte du fait que je viens de signaler. On voit en effet que les deux veines pulmonaires PP', *fig.* 6, 10 (Pl. XIII) et la veine pulmonaire P de la *fig.* 3 (Pl. XVIII), sont embrassées à leur origine par les veines caves; mais un point que l'examen de la *fig.* 6 (Pl. XIII) et surtout *fig.* 7 (Pl. XIV) permettra encore de constater, c'est que les veines pulmonaires naissent de la partie supérieure gauche du faisceau veineux. Cette disposition se vérifie beaucoup mieux chez les Reptiles et surtout chez les Batraciens que chez les Oiseaux et les Mammifères, où l'incorporation entière du sinus dans les oreillettes et la dilatation des portions incorporées du sinus altèrent les rapports, en déplaçant par exemple l'origine de la veine cave supérieure droite et en l'élevant au-dessus de l'origine des veines pulmonaires (Pl. XIII, *fig.* 10; Pl. XIV, *fig.* 8).

Cette naissance des veines pulmonaires de la partie supérieure et gauche du bouquet veineux, ou, pour parler plus exactement, du sinus, ne ressort pas seulement de l'examen extérieur des oreillettes, mais encore de leur examen intérieur. Chez les Batraciens, en effet, nous avons vu (Pl. XIII, *fig.* 2) que le sommet de l'ancien orifice du sinus veineux appartient aux veines pulmonaires, de telle sorte que c'est la partie supérieure et un peu gauche du sinus qui est mise directement en communication avec ces veines. Ainsi donc, à travers les modifications que présentent cette partie du cœur et les gros vaisseaux veineux dans la série de Vertébrés à double circulation, nous pouvons reconnaître et affirmer que les veines pulmonaires viennent aboutir à l'extrémité supérieure du sinus veineux, qu'il soit resté distinct, comme chez les Batraciens, ou bien plus ou moins incorporé aux oreillettes, comme chez les Reptiles, les Oiseaux et les Mammifères $1, 1'$ (Pl. XV, *fig.* 12). Les veines pulmonaires ne correspondent donc pas à un pôle veineux différent de celui de la circulation veineuse générale;

elles appartiennent exactement au même pôle. Mais nous devons faire un pas de plus et établir que les veines pulmonaires ont appartenu pendant les premières périodes de la vie fœtale au système veineux général lui-même. Si nous procédons, comme nous l'avons déjà fait, par voie de comparaison et d'analogie, nous arriverons, je l'espère, à établir solidement cette proposition.

Chez quelques Ganoïdes qui possèdent une veine cave postérieure plus développée que chez la plupart des Poissons, et par conséquent plus semblable à celle des Vertébrés supérieurs, les veines qui proviennent de la vessie aérienne s'abouchent dans cette veine cave. Je juge inutile ici de rapprocher les veines de la vessie aérienne des veines pulmonaires. L'analogie de ces organes est du reste rendue incontestable par l'examen du *Lepidosiren paradoxa*, qui nous montre la vessie aérienne devenue un véritable organe pulmonaire. Chez cet animal, dont la connaissance a été d'un si grand intérêt pour les zoologistes, les deux veines pulmonaires se réunissent en un tronc commun, *pour s'accoler à la veine cave postérieure et déboucher dans l'oreillette au point où ce réservoir se confond avec la terminaison des veines caves*. « Le sang veineux pulmonaire, dit Bischoff, amené par les deux veines pulmonaires, pénètre d'abord dans une *loge commune* qui, sans entrer immédiatement dans l'oreillette gauche, *s'applique à droite de l'avant-sinus, de sorte que l'on croirait qu'elle s'y plongeait aussi* (comme les trois veines caves, deux supérieures et une inférieure); mais un examen plus minutieux montre que ce tronc des veines pulmonaires *se continue dans la paroi postérieure de l'avant-sinus et de l'oreillette droite* vers l'oreillette gauche, et qu'elle débouche dans celle-ci[1]. »

On peut conclure de là que chez le *Lepidosiren paradoxa* les veines caves et les veines pulmonaires forment un même bouquet veineux débouchant dans le sinus, et que le sinus de ces dernières n'est séparé du sinus des veines caves que par une mince cloison formée par le prolongement de l'éperon veineux, et divisant le sinus en sinus des veines caves et sinus des veines pulmonaires. Cet accolement de la loge commune des veines pulmonaires au sinus des veines caves et la présence d'un simple cloison de séparation

---

[1] *Annales des Sc. natur.*, tom. XIV, Pl. IX, *fig*. 4. 1840.

à ce niveau pourraient suffire à prouver que toutes ces veines ont fait partie antérieurement du même système veineux et ont, avant la formation de la cloison du sinus, communiqué entre elles dans cette portion de leur parcours où elles sont accolées. Les exemples en faveur de cette interprétation abondent dans le système vasculaire, et je me bornerai à rappeler celui que nous offrent les arcs aortiques carotidiens et pulmonaires des Batraciens, les troncs des aortes et celui de l'artère pulmonaire des Vertébrés allantoïdiens. Mais il y a une preuve de plus que les veines pulmonaires du *Lepidosiren* ont appartenu au système veineux général : c'est que, si elles ont cessé d'en faire partie par leur extrémité centrale, elles continuent à lui appartenir par l'extrémité périphérique, puisque cette extrémité reçoit quelques branches anastomotiques venant des veines des parois de l'abdomen, c'est-à-dire du système veineux général.

Je ne doute point que l'étude du développement des Batraciens et des Reptiles ne vînt établir aussi cette proposition, qu'à une époque plus ou moins reculée de la vie embryonnaire de ces animaux, les veines pulmonaires et les veines caves communiquaient entre elles et confondaient plus ou moins leur sang dans le sinus veineux. Mais je n'ai aucun fait directement observé sur ces animaux à l'appui de cette proposition ; aussi dois-je chercher des preuves de ce que j'avance dans les classes les plus élevées, c'est-à-dire chez les Oiseaux et les Mammifères.

Si, dans l'oreillette d'un animal appartenant à l'une de ces deux classes, nous supprimons la valvule du trou ovale, ou ce que j'ai appelé la cloison du sinus, qu'aurons-nous fait? Nous aurons réuni en un sinus unique le sinus des veines caves et celui des veines pulmonaires. Dans ce sinus, devenu commun, viendront se confondre à un degré quelconque le sang des veines caves et celui des veines pulmonaires, et il n'y aura plus aucune séparation entre les deux systèmes veineux. Une différence subsistera pourtant encore : c'est la différence des deux sangs, les veines pulmonaires ramenant du sang rouge ; mais, cette différence supprimée, les deux systèmes ne seront plus ni séparés ni différents, et il n'y aura plus lieu de les distinguer. Or ces conditions que je viens de supposer, et qui confondent et identifient entièrement les deux systèmes veineux, se réalisent complètement pendant la première période de la vie embryonnaire. A cette époque, en effet, la cloison du sinus n'existe pas encore, et le sang des veines pulmonaires est du sang noir identique à celui du système veineux général des membres supérieurs et de la tête, puisque le poumon n'est pas encore un organe respiratoire. Pendant cette période, il y a donc identité entre les deux systèmes veineux, et les veines pulmonaires appartiennent entièrement au système veineux général. J'ajoute que cette identité et cette fusion sont d'autant plus prononcées que l'on remonte plus haut dans la vie embryonnaire.

Mais ce n'est pas seulement à l'anatomie normale que je veux demander la démonstration de ce fait, que les veines pulmonaires sont des dépendances du système veineux général ; je veux aussi en chercher des preuves dans la tératologie. On sait fort bien que les faits extraordinaires, monstrueux, sont bien souvent la meilleure explication des faits ordinaires et normaux. J'espère que la clarté et le crédit de ma démonstration bénéficieront de ce principe incontestable.

Je rapporterai d'abord un fait publié dans le *Montpellier médical*[1] par M. Guillabert, chirurgien de première classe de la marine et chef des travaux anatomiques à l'École de Toulon. Je ne citerai de cette observation que les points qui intéressent directement mon sujet, seulement j'y joindrai la reproduction réduite de deux beaux dessins exécutés de grandeur naturelle par M. Cazal, prosecteur de l'École de Toulon. M. Guillabert, qui possède ces dessins inédits, a bien voulu non-seulement me les communiquer, mais encore m'autoriser à les publier avant lui [2].

Le sujet de l'observation était un forçat du bagne de Toulon âgé de 54 ans, « doué d'un tempérament nervoso-sanguin, d'une stature moyenne et assez bien musclé. Le condamné supporta très-bien les rudes travaux de la chaîne; il était signalé comme travailleur actif; on n'a jamais remarqué chez lui ni dyspnée ni syncope ». Il mourut de dysenterie, et l'autopsie révéla les dispositions suivantes : « Comme dans l'état normal, les trois lobes du poumon droit sont pourvus d'un tronc veineux pulmonaire naissant des dernières ramifications de l'artère du même nom.

---

[1] *Montpellier médical*, tom. III, sept. 1859.
[2] Je remercie vivement M. Guillabert de sa générosité, et je suis heureux d'annoncer qu'il se propose de publier les cinq beaux dessins qui ont trait à ce cas intéressant.

» Le tronc du obe supérieur (Pl. XIV, *4 fig.* 4, et *7 fig.* 6), du calibre de l'humérale, postérieur à ceux des lobes moyens et inférieurs, se dirige horizontalement de dehors en dedans et un peu d'avant en arrière, pour s'insérer dans la grande veine azygos, à un centimètre de la veine cave supérieure.

» Le tronc du lobe moyen *6* (Pl. XIV, *fig.* 6), du volume de l'iliaque externe, marche obliquement de bas en haut, de dehors en dedans, et vient se rendre dans la partie supérieure de la veine cave supérieure, à trois centimètres de l'oreillette droite.

» Quant à celui du lobe inférieur *5* (Pl. XIV, *fig.* 6), formé par la réunion de quatre branches de calibre différent, il n'est pas plus volumineux qu'à l'état normal, et va se rendre horizontalement, comme de coutume, à l'angle inférieur droit de l'oreillette gauche.

» Les veines bronchiques droites *6* (Pl. XIV, *fig.* 4) n'offrent rien de particulier à noter ; il en est de même des veines pulmonaires gauches, ainsi que de la veine cave supérieure, de l'artère pulmonaire et de l'aorte.

» Le cœur n'est remarquable que par la persistance du trou de Botal ainsi constitué : Dans l'oreillette droite, sur la partie moyenne et un peu postérieure de la cloison inter-auriculaire, à 14^{mm} au-dessous et un peu en arrière de l'orifice de la veine cave supérieure, et à 17^{mm} au-dessus et un peu en avant de celui de la veine cave inférieure, se trouve un pertuis dont le grand diamètre horizontal offre 3^{mm} d'étendue, le petit n'en présentant pas plus de 2. Cet orifice, à bords mousses, est obturé à sa partie profonde par une valvule se continuant avec son bord inférieur et séparée du bord supérieur par une fente qui établit une communication directe entre les deux oreillettes. La valvule d'Eustachi mesure 16^{mm} de haut à sa partie moyenne................. Du côté de l'oreillette gauche, la valvule du trou ovale, épaisse et résistante, mesure 15^{mm} de long sur 6^{mm} de large, et constitue un relief assez prononcé.................. Le trou ovale est complètement caché par sa valvule, qui le déborde en tous sens........... La disposition anatomique du trou ovale aurait pu permettre à une très-petite quantité de sang contenu dans l'oreillette droite de passer dans la gauche. Néanmoins il est à supposer que ce passage n'avait pas lieu, d'abord parce que le trou de Botal n'existait plus que sous la forme d'une fente très-oblique et très-étroite, ensuite parce que pendant la contraction des oreillettes les parois de cette fente étaient appliquées l'une contre l'autre par le choc du sang sur la cloison inter-auriculaire. »

Le cas précédent n'est point unique dans la science ; mais ce qui m'a engagé à le rapporter ici, c'est la connaissance complète que m'en ont donnée la description de M. Guillabert, les excellents dessins de M. Cazal, et un rapport très-détaillé fait sur ce cas, après examen de la pièce, et lu à la Société académique du Var par MM. Secourgeon et Arlaud, chirurgiens en chef de l'hôpital militaire et de la marine à Toulon. Les faits tératologiques ne sauraient être connus avec trop de précision, et l'on ne peut se permettre de les analyser et d'en rechercher la signification et les conséquences philosophiques que quand on en connaît toutes les particularités.

On rapporte plusieurs cas qui peuvent être utilement rapprochés de celui que je dois à M. Guillabert. Meckel[1] parle d'un sujet chez lequel il ne trouva que trois veines pulmonaires s'ouvrant dans l'oreillette droite ; la quatrième, la veine pulmonaire droite supérieure, se rendait encore dans la *veine cave supérieure*.

Les *Archives* de Reil (tom. IV, pag. 448,) contiennent encore un cas observé par Wilson, cas des plus remarquables, et à mon avis des plus instructifs. Un enfant, mort sept jours après sa naissance, présenta un cœur si imparfait, qu'il ne consistait qu'en une seule oreillette et un seul ventricule. Dans l'oreillette venaient aboutir les troncs à sang noir, et du ventricule naissait l'aorte; l'artère pulmonaire naissait directement de l'aorte, et *les quatre veines pulmonaires venaient s'ouvrir dans la veine cave supérieure*.

Isidore Geoffroy Saint-Hilaire (*Histoire des Anomalies*, I, pag. 482), sans rapporter des faits particuliers, dit fort bien que : « les veines pulmonaires ou une partie d'entre elles s'embranchent *quelquefois sur la veine cave supérieure* ;....... mais à cette anomalie *très-remarquable* je n'ai guère à ajouter, dit-il, que leur anastomose avec quelques veines appartenant au système des veines caves, par exemple l'azygos ou une œsophagienne ».

A ces faits je dois joindre une observation publiée à la fois par M. Lacroix,

---

[1] *Reils Archiv.*, tom. VI, pag. 597.

alors interne des hôpitaux, dans le *Journal de médecine pratique* de Montpellier, et par le professeur Dubrueil dans son *Traité des anomalies artérielles*. Dans la relation que je vais faire de ce cas, je me bornerai aux points qui intéressent mon sujet, et je me permettrai même de substituer dans quelques cas ma propre description à celle des auteurs que je viens de citer. J'ai pu, en effet, retrouver la pièce en question dans les collections de la Faculté de médecine, et après des examens multipliés et très-attentifs j'ai dû m'écarter sur quelques points de la description déjà donnée.

Il s'agit d'un individu mort à l'Hôpital-Général de Montpellier, à l'âge de 43 ans, d'une péritonite subaiguë consécutive à un abcès de la fosse iliaque droite. Il n'a jamais joui d'une bonne santé et a dû souvent suspendre ses occupations de travailleur de terre. Il n'y avait aucune trace de cyanose, mais il était en proie à une dyspnée extrême depuis quelques jours, lorsqu'il mourut.

A l'autopsie, on trouve le péricarde distendu par plus d'un litre de sérosité. Le cœur a acquis plus du double de son volume ordinaire ; la cavité de l'oreillette droite est agrandie et *semble* recevoir *cinq* vaisseaux, au lieu de *trois* : en haut et en avant la veine cave supérieure, en bas et en arrière la veine cave inférieure, *entre elles et légèrement à gauche* les deux veines pulmonaires droites ; l'ouverture très-agrandie de la veine coronaire est dépourvue de valvule. La valvule d'Eustachi est plus développée que de coutume ; l'oreillette gauche ne reçoit *en apparence* que les deux veines pulmonaires gauches ; la cloison inter-auriculaire est percée d'une large ouverture régulièrement circulaire, dont le diamètre antéro-postérieur mesure 3 centimètres et demi, et le diamètre vertical 3 centimètres. Il m'a été facile de me convaincre que cette ouverture était limitée antérieurement par le bord arrondi de l'anneau de Vieussens, c'est-à-dire par la cloison des auricules, dont l'extrémité inférieure se continue comme d'ordinaire avec la valvule d'Eustachi. L'ouverture n'est limitée postérieurement que par la paroi postérieure des oreillettes. Cette paroi est du reste parfaitement lisse et ne présente aucune saillie, aucune irrégularité pouvant être considérées comme la trace de la cloison du sinus, ou de la valvule du trou ovale. La cloison des oreillettes est donc bornée à la cloison des auricules. Cette cloison des auricules, très-peu étendue dans les cas normaux, l'est encore moins chez ce sujet. Ainsi, tandis qu'elle possède une corne inférieure qui va se réunir avec la valvule d'Eustachi, elle se termine en pointe sur la paroi antérieure des oreillettes, et n'atteint pas leur paroi supérieure. De là résulte un agrandissement proportionnel du trou de Botal qui est très-considérable.

Les faits que je viens de rapporter forment pour ainsi dire une série naturelle et présentent une sorte de progression dans les degrés de conformation anormale. Ils sont particulièrement instructifs à cet égard, et je puis, en les rapprochant des observations que nous a déjà fournies l'anatomie comparée, en tirer des conclusions intéressantes dont la légitimité ressortira de l'ensemble même des faits.

Un premier point commun à tous ces cas, c'est la fusion, l'abouchement des veines pulmonaires (toutes ou quelques-unes seulement) dans le système veineux général.

Cette assertion que les veines pulmonaires ont dépendu, à une certaine période de la vie embryonnaire, du système veineux général, trouve sa contre-épreuve dans les cas anormaux où les veines du système veineux général viennent s'aboucher dans les veines pulmonaires, ou, pour parler plus exactement, dans le sinus des veines pulmonaires. Voici quelques-uns de ces faits.

Sur une petite fille d'un an, Ring trouva la veine cave inférieure s'ouvrant dans l'oreillette gauche et le trou de Botal ouvert. Isidore Geoffroy Saint-Hilaire affirme qu'on a vu l'oreillette gauche recevoir, soit la veine cave inférieure (Ring), soit une veine cave supérieure, tandis qu'un autre tronc analogue allait s'ouvrir dans l'oreillette droite (Weese, Breschet), soit la grande veine coronaire (Meckel), soit une branche de l'azygos qui se divisait près du cœur en deux branches dont l'une allait s'ouvrir dans l'oreillette droite et l'autre dans l'oreillette gauche (Lecat), soit même un tronc commun aux veines hépatiques. En outre, quelques observations prouvent que deux de ces anomalies peuvent se rencontrer simultanément chez le même individu. Ainsi, chez des sujets où il existait deux veines caves supérieures dont l'une s'ouvrait dans l'oreillette gauche, on a vu cette même oreillette recevoir en même temps, soit le tronc commun des hépatiques (Breschet), soit la veine cave inférieure (Ring). Dans ce dernier cas, la cloison des ventricules était divisée: le sujet, âgé d'un an, était atteint de dyspnée et de cyanose depuis sa naissance. Enfin, comme cas très-remarquable et embrassant pour ainsi dire les deux ordres de faits que je viens de citer, j'ajouterai que l'on a vu les quatre veines pulmonaires s'ouvrir dans l'oreillette droite, tandis que les deux veines caves s'ouvraient dans l'oreillette gauche [1].

L'anatomie comparée est parfaitement d'accord avec les faits précédents, puisque nous avons vu les veines pulmonaires chez quelques Poissons, chez les Batraciens et chez les Reptiles, avoir des relations intimes avec les veines caves, et être embrassées, dans ces deux dernières classes, d'un côté par la veine cave supérieure gauche, et de l'autre par la veine cave supérieure droite, dont le tronc s'est plus ou moins fusionné avec celui de la veine cave inférieure. Cette concordance des faits zoologiques et des faits tératologiques nous porte naturellement à penser qu'*à une époque plus ou moins reculée de la vie embryonnaire, les veines pulmonaires n'ont été que des affluents du système veineux général.*

Mais nous pouvons aller plus loin dans nos conclusions, et déterminer à quelle portion du système veineux général ont appartenu les veines pulmonaires chez les Vertébrés à double circulation. C'est ce que nous allons examiner.

Il est clair qu'il ne peut être question ici que des veines qui viennent s'aboucher directement dans le cœur, en formant avec les veines pulmonaires ce bouquet veineux qui constitue le pôle veineux du cœur de l'embryon. Les veines pulmonaires sont-elles originairement les affluents des veines caves supérieures ou de la veine cave inférieure ?

L'anatomie comparée nous a déjà fourni à cet égard des données précieuses. C'est ainsi que nous avons vu, chez les Amphibiens et chez les Reptiles, le tronc commun des veines pulmonaires venir très-évidemment pénétrer dans l'angle supérieur de séparation des veines caves supérieures, et rester sans relations directes avec la veine cave inférieure (Pl. XIV,

---

[1] *Nouveau Dictionnaire de médecine et de chirurgie pratiques*, 1868. Article *Cœur*, par Maurice Raynaud.

fig. 7), (Pl. XVIII, fig. 3). Ce rapport, qui existe aussi chez le *Lepidosiren paradoxa*, est moins évident chez les Oiseaux et encore moins chez les Mammifères, à cause des changements de volume et de situation qu'ont subis le sinus, les veines caves et les veines pulmonaires, par suite des progrès du développement. Mais ce que j'ai déjà dit sur ce point, et les considérations que je me propose de présenter un peu plus loin sur ces modifications dans les rapports des troncs veineux, permettent d'établir que chez les Vertébrés supérieurs, comme chez les Amphibiens et les Reptiles, les veines pulmonaires ont eu primitivement des relations exclusives avec les veines caves supérieures.

Les faits tératologiques que je viens de rapporter nous conduiront à la même conclusion. Ces faits se divisent en deux catégories : la première renfermant les cas d'ectopie des veines pulmonaires, et la seconde les cas d'ectopie des veines du système veineux général. La première catégorie renferme des cas d'aboucheutement des veines pulmonaires dans la veine cave supérieure ou dans l'azygos, qui en est une dépendance[1]. On ne connait aucun cas d'aboucheutement des veines pulmonaires dans la veine cave inférieure, de sorte que, d'après ce premier ordre de faits, on est jusqu'à un certain point autorisé à *considérer les veines pulmonaires comme des affluents primitifs de la partie centrale des veines caves supérieures, c'est-à-dire du canal de Cuvier.*

Quant aux faits de la seconde catégorie, c'est-à-dire présentant l'aboucheutement des veines caves, coronaire ou azygos, dans l'oreillette gauche, je dois distinguer parmi eux les cas où il s'agit de la veine cave inférieure ou des veines hépatiques, des cas où l'oreillette gauche reçoit la veine cave supérieure droite, ou une veine cave supérieure gauche existant normalement, ou la grande veine coronaire, ou une branche de l'azygos. Ces derniers cas sont parfaitement en harmonie avec les faits d'insertion des veines pulmonaires sur la veine cave supérieure. Ils établissent à leur manière la fusion primitive des veines pulmonaires et des veines caves supérieures. Nous savons en effet qu'il y a eu chez l'embryon deux veines caves

---

[1] Dans le fait de M. Guillabert, la veine pulmonaire du lobe supérieur du poumon s'ouvre dans l'azygos, mais au niveau de l'embouchure de cette dernière dans la veine cave supérieure : c'est ce que démontre clairement la *fig*. 4 (Pl. XIV).

supérieures ou canaux de Cuvier, dont le gauche se transforme chez l'Homme en grande veine coronaire, et qui reçoivent les azygos ; de sorte que l'aboucheent de ces divers vaisseaux avec les veines pulmonaires ne représente que des degrés et des variétés de la fusion des veines pulmonaires avec les veines caves supérieures. Quant aux faits d'abouchement dans l'oreillette gauche de la veine cave inférieure ou du tronc commun des veines hépatiques, qui n'est autre chose qu'un affluent de la veine cave inférieure, je ferai observer que la réalité de ces cas, très-rares du reste, a besoin d'être confirmée par de nouveaux exemples, parce qu'ils présentent plusieurs causes d'erreur. Ces anomalies coïncidaient en effet avec la permanence d'un trou de Botal même agrandi, et n'ont été observées que chez des enfants fort jeunes (un an au plus). Or, à cet âge, l'embouchure de la veine cave est déjà normalement dirigée vers le trou de Botal, c'est-à-dire vers l'oreillette gauche, et la valvule d'Eustachi a encore conservé des dimensions notables qui accentuent fortement cette direction. Si l'on joint à cela l'absence de la valvule du trou ovale, on trouvera là une réunion suffisante de conditions propres à induire en erreur, et à faire considérer à tort l'orifice de la veine cave inférieure comme aboutissant à l'oreillette gauche.

Du reste, en acceptant comme exactes les deux observations qui sont connues, et dont l'une est due à Ring et l'autre à Breschet (*Mémoire sur les ectopies du cœur*), je dois faire observer que l'oreillette gauche recevait également dans les deux cas une veine cave supérieure. Cette disposition commune aux deux faits cités ne me paraît pas une simple coïncidence, et je m'en autorise pour établir que dans tous les cas les veines pulmonaires se souviennent de leur connexion primitive avec les veines caves supérieures.

Les deux faits dont il s'agit, rapprochés des faits positifs et nombreux d'ouverture des veines pulmonaires dans une veine cave supérieure, ne peuvent donc pas prouver que les veines pulmonaires ont eu des relations directes avec la veine cave inférieure ; ils ne permettent qu'une conclusion légitime : c'est que les veines pulmonaires ont été les affluents directs des veines caves supérieures, et que les veines caves supérieures ont été de leur côté directement reliées à la veine cave inférieure. Cette double relation, que je vais du reste appuyer sur l'anatomie comparée, servira d'explication naturelle aux deux faits anormaux sur lesquels je viens de m'arrêter longuement. On comprendra en effet facilement que l'introduction dans l'oreillette gauche d'une veine cave supérieure puisse entraîner avec elle l'introduction d'un affluent de ce vaisseau, c'est-à-dire la veine cave inférieure. Mais alors l'*abouchement de la veine cave inférieure n'est à proprement parler qu'un abouchement de seconde main, et non un abouchement direct*.

Les relations de la veine cave postérieure ou inférieure avec les veines caves supérieures présentent un caractère constant chez les Vertébrés, c'est-à-dire que cette veine vient s'aboucher dans le confluent des veines caves supérieures, primitivement confluent des sinus de Cuvier, et s'introduit entre elles en les éloignant l'une de l'autre. C'est ce qui se voit clairement sur les *fig.* 6 et 10 (Pl. XIII), et sur la *fig.* 7 (Pl. XIV), où la veine cave *3* s'est introduite entre les deux veines caves supérieures *1* et *2*. Mais ce que ces figures montrent clairement aussi, c'est que, loin de s'accroître, de se développer également de deux côtés et de repousser symétriquement les deux veines supérieures, la veine cave inférieure, pour des raisons que je n'ai pas à rechercher ici, étend plutôt son domaine vers la veine cave supérieure droite, et finit par se fondre avec elle. C'est ce que démontre bien la *fig.* 7 (Pl. XIV), où l'on voit la veine cave *3* et l'une de ses dépendances, veine hépatique *4*, venir se fondre en un tronc commun avec la veine cave supérieure droite *2* ; tandis que la veine cave supérieure gauche *1* conserve sa position et son indépendance relatives jusqu'à son inosculation dans le sinus. Chez les Serpents, et le Python en particulier, dont la veine cave supérieure gauche n'a qu'un calibre très-faible sur la face postérieure du cœur, les dispositions que je signale se sont prononcées au plus haut degré. C'est ainsi que tandis que la veine cave supérieure gauche est tout à fait distincte et isolée jusqu'à son embouchure dans le sinus, la veine cave supérieure droite et la veine cave inférieure ont tellement confondu leurs axes et leurs parois, qu'on ne saurait déterminer leur limite respective (Pl. XVIII, *fig.* 3). Chez les Oiseaux, qui comme les Reptiles possèdent aussi deux veines caves supérieures, l'indépendance de la veine cave inférieure et de la veine cave supérieure gauche est nettement accusée par la saillie considérable de la valvule semi-lunaire ou de Thébésius

1 (Pl. XIII, *fig*. 9), et *8* (Pl. XIV, *fig*. 3); et la dépendance des orifices de la veine cave supérieure droite et de la veine cave inférieure est tout aussi clairement indiquée par la présence des deux grandes valves parallèles qui embrassent simultanément ces deux orifices, et par les faibles dimensions de l'éperon qui les sépare.

Chez les Mammifères qui, comme les Rongeurs, possèdent deux veines caves supérieures, la valvule de Thébésius, très-développée et saillante en forme d'éperon, témoigne suffisamment de l'indépendance de la veine cave supérieure gauche, tandis que l'absence de tout éperon et le voisinage des orifices de la veine cave supérieure droite et de la veine cave inférieure prouvent suffisamment aussi les relations intimes qui existent entre ces deux vaisseaux.

Ce que je viens de dire des Mammifères qui ont conservé deux veines caves supérieures peut aussi très-justement s'appliquer à ceux dont la veine cave supérieure gauche a été réduite à former la veine coronaire ou la terminaison de l'azygos.

La veine cave inférieure, qui n'est, à partir du foie jusqu'au cœur, que l'ancien tronc commun des veines ombilicales, a été originairement d'une symétrie parfaite dans sa partie supérieure *10* (Pl. XV, *fig*. 12) ; et ce n'est que par des modifications successives que nous venons de suivre, que sa symétrie a disparu (Pl. XV, *fig*. 13) [1]. La disparition de la symétrie de la

---

[1] La veine cave inférieure se compose de deux portions :

1º La portion supérieure, qui s'étend du foie au cœur, était primitivement le tronc commun des veines ombilicales, et plus tard la continuation de la veine ombilicale gauche, la droite s'étant atrophiée. Cette partie est symétrique, impaire et médiane chez l'embryon (Pl. XV, *fig*. 12). Il convient, je crois, de chercher la cause de son transport à droite et de sa fusion avec la veine cave supérieure droite dans le développement du foie, qui se fait surtout à droite et qui entraîne avec lui la veine cave à laquelle il est si fortement uni.

2º La seconde portion de la veine cave comprend toute la partie de cette veine qui est inférieure au foie. Elle est constituée chez l'embryon par une ou deux petites veines qui viennent s'aboucher dans le tronc commun des veines ombilicales. Les veines ombilicales disparaissant et la veine cave se développant d'une manière extraordinaire, le tronc commun des veines ombilicales devient la continuation réelle de la veine cave inférieure, et en constitue la partie supérieure.

Ces notions-là sont acquises, mais une question encore pendante est celle de savoir si chez l'embryon cette partie inférieure de la veine cave n'est pas double, paire et symé-

veine cave inférieure a entraîné la disparition de la symétrie des veines caves supérieures et a produit les différences remarquables que présentent leurs embouchures.

Chacun des orifices des deux veines caves supérieures est séparé primitivement, par un éperon, de l'orifice de la veine cave inférieure qui leur est intermédiaire. Ces éperons sont symétriques tant que la veine cave inférieure ou tronc commun des veines ombilicales conserve elle-même sa symétrie. Mais quand la veine cave inférieure prend un développement très-considérable et se porte du côté de la veine cave supérieure droite au point de se fondre avec elle, l'éperon qui séparait ces deux dernières veines s'émousse et tend à disparaître. Leurs deux orifices se fondent en un orifice considérable qui envahit une grande partie de la paroi postérieure du sinus ou de l'oreillette. C'est ainsi que chez les Reptiles l'orifice de la veine cave supérieure gauche 8 (Pl. XIII, fig. 7) reste à gauche et en bas du large orifice commun 6, 7 des veines caves inférieure et supérieure droite. L'éperon de séparation 7 (Pl. XIV, fig. 7) de la veine cave supérieure gauche persiste, tandis que l'autre 8 (Pl. XIV, fig. 7) s'est considérablement émoussé. Il a entièrement disparu chez les Pythons.

Chez les Oiseaux et les Mammifères, où le sinus tout entier s'est incorporé aux oreillettes, et où la veine cave supérieure gauche a conservé un volume égal à la droite, ou bien est restée en retard dans son développement, comme chez les Mammifères supérieurs, l'orifice de la veine cave supérieure gauche ou de la veine coronaire reste en bas et à gauche, tandis que l'orifice commun des deux veines caves supérieure droite et inférieure envahit presque entièrement les parois postérieure et supérieure de l'oreillette. L'éperon de séparation de la veine cave supérieure gauche et de la veine cave inférieure est devenu la valvule de Thébésius 0 (Pl. XV, fig. 13). L'éperon de séparation de la veine cave inférieure et de la veine cave supérieure droite s'est encore conservé chez les Oiseaux, mais moins bien développé que la valvule de Thébésius ; et chez les Mammifères,

---

trique, c'est-à-dire s'il n'y a pas deux veines caves inférieures dont la gauche disparaît (Pl. XV, fig. 12 et 13); c'est là ce que l'anatomie comparée et la tératologie sembleraient démontrer. Je réserve du reste cette question pour un prochain travail, et je me borne à l'indiquer en passant.

l'éperon, entièrement effacé, n'est plus remplacé que par une surface convexe entièrement lisse. Mais dans ces deux classes, la symétrie de situation des veines caves supérieures disparaît complètement, parce que la veine cave inférieure, ayant pris des dimensions considérables et s'étant déjetée à droite, a repoussé en haut, en avant et à droite la veine cave supérieure droite, et l'a fortement éloignée de la veine cave supérieure gauche des Oiseaux, ou veine coronaire de la plupart des Mammifères.

C'est ainsi que l'anatomie comparée vient compléter les données de l'embryologie, et établir que la veine cave inférieure n'est en définitive qu'un affluent très-développé du confluent des veines caves supérieures. Cette donnée rend facile l'explication des deux cas, où il y avait dans l'oreillette gauche abouchement simultané de la veine cave supérieure gauche anormalement conservée, et de la veine cave inférieure. Ce n'est pas, en effet, faire une hypothèse trop prétentieuse que de penser que dans ces cas-là la veine cave inférieure s'était étendue, élargie, non vers la veine cave supérieure droite, mais vers la veine cave supérieure gauche, dont la conservation tenait peut-être à ce rapport extraordinaire. On sait combien sont fréquentes dans le système veineux ces variations d'insertion et de développement, qui peuvent du reste n'avoir aucune influence physiologique. Cette donnée accordée, on comprend que la fusion déjà reconnue de la veine cave supérieure gauche et des veines pulmonaires, entraîne avec elle, dans ces cas particuliers, l'inosculation de la veine cave inférieure dans l'oreillette gauche. Cette explication me paraît du reste la seule possible en présence de ces considérations, que la veine cave inférieure est un affluent du sinus des veines caves supérieures, et non un affluent indépendant et direct du cœur, et que l'ouverture anormale de la veine cave inférieure dans l'oreillette gauche a été accompagnée, dans les cas que je rapporte, de la conservation de la veine cave supérieure gauche et de son inosculation simultanée dans l'oreillette gauche.

Les faits anormaux d'ouverture de la veine cave inférieure dans l'oreillette gauche, loin donc de paraître établir des relations directes entre ce vaisseau et les veines pulmonaires, confirment au contraire ce fait, appuyé du reste par d'autres considérations, que les veines pulmonaires sont en relation *directe* avec les veines caves supérieures, et en relation *indirecte* seulement, et par l'intermédiaire des veines caves supérieures, avec la veine cave inférieure.

Si nous reconstituons maintenant d'une manière idéale le faisceau veineux de l'embryon, qui est comme l'épanouissement du pôle veineux du cœur, et dont l'ensemble vient s'aboucher et confondre son sang dans le sinus commun, nous le trouverons composé de la manière suivante (Pl. XV, fig. 12):

1° Deux vaisseaux *9,9'*, de beaucoup les plus considérables à cette époque et se dirigeant en sens opposé de chaque côté de la ligne médiane. Ce sont les canaux de Cuvier, où aboutissent des veines caves supérieures *2*, dont l'importance est bien plus grande que celle des autres veines, et les veines cardinales postérieures *4* qui formeront les veines azygos.

2° En arrière du confluent de ces veines vient s'aboucher le tronc commun *10* des veines omphalo-mésentériques *5*, que remplacent plus tard les veines ombilicales *6*. Ce tronc est appelé à former dans l'avenir la partie supérieure de la veine cave inférieure. Il communique directement alors avec la partie postérieure du sinus *S*, et son orifice est immédiatement compris entre les orifices des deux veines caves supérieures.

3° Enfin s'ouvre dans le sinus, au-dessus et en avant des veines caves supérieures, et dans l'angle formé supérieurement par les orifices de ces veines, deux vaisseaux extrèmement petits, qui sont les veines pulmonaires *1,1'* très-rudimentaires, apportant au sinus du sang noir, comme les autres veines, et appartenant à cette époque au système veineux général.

Le sinus n'étant qu'une dilatation de la partie des veines voisine des auricules, nous devons, à cause même des faibles dimensions des veines pulmonaires et de leur apparition relativement tardive, regarder ces veines comme se rendant dans une partie de sinus qui est le résultat de la dilatation des veines caves supérieures, et par conséquent comme des affluents de ces mêmes veines. Il nous reste maintenant à rechercher comment se fait la séparation de ces deux ordres de veines, et comment s'établit par suite l'indépendance des deux systèmes veineux. C'est ce que nous allons examiner.

La *fig.* 7 (Pl. XIV) représente un cœur de Tortue mauresque sur lequel on a sectionné la partie postérieure du sinus correspondant à la veine cave inférieure et à une portion des deux veines caves supérieures. Cette partie sectionnée a été renversée en bas. La large ouverture ainsi pratiquée a mis à nu, à droite l'orifice *6* des veines caves dans l'oreillette droite fermé par ses deux valvules, et à gauche de cet orifice la cloison ST, qui sépare le sinus des veines pulmonaires du sinus veineux général. Cette cloison est mince, délicate; elle a la forme d'un triangle isocèle dont le sommet, dirigé en bas, est légèrement recourbé vers la droite. La face postérieure est convexe dans le sens transversal; cette cloison se compose du reste de deux parties qui se réunissent à angle droit arrondi: une partie gauche S ou transversale qui est la plus étendue, et une partie antéro-postérieure T qui forme une bande étroite à côté de l'orifice des veines caves. Si, comme sur la *fig.* 7 *bis*, on pratique une fenêtre dans cette cloison, on met en communication directe le sinus du système veineux général avec le sinus veineux pulmonaire. Cette cloison est donc venue diviser l'ancien sinus commun en deux parties très-inégales, et constitue la *cloison du sinus*.

Comment s'est formée cette cloison? C'est ce que je n'ai pas constaté directement; mais il est permis de penser que cette cloison n'est autre chose que l'éperon S qui séparait les veines caves supérieures des veines pulmonaires, éperon qui, se prolongeant de haut en bas et d'arrière en avant, a fini par fermer l'ouverture de communication. Des deux bords de cet éperon, le droit est venu se souder à la face gauche de la cloison des auricules, au niveau du bord adhérent de la valve gauche de l'orifice des veines caves, et le bord gauche est attaché à la lèvre gauche de l'orifice de communication du sinus pulmonaire et de l'oreillette gauche (Pl. XV, *fig.* 3).

J'ai pu constater chez de jeunes Tortues que la cloison du sinus est constituée dans le jeune âge par une lame transversale légèrement convexe, comparable à celle des Batraciens S (Pl. XV, *fig.* 1). L'étroite bande antéro-postérieure T (Pl. XIV, *fig.* 7) n'existe pas alors comme portion distincte. Ce n'est que par suite du développement et de la dilatation du sinus pulmonaire que la cloison du sinus prend à droite, où elle est libre et dégagée de la veine cave supérieure gauche, prend, dis-je, une convexité exagérée qui aboutit à la formation d'un angle droit arrondi, et à la distinction de deux portions de la cloison, l'une transversale et l'autre antéro-postérieure plus étroite *10, 3* (Pl. XV, *fig.* 3).

Tant que la cloison du sinus n'est pas venue adhérer à la cloison des auricules, il y a entre les deux sinus un orifice de communication en forme de boutonnière ou de fente, que j'appellerai *fente de Botal*, et qui correspond *partiellement* au trou de Botal des Vertébrés supérieurs ; je dis partiellement, pour des raisons que je soumettrai bientôt à l'appréciation du lecteur.

L'observation directe n'a pas encore dévoilé ce qui se passe chez les Oiseaux et les Mammifères au niveau du sinus pulmonaire, pendant les premières périodes de la vie embryonnaire. Toutefois, on retrouve si exactement, chez les fœtus et les adultes de ces Vertébrés supérieurs, des parties analogues à celles dont nous venons d'exposer le développement chez les Reptiles, qu'on est presque en droit de supposer qu'il n'y a pas de différences essentielles dans les processus.

Il est certain qu'à une période reculée de la vie embryonnaire, vers les sixième ou septième semaines environ pour l'embryon humain, le système veineux pulmonaire n'a pas acquis une importance relative supérieure à celle qu'il a chez les Chéloniens. Chez le fœtus humain, nous trouvons nettement la portion transversale de la cloison du sinus, *10* (Pl. XV, *fig.* 8), et la portion antéro-postérieure très-étroite *3*, sous la forme d'une bande que j'ai rencontrée encore distincte chez des fœtus humains âgés de *6* mois environ *P* (Pl. XIV, *fig.* 1). Ces deux portions de la cloison du sinus sont réunies à angle droit, comme chez les Reptiles. Pendant que s'est formée la cloison du sinus, apparaissait la cloison des auricules, sous la forme d'un croissant vertical partant de la paroi antérieure des oreillettes *G* (Pl. XIV, *fig.* 1); *1, 2,* (Pl. XV, *fig.* 8). Tant que le sinus pulmonaire a de faibles dimensions, on conçoit que le bord postérieur de cette cloison des auricules puisse atteindre le bord antérieur de la bande antéro-postérieure de la cloison du sinus, de telle sorte qu'entre ces deux demi-cloisons existe une fente plutôt qu'un vrai trou de Botal, et c'est justement cette fente qui correspond exactement à ce que j'ai désigné chez les Chéloniens sous le nom de fente de Botal. A cette époque donc, c'est-à-dire tant que les veines pulmonaires et le sinus sont très-réduits, la cloison des cavités auriculaires du cœur des Oiseaux et des Mammifères ressemblerait à la cloison des Reptiles, avec cette différence que, tandis que les deux cloisons finissent par adhérer par leur bord correspondant chez les Reptiles, cette adhésion n'aurait point lieu chez les Oiseaux et chez les Mammifères. La cloison, quoique *complète* dans ses éléments, n'en serait pas moins *imparfaite* et permettrait au sang du sinus des veines caves de passer dans le sinus des veines pulmonaires. Si la soudure des deux cloisons avait lieu dans cet état, cette partie auriculaire du cœur représenterait donc exactement la partie correspondante du cœur des Reptiles.

Deux ordres de conditions permettent que chez les Reptiles la soudure des deux cloisons s'effectue à cette période de leur formation : 1° L'imperfection de la cloison des ventricules et des aortes, et la conservation de l'aorte gauche, qui laissent le sang des veines caves parvenir à travers le ventricule droit dans le ventricule gauche et dans les aortes, sans avoir à traverser l'oreillette gauche. Chez les Mammifères et les Oiseaux, la cloison ventriculaire se complète de très-bonne heure, et le passage du sang d'un ventricule à l'autre devient bientôt difficile et finalement impossible. C'est alors que commence pour le développement du cœur une nouvelle période dont je parlerai dans un instant, et qui correspond à la formation du trou de Botal proprement dit; 2° En second lieu, ce qui fait que chez les Reptiles la soudure de la cloison s'effectue à cette période de sa formation, c'est que c'est aussi à cette période que l'animal naît à la vie aérienne et pulmonaire, tandis que l'Oiseau et le Mammifère ne doivent y naître que beaucoup plus tard. Il s'ensuit que, l'inégalité de tension des deux oreillettes étant maintenue jusqu'à l'époque où fonctionne le système pulmonaire, il y a nécessairement écartement des deux cloisons par le sang qui passe du sinus des veines caves dans celui des veines pulmonaires ; mais on comprend que c'est là, entre l'état des Reptiles et cette période du développement des oreillettes des Oiseaux et des Mammifères, une différence *conditionnelle* et non une différence *essentielle*.

Mais bientôt surviennent chez les Oiseaux et les Mammifères des modifications qui, éloignant l'un de l'autre les bords opposés de la boutonnière qui existe entre les deux cloisons, non-seulement empêchent leur soudure, mais établissent une perforation considérable entre les oreillettes. Là cloison interventriculaire s'est complétée, et le système pulmonaire, se préparant au rôle important qu'il aura à remplir, commence à prendre anatomiquement un développement beaucoup plus considérable que chez les Reptiles et en rapport avec la destination purement et franchement aérienne de l'animal. Les veines et le sinus pulmonaires *11* (Pl. XV, *fig.* 8) se dilatent considérablement; la fente de communication des sinus s'élargit fortement et se transforme en *trou de Botal*. Le trou de Botal proprement dit serait donc une disposition propre au cœur des animaux franchement aériens; il est la conséquence de l'importance extraordinaire que prend le système pulmonaire. Le trou de Botal, disposition nouvelle, appelle la création d'un opercule nouveau : c'est la *valvule du trou ovale*, *3 a* (Pl. XV, *fig.* 8), *Z* (Pl. XIV, *fig.*1), que les embryologistes ont prise à tort pour la valvule interne de la veine cave inférieure, et qui n'est en réalité qu'une partie surajoutée à la bande postérieure *P* (Pl. XIV, *fig.* 1), *3 b* (Pl. XV, *fig.* 8) de la cloison du sinus, et par conséquent le résultat d'un développement extraordinaire de l'éperon de séparation des veines caves et des veines pulmonaires.

Les vues que je viens d'exposer sont basées sur une comparaison rigoureuse des dispositions anatomiques définitives, plutôt que sur l'observation directe du développement des parties. La science présente sur ce sujet plus de désideratas que de faits acquis, et, si je ne puis avoir la prétention d'éclairer tous les points obscurs, j'ai du moins le désir de provoquer de nouvelles observations en exposant des vues qui me paraissent dignes d'intérêt. Si ces vues étaient confirmées, il serait donc permis de dire que chez les embryons d'Oiseau et de Mammifère la séparation des systèmes veineux du cœur présente plusieurs périodes distinctes :

1° Première période, pendant laquelle il y a absence de la cloison; l'oreillette est comparable à l'oreillette des Poissons : je la désignerai sous le nom de *période ichthyenne*;

2° Seconde période, pendant laquelle la cloison est *complète* mais *imparfaite*, par suite du défaut de soudure des deux cloisons et de l'existence de la *fente* de Botal : je le désignerai sous le nom de *période reptilienne*, parce qu'on y trouve exactement les éléments de la cloison des Reptiles, et au même degré de développement ;

3° Troisième période, pendant laquelle existe le *trou de Botal*, et à laquelle je donne le nom de *période post-reptilienne* ;

4° Enfin quatrième période, pendant laquelle la cloison du sinus s'est complétée par le développement de la valvule du trou ovale et par la soudure des deux cloisons : c'est la *période aérienne*.

J'insiste sur ces considérations, parce qu'elles intéressent l'anatomie philosophique, et qu'elles permettraient de rapprocher plus qu'on n'a cru être en droit de le faire, le cœur des embryons d'Oiseau et de Mammifère du cœur des Reptiles adultes. Il en résulterait que la persistance du trou de Botal, que l'on a invoquée comme établissant une différence radicale entre le cœur de l'embryon des Mammifères et celui des Reptiles adultes, ne constitue pas le sujet d'une objection sérieuse au rapprochement de la série embryonnaire et de la série zoologique, puisque cet orifice appartiendrait à une période de développement qui a dépassé la période reptilienne et qui est exclusivement propre au développement des animaux à vie essentiellement aérienne, c'est-à-dire à large système veineux pulmonaire. J'ai cru devoir toucher ici à cette question, sur laquelle je reviendrai plus tard.

La cloison du sinus, considérée dans son ensemble chez les Mammifères et les Oiseaux, se compose donc de deux portions unies à angle droit, une portion postérieure transversale qui sépare le sinus pulmonaire de la veine cave supérieure gauche ou de la veine coronaire *10* (Pl. XV, *fig.* 5, 6, 7, 8), et une portion antéro-postérieure, décomposable elle-même en deux segments : un ruban postérieur que nous avons trouvé chez les Reptiles *3* (Pl. XV, *fig.* 3) et *T* (Pl. XIV. *fig.* 7), et la valvule du trou ovale qui sépare le sinus pulmonaire du sinus de la veine cave supérieure droite et de la veine cave inférieure.

La longue étude que je viens de faire de l'origine et des transformations du système veineux pulmonaire m'a conduit à une théorie que je dois résumer en terminant.

Il me paraît légitime de penser qu'au moment où les poumons apparaissent chez l'embryon, non comme organe de la respiration, mais comme parties quelconques du corps ayant besoin de nutrition, un système vasculaire complet leur est dévolu ; et il y a par conséquent des artères et des veines pulmonaires appartenant aux systèmes *généraux* de la circulation.

Si l'on n'est pas fixé sur l'origine et les transformations ultérieures des veines pulmonaires, il n'en est pas de même pour les artères. On sait en effet que ces artères, d'abord très-grêles, appartiennent au système artériel général, et sont de petites branches naissant du cinquième arc branchial gauche chez les Mammifères, du cinquième arc branchial droit chez les Ophidiens, des cinquièmes arcs branchiaux droit et gauche chez les Chéloniens et les Oiseaux[1]. On sait aussi que c'est par un cloisonnement progressif du bulbe aortique que ces artères deviennent de plus en plus indépendantes du système aortique général, pour constituer les artères pulmonaires ; et nous verrons plus tard que c'est aussi par un cloisonnement spécial du ventricule unique que les deux systèmes artériels se trouvent complètement séparés et en relation chacun avec un compartiment spécial du ventricule. Enfin, quand l'organe pulmonaire a acquis toute son importance et remplit tout le rôle auquel il est appelé, les artères pulmonaires acquièrent un volume proportionné à la mesure de leurs fonctions.

Je rappelle ici ces faits pour ajouter que je ne crois pas pousser trop loin l'analogie en pensant que le système veineux pulmonaire doit présenter la même succession de phénomènes et de transformations. On est en effet conduit à penser que les veines pulmonaires formant primitivement le système veineux nutritif des poumons embryonnaires, sont d'abord de très-petites veines appartenant au système veineux général, et viennent comme telles se rendre au confluent ou sinus veineux général, dans l'angle formé supérieurement par les veines caves supérieures. Un cloisonnement progressif séparerait du sinus veineux général la portion de sinus où débouchent les veines pulmonaires ; et le prolongement de ce cloisonnement formerait la *cloison du sinus*, et conséquemment la portion postérieure de la cloison des oreillettes, de même que (nous le verrons plus loin) le prolongement du cloisonnement du bulbe artériel avait constitué une portion de la cloison interventriculaire. Le cloisonnement des oreillettes se complétant antérieurement par la formation de la cloison des auricules, chacun des deux

---

[1] Rathke; *Untersuchungen über die Aortenwurzeln.* (*Denkschrift der Acad. Wien.* 1857.)

systèmes veineux se trouve en relation avec une chambre distincte de l'oreillette commune. L'importance très-accrue de l'organe pulmonaire et son entrée en fonctions amènent un développement proportionnel des veines pulmonaires. Ainsi s'expliquerait, sans forcer l'analogie et par des processus dont la réalité est constatée pour le système artériel, la séparation complète des systèmes veineux de la grande et de la petite circulation.

Il me serait facile de démontrer que la théorie que je viens d'édifier sur les données de l'embryologie, de la tératologie et de l'anatomie comparée, rend un compte satisfaisant de tous les faits, soit normaux, soit anormaux, et embrasse les données de la science sur cette question. Mais, comme il me reste encore un vaste champ à parcourir, je laisse au lecteur le soin de compléter mon travail à cet égard.

DEUXIÈME PARTIE

Philosophie naturelle.

LIVRE PREMIER

Transformations successives du Cœur dans la série des Vertébrés.

L'objet de ce chapitre est de mettre en lumière la série des modifications qui permettent de s'élever progressivement du cœur de Poisson au cœur de Mammifère, et de démontrer par là que ces organes, si différents en apparence, ne sont, en fin de compte, que des modifications d'un même organe.

L'étude que je vais faire des transformations successives du cœur repose tout entière sur les descriptions qui m'ont occupé jusqu'à présent. Cette étude a du reste été commencée dans le chapitre précédent : j'y ai montré en effet les changements successifs qui conduisent des oreillettes de Poisson aux oreillettes de Mammifère. Quand j'ai décrit les ventricules, il m'est également arrivé de poursuivre à travers les cinq classes de Vertébrés les états différents d'une même partie du cœur. Néanmoins, pour les chambres ventriculaires, pour le bulbe, pour les valvules auriculo-ventriculaires, pour la cloison, pour les orifices et les troncs aortiques, je me suis borné à de simples indications, insuffisantes pour une matière aussi délicate et aussi intéressante. C'est donc là un sujet que je dois reprendre, en m'exposant volontairement à quelques redites ; je tiens du reste à le présenter dans son ensemble pour en faire un tout coordonné, sans compter qu'il est utile de rapprocher les modifications survenues dans les parties avec les changements de direction que subit l'axe complexe des cavités du cœur. Ces diverses transformations de forme et de direction ont entre elles des corrélations très-importantes qui ne peuvent être mises en lumière que par une étude complète de l'ensemble.

CHAPITRE PREMIER

PASSAGE DU CŒUR DE POISSON AU CŒUR D'AMPHIBIEN.

Rien n'est plus facile que de démontrer les affinités profondes qu'il y a entre le cœur des Poissons et celui des Amphibiens, et de passer de l'un de ces organes à l'autre. Chez le Crapaud, la Grenouille, la Salamandre tachetée, l'Axolotl, l'axe commun des trois cavités successives du cœur (bulbe, ventricule et oreillette) représente une anse ou tube en U à convexité inférieure et placé dans un plan transversal, de telle sorte que l'orifice inférieur du bulbe et l'orifice auriculo-ventriculaire sont situés transversalement à côté l'un de l'autre, l'orifice bulbaire à droite de l'orifice ventriculaire (Pl. XVI, *fig.* 2). Nous savons, pour les Poissons, que si chez un certain nombre les cavités cardiaques forment une série antéro-postérieure dont l'axe général n'offre que des sinuosités, chez d'autres l'axe commun est courbé en anse à convexité inférieure et placé dans un plan vertical antéro-postérieur, de telle sorte que l'orifice bulbaire est exactement placé au-devant[1] de l'orifice auriculo-ventriculaire (Pl. XVI, *fig.* 1).

Ces cœurs ne diffèrent donc à cet égard que par la direction du plan dans lequel s'opère la courbure primitive de l'axe. C'est là certes une différence sans importance, et qui tient peut-être au développement précoce, au volume ou à la position d'organes qui, comme les parois thoraciques par exemple, sont placés sur les parties latérales du cœur. Mais cette différence, déjà incapable de s'opposer à une assimilation presque complète des deux cœurs, devient tout à fait négligeable, par cette considération que chez certains Poissons l'anse formée par l'axe des cavités du cœur se

---

[1] Je répète encore ici que j'ai pris pour point de départ, dans mes descriptions, la position du cœur de l'Homme. Le lecteur comprendra donc que *au-devant* signifie *au-dessous*, par rapport à la station horizontale du Poisson.

trouve dans un plan vertical oblique, c'est-à-dire intermédiaire entre le plan antéro-postérieur de certains Poissons et le plan transversal des Amphibiens (Pl. XVI, *fig.* 1 *bis*); et comme le plan oblique se rapproche plus ou moins de la direction transversale, la transition est on ne peut plus ménagée et la différence insensiblement effacée.

Je ne crois pas qu'il soit nécessaire de revenir sur l'homologie parfaite que nous ont présentée les oreillettes des Poissons et les cavités de même nom des Batraciens. Chez ces derniers seulement, nous l'avons vu, une cloison s'établit dans le sinus et dans les auricules, pour séparer les deux systèmes veineux. Le *Lepidosiren paradoxa*, chez lequel la cloison des auricules est incomplète, forme un type intermédiaire extrêmement intéressant entre les Poissons et les Batraciens.

La cavité ventriculaire des Amphibiens offre une identité complète avec celle des Poissons : pas de cloison et cavité unique. Chez quelques-uns cependant, le *Siren lacertina*[1] par exemple; on constate une proéminence plus accentuée de deux colonnes charnues opposées, donnant lieu à l'exagération d'une de ces cloisons incomplètes, à bord concave, que nous avons vues dans le ventricule des Batraciens anoures (Pl. XII, *fig.*3). C'est là peut-être un premier degré de la cloison interventriculaire, que nous verrons plus accentuée chez tous les Reptiles proprement dits. J'ai déjà dit que la structure des parois ventriculaires des Poissons était moins aréolaire et caverneuse que celle des Amphibiens ; c'est là une différence de degré qui s'efface pourtant d'une manière complète dans certains cas. Ainsi, chez les *Gades*, suivant la remarque intéressante de M. le professeur Jourdain[2], les parois ventriculaires manquent de la couche musculaire à tissu dense qu'on rencontre chez les Poissons. Toute l'épaisseur de la paroi ventriculaire possède une structure spongieuse, et au moment de la diastole s'imbibe de sang noir. Aussi le cœur des Gades, comme celui des Batraciens anoures, ne possède-t-il pas de vaisseaux. Le bulbe seul reçoit un rameau presque capillaire de l'artère hyoïdienne.

Le cœur des Poissons présente, comme celui des Amphibiens, une subdi-

---

[1] Owen; *Trans. of the Zool. Soc.*, tom. I, pag. 216.
[2] Jourdain; *Comptes-rendus de l'Académie des sciences*. 28 janvier 1867.

vision de la cavité ventriculaire par une saillie charnue supérieure en deux loges très-inégales et communiquant très-largement entre elles. L'une, grande, est en relation directe avec les oreillettes: c'est la *cavité ventriculaire* proprement dite ; l'autre, petite, infundibuliforme, présentant supérieurement l'orifice du bulbe, forme la *cavité vestibulaire* des troncs artériels.

Chez les Amphibiens comme chez les Poissons, le bulbe conserve une certaine longueur et est tout à fait indépendant du ventricule. Chez la plupart des Poissons osseux, il ne possède de valvule qu'à son orifice inférieur; chez d'autres (les Plagiostomes, les Ganoïdes), il a, comme chez les Amphibiens, un appareil valvulaire plus ou moins complet à ses deux extrémités. Chez certains Poissons (les Poissons osseux), le bulbe est formé presque uniquement de tissu élastique et de quelques rares fibres musculaires lisses ; chez les Sélaciens, etc., il est entouré, comme chez les Batraciens, d'une épaisse couche de fibres musculaires striées, circulaires et concentriques. Il y a donc extérieurement identité entre le bulbe des Poissons et celui des Amphibiens ; mais dans l'intérieur s'établit chez ces derniers une disposition nouvelle que nous avons longuement étudiée ; je veux parler de la demi-cloison en pas de vis qui divise la cavité du bulbe en deux rampes, l'une aortique et l'autre pulmonaire.

Quant aux vaisseaux naissant du bulbe, l'histoire du développement du têtard de la Grenouille et l'anatomie des Batraciens pérennibranches démontrent assez qu'ils ne sont que des modifications survenues dans les crosses branchiales primitives des Poissons. Je n'insiste pas sur ces points, qui sont faciles à saisir et dont la plupart sont parfaitement connus. Je préfère m'arrêter plus longuement sur la comparaison des cœurs d'Amphibien et de Reptile ; j'espère pouvoir sur ce point présenter quelques considérations nouvelles.

CHAPITRE II

PASSAGE DU CŒUR D'AMPHIBIEN AU CŒUR DE REPTILE A VENTRICULES COMMUNICANTS.

Je vais d'abord porter mon attention sur les Reptiles à ventricules communicants, qui diffèrent notablement des Crocodiliens.

Il y a dans le cœur des Chéloniens, que j'ai pris pour type (Pl. XVI, *fig.* 3), comparé au cœur des Batraciens (*fig.* 2), deux modifications très-importantes à signaler. Je constate d'abord le transport de la branche droite de l'*U* que forme l'axe courbe des cavités du cœur, en avant de la branche gauche et vers la gauche, de telle sorte que les orifices artériels, au lieu d'être, comme chez les Batraciens, directement à droite des orifices auriculo-ventriculaires, se trouvent en avant et un peu à droite. C'est ce que montre bien la *fig.* 3 (Pl. XVI), qui représente exactement la coupe transversale d'un cœur de Tortue mauresque préalablement injecté au suif et dépouillé dans l'essence de térébenthine. Ce transport de la branche droite du cœur et ce changement de situation réciproque des deux branches de l'*U* sont des conséquences du développement et un résultat produit progressivement, de telle sorte que la transition des Batraciens aux Reptiles est à cet égard très-facile à saisir.

Une seconde modification, très-importante aussi, consiste dans une introduction partielle des éléments du bulbe dans la branche droite de l'*U*, introduction qui va même jusqu'à la fusion partielle de ces éléments avec la portion ventriculaire droite du cœur. Il résulte de là que la portion droite ventriculaire du cœur ou la branche droite de l'*U* acquiert plus d'importance et de développement qu'elle n'en avait chez les Poissons et chez les Batraciens. Dans ces deux classes, en effet, cette partie du ventricule consistait simplement en une sorte de diverticulum très-restreint placé à droite de la saillie musculaire supérieure (Pl. I, *fig.* 1, 2), et formant un vestibule très-petit pour le bulbe. Chez les Chéloniens, tout le bulbe venant s'ajouter à cet infundibulum en accroît les dimensions et l'importance.

Toutes les autres dispositions particulières que nous avons signalées soigneusement dans le cœur des Chéloniens sont des conséquences plus ou moins directes de ces deux modifications capitales. C'est ce que nous allons constater en étudiant chacune de ces dernières.

Le transport de la branche droite de l'*U* en avant de la branche gauche et vers la gauche détermine la formation d'un véritable pli sur la face antérieure du ventricule. Ce pli, qui n'existait naturellement pas chez les Poissons et chez les Batraciens, apparaît pour la première fois chez les Reptiles, nous venons de dire pourquoi. Il forme extérieurement le sillon ventriculaire antérieur, tandis qu'à l'intérieur lui correspond la saillie que nous avons décrite sous le nom de fausse-cloison. En réalité, cette fausse-cloison n'est point, comme on l'a cru jusqu'à présent, une simple colonne charnue faisant saillie sur la paroi antérieure du ventricule et ne différant que par le volume des autres colonnes charnues ventriculaires. C'est un véritable repli de la paroi ventriculaire, repli saillant à l'intérieur. Cela ressort du reste clairement de l'examen du sillon ventriculaire antérieur, où l'on voit les fibres superficielles du ventricule s'enfoncer des deux côtés dans le sillon, comme si ce dernier était en effet formé par un plissement vertical de la paroi antérieure du ventricule. Cette disposition, évidente chez les Reptiles, ne le devient pas moins à mesure que l'on s'élève dans la série. Je la signale une fois pour toutes, et je n'y reviendrai pas.

La fausse-cloison peut donc être considérée comme une conséquence du changement de rapports réciproques des deux branches de l'*U* transversal primitif. Je parle uniquement de la fausse-cloison, et non pas de sa lèvre, sur laquelle je vais bientôt m'expliquer. Ce sont là deux parties qu'il convient de distinguer soigneusement, malgré leur entière continuité, et je dirai presque leur confusion. Mais l'une, la fausse-cloison, sépare la branche gauche de l'*U* de la branche droite, c'est-à-dire la région *essentiellement ventriculaire* de la région *vestibulaire*, tandis que la lèvre sépare en réalité le vestibule de l'artère pulmonaire du vestibule commun des deux aortes. Elle est une dépendance de la cloison qui divise chez les Batraciens le bulbe en deux rampes, l'une pulmonaire et l'autre aortique. C'est ce que nous allons voir en étudiant la fusion, que j'ai déjà annoncée chez les Chéloniens, de la région bulbaire avec la région ventriculaire.

L'homologie du bulbe des Batraciens anoures et des vestibules pulmonaire et aortique des Chéloniens s'établit très-facilement. On retrouve en effet dans ces dernières parties la plupart des éléments du bulbe nettement représentés et facilement reconnaissables, malgré les modifications qu'ils ont subies. Les deux éléments par excellence du bulbe, c'est-à-dire les fibres circulaires et la demi-cloison fibro-cartilagineuse, se retrouvent particulièrement. Les fibres circulaires forment deux groupes : l'un inférieur, composé de fibres complètement confondues avec les parois ventriculaires, et constituant une couche superficielle de fibres en cravate qui embrassent l'ensemble des vestibules pulmonaire et aortique. Ces fibres, que nous retrouvons dans toute la série des Vertébrés, sont représentées en X sur un cœur de Mouton (Pl. IX, fig. 4). Le groupe supérieur forme ce demi-anneau bulbaire que j'ai décrit avec grand soin chez les Chéloniens et les Crocodiliens, et qui, épais sur les parois de l'artère pulmonaire, s'atténue sur l'aorte gauche et n'existe plus sur la droite X (Pl. IX, fig. 3), H (Pl. XIII, fig. 5). De même que, dans ce mouvement de fusion, les fibres circulaires du bulbe, dépassant leur limite inférieure primitive, viennent occuper la surface du ventricule, de même aussi les fibres profondes des parois ventriculaires, c'est-à-dire les colonnes verticales ou obliques, s'étendent supérieurement, non pas seulement, comme chez les Batraciens, jusqu'à la limite inférieure du bulbe, mais jusqu'au voisinage de sa limite supérieure, c'est-à-dire jusqu'aux orifices artériels. Voir (Pl. VI, fig. 1, 2), où X désigne le demi-anneau bulbaire. Il y a donc empiètement réciproque des deux ordres de fibres.

La demi-cloison fibro-cartilagineuse du bulbe des Batraciens se trouve représentée par le noyau fibro-cartilagineux que nous avons vu occuper l'extrémité supérieure de la lèvre de la fausse-cloison des Chéloniens. Dans l'une et l'autre classe, ce noyau présente une extrémité supérieure volumineuse, tandis qu'il s'amincit et s'effile inférieurement. Dans les deux cas aussi de la partie volumineuse et supérieure du noyau, de sa tête pour ainsi parler, naissent plusieurs apophyses fibreuses ou cartilagineuses, dont l'une C (Pl. I, fig. 1), B' (Pl. XII, fig. 2) sépare le vestibule de l'artère pulmonaire du vestibule commun des aortes, et dont l'autre, naissant à un niveau supérieur, sépare les deux aortes l'une de l'autre E (Pl. I, fig. 1), E (Pl. XII, fig. 2), E (Pl. VI, fig. 2). Nous avons également vu chez les Chéloniens une apophyse antérieure gauche placée entre l'aorte droite et l'artère pulmonaire. Cette apophyse est également représentée chez les Batraciens par la saillie formée à droite par le cartilage, saillie à laquelle s'insère la pointe droite de la valvule sigmoïde I (Pl. I, fig. 1). Je fais remarquer également que si, chez les Batraciens, ces diverses apophyses servent d'insertion au bord adhérent des valvules sigmoïdes des orifices artériels correspondants, on trouve des relations identiques chez les Chéloniens. Il résulte de ces homologies que les valvules sigmoïdes des orifices artériels dans cette dernière classe représentent les valvules sigmoïdes supérieures du bulbe des Batraciens. Les valvules inférieures que possède le bulbe chez ces derniers animaux n'existent point chez les Chéloniens ; elles font défaut, et la limite précise qu'elles établissaient entre la cavité bulbaire et la cavité ventriculaire a entièrement disparu, puisqu'il y a eu fusion des deux cavités.

On peut donc considérer qu'il y a là un travail d'absorption du bulbe par le ventricule, un travail de concentration du premier vers le second, et au profit du second. Aussi les orifices des aortes et de l'artère pulmonaire, qui chez les Batraciens s'ouvraient dans la cavité bulbaire distincte du ventricule, et à un niveau bien supérieur à celui des orifices auriculo-ventriculaires, se rapprochent-ils considérablement, chez les Chéloniens, du niveau de ces derniers orifices, tout en leur restant un peu supérieurs, et semblent-ils s'ouvrir directement et séparément dans le ventricule, puisque le bulbe a été absorbé par ce dernier. Seulement, tandis que le noyau cartilagineux des Batraciens ne formait inférieurement qu'une étroite lame fibro-cartilagineuse séparant le bulbe en deux rampes et atteignant, sans la dépasser, la limite inférieure du bulbe, chez les Chéloniens l'expansion inférieure du noyau cartilagineux atteint un plus haut degré de développement et de perfection. Elle forme une lame fibro-musculaire épaisse que j'ai nommée lèvre de la fausse-cloison, et qui, à cause même de la fusion du bulbe dans le ventricule, dépasse les limites présumables du premier, contracte des relations avec le second, et joue exactement comme la lame fibro-cartilagineuse des Batraciens, le rôle de cloison de séparation entre la rampe pulmonaire devenue vestibule pulmonaire et la rampe aortique devenue vestibule des aortes. Cette lèvre musculaire se rétrécit de haut en bas, comme la lame fibro-cartilagineuse des Batraciens, et finit, en mourant, au niveau de l'extrémité inférieure du bord libre de la fausse-cloison.

Les modifications que nous venons d'étudier dans le cœur des Chéloniens provoquent des modifications secondaires. En voici un exemple : le ventricule des Chéloniens, comme celui des Batraciens, se compose d'une masse musculaire antérieure et d'une masse postérieure d'où partent des colonnes charnues divergeant vers les bords et le sommet du ventricule. C'est là une disposition suffisamment étudiée déjà, et sur laquelle je n'ai pas à revenir. Je tiens seulement à faire remarquer que, tandis que cette disposition présente chez les Batraciens et chez les Poissons une régularité et une symétrie presque parfaites, ainsi que le montrent les *fig.* 3 (Pl. XII) et *fig.* 2 (Pl. XVI), chez les Chéloniens se sont produits des changements qui ont troublé cette régularité et cette symétrie. C'est ainsi que le transport du pôle artériel du cœur en avant et vers la gauche détermine la formation du pli antérieur ou fausse-cloison ; cette dernière, atteignant par sa base la paroi postérieure du ventricule, sépare les colonnes charnues de cette paroi en deux groupes distincts et inégaux que j'ai désignés sous les noms de faisceaux droit postérieur et oblique gauche postérieur (Pl. VI, *fig.* 1 et 2). De plus, le faisceau droit antérieur, qui est une dépendance de la masse charnue antérieure du ventricule *R* (Pl. VI, *fig.* 1), se trouve entraîné en avant et vers la gauche avec le faisceau artériel, à la paroi antérieure duquel il appartient. Son extrémité inférieure étant relativement moins déplacée, ce faisceau acquiert ainsi une obliquité générale d'arrière en avant et de bas en haut, et par là s'établissent ces relations remarquables que j'ai longuement étudiées et qui lui permettent d'aplatir rapidement et d'oblitérer, lors de sa contraction, le vestibule de l'aorte gauche.

J'ai décrit dans le cœur des Reptiles à ventricules communicants une disposition médiocrement prononcée, mais évidente, et qui est un état imparfait de formation de la cloison interventriculaire proprement dite,

J'ai dit en effet que les colonnes charnues qui naissent au-dessous de la cloison inter-auriculaire sont plus saillantes que leurs voisines et s'entre-croisent plus tôt ; c'est là une modification que nous avons trouvée chez quelques Amphibiens, mais seulement à l'état de vestige. Ces colonnes *O, P* (Pl. V, *fig.* 3), *Y, Z* (Pl. VI, *fig.* 2) sont les premières traces de ce que j'ai désigné chez les Crocodiliens et les Vertébrés supérieurs sous le nom de faisceaux rayonnants antérieurs et postérieurs; leur rôle est d'établir un rétrécissement ou goulot entre la portion du ventricule dans laquelle s'ouvre l'oreillette droite et celle qui communique avec l'oreillette gauche. C'est *réellement* et précisément la trace de la *cloison interventriculaire proprement dite* qui correspond au plan de la cloison inter-auriculaire, et constitue sa continuation directe dans le ventricule.

D'autre part, les Amphibiens et les Reptiles présentent des traces de division du vestibule aortique sur lesquelles je dois revenir, pour jeter une pleine clarté sur le mode de formation de la cloison complète des Crocodiliens. J'ai décrit chez les Batraciens une apophyse fibreuse supérieure du noyau cartilagineux du bulbe *E* (Pl. I, *fig.* 1). Cette apophyse forme une demi-cloison qui divise en deux loges l'espace inter-aortique. Nous avons retrouvé chez les Chéloniens, les Ophidiens, etc., une apophyse semblable *E* (Pl. VI, *fig.* 2), *E* (Pl. XII, *fig.* 2). Seulement il y a chez ces Reptiles ce perfectionnement, que la saillie de cette apophyse est continuée inférieurement par une bande fibreuse saillante *O* (Pl. V, *fig.* 4), *E* (Pl. VI, *fig.* 2) dépendant d'une couche fibreuse épaisse qui recouvre la face postérieure de la fausse-cloison. Cette bande fibreuse recouvre l'angle saillant formé en arrière par l'union de la fausse-cloison et de sa lèvre. Une couche fibreuse épaisse occupe aussi la paroi postérieure du vestibule des aortes, mais sans former de saillie notable. Le vestibule commun des deux aortes présente donc ainsi, au niveau de l'angle postérieur de la fausse-cloison, un rudiment de cloisonnement et de division en vestibule de l'aorte gauche et vestibule de l'aorte droite. — On conçoit que si la saillie fibreuse antérieure parvenait à atteindre la paroi postérieure, les deux vestibules seraient entièrement séparés, et il y aurait une vraie *cloison intervestibulaire*. Nous verrons plus loin que ce processus se réalise avec quelques modifications chez les Crocodiliens et les Vertébrés supérieurs. Pour le moment, j'insiste sur la distinction de la *cloison interventriculaire* et de la cloison *intervestibulaire*. La première *2* (Pl. XVI, *fig*. 7) tend à séparer en deux compartiments la partie ventriculaire du cœur, en y continuant pour ainsi dire la *cloison inter-auriculaire;* la seconde *3* tend à diviser en deux la portion vestibulaire ou bulbaire du cœur, en y continuant la *cloison inter-aortique*. *La première est une radiation du pôle veineux du cœur vers le ventricule, la seconde est une radiation du pôle artériel vers le ventricule également.* La première est originairement musculaire, la seconde fibreuse.

Chez les Chéloniens, les Ophidiens, les Sauriens, c'est-à-dire chez les Reptiles à ventricules communicants, ces deux cloisons n'atteignent pas leur entier développement et présentent toujours une lacune plus ou moins étendue; mais, en supposant qu'elles atteignent tout leur développement, elles ne parviendraient point à former une cloison complète et à séparer parfaitement le ventricule en deux cavités. Pour cela, il faudrait en effet que le bord inférieur de la cloison intervestibulaire pût venir se souder au bord supérieur de la cloison interventriculaire. Or cette rencontre ne saurait avoir lieu chez les Reptiles à ventricules communicants, parce que les deux plans verticaux dans lesquels se trouvent comprises ces deux cloisons sont transversalement fort éloignés l'un de l'autre, ainsi qu'on peut le voir clairement sur les *fig*. 4 (Pl. V), *fig*. 2 (Pl. VI), *fig*. 2 (Pl. XII), *fig*. 7 (Pl. XVI), et *fig*. 2 (Pl. XVII). La figure schématique 7 (Pl. XVI), surtout, montre fidèlement toute la distance qui sépare ces deux cloisons et l'impossibilité pour elles de se rencontrer bord à bord et de se souder. Pour que cette impossibilité disparût, il faudrait que les plans des deux cloisons se rapprochassent transversalement, et c'est précisément ce qui a lieu chez les Crocodiliens, par un mécanisme que nous étudierons soigneusement quand il s'agira de ces derniers (Pl. XVI, *fig*. 8 et 8 *bis*).

Pour compléter cette étude du passage progressif du cœur des Batraciens à celui des Reptiles, il me reste à poursuivre dans ces deux classes le mode de constitution des valvules auriculo-ventriculaires.

La disposition générale des valvules auriculo-ventriculaires chez les Poissons osseux est celle de valvules sigmoïdes à concavité inférieure, dont les cornes et quelquefois certains points du bord libre donnent insertion à des faisceaux musculaires dépendant des colonnes charnues des parois ventriculaires. Les Squales présentent une disposition différente : leur orifice auriculo-ventriculaire est garni d'une tente valvulaire fibreuse unique, dont le bord libre est attaché par plusieurs points de son pourtour aux parois musculaires du ventricule [1]. Les organes valvulaires correspondants des Batraciens présentent des dispositions qu'il est très-aisé de considérer comme de simples modifications ou des combinaisons de ces dernières. Chez le Crapaud, par exemple, nous avons vu l'appareil valvulaire auriculo-ventriculaire se composer d'une série de valvules adhérentes par un de leurs bords au pourtour de l'orifice, et dont le bord libre dentelé et la face inférieure donnaient insertion à de petits tendons naissant des colonnes charnues du ventricule. Dans d'autres cas, comme chez le *Siren lacertina*, à cette disposition s'ajoute un appareil ou voile central, de faibles dimensions d'ailleurs, à la face supérieure duquel s'insère la cloison inter-auriculaire, et dont les extrémités antérieures et postérieures sont en relation avec les brides charnues du ventricule. J'ai à peine besoin de faire remarquer toute l'analogie qu'il y a entre l'appareil valvulaire des Poissons osseux et celui des Batraciens anoures, et entre l'appareil valvulaire des Squales et la tente centrale du *Siren lacertina*. Ce dernier animal présente en réalité une combinaison de ces deux appareils, l'un zonaire et périphérique, l'autre central. Du reste, je dois dire, pour comprendre ces diverses dispositions dans une formule générale, que les valvules auriculo-ventriculaires ne sont au fond que des appareils tendineux dépendant des faisceaux charnus les plus internes des parois ventriculaires. Or ces tendons, épanouis sous forme de lames, peuvent venir s'insérer directement à la portion correspondante du pourtour de l'orifice et constituer ainsi les valvules sigmoïdes des Poissons osseux, les valvules zonaires des Batraciens anoures ; ou bien ces lames tendineuses peuvent converger et venir se confondre les unes avec les autres vers le centre de l'orifice, de manière à constituer un voile aponévrotique central, comme chez les Squales et le *Siren lacertina*. Ces variétés de forme et de disposition ne doivent point nous surprendre, et ne portent aucune atteinte à la certitude des homologies ; car s'il est des appareils qui dans un même organe varient

---

[1] Cuvier; *Anat. comp.*, tom. VI, pag. 341.

considérablement leur forme et leur disposition, ce sont certainement les appareils aponévrotiques et tendineux.

Mais si les appareils valvulaires auriculo-ventriculaires présentent dans les classes précédentes des variations si remarquables qu'il semble quelquefois difficile d'établir clairement leur homologie, on peut affirmer d'un autre côté que, dans les autres classes de Vertébrés, les modifications se font d'une manière plus graduée, les dispositions fondamentales se retrouvent nettement dans toute la série, et les homologies peuvent être déterminées avec une entière précision. C'est ce que nous montrera la suite de cette étude.

Si le lecteur veut bien se reporter à la description que j'ai donnée du cœur des Chéloniens, il lui sera facile de se convaincre que dans cette classe l'appareil valvulaire se compose d'une portion périphérique ou zonaire constituée par les deux valvules externes des orifices auriculo-ventriculaires et d'une portion centrale beaucoup plus développée qui constitue la tente valvulaire si remarquable des Chéloniens, des Ophidiens et des Sauriens (Pl. XVI, *fig*. 3, 3 *bis*). De ces deux portions, la première est rudimentaire ; elle est formée de deux petites valvules ou replis placés au bord externe des orifices auriculo-ventriculaires, et dont les angles aigus où cornes antérieure et postérieure s'insèrent sur les faisceaux charnus du ventricule. La seconde portion est très-importante et se continue par ses bords adhérents antérieur et postérieur, et surtout par ses angles externes, avec des faisceaux musculaires plus volumineux et plus importants que les précédents. A sa face supérieure adhère le bord inférieur de la cloison inter-auriculaire. La face inférieure présente un sillon au niveau de cette insertion, et par là, la tente valvulaire se trouve divisée en deux moitiés à peu près égales : l'une demi-tente droite, pour l'orifice ventriculaire droit ; et l'autre demi-tente gauche, pour l'orifice ventriculaire gauche. Nous retrouverons ces quatre éléments, deux moyens et deux extrêmes, plus ou moins modifiés depuis les Chéloniens jusqu'aux Mammifères.

CHAPITRE III

**PASSAGE DU CŒUR DE REPTILE A VENTRICULES COMMUNI-
CANTS AU CŒUR DE CROCODILIEN.**

Jusqu'à présent nous avons pu passer, par des transitions ménagées et à travers des modifications d'une intelligence facile, du cœur des Poissons au cœur des Reptiles à ventricules communicants.

Si l'on en jugeait par les affinités générales et par les conformités extérieures, le passage du cœur des Chéloniens, Ophidiens, Sauriens, au cœur des Crocodiliens devrait présenter la plus grande simplicité, et rien ne semblerait devoir embarrasser dans une assimilation rationnelle des deux cœurs ; mais il n'en est pas ainsi, et dès qu'on essaie de rapprocher le cœur de Crocodile du cœur de Tortue ou de Lézard, des difficultés importantes se présentent, et des questions délicates se soulèvent. Comment, en effet, s'établit chez les Crocodiliens la séparation complète des deux ventricules, qui eût été impossible chez les Chéloniens ? Chez ces derniers, les deux orifices aortiques sont à la droite des orifices auriculo-ventriculaires, de telle sorte que chacune des deux aortes peut recevoir du sang provenant des deux oreillettes. Il suit de là que la séparation du ventricule en deux loges, dont l'une droite communiquerait avec l'artère pulmonaire et l'aorte gauche, et dont l'autre gauche correspondrait à l'aorte droite, est impossible chez les Chéloniens. Nous savons que la cause de cette impossibilité réside dans la distance qui sépare transversalement le plan de la cloison interventriculaire de celui de la cloison intervestibulaire, et dans les relations que cet éloignement établit entre les cavités et les orifices ventriculaires. Ces relations sont telles, en effet, que si l'on supposait l'union des deux cloisons sans changer leur position relative *6* (Pl. XVI, *fig.* 7), on obtiendrait d'un côté une cavité ventriculaire gauche dans laquelle s'ouvriraient les deux orifices auriculo-ventriculaires et l'aorte droite, et de l'autre côté une cavité droite communiquant avec l'aorte gauche et l'artère pulmonaire, mais sans relations même indirectes avec les oreillettes. D'autre part, si l'on complétait supérieurement la cloison interventriculaire jusqu'à la face inférieure de la tente valvulaire 2 (Pl. XVI, *fig*. 7), (Pl. XVII, *fig*. 2), on aurait à gauche une cavité ventriculaire sans orifice artériel, et à droite un ventricule où aboutirait l'oreillette droite et d'où naîtraient tous les troncs aortiques et pulmonaires. Il est évident qu'un cœur à ventricules séparés, constitué de l'une ou de l'autre façon, ne pourrait pas fonctionner; et il faut, pour obtenir un cœur à double ventricule capable d'un jeu régulier, que la situation relative des divers orifices soit modifiée d'une certaine manière; c'est précisément ce que nous observons chez les Crocodiliens.

Nous avons vu que, en allant des Batraciens aux Chéloniens, les pôles artériel et veineux du cœur subissaient des changements de situation respective, en vertu desquels le pôle artériel ou la branche artérielle de l'*U* se portait vers la gauche et en avant du pôle veineux ou branche veineuse. Ce changement de situation serait, il est vrai, plus justement exprimé en disant que dans ce cas, le pôle artériel du cœur restant fixe et immobile, le pôle veineux s'est porté en arrière de lui et vers la droite. C'est là l'expression exacte du mouvement qui s'opère réellement; mais pour la clarté et la simplicité de ma démonstration je continuerai à considérer le pôle artériel comme ayant été déplacé et mis en mouvement. Or ce mouvement, déjà prononcé chez les Chéloniens, s'accentue davantage chez les Ophidiens (Pl. XVI, *fig*. 3 *bis*) et chez les Sauriens, et se prononce enfin chez les Crocodiliens, au point que la cloison intervestibulaire qui appartient au pôle artériel se rapproche transversalement de la cloison interventriculaire, et vient se placer au-dessus et seulement un peu à droite de cette dernière[1] (Pl. XVI, *fig*. 4 et 8). Le transport du pôle artériel vers la gauche est tel que, tandis que chez les Chéloniens (Pl. XVI, *fig*. 3 et 7) l'orifice de l'aorte

---

[1] Chez les Batraciens et chez les Chéloniens, où les deux branches de l'*U* sont placées transversalement ou à peu près transversalement, le cœur est plus ou moins aplati d'avant en arrière. On comprend pourquoi, chez les Ophidiens, les Sauriens et les Crocodiliens, les dimensions antéro-postérieures du cœur augmentent, tandis que les dimensions transversales diminuent. Le cœur, quoique encore légèrement aplati, se rapproche de la forme conique régulière, qu'il acquiert au plus haut degré chez les Mammifères et surtout chez les Oiseaux.

droite était aussi bien que celui de la gauche tout à fait en dehors et à droite de l'orifice auriculo-ventriculaire droit, chez les Crocodiliens (Pl. XVI, *fig*. 4 et 8), les orifices des aortes droite et gauche viennent se placer dans l'ouverture de l'angle que formaient en avant les deux orifices auriculo-ventriculaires, et par conséquent entre les cornes antérieures des deux valvules auriculo-ventriculaires internes, mais pourtant surtout au-devant de la valvule auriculo-ventriculaire droite. Aussi trouvons-nous chez les Crocodiliens cette corne antérieure repoussée et déjetée fortement à droite et en arrière (Pl. VII, *fig*. 1), (Pl. VIII, *fig*. 1, 2), 5 (Pl. XVI, *fig*. 4).

Ces changements de situation relative des orifices aortiques et des orifices ventriculaires ont une importance majeure et constituent la condition nécessaire de la transformation du cœur des Reptiles à ventricules communicants en cœur des Reptiles à ventricules séparés. Par suite en effet de ces nouvelles dispositions, l'aorte droite est rapprochée de l'orifice ventriculaire gauche, et peut se trouver avec lui dans des rapports directs et sans l'intermédiaire de la portion du ventricule droit où s'ouvre l'orifice auriculo-ventriculaire droit. D'un autre côté, l'aorte gauche se met aussi en relation avec l'orifice auriculo-ventriculaire droit, et sans l'intermédiaire du vestibule de l'aorte droite. C'est ainsi que les conditions nécessaires à la constitution de deux ventricules ayant chacun leur orifice aortique distinct, sont réalisées d'une manière extrêmement simple et ingénieuse. Il ne restera, pour avoir un cœur de Crocodilien, qu'à souder entre elles par leurs bords correspondants les deux cloisons intervestibulaire et interventriculaire (Pl. XVI, *fig*. 8 et 8 *bis*).

La cloison intervestibulaire, dont les Chéloniens ne présentent que des traces, acquiert chez les Crocodiliens un développement tel, qu'elle sépare complètement les deux vestibules aortiques. Elle ne laisse subsister que la *fente inter-aortique* des Chéloniens, qui se transforme ici en *pertuis inter-aortique* ou *foramen de Pannizza* 10 (Pl. XVI, *fig*. 8); son bord supérieur, épaissi et quelquefois cartilagineux ou même osseux, forme la demi-circonférence interne des orifices aortiques qui sont contigus, et donne insertion, nous l'avons vu, au bord adhérent de deux valvules sigmoïdes, dont l'une appartient à l'aorte droite et l'autre à l'aorte gauche. La cloison intervestibulaire (Pl. VIII, *fig*. 1) n'est point verticale. Sa direction suivant un plan oblique en bas et à gauche (Pl. XVI, *fig.* 8) lui permet d'aller unir son bord inférieur au bord supérieur de la cloison interventriculaire, qui est un peu à gauche par rapport à la cloison intervestibulaire. Par là se constitue une cloison complète des deux ventricules, qui se trouve formée en bas et aussi en arrière par la cloison interventriculaire, en haut et aussi en avant par la cloison intervestibulaire (Pl. VIII, *fig.* 1), (Pl. XVI, *fig.* 8). La première est musculaire, la seconde est à l'origine exclusivement fibreuse; mais ces deux portions de la cloison se fusionnent par leurs bords correspondants, si bien que leur limite perd dans certains points tout caractère de netteté. C'est ainsi que, sur la face droite de la cloison (Pl. VIII, *fig.* 1), des faisceaux rayonnants $Y'Z$, soit postérieurs, soit antérieurs, tendent à empiéter sur la cloison intervestibulaire, et à recouvrir sa lame fibreuse. Dans le ventricule gauche, c'est-à-dire sur la face gauche de la cloison, les limites sont plus tranchées, et le bord supérieur de la cloison interventriculaire est formé par un bourrelet musculaire au-dessus duquel se trouve à nu la lame fibreuse nacrée de la cloison intervestibulaire. Ici la limite des deux cloisons est brusquement accusée. La *fig.* 2 (Pl. VII) ne montre que la cloison interventriculaire. Au-dessus et comme paroi interne de cet infundibulum fibreux dont la valvule auriculaire B forme la paroi externe, se trouve la cloison intervestibulaire, exclusivement fibreuse, qui n'eût pu être mise en vue qu'en sectionnant la valvule auriculo-ventriculaire B.

J'ai supposé jusqu'à présent les cloisons interventriculaire et intervestibulaire entièrement développées; mais il me reste à dire comment elles arrivent à ce degré de développement. Chez les Chéloniens, les Ophidiens, nous avons remarqué que deux faisceaux musculaires opposés O, P (Pl. V, *fig.* 3), P, R (Pl. V, *fig.* 4), Y (Pl. XII, *fig.* 2), O, P (Pl. XVI, *fig.* 9), naissant au niveau du bord inférieur de la cloison inter-auriculaire, étaient plus gros, faisaient plus de saillie que les faisceaux voisins, et se réunissaient bientôt en entre-croisant leurs fibres. Leur angle de réunion est arrondi et occupé par des fibres en anse à concavité supérieure. Il suit de là que la cavité ventriculaire a été ainsi subdivisée en deux loges communiquant par un étranglement ou goulot dû à la saillie des deux faisceaux musculaires. Tandis que ces faisceaux, que j'ai nommés faisceaux rayonnants antérieur et postérieur, ne sont qu'au nombre de deux ou trois chez les Reptiles à ventricules communicants, ils tendent chez les Crocodiliens à se multiplier et à s'étaler plus largement vers la partie supérieure du ventricule. De plus, chez les Crocodiliens on peut clairement observer que les faisceaux naissant de la face antérieure et ceux qui naissent de la face postérieure conservent exactement la situation relative que nous avons notée pour tous les autres faisceaux ventriculaires, aussi bien chez les Batraciens que chez les Reptiles ordinaires, c'est-à-dire qu'ils s'appliquent les uns aux autres par leurs faces, les antérieurs alternant avec les postérieurs. Ce serait là une preuve que la cloison interventriculaire est le produit des colonnes charnues ventriculaires, si l'étude des Chéloniens, Ophidiens, etc., pouvait laisser le moindre doute à cet égard.

Voici ce que nous observons sur les cœurs de *Crocodilus lucius* reproduits dans les (Pl. VII, *fig*. 1, 2, et Pl. VIII, *fig*. 1). De la paroi antérieure du ventricule gauche part un faisceau M (Pl. VII, *fig*. 2) qui s'irradie en fascicules externes qui vont contribuer à la formation des parois ventriculaires, et en fascicules internes M', M'' qui contribuent à la formation de la cloison interventriculaire. De la paroi postérieure du ventricule part un faisceau N, symétrique au premier, qui, contribuant de son côté à la formation des parois ventriculaires, vient encore en s'épanouissant se placer dans la cloison ventriculaire au-dessous du premier. On voit en N'' ses fibres qui ont passé au-dessous du faisceau M'. Ces deux faisceaux se distinguent des faisceaux homologues des Chéloniens, Ophidiens (Pl. V, *fig*. 3) en ce qu'ils s'étalent plus largement et remontent plus haut, de telle sorte que leur angle de réunion est presque entièrement rempli. Il l'est d'autant plus qu'il y a supérieurement un nombre considérable de fibres communes ou fibres en anses qui comblent l'ouverture de l'angle et le transforment en un arc très-largement ouvert. Si nous regardons la cloison par le ventricule droit, nous remarquons qu'elle est formée de faisceaux YY' (Pl. VII, *fig*. 1 ; Pl. VIII, *fig*.1), nés de la paroi postérieure du ventricule, s'irradiant en bas et en avant; je lui donne le nom de *premier faisceau rayonnant postérieur*. On peut remarquer en Z (Pl. VII et Pl. VIII, *fig*. 1) un bouquet de fibres irradiées qui partent de la partie postérieure du noyau cartilagineux, c'est-à-dire de la paroi antérieure du ventricule. Elles recouvrent le premier faisceau rayonnant postérieur et constituent un premier faisceau rayonnant antérieur. Ces fibres sont dans tous les cas peu nombreuses ; les supérieures horizontales et les moyennes obliques sont rares et manquent souvent ; les inférieures, qui sont plus nombreuses, existent toujours. Ces fibres inférieures sont verticales ou obliques en avant et se confondent avec les fibres antérieures du premier faisceau rayonnant postérieur (Pl. VIII, *fig.* 1); chez les Oiseaux et les Mammifères, elles sont les seuls représentants du premier faisceau rayonnant antérieur. Voilà pourquoi je les signale d'une manière particulière.

Au-dessous du premier faisceau rayonnant postérieur se trouve un second faisceau rayonnant antérieur. Celui-ci est situé entre le premier faisceau rayonnant postérieur et le deuxième faisceau rayonnant postérieur, qui est représenté en $N'N''$ (Pl. VII. *fig.* 2). Enfin ce dernier est lui-même recouvert par le troisième faisceau rayonnant antérieur, désigné en $M, M'M''$ sur la même figure. Ainsi donc, la cloison interventriculaire est composée de cinq faisceaux d'inégale importance et alternant quant à leur origine, qui sont, de droite à gauche : 1° le premier faisceau rayonnant antérieur ; 2° le premier faisceau rayonnant postérieur ; 3° le second faisceau rayonnant antérieur ; 4° le deuxième faisceau rayonnant postérieur ; et 5° le troisième faisceau rayonnant antérieur.

Quant à la cloison intervestibulaire, nous ne pouvons suivre d'une manière aussi précise le mode de sa formation ; mais il est pourtant légitime de penser que la saillie fibreuse antérieure, que nous avons vue occuper chez les Chéloniens la saillie postérieure de la fausse-cloison et former la limite des deux vestibules aortiques (Pl. V, X *fig.* 3 et O *fig.* 4), E (Pl. VI, *fig.* 2), il est, dis-je, légitime de penser que cette saillie, devenant plus prononcée, forme une véritable lame fibreuse triangulaire s'étendant dans son développement d'avant en arrière au-dessous de la fente inter-aortique. Son bord inférieur se relie avec le bord supérieur de la cloison interventriculaire, qui lui est contigu ; son bord postérieur adhère à la face antéro-inférieure de la valvule auriculo-ventriculaire droite (Pl. VIII, *fig.* 1); et son bord supérieur, correspondant au point de contact des deux aortes, forme la limite inférieure du foramen de Pannizza. Cette cloison, en effet, s'arrête en haut au niveau de la fente inter-aortique, qu'elle laisse libre, et qu'elle transforme ainsi en pertuis aortique. L'arrêt de formation de la cloison à ce niveau et le maintien du calibre du pertuis aortique peuvent être justement regardés comme la conséquence du courant qui pousse nécessairement le sang du vestibule de l'aorte droite dans celui de l'aorte gauche.

Les lois de l'analogie et la constatation la plus scrupuleuse des connexions permettent de concevoir comme je viens de le faire la formation de la cloison intervestibulaire. Une seule particularité de cette cloison des Crocodiliens se trouve sans trace et sans précédent dans le cœur des Reptiles à ventricules communicants : elle consiste dans le rapport du bord supérieur de la cloison avec les deux valvules sigmoïdes internes des deux aortes. Comme nous le savons en effet, les Crocodiliens diffèrent entièrement des autres Reptiles quant à la situation de ces valvules. Il semblerait devoir surgir de là une difficulté pour la recherche des homologies, mais je me borne à dire ici que la difficulté n'existe pas en réalité, parce que, ainsi que je me propose de le démontrer plus loin, les valvules sigmoïdes des orifices artériels sont des organes accidentels, des organes de circonstance, dirai-je, et de perfectionnement. Or l'existence, la forme, la situation, les rapports de tels organes, présentent une très-grande contingence, ce qui ne permet point de les considérer au point de vue des homologies, comme on le fait pour les organes fondamentaux.

Il est intéressant de rechercher quelles sont les conséquences du changement de situation des valvules sigmoïdes des deux aortes. On ne peut considérer ce fait comme le résultat d'un accident isolé et sans portée, puisqu'on le retrouve chez tous les Crocodiliens sans exception, c'est-à-dire chez tous les Reptiles à ventricules séparés, et seulement chez eux. Il semble donc qu'il y a là une corrélation dont la raison peut et doit être recherchée. Supposons pour un moment chez les Crocodiliens des valvules aortiques disposées comme celles des Chéloniens : au lieu d'être l'une interne et l'autre externe pour chaque aorte, ces valvules seront, l'une antérieure et l'autre postérieure, et adhéreront aux bords antérieur et postérieur du pertuis aortique qui remplace la fente aortique. La cloison intervestibulaire se terminera supérieurement par un bord libre dégagé de valvules, qui formera la limite inférieure du pertuis aortique. Que va-t-il se passer pendant la systole ventriculaire? Le sang rouge du ventricule gauche pénétrera dans l'aorte droite, et en même temps par le pertuis aortique dans le vestibule de l'aorte gauche. Le lecteur doit se rappeler que chez les Chéloniens la contraction du faisceau droit commun et de la cravate bulbaire avait pour effet, à chaque systole, d'effacer rapidement le vestibule de l'aorte gauche en appliquant la masse ventriculaire postérieure contre la face postérieure de la lèvre de la fausse-cloison. Ce mécanisme avait pour effet de diriger vers l'aorte gauche le sang rouge venant du vestibule de l'aorte droite, en interceptant toute communication entre les vestibules aortiques et le vestibule pulmonaire. Mais chez les Crocodiliens il ne peut en être ainsi, attendu que la lèvre de la fausse-cloison est supprimée, et que par conséquent l'effacement rapide et précoce du vestibule de l'aorte gauche manque par cela même d'une de ses conditions essentielles. Le sang rouge pénétrerait donc du vestibule de l'aorte droite dans celui de l'aorte gauche, et de celui-ci dans le vestibule pulmonaire, qui n'en est pas séparé, puisque la fausse-cloison est très-réduite et que sa lèvre fait entièrement défaut. Cette introduction partielle du sang rouge dans le système pulmonaire constituerait un degré d'imperfection et de rétrogradation de l'appareil central de la circulation qui jurerait avec les autres perfectionnements que la nature a apportés, soit dans la constitution générale des Crocodiliens, soit dans la constitution de leur appareil cardiaque (complément de la cloison des ventricules, rapprochement des orifices artériels et auriculo-ventriculaires, etc.). Il y aurait, d'un côté exagération de la tendance à la séparation des deux sangs, et de l'autre exagération aussi de la tendance au mélange, et par conséquent, dans les combinaisons, hésitation et incohérence que nous ne sommes pas habitués à rencontrer dans l'œuvre du Créateur.

On comprend, au contraire, que chez les Crocodiliens, tels qu'ils sont organisés, le relèvement des valvules sigmoïdes pendant la systole ventriculaire établisse une séparation complète entre les deux aortes, et par conséquent entre les deux ventricules, et que pendant la diastole l'abaissement des valvules, rétablissant la communication entre les deux aortes, s'oppose d'autre part à toute communication entre l'aorte gauche et son vestibule, et par conséquent à tout passage du sang rouge du vestibule aortique droit dans le vestibule aortique gauche et dans le vestibule pulmonaire.

Ainsi donc, la position des valvules sigmoïdes aortiques et les relations qu'elles affectent, chez les Crocodiliens, avec la cloison intervestibulaire, sont en corrélation rationnelle avec le développement des cloisons interventriculaire et intervestibulaire, et avec la disparition de la lèvre de la fausse-cloison. Elles constituent des conditions favorables à une séparation plus complète du système aortique et du système pulmonaire, et par conséquent un perfectionnement important.

Du reste, sans faire appel aux causes finales, dont il convient de n'user qu'avec la plus grande réserve, il est permis de penser qu'il y a une corrélation étroite entre la disposition des valvules aortiques des Crocodiliens et la constitution générale de ces animaux, qui est certainement supérieure à celle des autres Reptiles. Cette opinion est d'autant plus permise que la disposition valvulaire des Crocodiliens, en interdisant absolument l'entrée du sang noir à l'aorte droite, accentue bien mieux que chez les autres Reptiles la séparation des deux sangs, et devient par cela même une cause de perfectionnements dans la nutrition et dans le développement des systèmes et appareils anatomiques. Quant aux causes qui ont déterminé le changement de position des valvules et au mécanisme qui a présidé à ce transport, j'essaierai de les rechercher dans un article destiné à traiter des lois qui régissent la formation des appareils valvulaires. Je me borne à dire pour le moment que les valvules aortiques des Crocodiliens ne correspondent pas exactement à celles des Chéloniens, etc. Ces dernières étaient insérées sur les bords de la fente inter-aortique, et devraient par conséquent se trouver sur les bords *supérieurs* du foramen de Pannizza. Elles ont disparu chez les Crocodiliens, et ont été remplacées par d'autres valvules qui ont pris naissance sur le bord *inférieur* du foramen, c'est-à-dire sur la cloison intervestibulaire. Ces dernières sont donc tout autres que les premières, et elles se trouvent nécessairement placées à un niveau inférieur à celui des premières ; aussi, tandis que chez les Chéloniens les orifices aortiques étaient bien supérieurs à l'orifice pulmonaire, on rencontre chez les Crocodiliens une disposition inverse, et le niveau de l'orifice pulmonaire est supérieur à celui des orifices aortiques, qui se sont forcément abaissés avec la ligne d'insertion de leurs valvules (Pl. VII, *fig.* 1).

J'ai déjà par anticipation insisté, à propos de la description du cœur des Crocodiliens, sur l'homologie des masses musculaires ventriculaires et des faisceaux divers, soit antérieurs, soit postérieurs, chez les Reptiles à ventricules communicants et chez les Crocodiliens. Je n'y reviendrai pas. Pour terminer ce que j'ai à dire des ventricules, il me reste à rapprocher les valvules auriculo-ventriculaires des Crocodiliens de celles des autres Reptiles. Je commence par dire qu'elles leur correspondent directement, malgré les différences importantes qui semblent devoir les séparer, dans le ventricule droit en particulier. J'ajoute que ces différences ne résident que dans des changements plus apparents que réels, et dont on peut suivre facilement la genèse en les attribuant à ce transport des orifices que nous avons vus caractériser le cœur des Crocodiliens. Comparons avec attention ces valvules dans les deux grandes divisions des Reptiles, et analysons la manière dont se produisent leurs transformations en passant de l'une à l'autre.

La partie capitale de l'appareil valvulaire des Reptiles à ventricules communicants consiste dans la tente médiane. Nous savons que la cloison des oreillettes, s'insérant à sa face supérieure, la divise en deux parties qui forment les valvules internes des orifices auriculo-ventriculaires droit et gauche. Nous savons également que ces valvules présentent chacune une corne antérieure et une corne postérieure, où viennent s'insérer des faisceaux musculaires des parois ventriculaires. Les cornes antérieures des valvules embrassent entre elles un angle rentrant ouvert antérieurement ; il en est de même pour les cornes postérieures, mais d'une manière moins prononcée. C'est de la partie inférieure de ces angles rentrants que partent les faisceaux rayonnants antérieur et postérieur, qui constituent la cloison interventriculaire proprement dite.

Chez les Crocodiliens, on trouve également deux valvules auriculo-ventriculaires internes, mais différant notablement de celles des Chéloniens par leur forme, par leur direction et par certains de leurs rapports. La valvule auriculo-ventriculaire gauche, qui se trouvait chez les Chéloniens, Ophidiens, *T* (Pl. V, *fig.* 4), (Pl. XII, *fig.* 2), *4* (Pl. XVI, *fig.* 3, 7), sans relations avec l'orifice et le vestibule de l'aorte droite, a contracté chez les Crocodiliens des relations intimes avec ces parties (Pl. VII, *fig.* 2), *4* (Pl.

XVI, *fig.* 4, 8, 8 *bis*). Ces différences s'expliqueront facilement, et l'homologie de cette valvule auriculo-ventriculaire interne gauche des Chéloniens ne saurait être douteuse. A côté des différences, les points de ressemblance ne manquent certes point. Dans les deux cas, en effet, la valvule est constituée par un voile membraneux, trapézoïde, dont le plan est oblique de haut en bas et de dedans en dehors, dont le bord interne adhère au bord inférieur de la cloison des oreillettes, et dont les bords antérieur et postérieur, et plus particulièrement les cornes, s'insèrent sur les colonnes musculaires des parois correspondantes du ventricule. Une seule différence importante est à noter : elle dépend uniquement du transport de l'aorte droite vers le côté gauche. Cette différence consiste en ceci, que le bord antérieur de la valvule, qui chez les Chéloniens était, dans toute sa longueur, adhérent à la paroi ventriculaire et sans relation même indirecte avec l'aorte droite, se trouve, chez les Crocodiliens, contigu dans sa moitié postérieure à la demi-circonférence droite de l'anneau aortique (Pl. XVI, *fig.* 4). La valvule elle-même forme la paroi droite du vestibule de l'aorte. On voit donc qu'en tenant compte de cette modification, dont la cause ne saurait nous échapper, il n'y a pas de difficulté réelle dans l'établissement des homologies de la valvule interne gauche des Chéloniens et des Crocodiliens.

Il n'en est pas de même quand il s'agit de retrouver des organes homologues dans la valvule interne droite des Chéloniens et dans la valvule fibro-musculaire du ventricule droit des Crocodiliens. Je n'entre pas dans le détail des différences qui frappent au premier examen, leur notion ressort des descriptions que j'ai déjà données dans des chapitres précédents. Je me borne à renvoyer le lecteur à ce que j'en ai dit, et à la comparaison des *fig.* 4 (Pl. V), *fig.* 2 (Pl. VI), *fig.* 2 (Pl. XII) d'une part, et des *fig.* 1 (Pl. VII), *fig.* 1 et 2 (Pl. VIII), *fig.* 1 (Pl. IX) d'autre part. Cela fait, je vais exposer par quel mécanisme les valvules auriculo-ventriculaires internes droite et gauche des Chéloniens, Ophidiens, Sauriens, deviennent les valvules auriculaires droite et gauche des Crocodiliens. Il n'est pas nécessaire, pour en arriver là, d'invoquer des combinaisons de mouvements et de rapports autres que celles que j'ai signalées comme étant la source réelle et le fondement des dispositions caractéristiques du cœur des Crocodiliens. Les modifications diverses qu'il s'agit d'expliquer n'ont point en effet d'autre cause que le transport déjà noté du pôle veineux du cœur en arrière du pôle artériel et vers la droite. De là résultent en effet des modifications qui pourront être facilement saisies sur les *fig*. 3 et 4 (Pl. XVI) et sur les *fig*. 4 (Pl. V) et *fig*. 1 (Pl. VII).

Nous avons vu qu'en vertu de ce transport et des nouveaux rapports qu'il créait, les orifices des aortes droite et gauche venaient se loger dans l'angle formé en avant par les cornes antérieures des deux valvules, et se plaçaient, l'aorte gauche surtout, au-devant de la corne antérieure de la valvule droite, qu'elles repoussaient et déviaient à droite et en arrière. C'est ce que montre bien la *fig*. 4 (Pl. XVI). Cette figure représente aussi une particularité qui a sa valeur : c'est que les orifices aortiques écartent ainsi les cornes antérieures des valvules, mais beaucoup moins la corne gauche. Les orifices aortiques restant à droite du plan de la cloison interauriculaire (Pl. XVII, *fig*. 3), c'est la corne de la valvule droite qui est déjetée en dehors et qui cède sa place primitive aux orifices aortiques (Pl. XVI, *fig*. 4).

Chez les Chéloniens, le bord interne des deux valvules, par lequel elles adhèrent l'une à l'autre et à la cloison inter-auriculaire, présentait une longueur relativement considérable (Pl. XVI, *fig*. 3). Ce bord commun se trouve fortement raccourci chez les Crocodiliens, parce que de bonne heure le pôle artériel, étant venu se placer et se fixer à l'extrémité antérieure de cet axe commun des valvules, en a arrêté le développement dans ce sens. La fixité du pôle artériel déterminée par ses rapports immédiats avec les arcs branchiaux, et son développement centrifuge s'opposent, dans une certaine mesure, à l'extension antérieure de l'axe commun des valvules et de la cloison inter-auriculaire ; et d'une autre part, cet axe commun, appuyé postérieurement contre la masse vertébrale et les organes placés dans cette région, est également arrêté dans son élongation postérieure. Il reste par conséquent limité à une petite étendue, pendant toutes les périodes subséquentes du développement et de l'état parfait. Les oreillettes et les orifices auriculo-ventriculaires, au contraire, étant libres dans leur développement antéro-postérieur (l'orifice ventriculaire gauche surtout), s'étendent dans ce sens et embrassent de plus en plus le pôle artériel. Il en résulte que les deux pôles fixés et adhérents l'un à l'autre se pénètrent de plus en plus profondément, et le pôle artériel finit par former une enclave dans le pôle veineux. Ces modifications expliquent clairement pourquoi le bord antérieur de la valvule gauche 4 (Pl. XVI, *fig*. 4) se compose de deux parties distinctes : l'une postérieure qui est en relation avec l'orifice de l'aorte droite, et l'autre antérieure qui s'insère sur la paroi ventriculaire antérieure.

Nous venons de voir que les choses se passent un peu autrement pour la valvule ventriculaire droite. L'extrémité antérieure de l'orifice auriculo-ventriculaire, auquel elle appartient, est arrêtée en avant par les orifices aortiques et déjetée en dehors et en arrière. Ce mouvement de rotation de l'extrémité antérieure de l'orifice est nécessairement suivi par la corne antérieure de la valvule qui y est fixée, et dont le sommet est ainsi reporté en dehors et en arrière de l'orifice de l'aorte gauche, pour s'y terminer sur une masse fibreuse dont je parlerai bientôt, pour en déterminer la signification (Pl. VII, *fig*. 1), (Pl. VIII, *fig*. 1 et 2), 5' (Pl. XVI, *fig*. 4). Le bord antérieur de la valvule acquiert, par suite de ses rapports, une convexité antérieure très-prononcée. Ainsi s'explique cette forme recourbée en arrière et en haut de la corne antérieure de la valvule auriculo-ventriculaire droite interne.

Mais cette valvule présente encore une particulatité qui frappe au premier abord : c'est la direction presque verticale de son grand axe (Pl. VIII, *fig*. 1 et 2; Pl. IX, *fig*. 1). Cette direction étonne et peut masquer l'homologie de cette valvule avec la valvule horizontale des Chéloniens ; mais un examen attentif permet de s'apercevoir que, même chez ces derniers, cette valvule présente un certain degré d'inclinaison en bas, en arrière et en dehors. De plus, en plaçant la valvule des Crocodiliens dans des situations diverses, et plus particulièrement en l'abaissant, comme dans la *fig*. 1 (Pl. VII), on reconnaît bientôt que la partie inférieure ou musculaire de la valvule des Crocodiliens n'est bien en réalité que la partie postérieure de la valvule des Chéloniens, dont l'insertion aux faisceaux musculaires obliques postérieurs du ventricule est plus étendue, et a subi une inclinaison en bas et en dehors beaucoup plus prononcée. Grâce à cette inclinaison et à cet allongement, la corne postérieure de la valvule a pu atteindre la partie inférieure de la paroi ventriculaire postérieure. Mais les relations avec les faisceaux postérieurs obliques n'en restent pas moins identiques, et les fibres musculaires qui tapissent la partie inférieure de la valvule ne sont point autres que les faisceaux musculaires, qui chez les Chéloniens venaient aboutir à la corne valvulaire. Ainsi donc, malgré les différences apparentes, il y a homologie et correspondance parfaites, et le lecteur pourra s'en rendre facilement compte en comparant la *fig.* 4 (Pl. V) aux *fig.* 1 (Pl. VII), *fig.* 1 et 2 (Pl. VIII), *fig.* 1 (Pl. IX), et *fig.* 3 et 4, (Pl. XVI).

D'après les données précédentes, il est facile de déterminer d'une manière rigoureuse les éléments de la valvule auriculo-ventriculaire droite et les modifications que ces éléments ont subies 5 (Pl. XVI *fig.* 1). C'est ainsi que nous reconnaîtrons à la valvule : 1° un bord interne ou axe commun très-court; 2° un bord antérieur très-convexe en avant, dont la portion postérieure adhère à la face droite de la cloison intervestibulaire ; 3° un bord postérieur très-long et fortement incliné en bas et en dehors ; 4° un bord externe libre, dont la forme varie suivant que la valvule est abaissée ou relevée.

La face supérieure de la valvule des Chéloniens est devenue postérieure, et la face inférieure forme ici la face antérieure. C'est sur cette dernière face que vient adhérer le bord postéro-supérieur de la cloison intervestibulaire (Pl. VIII, *fig.* 1; Pl. XVI, *fig.* 8 *bis*). Il faut remarquer en effet que les orifices aortiques s'étant placés, non point symétriquement dans l'angle antérieur des deux cornes valvulaires, mais surtout au-devant de la valvule auriculo-ventriculaire droite, la cloison intervestibulaire qui correspond à l'interstice des deux aortes ne pouvait correspondre exactement à l'axe commun des deux valvules, mais devait se trouver à droite de cet axe. Il arrive en effet que la cloison intervestibulaire *3* vient par son bord postéro-supérieur adhérer à la tente valvulaire, non point précisément au-dessous de la cloison inter-auriculaire, mais à droite de ce plan et à la face inférieure de la valvule droite (Pl. XVI, *fig.* 8 *bis*). Cette circonstance fournit une preuve positive de la différence d'origine des cloisons interventriculaire et intervestibulaire, la première répondant exactement au plan vertical de la cloison inter-auriculaire, et l'autre se trouvant à droite de ce plan. Aussi la rencontre et la réunion de ces deux cloisons ne peuvent-elles avoir lieu que grâce à un certain degré d'inclinaison de droite à gauche et de haut en bas de la cloison intervestibulaire.

Une analyse aussi complète et aussi détaillée doit donner une idée suffisante des particularités anatomiques de cette valvule et de ses homologies. Je terminerai ce que j'ai à en dire, en peignant par une image les changements de direction que cette valvule a subis en passant des Chéloniens aux Crocodiliens. Pour obtenir ce résultat, il semble qu'on ait saisi la corne antérieure de la valvule des Chéloniens et que, la tirant en haut, en arrière et en dehors, on ait fait basculer la valvule sur un axe transversal, de manière à porter sa corne postérieure en bas et en avant.

Je dois maintenant rechercher ce que deviennent chez les Crocodiliens les deux valvules auriculo-ventriculaires externes des Chéloniens, etc. A gauche, on la retrouve à peine modifiée. C'est encore un petit repli fibreux en forme de croissant C (*fig*. 2, Pl. VII), dont les cornes donnent insertion à des faisceaux musculaires plus distincts et plus accentués que ceux qui s'attachent à la valvule correspondante des Chéloniens. Les modifications sont beaucoup plus marquées du côté droit, et un examen superficiel pourrait laisser croire que toute trace de la valvule externe a disparu de ce côté. Il n'en est rien pourtant. Loin de disparaître sans laisser de vestiges, cette valvule a subi dans ses éléments des transformations remarquables qui, tout en la perfectionnant, permettent à peine de la reconnaître. Cette valvule occupe chez les Chéloniens le bord externe de l'orifice auriculo-ventriculaire droit. Elle a deux cornes, une antérieure et l'autre postérieure, qui se relient plus ou moins aux faisceaux musculaires du ventricule, et qui, s'inclinant en bas et en dedans, passent pourtant au-dessus des cornes de la valvule interne. La valvule interne, aussi bien que l'externe, s'inclinant en bas vers le centre de la cavité ventriculaire, laissent entre elles les bords antérieur et postérieur de l'anneau auriculo-ventriculaire libres et dépourvus d'adhérences valvulaires (Pl. XVI, *fig*. 3). Chez les Crocodiliens, le transport circulaire en dehors et en arrière de l'extrémité antérieure de l'orifice auriculo-ventriculaire droit a fortement rapproché l'extrémité antérieure de cet orifice de la paroi postéro-latérale du ventricule, et a pour ainsi dire supprimé le côté externe de l'orifice (Pl. XVI, *fig*. 4). De quadrilatère qu'il était chez les Chéloniens, l'orifice est devenu triangulaire et n'a plus que : 1° un côté interne, représentant le côté interne des Chéloniens plus une partie du côté antérieur;

2° un côté externe correspondant à la seconde portion du côté antérieur déjeté en dehors et au côté externe très-raccourci; et 3° un côté postérieur représentant exactement le côté postérieur des Chéloniens. Cette nouvelle conformation réduisant à de très-faibles dimensions la place occupée primitivement par la valvule externe des Chéloniens, celle-ci se réduit à son tour à un noyau fibreux (Pl. VII, fig. 1), (Pl. IX, fig. 1), 5^1 (Pl. XVI, fig. 4), qui, partant de l'extrémité de la corne de la valvule interne, atteint bientôt les faisceaux obliques gauches postérieurs du ventricule, c'est-à-dire précisément le point où venait correspondre la corne postérieure de la valvule externe des Chéloniens. Mais si la partie de la valvule externe s'est tellement réduite qu'elle ne forme plus qu'un noyau fibreux, par compensation le faisceau musculaire oblique postérieur, dont elle constituait pour ainsi dire le tendon, a pris un développement compensateur et a formé la valvule musculaire S' (Pl. VII, fig. 1; Pl. VIII, fig. 2; Pl. IX, fig. 1), 5^2 (Pl. XVI, fig. 4). Cette colonne ou valvule charnue, représentant un élément exagéré de la valvule externe des Chéloniens, vient, comme cette dernière, se terminer au voisinage de la corne postérieure de la valvule interne. Les deux valvules se rapprochant par leurs extrémités antérieure et postérieure continuent, malgré leurs transformations, à former une boutonnière, comme chez les Chéloniens. Leur inclinaison commune en bas et vers le centre du ventricule laisse, comme chez les Chéloniens aussi, le bord postérieur de l'anneau auriculo-ventriculaire libre d'attaches valvulaires. Nous savons ce qu'il est advenu du bord antérieur.

J'espère avoir été complet dans l'analyse qui précède, et avoir jeté quelque lumière sur les transformations du système valvulaire auriculo-ventriculaire. Il me reste peu à ajouter à ce que j'ai dit de l'anneau bulbaire des Crocodiliens; je veux seulement faire observer l'accroissement de puissance qu'il acquiert chez ces animaux et la tendance prononcée qu'il a à se confondre avec les parois ventriculaires proprement dites X (Pl. IX, fig. 3). Prenant la forme d'une courbe fortement convexe inférieurement, il tend à pénétrer dans les parois ventriculaires et à se fondre avec les fibres qui composent les parois. Néanmoins, à l'extérieur il reste encore distinct, tandis qu'intérieurement se remarquent des traces plus évidentes de fusion. Chez les Chéloniens, les fibres verticales qui tapissent la paroi postérieure du vestibule pulmonaire ne commencent qu'au voisinage du bord inférieur de l'anneau musculaire; chez les Crocodiliens, des faisceaux verticaux déjà considérables des parois ventriculaires tapissent toute la face interne de l'anneau bulbaire, et le relient fortement au reste des parois ventriculaires (Pl. VII, *fig.* 1).

Je n'ai pas besoin de revenir sur la comparaison et l'homologie complète à établir entre le noyau fibro-cartilagineux des Chéloniens et celui des Crocodiliens; j'ai, dans le chapitre des Crocodiliens, déterminé l'homologie de toutes ses apophyses. J'en dirai autant de la fausse-cloison antérieure, dont j'ai signalé les transformations, consistant particulièrement dans la diminution de son importance et de ses dimensions, et dans la disparition de la lèvre. Quant aux gros troncs naissant du ventricule, pas n'est besoin de faire remarquer qu'ils se correspondent exactement, et que les différences ne se prononcent entre eux que dans la formation de leurs branches de deuxième ou de troisième ordre. L'anastomose abdominale est conservée; c'est tout ce que j'en dis ici, réservant les détails pour une partie spéciale de ce travail.

CHAPITRE IV

PASSAGE DU CŒUR DE CROCODILIEN AU CŒUR D'OISEAU.

L'étude du passage des Reptiles aux Oiseaux offre un très-grand intérêt. On sait aujourd'hui combien sont grandes les affinités entre ces deux classes; on sait aussi tout le parti qu'a voulu en tirer le savant naturaliste anglais Huxley en faveur de la doctrine de la transformation des espèces. Ces affinités sont réelles, on peut aisément les démontrer pour les divers systèmes de l'organisation tout entière ; mais ce n'est pas là le but que je me propose ici, et il nous suffira d'établir les ressemblances considérables qui relient le cœur d'Oiseau à celui de Crocodilien, et d'expliquer d'une manière rationnelle les différences relativement faibles qu'il y a entre eux. Je n'ai rien à ajouter à ce que j'ai déjà dit des oreillettes ; il me reste seulement à comparer les ventricules et les gros vaisseaux.

Les Oiseaux présentent un transport du pôle veineux vers la droite plus prononcé que les Crocodiliens. De là résulte une plus grande torsion du faisceau artériel, qui, comme nous le savons, est fixé par sa partie supérieure et constitue pour ainsi dire l'axe autour duquel s'opère le mouvement circulaire du pôle veineux. Cet axe, fixé supérieurement, se tord pour permettre le transport du pôle veineux ou pôle mobile. De là résulte vers la gauche une saillie plus grande de l'artère pulmonaire qui se place au-devant du ventricule gauche, et vers la droite une saillie très-prononcée de l'aorte qui reste au-devant de l'orifice auriculo-ventriculaire droit (Pl. XVI, *fig.* 5). Cette saillie de l'artère pulmonaire vers la gauche s'accompagne nécessairement d'un prolongement de son vestibule dans cette même direction. Aussi la coupe horizontale du ventricule droit présente-t-elle chez les Oiseaux la forme d'une demi-lune dont la corne antérieure, correspondant au vestibule pulmonaire, recouvre non-seulement l'aorte droite, mais une partie de la face antérieure du ventricule gauche. Une autre conséquence du transport du pôle veineux consiste dans le rapprochement de l'orifice de l'aorte droite (la seule qui existe chez les Oiseaux) du ventricule gauche, et dans la diminution et presque la suppression du vestibule de l'aorte droite (Pl. XVII, *fig.* 4). C'est là un fait intéressant à noter, comme nous le verrons surtout à propos de la détermination des ventricules chez les Reptiles à ventricules communicants.

Le ventricule droit des Oiseaux a pour caractère très-important l'existence de la valvule charnue. Cette valvule, que j'ai décrite avec soin dans un chapitre précédent, et que représente la *fig.* 1 (Pl. IV), est tellement caractéristique qu'elle permet de distinguer toujours avec une entière certitude le cœur des Oiseaux de celui de tout autre Vertébré. Et pourtant cette disposition, malgré sa singularité, n'a qu'une originalité plus apparente que réelle, et n'est qu'une modification, assez profonde il est vrai, de la disposition valvulaire déjà connue, je veux dire des valvules auriculo-ventriculaires droites des Crocodiliens ; c'est ce que je vais examiner.

J'ai, dans le chapitre relatif aux ventricules des Oiseaux, recherché les homologues, dans cette classe, des faisceaux droits antérieur et postérieur et des faisceaux gauches postérieurs du cœur des Crocodiliens. L'examen des connexions nous a permis de conclure que la valvule des Oiseaux représentait, comme la valvule musculaire des Crocodiliens, une saillie exagérée de quelques faisceaux obliques gauches, et que la languette latérale *D* (Pl. IV, *fig.* 2) n'était qu'un fascicule prématurément détaché des fibres obliques de la valvule pour se jeter sur la paroi interne. Quant à la languette antérieure de la valvule des Oiseaux, il faut la considérer comme représentant la valvule musculo-membraneuse des Crocodiliens. En passant des Chéloniens aux Crocodiliens, cette valvule avait subi un mouvement de bascule dont nous avons déterminé le sens avec précision, et en vertu duquel l'extrémité postérieure de la valvule est portée en bas et en avant, tandis que l'extrémité antérieure se porte en haut et en arrière. Ce mouvement de bascule se continue et s'exagère chez les Oiseaux, et atteint un degré tel, que l'extrémité inférieure de la valvule des Crocodiliens, qui se trouvait en relation avec le bord postérieur du premier faisceau rayonnant postérieur et se confondait là avec lui (Pl. VIII, *fig.* 1), vient se porter chez les Oiseaux non loin de son bord antérieur (Pl. IV, *fig*. 1), et s'y confond également avec lui. Cette valvule, en se relevant ainsi, perd considérablement de son étendue, et sa partie supérieure seule subsiste ; elle se réduit par conséquent à une languette charnue oblique en bas et en avant, dont l'extrémité postéro-supérieure se continue directement avec la partie supérieure de la valvule F (Pl. IV, *fig*. 1) qui, comme nous le savons, représente la valvule charnue des Crocodiliens S' (Pl. VII. *fig*. 1). Chez ces derniers, la continuité ne s'établit que par l'intermédiaire d'un petit noyau ou tendon fibreux que nous avons vu représenter la valvule externe des Chéloniens. Dans le cœur des Oiseaux, ce noyau tendineux est remplacé par des fibres charnues qui établissent ainsi une continuité parfaite entre la languette antérieure (valvule fibreuse des Crocodiliens) et la valvule proprement dite (valvule musculaire des Crocodiliens). A travers tous ces changements de direction, de forme, de dimension, la languette antérieure des Oiseaux conserve exactement les mêmes connexions principales que la valvule fibreuse des Crocodiliens : extrémité inférieure reliée et confondue avec le premier faisceau rayonnant postérieur; extrémité supérieure reliée et continue avec le sommet supérieur de la valvule musculaire ; situation de la languette exactement et immédiatement en arrière et au-dessous de la cicatrice de l'aorte gauche.

Les homologies que je viens d'établir se démontrent du reste d'elles-mêmes par un examen comparatif de *fig*. 1 (Pl. IV) avec *fig*. 1 (Pl. VII) et *fig*. 1, (Pl. IX), et de *fig*. 4 (Pl. XVI) avec *fig*. 5. On voit, dans les unes comme dans les autres, l'appareil valvulaire formant une large boutonnière dont les angles inférieurs et supérieurs s'élargissent et s'émoussent considérablement chez les Oiseaux, par suite du mouvement de bascule de la lèvre antérieure de la boutonnière, et dont la commissure supérieure, tendineuse chez les Crocodiliens, est devenue musculaire chez les Oiseaux. Le plan de la boutonnière, oblique de haut en bas et de dehors en dedans, laisse, chez les Oiseaux comme chez les Crocodiliens, une partie de l'anneau auriculo-ventriculaire dépourvue de toute insertion valvulaire. Seulement, tandis que chez les Crocodiliens cette partie libre était peu étendue et bornée au côté postérieur arrondi de l'orifice auriculo-ventriculaire, chez les Oiseaux, le transport en avant de la valvule fibreuse laisse libre tout le bord interne de cet orifice. Ces faits-là, ainsi que tous ceux qui concernent les modifications des valvules auriculo-ventriculaires, rentrent dans une loi générale fort simple que j'exposerai plus tard, après avoir terminé cette revue des transformations cardiaques.

Le bulbe artériel des Oiseaux est très-développé ; il est pourvu d'une épaisse couche de fibres circulaires, mais nous avons vu qu'il se confondait, sans limite précise déterminable, avec les parois ventriculaires. Chez les Crocodiliens, il y avait déjà un certain degré de fusion, puisque les parois internes de l'anneau bulbaire étaient tapissées de fibres verticales qui se continuaient sur les parois ventriculaires; mais au dehors l'anneau musculaire, confondu en apparence, pouvait pourtant être très-nettement délimité. Il n'en est plus ainsi chez les Oiseaux, et la couche annulaire du bulbe se continue à la surface du ventricule droit, en s'évasant et en obliquant de plus en plus en bas et en dedans le plan de ses anneaux.

Le bulbe n'embrasse que l'orifice de l'artère pulmonaire, l'orifice aortique gauche ayant disparu chez les Oiseaux pour des causes que j'exposerai plus loin. Par contre, l'orifice pulmonaire est d'un diamètre plus considérable, et l'artère pulmonaire, qui se divise presque aussitôt après sa naissance en deux troncs volumineux, peut aisément recevoir tout le sang du ventricule droit *1* (Pl. XIV, *fig.* 2).

Le ventricule gauche des Oiseaux se distingue à peine de celui des Crocodiliens: il a exactement la même forme, la même disposition des faisceaux musculaires, les mêmes valvules, et surtout, comme lui, il ne communique qu'avec l'aorte droite. Les seules différences à noter consistent: 1° dans la diminution de longueur du vestibule aortique ; 2° dans le rapprochement consécutif de l'orifice aortique et de la cavité ventriculaire, rapprochement tel que sur une coupe horizontale les lumières de ces deux cavités, au lieu de rester éloignées et distinctes, se mettent en contact et se pénètrent même légèrement (Pl. XVII, *fig.* 4); 3° dans la conformation des valvules auriculo-ventriculaires. Ces deux valvules, dont la situation et les rapports généraux n'ont pas varié, sont moins inégales chez les Oiseaux que chez les Crocodiliens, la valvule externe ayant acquis plus d'étendue dans ses divers diamètres ; 4° une autre particularité doit être enfin notée, car, comme les précédentes, elle représente une forme de transition entre les Crocodiliens et les Mammifères; c'est que, d'une part les cornes des valvules se subdivisent en petits tendons qui vont s'insérer aux faisceaux antérieur et postérieur des parois ventriculaires, et d'autre part le bord libre des valvules, au lieu d'être égal et tranchant comme celui des Crocodiliens, présente quelques dentelures qui se prolongent en filaments tendineux jusqu'aux faisceaux musculaires du ventricule, auxquels ils s'insèrent.

La cloison interventriculaire s'est constituée comme celle des Crocodiliens, mais avec plus de perfection. On y retrouve la série alternative de couches ou faisceaux rayonnants, mais plus forts, d'une texture plus serrée; seulement le premier faisceau rayonnant antérieur des Crocodiliens Z (Pl. VIII, *fig.* 1) se trouve réduit à ses fibres antérieures. Celles-ci se confondent avec le bord antérieur du premier faisceau rayonnant postérieur, qui a la même direction qu'elles. Le cœur des Mammifères nous présentera une constitution identique de la cloison interventriculaire, et comme je puis en donner de bons dessins, je renvoie ce que je pourrais en dire ici au paragraphe qui traitera de la cloison des Mammifères.

Je me réserve également de discuter plus tard une question pleine d'intérêt: celle de la valeur et de la signification de l'aorte droite des Oiseaux. C'est là un sujet qui ne peut manquer d'exciter l'attention, car l'affinité très-grande qu'il y a entre le cœur des Oiseaux et celui des Crocodiliens, affinité qui, je l'espère, sera évidente pour tout lecteur de ce travail, rend d'autant plus frappante la différence qu'il y a dans le nombre des aortes de ces deux classes d'animaux; les Oiseaux ne possèdent qu'une aorte, l'aorte droite, tandis qu'il y a chez les Crocodiliens une aorte droite et une aorte gauche. La discussion de ce fait perdrait beaucoup à être séparée de la question correspondante, mais inverse, qu'impose l'existence exclusive de l'aorte gauche chez les Mammifères. On conçoit combien la discussion de l'ensemble de ces faits gagnera en intérêt, par suite même des résultats opposés que la nature a atteints dans ces diverses classes. Quelques lignes, consacrées aux modifications qui conduisent de l'appareil ventriculaire des Oiseaux à celui des Mammifères, me permettront bientôt d'aborder l'examen de la question des aortes.

CHAPITRE V

PASSAGE DU CŒUR D'OISEAU AU CŒUR DE MAMMIFÈRE.

Comme le cœur des Oiseaux, mais peut-être à un moindre degré, le cœur des Mammifères présente un transport du pôle veineux en arrière du pôle artériel et vers la droite. Je dis à un moindre degré, parce que l'artère pulmonaire et son vestibule font moins de saillie à gauche que chez les Oiseaux. Mais la différence est médiocrement prononcée, et l'on peut dire que, chez les uns de même que chez les autres, l'orifice aortique est venu se placer dans l'angle formé antérieurement par les deux orifices auriculo-ventriculaires, mais plutôt cependant du côté de l'orifice auriculo-ventriculaire droit. Le vestibule aortique a presque entièrement disparu (Pl. XVII, fig. 5), et l'orifice de l'aorte s'est tellement fondu dans l'orifice auriculo-ventriculaire gauche, qu'il ne forme qu'une faible saillie sur la demi-circonférence droite de cet orifice (Pl. XVI, fig. 6 et 6 bis).

Nous avons précédemment retrouvé, comme chez les Oiseaux, la cicatrice de l'orifice de l'aorte gauche dans le ventricule droit B (Pl. X, fig. 1). Je vais maintenant établir la filiation de l'appareil valvulaire de deux ventricules avec celui que nous avons déjà décrit chez les Oiseaux. A gauche, les différences sont presque nulles ; il y a également deux valvules : l'une interne et l'autre externe, l'externe moins étendue que l'interne ; elles ne diffèrent des valvules correspondantes des Oiseaux qu'en ce que leur bord libre est plus dentelé et donne insertion à un plus grand nombre de filaments tendineux.

A droite, l'appareil valvulaire se complique, et l'on en chercherait vainement la signification et la valeur homologique, si l'on ne s'en rapportait aux principes généraux que j'ai émis précédemment sur les appareils valvulaires auriculo-ventriculaires. Cet appareil, qui chez l'Homme a reçu le nom de valvule tricuspide, est en réalité composé de deux valves distinctes, l'une interne et l'autre externe. Comme je les ai déjà décrites, je n'y reviendrai pas, me bornant à renvoyer le lecteur à ce que j'en ai dit et à l'examen de la *fig*. 1 (Pl. X).

La valve externe représente indubitablement la valvule musculaire des Oiseaux et les deux valvules des Crocodiliens; seulement cette valvule a subi plusieurs modifications dans sa constitution et dans sa forme. Sa constitution est redevenue à peu près ce qu'elle était chez les Crocodiliens, c'est-à-dire qu'au lieu d'être entièrement musculaire, comme chez Oiseaux, elle forme une lame tendineuse terminée à ses deux extrémités par une portion musculaire. Comparez *fig*. 1 (Pl. IV), *fig*. 1 (Pl. VII), *fig*. 1 (Pl. IX), *fig*. 1 (Pl. X). Je ne dois point oublier de dire que la valvule exceptionnelle de l'Aptérix, qui est en partie membraneuse et dont le bord inférieur se relie par quelques tendons à une saillie musculaire de la paroi ventriculaire, fournit un point de rapprochement très-intéressant entre les Oiseaux et les Mammifères. La valve externe des Mammifères se relie facilement à l'appareil valvulaire des Crocodiliens; il suffit en effet, pour passer de l'un à l'autre, d'exagérer le mouvement de bascule que nous avons signalé en passant des Crocodiliens aux Oiseaux. Ce mouvement exagéré relève la languette antérieure de la valvule et la met en rapport avec le bord antérieur du premier faisceau rayonnant postérieur et avec la fausse-cloison. Chez l'Homme P (Pl. X, *fig*. 1), chez le Mouton, cette extrémité antérieure charnue vient se confondre avec le bord antérieur des faisceaux rayonnants; mais chez certains Mammifères, le Porc par exemple, le mouvement de bascule semble poussé plus loin, et cette extrémité musculaire de la valvule se divise en deux faisceaux, dont l'un confond ses fibres avec celles du faisceau rayonnant, et dont l'autre $H H'$ (Pl. X, *fig*. 2) se porte en haut et en avant perpendiculairement aux fibres de la fausse-cloison.

La valve externe des Mammifères, si voisine, quant aux connexions, de celles des Crocodiliens, en diffère quant à la forme. La partie tendineuse, loin de former une lame pleine et régulière sur les faces de laquelle les fibres musculaires viennent s'insérer en formant une couche, représente au contraire une lame irrégulière dont le bord dentelé donne insertion à un nombre plus ou moins considérable de petits filets tendineux dont les extrémités opposées se rendent aux faisceaux charnus correspondants.

La valve interne de l'orifice auriculo-ventriculaire droit des Mammifères est sans analogue dans les autres classes de Vertébrés; elle forme une lame tendineuse insérée sur le bord interne de cet orifice, c'est-à-dire sur la partie de ce bord que n'occupe pas la valve externe. Son bord libre dentelé donne insertion à des tendons attachés d'autre part à des faisceaux charnus qui par leur position, leurs rapports, leur direction, appartiennent évidemment à la première couche rayonnante postérieure. La valve interne doit donc être considérée comme une dépendance de cette couche rayonnante, dont les fibres superficielles, loin de rester musculaires jusqu'à leur extrémité supérieure, se sont transformées à ce niveau en tendons filiformes qui s'animent et s'étalent en un tendon aplati qui constitue la valve interne elle-même. C'est encore là une démonstration et une application de la loi générale que j'ai formulée comme présidant à la constitution des valvules auriculo-ventriculaires dans la série des Vertébrés.

La composition de la cloison interventriculaire chez les Mammifères est identique à ce qu'elle est chez les Oiseaux. Cette cloison est également formée par une série de couches rayonnantes antérieures et postérieures. Ces couches rayonnantes sont exactement comparables à celles que nous avons décrites chez les Crocodiliens, elles n'en diffèrent que par deux conditions que je vais signaler : 1° Le rapprochement complet chez les Oiseaux et même la pénétration réciproque chez les Mammifères des deux anneaux aortique et auriculo-ventriculaire, en supprimant le vestibule aortique, mettent le bord supérieur des couches rayonnantes directement en contact avec l'anneau aortique et le point d'insertion des valvules sigmoïdes. Chez les Crocodiliens, la distance qui sépare ces deux orifices éloigne l'anneau aortique des couches rayonnantes, et ces dernières ne sont reliées à cet anneau qu'indirectement et par l'intermédiaire de la portion fibreuse de la cloison, c'est-à-dire par la cloison intervestibulaire (Pl. XVII, fig. 3, 4, 5). Il suit de là que la cloison intervestibulaire, marquée par des points dans ces figures, déjà très-étroite chez les Oiseaux, est entièrement supprimée chez les Mammifères; 2° Une seconde particularité des couches rayonnantes chez les Oiseaux et les Mammifères, c'est qu'au lieu de naître, comme chez les Crocodiliens, presque exclusivement d'un point circonscrit des parois antérieure et postérieure, pour rayonner de là dans un plan antéropostérieur (Pl. VII, *fig.* 2), (Pl. VIII, *fig.* 1), les faisceaux rayonnants étendent leurs insertions sur toute la longueur du bord supérieur de la cloison interventriculaire, et forment ainsi des plans qui se recouvrent entièrement, non-seulement dans leur partie inférieure étalée, mais aussi dans leur partie supérieure. Par là se trouve réalisée une constitution plus homogène et plus solide de la cloison interventriculaire, et par conséquent un degré de séparation ventriculaire supérieur à celui des Crocodiliens.

Ces diverses dispositions sont exactement figurées sur plusieurs dessins joints à ce travail, et que je vais décrire succinctement. Comme les Oiseaux, les Mammifères ont un premier faisceau rayonnant antérieur réduit à des fibres descendantes. Ces fibres forment un petit faisceau qui, partant du bord postérieur de la fausse-cloison, se porte légèrement en arrière pour venir s'appliquer sur le bord antérieur du faisceau rayonnant postérieur et se confondre avec lui. Cette disposition est très-évidente dans la *fig.* 1 (Pl. X), en arrière du dernier faisceau M de la fausse-cloison. Elle se voit également très-bien sur le cœur de fœtus de Veau (Pl. IV, *fig.* 2). Cette dernière figure et la *fig.* 2 (Pl. X) montrent clairement le premier faisceau rayonnant postérieur, qui est mis à nu par sa face gauche en $R\,R'$, *fig.* 1 (Pl. XII). Au-dessous de celui-ci se trouve le second faisceau ou seconde couche rayonnante antérieure O^3 (Pl. XII, *fig.* 1). Cette couche, qui a été enlevée en partie pour montrer la couche subjacente, est représentée entière en $O\,O^1$ (Pl. XI, *fig.* 2); enfin la *fig.* 1 (Pl. XI) montre réunis et confondus le second faisceau rayonnant postérieur P^{11}, et le troisième faisceau rayonnant antérieur P^1. Ces faisceaux réunis PP^1, P^{11} forment un éventail largement étalé : des coupes ont été faites sur certains points pour montrer la couche subjacente O. J'ajoute que chez certains Mammifères, le Porc en particulier, se détache de la cloison au-dessous de l'orifice aortique un faisceau musculaire (Pl. XI, *fig.* 1), et qui se divise bientôt en deux faisceaux musculo-tendineux, dont l'un va se jeter sur la paroi antérieure, et l'autre sur la paroi postérieure du ventricule. Ce faisceau représente là comme une synthèse de la fusion des deux derniers faisceaux rayonnants antérieur et postérieur.

L'étude que j'ai faite de la manière dont se forme la cloison interventriculaire, depuis les Reptiles jusqu'aux Mammifères, a fait suffisamment comprendre le mécanisme de cette formation. Des faisceaux rayonnants naissent symétriquement des parois antérieure et postérieure du ventricule au-dessous de la cloison inter-auriculaire, et, s'appliquant alternativement les uns à côté des autres, déterminent ainsi la séparation des ventricules proprement dits. Cette conception diffère essentiellement de celle qu'a développée le Dr Pettigrew, il y a quelques années, dans un Mémoire important sur la structure du cœur (*Philosophical Transactions*). Pour l'auteur de ce travail, la cloison interventriculaire est formée par un pli rentrant de la paroi antérieure du cœur qui s'étend peu à peu jusqu'à la paroi postérieure, à laquelle il se soude. On voit que le Dr Pettigrew attribue à la cloison interventriculaire proprement dite le mode de formation que j'ai démontré exister pour la fausse-cloison. Pour ne s'être pas suffisamment appuyé sur l'anatomie comparée, le Dr Pettigrew a commis une confusion regrettable.

Chez les Vertébrés supérieurs, en effet, la fausse-cloison et la cloison interventriculaire se sont rapprochées transversalement et appliquées l'une à l'autre, au point qu'il faut être bien prévenu pour ne pas les confondre. Mais chez les Reptiles à ventricules communicants toute méprise est impossible : les deux cloisons sont nettement distinctes et éloignées transversalement. C'est ce que montre bien la coupe de cœur de Python (Pl. XVI, *fig.* 9), où *O P* désigne les faisceaux rayonnants de la cloison interventriculaire, et où *M* désigne le repli antérieur qui constitue la fausse-cloison, d'où naîtra, il est vrai, la cloison intervestibulaire.

CHAPITRE IV

TRANSFORMATIONS DU SYSTÈME AORTIQUE DANS LA SÉRIE DES VERTÉBRÉS.

Le moment est venu d'analyser les modifications du système aortique dans la série des Vertébrés. Le système aortique des Poissons est une continuation si fidèle de l'état embryonnaire, qu'il peut être pris pour le type primitif et le point de départ des transformations successives que présentent les autres classes de Vertébrés. Il se compose, comme on le sait, de deux séries symétriques d'arcs aortiques en nombre variable (quatre, cinq, six ou sept), naissant d'un bulbe uniloculaire et se réunissant pour constituer l'aorte dorsale.

Les Batraciens présentent une première modification de ce type; le bulbe s'y divise imparfaitement en deux loges, et les quatre paires d'arcs branchiaux que possède l'embryon subissent des transformations différentes, chez les Batraciens perennibranches et chez les Batraciens anoures. Chez les premiers, en général, les trois arcs antérieurs forment les racines branchiales aortiques, tandis que le quatrième constitue l'arc pulmonaire aortique. Chez les Batraciens anoures, en général, un des arcs branchiaux s'efface, et, des trois arcs restants, le postérieur constitue les artères pulmonaires, le moyen les arcs aortiques proprement dits, et les antérieurs les artères carotides. Ces modifications peuvent être facilement suivies, et je me borne à les signaler.

C'est surtout chez les Vertébrés allantoïdiens que les transformations vasculaires, moins faciles à observer et plus profondes du reste, peuvent donner lieu à des obscurités et à des erreurs. Chez ces derniers, comme chez les Batraciens, la partie bulbaire du tronc artériel commun de l'embryon se divise en deux rampes, dont l'une appartiendra à l'artère pulmonaire et l'autre aux aortes. Mais cette portion bulbaire se concentre, comme nous l'avons vu, vers la portion ventriculaire du cœur et s'y fond à des degrés divers. C'est dans la partie du tronc artériel commun qui est supérieure à cette portion bulbaire que se produisent des modifications qu'il convient d'analyser. Je dis ici pour mémoire et pour servir de base aux explications qui vont suivre, que du tronc artériel commun naissent deux séries symétriques de cinq arcs branchiaux que l'on désigne sous les noms de premier, second, etc., cinquième, suivant leur ordre successif d'apparition d'avant en arrière. Il faut noter en passant que, selon des observations récentes, il existe probablement deux autres arcs branchiaux antérieurs aux premiers, mais dont l'existence est si reculée et si fugace qu'ils étaient restés inaperçus. Comme ils ne paraissent jouer aucun rôle dans la constitution définitive du système vasculaire des Vertébrés allantoïdiens, nous n'avons pas besoin d'en tenir compte, et je considère seulement les cinq arcs branchiaux d'une apparition postérieure. Avec un tel point de départ, voyons comment se constitue le système aortique chez les Vertébrés allantoïdiens [1].

Chez les Reptiles à ventricules communicants, le tronc artériel commun se subdivise, par la formation de deux cloisons, en trois canaux distincts, l'artère pulmonaire et les deux aortes. Ces deux cloisons, qui paraissent se former de haut en bas, n'atteignent pas inférieurement le même niveau. La cloison qui sépare l'artère pulmonaire descend plus bas que la cloison de séparation des deux aortes. Nous savons en effet que cette dernière laisse subsister entre la base des deux aortes une fente assez considérable que j'ai fait connaître sous le nom de *fente inter-aortique*. Nous connaissons également les relations des valvules sigmoïdes aortiques avec les

---

[1] Pour rendre justice à qui de droit, je dois dire ici que, pour traiter cette question, j'ai tenu grand compte des beaux travaux de H. Rathke : *Ueber die Entwickelung der Arterien welche bei den Saügethieren von den Bogen der Aorta ausgehen* (Müller's Archiv. 1843). — *Ueber die Carotiden der Krokodile und der Vögel* (Müller's Archiv. 1850).— *Untersuchungen über die Aortenwürzeln und die von hinen ausgehenden Arterien der Saurier.* (Denkschriften der kaiserl. Acad. der Vissensch. Dreizehnter Band. Wien. 1857.)

J'ai emprunté même quelques figures à ces mémoires; mais aux faits émis par Rathke, j'en ai ajouté de nouveaux, et j'ai cru devoir même, sur certains points, m'éloigner des vues de cet éminent observateur et modifier profondément ses figures.

lèvres de cette fente, puisque j'ai appelé tout spécialement l'attention sur ce point. Ces trois compartiments distincts du tronc artériel commun se mettent en relation avec un ou plusieurs des arcs vasculaires branchiaux, pour constituer les arcs pulmonaires et aortiques. Le compartiment pulmonaire se continue directement, chez les Chéloniens, Sauriens, Crocodiliens, avec les deux arcs du cinquième rang, qui deviennent ainsi les deux branches de l'artère pulmonaire (Pl. XVII, *fig.* 8). Chez les Ophidiens, le cinquième arc gauche s'atrophie, et le tronc pulmonaire ne reste en continuité qu'avec le cinquième arc droit, d'où naissent les deux artères pulmonaires, qui sont quelquefois très-inégales (Pl. XVII, *fig.* 6), *A* (Pl. XVIII, *fig.* 3). Le second compartiment du tronc artériel commun se continue avec le quatrième arc gauche, qui forme la crosse aortique gauche, et le troisième compartiment se continue avec le quatrième arc droit, qui constitue la crosse aortique droite (Pl. XVII, *fig.* 6). Celle-ci, à l'exclusion complète de la gauche, se met en relation à la fois avec les troisièmes, seconds et premiers arcs branchiaux et leurs portions récurrentes et terminales, pour former le système brachial et carotidien. Chez les Ophidiens, l'aorte gauche ne fournit pas de branches (Pl. XVII, *fig.* 3); chez les Chéloniens, elle donne naissance, par un ou plusieurs troncs, à toutes les artères du système chylopoïétique (Pl. XVII. *fig.* 1 et 2). Chez les Sauriens, elle fournit selon les espèces une ou plusieurs des artères viscérales, les autres naissant de l'aorte abdominale. Chez tous les Reptiles, l'aorte gauche plus ou moins réduite va se confondre avec l'aorte droite, pour former l'aorte abdominale.

Ce mode de développement du système aortique des Reptiles à ventricules communicants s'applique d'une manière assez exacte à la formation du système aortique des Crocodiliens. Chez ces derniers, comme chez les premiers, le tronc artériel commun se subdivise en trois compartiments, dont l'un se met en relation exclusivement avec les deux arcs de la cinquième paire, pour constituer le système pulmonaire. Un autre compartiment, situé à droite, forme la crosse aortique gauche en s'unissant au quatrième arc gauche; et le compartiment postérieur et gauche s'unit au quatrième arc droit, pour constituer la crosse aortique droite. Nous avons vu comment la fente inter-aortique était transformée en pertuis inter-aortique ou foramen de Pannizza, à la fois par le développement de la cloison intervestibulaire et par le remarquable changement de situation des valvules sigmoïdes par rapport aux lèvres de l'ancienne fente inter-aortique. Nous avons vu également que c'était par un transport du pôle veineux du cœur vers la droite et en arrière du pôle artériel, que le ventricule droit se trouvait en relation avec l'artère pulmonaire et l'aorte gauche, tandis que le ventricule gauche ne communiquait qu'avec l'aorte droite. Chez les Crocodiliens comme chez les Chéloniens, le système artériel brachio-carotidien dépend exclusivement de la crosse aortique droite, et le système viscéral chylopoïétique exclusivement de l'aorte gauche descendante.

Chez les Mammifères, le système aortique diffère tellement au premier abord de celui des Crocodiliens, qu'on se demande comment pourra être fait leur rapprochement. D'une part, en effet (Mammifères): aorte gauche en relation avec le ventricule gauche, et pas d'aorte droite; d'autre part (Crocodiliens) : aorte droite en relation avec le ventricule gauche et aorte gauche en relation avec le ventricule droit. Tout paraît opposition et contradiction entre ces deux systèmes ; et pourtant j'espère pouvoir démontrer clairement qu'il y a, sinon identité, du moins rapprochement très-grand et véritable parenté. Je prendrai pour base de cette analyse le système aortique de l'Homme, auquel du reste les systèmes aortiques des autres Mammifères peuvent être facilement ramenés, malgré des différences de divers genres.

Le système aortique des Crocodiliens paraît plus complexe que celui des Mammifères ; celui-ci possède une crosse aortique gauche, comme les Crocodiliens. La crosse droite semble lui manquer, mais ce n'est là qu'un défaut apparent. L'aorte droite est représentée par le tronc brachio-céphalique et l'artère sous-clavière droite, de telle sorte que les deux arcs branchiaux du quatrième rang chez les Mammifères constituent, celui de gauche la crosse aortique gauche, qui conserve sa continuité avec l'aorte descendante, et celui de droite le tronc brachio-céphalique et l'artère sous-clavière droite, qui s'isolent entièrement du système aortique inférieur par l'atrophie de la portion descendante de cette aorte droite (Pl. XVII, *fig.* 9). Cette homologie du vaisseau brachio-céphalique droit avec l'aorte droite, et par conséquent sa signification comme organe symétrique de la crosse aortique gauche, est clairement établie par l'observation embryologique. J'y ajouterai une preuve qui me paraît avoir sa valeur : c'est cette circonstance que le nerf récurrent du pneumogastrique droit embrasse dans sa courbure l'artère sous-clavière droite, de la même manière que le nerf récurrent gauche embrasse la crosse de l'aorte gauche. Il y a là une identité de connexions très-spéciales, dont on sait qu'il faut tenir grand compte dans la recherche des homologies.

Les Mammifères ont donc, comme les Crocodiliens, une *crosse aortique droite* et une *crosse aortique gauche* provenant des deux arcs branchiaux du quatrième rang. Mais ce qu'ils n'ont pas comme eux, ce sont deux *compartiments aortiques* ou deux *aortes ascendantes*. Les deux crosses aortiques des Mammifères naissent, en effet, d'un *tronc ascendant unique et commun*, d'une longueur variable (Pl. XVII, *fig.* 9 et 9 *bis*). La cloison inter-aortique ne s'est point formée, et le tronc artériel commun ne s'est divisé qu'en deux compartiments : 1° compartiment pulmonaire, et 2° compartiment commun des deux aortes. Ce défaut de cloison inter-aortique chez les Mammifères n'est pas du reste un fait entièrement nouveau et sans précédent dans les autres classes de Vertébrés. Nous en avons trouvé la trace dans l'existence de la fente inter-aortique des Reptiles à ventricules communicants, et dans le pertuis aortique des Crocodiliens. Chez les Mammifères, cette tendance de la cloison inter-aortique à rester incomplète a trouvé son entière réalisation; et les deux compartiments aortiques sont restés en communication par l'intermédiaire d'un *foramen de Pannizza* tellement considérable, qu'ils n'ont constitué qu'un seul et unique vaisseau, l'aorte ascendante (Pl. XVII, *fig.* 9 *bis*).

Pour représenter d'une manière complète les troncs réunis des deux aortes des Crocodiliens, l'aorte ascendante des Mammifères devrait avoir un orifice dans le ventricule droit, comme elle en a un dans le ventricule gauche. Ce dernier existe ; et, quant au premier, j'ai suffisamment montré sa trace et indiqué le mécanisme de son occlusion définitive, pour que je n'aie pas besoin d'y insister ici. Nous avons vu en effet que le faisceau droit commun et l'anneau bulbaire, qui aplatissaient et effaçaient cet orifice chez les Reptiles, et chez les Crocodiliens surtout, pendant une grande partie de la systole ventriculaire, acquéraient chez les Mammifères et les Oiseaux une vigueur et une disposition telles, qu'ils maintenaient de très-bonne heure cet orifice dans un état presque permanent d'aplatissement et amenaient son oblitération définitive. Cette oblitération obtenue, les deux troncs aortiques ascendants, réunis en un seul chez les Mammifères, se trouvent exclusivement en communication avec le ventricule gauche. C'est ainsi que s'explique la relation de l'aorte gauche des Mammifères avec ce ventricule, relation qui semble au premier abord en contradiction complète avec ce que l'on trouve chez les Crocodiliens, c'est-à-dire une aorte gauche communiquant avec un ventricule droit. En présence du cœur de Mammifère, il ne faut donc point oublier que ce n'est que parce que l'orifice de l'aorte gauche dans le ventricule droit s'est fermé, et parce que le tronc de l'aorte gauche est resté confondu avec celui de l'aorte droite, que cette aorte gauche se trouve communiquer avec le ventricule gauche. C'est là une *relation indirecte* comparable à celle qui existe chez les Crocodiliens, mais ayant lieu ici par l'intermédiaire d'un pertuis inter-aortique *colossal*. On peut comparer, pour se rendre compte de cette assimilation, la *fig.* 8 *bis* (Pl. XVII) représentant les aortes de Crocodile, à la *fig.* 9 *bis*, représentant les aortes de Mammifère.

En somme, le *cœur de Mammifère n'est autre chose qu'un cœur de Crocodile dont le foramen de Pannizza est considérablement dilaté, et dont l'orifice de l'aorte gauche dans le ventricule droit s'est oblitéré*. Ou bien, en d'autres termes, un cœur de Crocodile, dont le pertuis aortique très-étendu ne pourrait être obturé par le relèvement des valvules sigmoïdes, et dont l'orifice de l'aorte gauche est fermé pendant la systole par la contraction bulbo-ventriculaire, représenterait, à l'état temporaire, l'état permanent du cœur de Mammifère.

Ces rapprochements et ces assimilations si curieuses et si intéressantes ne sont point uniquement le fruit de la spéculation. On peut les appuyer sur des faits nombreux empruntés au domaine de la tératologie, et sur lesquels je vais m'arrêter pour relever les interprétations fausses qu'on leur a données jusqu'à présent, par suite d'une analyse insuffisante, soit de ces faits eux-mêmes, soit des dispositions normales auxquelles on les a comparées.

Les faits tératologiques dont il s'agit sont des cas d'insertion, chez l'Homme, de l'aorte sur les deux ventricules à la fois. Ces cas sont relativement assez nombreux; et on en trouve une série, soit dans Isidore Geoffroy Saint-Hilaire [1], soit dans le Mémoire de Gendrin sur les *Vices de conformation du cœur*[2]. Le professeur Dubrueil (de Montpellier) en a rapporté un fait très caractérisé dans son livre intéressant sur les *Anomalies artérielles*[3]; et M. Gubler en a présenté un autre à la Société de Biologie dans la séance du 14 septembre 1861 [4]. Je n'aurai garde de rapporter tous ces faits, ce qui m'entraînerait trop loin. Je me bornerai à résumer leurs caractères généraux, en insistant particulièrement sur le cas de Dubrueil, dont la pièce est conservée au Musée anatomique de Montpellier, où j'ai pu l'étudier attentivement.

Voici quels sont les traits généraux des faits dont il s'agit. Sur certains sujets chez lesquels on a pendant la vie observé des phénomènes de cyanose et des accès plus ou moins prononcés de suffocation, on trouve à l'autopsie un cœur plus volumineux que dans l'état normal. Les parois du ventricule droit sont d'une épaisseur peu différente de celles du ventricule gauche. Le ventricule droit présente en avant un infundibulum très-restreint qui aboutit à un orifice très-rétréci plus ou moins irrégulier, partiellement obstrué la plupart du temps par des concrétions ou des formations pathologiques. En arrière de l'infundibulum et au niveau de l'anneau auriculo-ventriculaire se trouve un orifice généralement assez régulier, garni quelquefois de deux lèvres calleuses, et qui met le ventricule droit en communication avec l'aorte. Cet orifice est placé *en arrière d'une colonne charnue qui le sépare de l'orifice pulmonaire* (Gubler). L'aorte communique aussi avec le ventricule gauche par un orifice correspondant. Les trois valvules sigmoïdes existent saines ou plus ou moins indurées. Les deux orifices aortiques sont séparés l'un de l'autre par le bord supérieur de la cloison interventriculaire. Ce bord s'insère par ses deux extrémités dans deux interstices des valvules sigmoïdes aortiques, laissant une valvule du

---

[1] Is. Geoffroy Saint-Hilaire; *Histoire génér. et part. des anomalies*, 1832, I, pag. 491.
[2] *Journal génér. de médec.* CI, novembre et décembre 1827.
[3] Dubrueil; *Des anomalies artérielles*, pag. 21. 1847.
[4] *Comptes-rendus de la Société de biologie*, 14 septembre 1861.

côté du ventricule droit, et les deux autres du côté du ventricule gauche (Gubler). L'orifice aortique est donc à cheval sur le bord supérieur de la cloison. Quelquefois la cloison interventriculaire présente au-dessous de l'orifice aortique une véritable échancrure, un défaut de développement. Mais dans d'autres cas, et je l'ai bien constaté dans le fait de Dubrueil, la cloison interventriculaire est complète; son bord supérieur est presque rectiligne ; toute communication directe est impossible entre les deux ventricules proprement dits, et il n'y a de communication qu'entre les segments droit et gauche du cylindre aortique. L'aorte présente généralement une augmentation de calibre qui contraste avec l'exiguïté de l'artère pulmonaire. Le trou de Botal est conservé, mais très-retréci dans la plupart des cas.

Telle est la constitution générale de ces cœurs monstrueux. On peut se demander quelle est la cause de leur conformation anormale et quel est le type auquel ils correspondent dans la série des Vertébrés.

La réponse à la première question se déduit facilement des considérations que j'ai présentées sur l'oblitération de l'orifice de l'aorte gauche chez les Mammifères et les Oiseaux. Pour qu'une pareille oblitération se produise, il faut évidemment que le ventricule droit puisse effacer rapidement sa cavité, ce qui n'aura lieu que si le sang trouve d'autre part une issue suffisante et même facile. Le développement extraordinaire et la prédominance du système pulmonaire chez les Mammifères et chez les Oiseaux transforment l'artère pulmonaire en un large canal d'écoulement pour le sang du ventricule droit, et permettent un effacement rapide et précoce de l'orifice aortique qui se trouve dans ce ventricule. Mais si, comme cela s'est présenté dans tous les cas tératologiques de cet ordre, ce canal d'écoulement vient à être rétréci ou obstrué par une cause quelconque ayant agi dans une période reculée du développement du cœur, il en résulte que l'orifice aortique du ventricule droit est maintenu béant pendant presque tout le temps de la systole ventriculaire, et est ainsi conservé anormalement pendant une durée plus ou moins prolongée de l'existence. A la même cause doit être attribuée la conservation relative du trou de Botal dans ces cas anormaux.

C'est là l'explication naturelle et rationnelle des cas tératologiques dont il est question. Aussi, loin de les considérer, avec Dubrueil, comme des *ectopies* de l'aorte, et, avec Dubrueil et Jacquart[1], comme des *arrêts de développement* de la cloison interventriculaire, je crois qu'il faut plus justement les caractériser de la manière suivante : embarras et affaiblissement de la circulation pulmonaire et conservation de l'orifice aortique du ventricule droit, *sans ectopie de l'aorte*.

D'après les considérations qui précèdent, il est clair que ces cœurs monstrueux représentent à un point de vue très-général la disposition et le fonctionnement du cœur des Reptiles. Il y a en effet, dans l'un et l'autre cas, deux orifices aortiques : l'un spécialement destiné au sang rouge, l'autre au sang noir. Il y a aussi, mais dans des proportions plus ou moins différentes, il est vrai, mélange des deux sangs ; et il y a surtout enfin, comme fondement et cause supérieure de ces particularités (ainsi que je me réserve de le démontrer plus loin), diminution d'importance et défaut d'activité du système pulmonaire. Mais si nous voulons presser la comparaison et nous demander dans quelle famille de Reptiles doivent être recherchées les analogies les plus précises, nous ne répondrons pas, avec Dubrueil, que ces cœurs monstrueux doivent comme instruments *être rapprochés du cœur* d'une espèce d'*Ophidiens*, la *Couleuvre à collier*, et nous n'essayerons pas, avec MM. Gubler et Jacquart, de les rapprocher du cœur de la Tortue. Ce n'est point en effet dans le cœur des Reptiles à ventricules communicants, mais chez les Reptiles à ventricules séparés, c'est-à-dire les Crocodiliens, qu'il faut réellement chercher une analogie précise avec ces cœurs humains imparfaits. Il y a là, en effet, analogie presque parfaite. Les uns et les autres ont des ventricules séparés par une cloison complète et possèdent la condition essentielle de cette séparation, c'est-à-dire le transport des orifices artériels dans l'angle antérieur de deux orifices auriculo-ventriculaires. Les uns et les autres ont : 1° un ventricule droit distinct, qui possède un orifice auriculo-ventriculaire droit, un orifice pulmonaire et un orifice aortique ; et 2° un ventricule gauche pourvu d'un orifice auriculo-ventriculaire et d'un orifice aortique. La seule différence qu'il y ait entre eux consiste dans le défaut de cloison inter-aortique, d'où il résulte que chez l'Homme les deux aortes confondues ne forment qu'un seul tronc, dont

---

[1] *Structure du cœur de la Tortue franche.* (Ann. des sc. natur. Zoolog., pag. 320. 1861.)

l'orifice inférieur se divise en deux parts : l'une plus considérable, comme chez les Crocodiliens pour le ventricule gauche, et l'autre plus étroite pour le droit. Les valvules sigmoïdes externes des deux orifices existent dans les deux ventricules. Les valvules internes, c'est-à-dire celles qui chez les Crocodiliens fermaient le pertuis aortique pendant la systole ventriculaire, manquent entièrement. Ce défaut des valvules internes n'a point lieu de nous étonner, il est la conséquence du défaut de cloison intervestibulaire. Les valvules internes peuvent être considérées en effet comme des dépendances et comme le complément supérieur de la cloison intervestibulaire.

Les considérations que je viens de présenter me paraissent suffisantes pour jeter une vraie lumière sur le système aortique des Mammifères. Le moment est venu d'examiner ce système chez les Oiseaux. Ces derniers ayant une aorte droite communiquant avec le ventricule gauche, et présentant en outre avec les Crocodiliens de grandes analogies de constitution anatomique, il eût été plus rationnel d'étudier leur système aortique avant celui des Mammifères, qui semble s'en éloigner davantage; mais, pour aborder ce sujet avec fruit, il était nécessaire d'avoir certaines notions que l'étude de l'aorte des Mammifères devait nous faire acquérir. Pour cette raison, j'ai retardé jusqu'à maintenant l'examen du système aortique des Oiseaux.

Ce système se compose d'une seule aorte, l'aorte droite, qui presque immédiatement après son origine donne naissance, par son bord gauche et antérieur, à deux troncs brachio-céphaliques, l'un droit et l'autre gauche. Celui-ci se détache le premier, celui-là naît immédiatement au-dessus de lui. Le rapport entre le calibre total de ces deux troncs et celui de la crosse aortique au-dessus de leur origine varie suivant les espèces. Chez les Oiseaux de haut vol, chacun de ces troncs brachio-céphaliques atteint et dépasse même quelquefois en volume la crosse aortique ; le contraire a lieu chez les Oiseaux dont le vol est faible et peu étendu. L'aorte ascendante se porte d'abord à droite, mais la crosse aortique et l'aorte descendante se portent si rapidement en arrière et vers la gauche, qu'on peut être tenté, au premier abord, de considérer ce vaisseau comme une aorte gauche. Mais cette erreur se dissipe promptement lorsqu'on considère que ce vaisseau fournit les troncs brachio-céphaliques par son bord gauche et qu'il est embrassé par le nerf récurrent droit. L'aorte des Oiseaux représente donc bien réellement l'aorte droite des Reptiles et des Crocodiliens; et cette existence d'une aorte droite communiquant avec un ventricule gauche constitue un point de rapprochement très-intéressant entre les Crocodiles et les Oiseaux.

Mais les Oiseaux ont-ils une aorte gauche? et dans ce cas quelle est la partie de leur système aortique qui la représente? Nous avons vu chez les Mammifères l'aorte droite représentée par l'artère sous-clavière droite; pouvons-nous considérer chez les Oiseaux le tronc brachio-céphalique gauche comme étant l'homologue de l'aorte de ce côté? Rathke le pense ainsi, sans l'affirmer pourtant. La *fig.* 9 de la Pl. VI de son important Mémoire sur les racines aortiques des Sauriens, figure que j'ai reproduite (Pl. XVII, *fig.* 7), représente sous une forme schématique le développement du système aortique et carotidien de l'Oiseau. Dans cette figure, les deux crosses branchiales du cinquième rang forment les deux artères pulmonaires. L'arc droit du quatrième rang forme la crosse aortique droite, d'où naît l'artère sous-clavière correspondante. L'arc gauche du quatrième rang, perdant son anastomose inférieure avec l'aorte droite, constitue l'artère sous-clavière gauche; les arcs supérieurs servent, par eux-mêmes ou par leurs anastomoses, à fournir le système carotidien. Ainsi donc, d'après Rathke, l'arc gauche du quatrième rang, qui chez les Reptiles constitue certainement l'aorte gauche, se transformerait chez les Oiseaux en artère sous-clavière gauche, et représenterait sous cette forme incomplète l'aorte gauche des Reptiles.

Malgré l'autorité de Rathke et sa compétence en pareille matière, je ne puis accepter cette opinion, qu'il ne donne du reste que comme une présomption. Voici les raisons que j'invoque à l'appui de ma manière de voir : 1° Si l'artère sous-clavière gauche des Oiseaux représentait l'aorte de ce côté, elle devrait avoir avec le nerf récurrent gauche des relations analogues à celles que le nerf récurrent droit a avec l'aorte droite chez les Oiseaux, et le nerf récurrent gauche avec l'aorte gauche des Mammifères et des Reptiles. Nous avons vu que l'artère sous-clavière droite des Mammifères, qui représentait l'aorte droite, était embrassée, comme leur aorte gauche, par le nerf récurrent du côté correspondant. Or, chez les Oiseaux, l'artère sous-clavière gauche, ou le tronc brachio-céphalique correspondant, n'ont aucun rapport analogue avec le nerf récurrent gauche. Le nerf pneumogastrique et le récurrent de ce côté passent tous les deux également derrière ce vaisseau et ne l'embrassent en aucune manière. C'est ce que j'ai pu constater chez tous les Oiseaux que j'ai disséqués pour me rendre compte de ce fait, c'est-à-dire chez les Pigeon, Canard, Héron, Coq, Cigogne, Corbeau, Vautour, etc. A cet égard donc, le tronc brachio-céphalique gauche des Oiseaux et l'artère sous-clavière qui en est la continuation directe, ne peuvent être considérés comme une crosse aortique gauche. 2° Voici la seconde raison qui me paraît donner gain de cause à mon opinion : les troncs brachio-céphaliques des Oiseaux correspondant *exactement* à ceux des Crocodiliens, alors que le système brachio-céphalique des Crocodiliens présente des particularités fort remarquables qui établissent entre ces animaux et les Mammifères adultes des différences considérables.

Ainsi (Pl. XVIII, *fig.* 4), chacun des troncs brachio-céphaliques ee' fournit sur les parties latérales du cou une artère d'un très-faible calibre gg' qui accompagne la veine jugulaire interne et le nerf vague. Ces deux vaisseaux pairs représentent les *carotides primitives* des Mammifères : ce sont les *carotides communes* (*carotis communis*) de Schlemm, Cuvier, Meckel, Bischoff, etc., les *collatérales du cou* (*collaterales colli*) de Rathke ; en outre, chez les Serpents apparaît, plus tard que les carotides communes, un vaisseau impair qui vient se placer sous les vertèbres cervicales, et qui ne s'étend pas jusqu'à la tête : c'est l'*artère vertébrale* de Cuvier, *arteria collaris* de Schlemm, *carotis subvertebralis* de Rathke. Chez les Crocodiliens existe aussi une artère cervicale impaire f naissant du tronc brachio-céphalique gauche, prenant un développement considérable, s'étendant jusqu'à la tête et se reliant largement en arrière du crâne par deux branches terminales uniques mm' avec les deux carotides.

Or, un très-grand nombre d'Oiseaux présentent exactement la même disposition que les Crocodiliens, et chez les autres on ne constate que des différences insignifiantes pour le fond de la question et ne portant que sur de légères modifications dans le développement. Si l'on considère de plus que les troncs brachio-céphaliques des Oiseaux donnent encore naissance, comme ceux des Crocodiliens, à des artères thoraciques ou mammaires internes ii', à des artères vertébrales proprement dites kk', et se terminent enfin par un tronc sous-clavier ou axillaire, on verra que l'homologie est parfaite et que le tronc brachio-céphalique gauche des Oiseaux est bien précisément le représentant fidèle du tronc brachio-céphalique des Reptiles et des Crocodiliens.

Il résulte, de tout ce que je viens d'établir, que le système aortique des Oiseaux reproduit fidèlement et intégralement le système de l'aorte droite des Crocodiliens avec les deux troncs brachio-céphaliques qui en naissent. Il n'y a donc en lui aucune partie qui puisse correspondre à l'aorte gauche des Reptiles, et il nous reste à rechercher ce qu'est devenu ce vaisseau chez les Oiseaux. Voici ce qui me paraît ressortir de tout ce que nous connaissons de positif sur l'appareil central de la circulation dans cette classe de Vertébrés.

Les affinités nombreuses que nous avons signalées entre les Oiseaux et les Reptiles, affinités qui, disons-le, s'étendent non-seulement à l'appareil de la circulation, mais à bien d'autres appareils de l'économie, me paraissent autoriser à penser que le tronc artériel commun s'est divisé, chez les Oiseaux comme chez les Reptiles, en artère pulmonaire, aorte droite et aorte gauche. Tandis que chez les Mammifères la cloison inter-aortique ne s'était pas formée, cette cloison a dû s'établir de très-bonne heure chez les Oiseaux, de façon à constituer une aorte gauche pourvue dans le ventricule droit d'un orifice dont nous avons déjà du reste constaté la position et la cicatrice. L'aorte droite avec ses divisions, identique à l'aorte droite des Reptiles et des Crocodiliens, a dépendu, comme chez ces derniers, du ventricule gauche. Le développement considérable et l'activité extraordinaire du système pulmonaire, tout aussi bien que la disposition anatomique de l'anneau bulbaire et du faisceau commun droit, amènent de très-bonne heure l'oblitération de l'orifice de l'aorte gauche. D'autre part, en supposant qu'un pertuis de communication inter-aortique analogue à celui des Crocodiliens ait été conservé à cette époque chez les Oiseaux, il est probable que ce pertuis a dû perdre rapidement de son calibre et bientôt disparaître, parce que, le système pectoral en particulier acquérant chez les Oiseaux un développement très-précoce et hors de proportion avec ce qu'il est chez les Reptiles, les troncs brachio-céphaliques qui naissent de l'aorte droite presque immédiatement après son origine s'emparent d'une très-grande partie du sang. Si l'on y joint la quantité de sang que gardent pour elles la crosse aortique droite et l'aorte correspondante, on verra que le système aortique droit réclame pour lui une telle quantité de sang qu'il doit en rester bien peu pour pénétrer de l'aorte droite dans la gauche par le pertuis inter-aortique. La faiblesse du courant dans cette direction est bien faite pour permettre le rétrécissement du pertuis et son oblitération. Cette oblitération doit être du reste très-favorisée par les contractions ventriculo-bulbaires, qui, étant très-multipliées et très-puissantes chez les Oiseaux, aplatissent d'une manière presque continue la lumière de l'aorte gauche au niveau de son origine, et par conséquent au niveau du pertuis aortique, et s'opposent au passage du sang à travers ce pertuis.

Il résulte de cet ensemble de considérations que de très-bonne heure, chez les Oiseaux, l'aorte gauche a dû recevoir très-peu de sang et que, l'importance relative des troncs brachio-céphaliques augmentant rapidement, l'aorte gauche et le pertuis aortique se sont bientôt rétrécis et ont finalement disparu.

Telle me semble la marche probable des phénomènes qui président à la formation du système aortique des Oiseaux, phénomènes qui peuvent se résumer ainsi : développement extraordinaire de l'artère pulmonaire et de l'aorte droite, et atrophie par balancement de l'aorte gauche. Quand j'étudierai le rôle fonctionnel de l'aorte gauche des Reptiles, j'aurai à revenir sur ces considérations, que je borne là pour le moment.

LIVRE DEUXIÈME

Détermination des Ventricules chez les Reptiles à ventricules communicants.

Les notions que nous avons acquises sur les transformations diverses du cœur dans la série des Vertébrés vont nous permettre de discuter et de résoudre pleinement un problème qui a été le sujet de nombreuses controverses et qui est resté jusqu'à présent sans solution. En effet, la détermination des ventricules dans le cœur des Reptiles que j'ai nommés à ventricules communicants, a tellement embarrassé les naturalistes même les plus distingués, qu'elle a donné lieu de leur part à des solutions variées qui sont toutes, on peut le dire, ou des tentatives malheureuses, ou des fins de non-recevoir.

Ces cœurs ont été pendant longtemps considérés comme n'ayant en réalité qu'un ventricule et comme n'offrant aucune trace de vraie séparation ventriculaire. Cette opinion, qui n'est pas abandonnée depuis bien longtemps, ne donne à la fausse-cloison et à la lèvre d'autre signification et d'autre importance que celle d'une saillie charnue limitant l'infundibulum de l'artère pulmonaire. Ce n'est point là une vraie cloison interventriculaire, et cette vraie cloison manque entièrement. Nous savons ce qu'il faut penser de ce défaut complet de cloison interventriculaire, puisque nous avons trouvé chez les Chéloniens, les Ophidiens et les Sauriens des faisceaux charnus rayonnants naissant des faces antérieure et postérieure du ventricule précisément au-dessous et dans le plan de la cloison inter-auriculaire et produisant par leurs saillies opposées une sorte de rétrécissement de la cavité ventriculaire. Nous avons suivi les transformations successives de ces faisceaux dans la série, et nous avons pu conclure de cet examen que c'étaient là les représentants et les éléments fondamentaux de la cloison interventriculaire proprement dite des Vertébrés supérieurs à ventricules séparés. Chez les Chéloniens, Ophidiens, Sauriens, ces faisceaux limités dans leur développement laissent entre eux une portion rétrécie ou goulot qui est le *trou interventriculaire*.

D'autres ont considéré le repli antérieur (fausse-cloison) et sa lèvre comme une vraie cloison interventriculaire incomplète, ou bien comme une limite ventriculaire, car cette saillie n'est point pour tous située exactement entre les deux ventricules et destinée à les séparer. Corti, par exemple, divise les cavités ventriculaires de la façon suivante : il appelle *ventricule droit* l'espace limité par le repli antérieur et sa lèvre, et qui forme le vestibule de l'artère pulmonaire ; la cavité comprise entre ce ventricule droit et le *trou interventriculaire* constitue pour lui l'*espace interventriculaire* (*spatium interventriculare*). A cet espace correspondent les orifices des deux aortes et l'orifice auriculo-ventriculaire droit. Le reste de la cavité ventriculaire qui en occupe l'extrémité gauche et qui n'est en relation qu'avec l'orifice auriculo-ventriculaire gauche, constitue pour lui le *ventricule gauche*.

Il est facile de se convaincre que les cavités auxquelles Corti donne le nom de ventricules sont loin de correspondre aux cavités de même nom chez les Mammifères et les Oiseaux. On doit considérer avec juste raison que chez ces derniers les ventricules ont atteint leur plus haut degré de perfectionnement et représentent l'état parfait. Ils se sont en effet très-nettement délimités et séparés, et chacun d'eux a acquis, comme propriété exclusive, les orifices essentiels, c'est-à-dire un orifice auriculaire pour lui fournir du sang, et un orifice artériel pour en permettre l'écoulement au dehors. Ce sont là les cavités que l'on désigne sous le nom de ventricules quand il s'agit des Mammifères et des Oiseaux. Je ne nie point qu'en anatomie comparée on ne puisse choisir pour type du ventricule une cavité autrement constituée et ne possédant par exemple qu'un orifice. Ce serait le cas des ventricules de Corti, dont le droit n'a que l'orifice artériel, et dont la gauche n'a que l'orifice auriculaire. Mais je ne pense pas qu'il soit d'une bonne méthode de choisir les types parmi les organes les moins parfaits, et surtout parmi ceux dont la constitution reste encore dans un état intermédiaire et conserve des formes indécises, comme il arrive pour le cœur des Reptiles à ventricules communicants. Je crois qu'il vaut mieux choisir les types, en anatomie comparée comme du reste en toute science comparative, parmi les sujets ou parmi les organes nettement dessinés et chez lesquels les tendances sont déjà transformées en faits accomplis. C'est là le caractère du cœur des Mammifères et des Oiseaux, où les tendances à la séparation des deux sangs, au cloisonnement des ventricules, etc., ont trouvé leur entière réalisation. Choisissant donc pour types les ventricules des Mammifères ou des Oiseaux, nous sommes amené à rejeter les dénominations introduites par Corti; elles peuvent d'autant moins être acceptées, qu'elles rejettent hors des ventricules des éléments tels que les orifices aortiques et l'orifice auriculo-ventriculaire droit, qui chez les Vertébrés supérieurs sont des parties constituantes des ventricules. La réunion de ces éléments divers dans un *espace interventriculaire* où ils semblent confusément entassés comme des volumes dépareillés dans le rayon des rebuts, constitue elle-même une condamnation de la détermination des ventricules des Reptiles, telle que Corti l'a proposée.

Au lieu de considérer, avec Corti, le cœur des Reptiles comme composé de trois cavités distinctes, on peut, avec la plupart des anatomistes et M. Gubler encore dernièrement [1], lui reconnaître deux ventricules communiquant entre eux par le trou interventriculaire. La cloison incomplète des deux ventricules serait alors formée non plus par la fausse-cloison et sa lèvre, mais bien par la vraie cloison interventriculaire des Mammifères et des Oiseaux incomplètement développée. Il y aurait donc : 1° un ventricule gauche qui, identique au ventricule gauche de Corti, a un orifice auriculaire et est dépourvu de tout orifice artériel; et 2° un ventricule droit qui, comprenant à la fois le ventricule droit de Corti et l'espace interventriculaire du même auteur, possède un orifice auriculaire et les trois orifices artériels, aortes et artères pulmonaires. Ce ventricule droit serait divisé par le repli antérieur en deux loges, l'une supérieure (aortes et orifice auriculaire) et l'autre inférieure (loge pulmonaire). Ainsi donc, ventricule gauche incomplet et ventricule droit pourvu d'éléments en excès empruntés au

---

[1] *Compt.-rend. de la Soc. de biol.*, séance du 14 septembre 1861.

ventricule gauche : tels sont les résultats d'une pareille détermination. Il suffit de les présenter pour en démontrer le défaut de justesse et pour en provoquer le rejet.

Tandis que l'opinion précédente, conservant le ventricule gauche de Corti, réunissait l'espace interventriculaire et le ventricule droit du même anatomiste, pour en constituer le ventricule droit, M. Jacquart[1], prenant pour types les ventricules des Mammifères, renverse les termes précédents, conserve le ventricule droit de Corti, et réunit son ventricule gauche à l'espace interventriculaire, pour en former le ventricule gauche. M. Jacquart suppose donc que *la cloison incomplète du ventricule droit* (c'est-à-dire la fausse-cloison et sa lèvre) *représente la paroi interventriculaire complète des Mammifères*. « Alors tout s'explique, ajoute M. Jacquart (faisant allusion aux difficultés soulevées par la théorie qui précède) : l'unité de plan n'est plus détruite ; il y a seulement variété dans l'unité, et la loi des connexions vient nous guider dans la recherche des analogies, qui nous échappaient. Le cône pulmonaire, ou loge inférieure du ventricule droit, représente le cœur droit tout entier. La loge supérieure des auteurs n'est plus qu'un diverticulum du cœur gauche bilobé en quelque sorte, rétréci, comme étranglé au niveau du trou interventriculaire par un des piliers charnus qui garnissent sa cavité. Le ventricule gauche recouvre ainsi les vaisseaux aortiques auxquels il donne naissance ; c'est qu'ici, comme chez les Mammifères, le ventricule gauche empiète sur le droit en arrière, tandis qu'en avant c'est le droit qui couvre le gauche. De plus, quand les valvules de la base des ventricules sont relevées, ces cavités communiquent non plus par un trou rétréci, mais par un passage assez large, et qui rend admissible l'hypothèse d'un rétrécissement entre les deux loges du ventricule gauche (Pl. XVII, *fig.* 2 ter)[2]. »

---

[1] Jacquart ; *Organisation de la circulation chez le Serpent Python.* (*Ann. des scienc. nat.*, 4ᵉ série, tom. IV, pag. 236.)

[2] Les figures 1 à 5 de la Planche XVII sont destinées à peindre aux yeux les limites et les circonscriptions ventriculaires. Le rouge appartient au ventricule gauche, le bleu au ventricule droit, le vert à la cloison charnue interventriculaire. J'ai marqué par des points la cloison intervestibulaire quand elle existe, ou la place qu'elle devrait occuper quand elle n'existe pas. La *fig.* 2 ter reproduit la conception de M. Jacquart.

Telle est, textuellement rapportée, la théorie de M. Jacquart. Il sera facile de démontrer que l'auteur se fait illusion en la croyant propre à tout expliquer. On peut d'abord lui demander s'il y a une analogie parfaite entre ce ventricule droit sans orifice auriculaire et le ventricule droit des Vertébrés supérieurs, ou bien encore entre ce ventricule gauche pourvu de deux orifices aortiques et des deux orifices auriculaires et le ventricule gauche des Vertébrés supérieurs ? Il est évident que l'auteur s'est attaché à un point de vue erroné, et s'est appuyé sur des considérations qui manquent de justesse. Il y a là une contradiction frappante. Le fait qui aux yeux de M. Jacquart blesse le plus l'analogie dans la théorie des anatomistes, adoptée par M. Gubler, c'est « que le ventricule gauche ne donne plus naissance à aucun vaisseau. Les deux aortes, ajoute-t-il, ou, suivant Meckel et Carus, l'aorte qui devrait naître du ventricule gauche, prend naissance dans le ventricule droit, et celui-ci, par contre, donne naissance à la fois à l'aorte et à l'artère pulmonaire. » Mais on peut faire remarquer à M. Jacquart que le reproche qu'il adresse si judicieusement à une théorie que nous avons déjà condamnée, ne s'applique que trop justement à la sienne. Quand, en effet, prenant comme lui pour type les Mammifères, il s'agit de rechercher les ventricules des Reptiles à cloison incomplète, on n'a pas plus le droit de considérer comme ventricule une loge dépourvue d'orifice auriculaire (ventricule droit de Corti et de Jacquart), qu'une loge dépourvue d'orifice artériel (ventricule gauche de Corti et autres). Il va sans dire que nous pourrions apprécier de la même façon, soit une cavité pourvue à la fois des deux orifices auriculaires et des deux orifices aortiques (ventricule gauche de Jacquart), soit une loge pourvue uniquement des trois orifices artériels, aortiques et pulmonaire (ventricule droit des auteurs). Au reste, et je le montrerai clairement plus tard en exposant la conception qui m'est personnelle, c'est une erreur de M. Jacquart[1] de penser que, chez les Mammifères et les Reptiles, *le ventricule gauche empiète sur le droit en arrière, tandis qu'en avant c'est le droit qui couvre le gauche*, et que *les deux aortes doivent naître du ventricule gauche*. Cette dernière proposition, qui ne saurait

---

[1] Jacquart; *Organes de la circulation du serpent Python* (loc. cit.), et *Structure du cœur de la Tortue Midas*. (Ann. des sc. nat. Zool., 4ᵉ série, tom. XVI, 1861.)

être acceptée par ceux qui ont lu le chapitre précédent, me paraît être une des principales causes qui ont induit en erreur l'auteur des deux Mémoires, du reste très-intéressants, que j'ai eu et que j'aurai encore l'occasion de citer.

Je terminerai cette revue des conceptions diverses qui ont été mises en avant pour déterminer les ventricules des Reptiles, en disant que la difficulté d'une pareille détermination a fait adopter par quelques anatomistes des dénominations qui ne préjugent en rien la question, et qui sont, dans tous les cas, utiles pour le langage descriptif. C'est ainsi que certains auteurs ont donné à l'infundibulum le nom de *loge pulmonaire*, et au restant de la cavité le nom de *loge aortique*. Brücke considère le ventricule comme divisé en deux parties communiquant entre elles par le trou interventriculaire. A gauche la *loge artérielle* (*cavum arteriosum*), et à droite la *loge veineuse* (*cavum venosum*) qui est subdivisée par la lèvre de la fausse-cloison en deux compartiments, l'un supérieur aortique et l'autre inférieur pulmonaire.

Je viens de démontrer que toutes les théories précédentes, auxquelles on pourrait peut-être en ajouter d'autres moins importantes, ne peuvent résister à un examen sérieux ou satisfaire aux exigences de l'anatomie philosophique. Il leur manque à toutes d'être le fruit d'une étude comparative minutieuse des transformations du cœur dans la série zoologique, aussi bien que dans la série embryologique. Nées de la comparaison de points de la série trop distants les uns des autres, tels que la Tortue et les Mammifères, elles sentent l'effort et ont quelque chose d'artificiel qui est contraire à la vérité. Ce n'est pas ainsi qu'il convient de procéder; et, loin de comparer entre eux des termes extrêmes ou éloignés, il faut rechercher des termes moyens qu'il soit possible de rapprocher en restant fidèle à la nature. Ce terme moyen, je le trouve naturellement dans le cœur des Crocodiliens, qui, demeurant encore un cœur de Reptile, est déjà presque un cœur d'Oiseau, et nous permet par là de passer au cœur des Mammifères.

Quelques notions essentielles ont également manqué dans l'édification des théories précédentes. Je mets en première ligne la notion du mode de formation de la cloison des ventricules des Crocodiliens et des Vertébrés supérieurs par deux éléments distincts, la *cloison interventriculaire* proprement dite et la *cloison intervestibulaire*. Il faut y ajouter la notion des changements de rapport de ces deux éléments de la cloison des ventricules qui, situés chez les Chéloniens, Sauriens, etc., dans des plans éloignés transversalement, se rapprochent chez les Crocodiliens au point de devenir continus et se rapprochent encore plus chez les Oiseaux et les Mammifères. J'ajoute enfin en troisième ligne la notion de la cause de ce rapprochement, c'est-à-dire le chevauchement l'un au-devant de l'autre des deux pôles artériel et veineux du tube cardiaque.

Si ces notions fussent entrées en ligne de compte, on aurait compris chez les Chéloniens l'accumulation à droite des orifices artériels et l'accumulation à gauche des orifices veineux, et chez les Crocodiliens le rapprochement et l'emboîtement de ces orifices de nature différente. On n'eût point songé à attribuer l'orifice de l'aorte gauche au ventricule gauche, et l'on eût enfin, grâce à ces fils conducteurs, pu démêler avec sûreté chez les Chéloniens, etc., les éléments entremêlés et quasi confondus des deux ventricules. C'est ce que je vais essayer de prouver, en apportant moi-même dans cette recherche la méthode et les notions qui m'ont paru désirables chez ceux qui m'ont précédé dans cette voie.

Je n'ai pas besoin de revenir sur ce que j'ai déjà longuement développé dans maintes parties de ce travail, à savoir : l'homologie et la correspondance parfaite des cavités ventriculaires des Mammifères et des Oiseaux. Le lecteur doit être parfaitement renseigné sur ce point, de telle sorte qu'il me suffira de prendre les ventricules des Oiseaux comme terme de comparaison. Rapprochons maintenant ces derniers des ventricules des Crocodiliens, et voyons quels sont les éléments qui les constituent. Le ventricule droit, le plus complexe et le plus embarrassant des deux, comprend chez les Oiseaux, comme chez les Crocodiliens, en allant d'avant en arrière :

1° Antérieurement, l'infundibulum ou vestibule de l'artère pulmonaire ;

2° Le vestibule de l'aorte gauche, dont l'orifice aplati, mais conservé chez les Crocodiliens, s'oblitère complètement chez les Oiseaux, ainsi que je l'ai suffisamment démontré ;

3° Enfin, en arrière, l'orifice auriculaire droit et la portion de la cavité ventriculaire qui, correspondant à cet orifice, se trouve immédiatement au-dessous de lui et à droite de la cloison interventriculaire proprement dite. Cette troisième partie, je l'appellerai portion auriculaire du ventricule droit.

Ces trois éléments, considérés sur une coupe horizontale (Pl. XVII, *fig.* 3 et 4), forment une sorte d'arc ou croissant ouvert vers la gauche et embrassant le vestibule et l'orifice de l'aorte droite. Ils sont séparés de l'aorte droite et du ventricule gauche par des cloisons différentes d'origine. L'orifice et le vestibule pulmonaire sont séparés de l'aorte droite par la fausse-cloison. Entre le vestibule de l'aorte gauche et celui de l'aorte droite se trouve la cloison intervestibulaire, large et fibreuse chez les Crocodiliens, très-rétrécie et devenue musculo-fibreuse chez les Oiseaux. La portion auriculaire du ventricule droit est séparée de la portion auriculaire du ventricule gauche par la cloison interventriculaire proprement dite. Ainsi se trouvent groupés et délimités ces éléments qui embrassent dans un croissant la face droite des éléments du ventricule gauche. Il y a donc identité dans la composition des ventricules droits des Oiseaux et des Crocodiliens, et il n'y a entre eux qu'une légère différence de situation générale. Tandis, en effet, que chez les Oiseaux (Pl. XVII, *fig.* 4), le croissant formé par le ventricule embrasse régulièrement le ventricule gauche, de telle sorte que ses cornes antérieure et postérieure s'étendent symétriquement au-devant et en arrière de celui-ci, chez les Crocodiliens (*fig.* 3), la corne antérieure est plus courte que la postérieure et s'étend beaucoup moins que celle-ci vers la gauche. Le ventricule droit, qui chez les Crocodiliens embrasse le ventricule gauche par sa face droite et un peu postérieure, l'embrasse chez les Oiseaux par ses faces droite, postérieure et antérieure (Pl. XVI, *fig.* 4 et 5). En d'autres mots, en passant des Crocodiliens aux Oiseaux, le ventricule droit semble avoir chevauché d'arrière en avant et de droite à gauche. Cette apparence est du reste l'expression d'un fait réel, et le résultat direct du transport du pôle veineux du cœur vers la droite et en arrière du pôle artériel, transport dont j'ai suffisamment parlé ailleurs.

Le ventricule gauche est plus régulier, plus homogène et plus condensé que le ventricule droit ; il se compose exactement des mêmes éléments chez les Crocodiliens et chez les Oiseaux. Ces éléments sont :

1° A droite et un peu en avant, le vestibule de l'aorte droite, au sommet duquel se trouve l'orifice aortique correspondant (Pl. XVII, *fig.* 3). Nous avons vu que ce vestibule, très-long chez les Crocodiliens, se raccourcissait chez les Oiseaux (*fig.* 4), et plus encore chez les Mammifères (*fig.* 5), de telle sorte que l'orifice aortique, complètement étranger, chez les Crocodiliens, à la lumière de la cavité du ventricule gauche, et en étant même éloigné, était ramené vers la cavité ventriculaire, au point de lui devenir tangente chez les Oiseaux, de se pénétrer profondément et de se couper avec elle chez les Mammifères (Pl. XVI, *fig.* 4, 5, 6, 6 *bis*).

2° A gauche et un peu en arrière, l'orifice auriculaire gauche et la portion auriculaire du ventricule gauche, qui est située à gauche de la cloison interventriculaire proprement dite. Je répète ici que les portions auriculaires des ventricules sont précisément délimitées et séparées entre elles par la cloison interventriculaire proprement dite, tandis qu'entre les vestibules aortiques se trouve la cloison intervestibulaire.

Le ventricule gauche (Pl. XVII, *fig.* 3, 4), ainsi composé, présente sur une coupe horizontale la forme d'un ovale, ou plus exactement la forme d'une poire dont la petite extrémité, correspondant à l'orifice aortique, pénètre dans le croissant du ventricule droit, dont le grand axe est dirigé obliquement de gauche à droite et un peu d'arrière en avant. Il résulte de ce que j'ai déjà dit que ce grand axe est, toute proportion gardée, notablement plus long chez les Crocodiliens que chez les Oiseaux.

Ainsi donc, composition des ventricules exactement la même chez les Crocodiliens et chez les Oiseaux ; mêmes formes et mêmes rapports généraux, sauf des différences légères que j'ai notées soigneusement, et qu'il sera utile de rappeler dans la suite de la discussion de ce sujet.

Il s'agit maintenant de nous transporter sur un terrain voisin de celui que nous venons d'explorer, et de rechercher la constitution des ventricules chez les Chéloniens, Ophidiens, Sauriens, en prenant pour guide et pour type le cœur des Crocodiliens. On ne peut douter de l'étroite parenté qu'il y a entre ces cœurs ; et dans les études précédentes j'ai longuement insisté sur cette parenté, en même temps que j'ai expliqué d'une manière bien simple et bien naturelle la cause des différences qui frappent l'observateur, malgré la grande analogie qu'il y a au fond entre ces organes.

Recherchons d'abord, chez la Tortue par exemple, les éléments du ventricule droit, et comparons leur mode de groupement, leurs relations avec ce que l'on observe à cet égard chez les Crocodiliens. Des trois éléments qui composent ce ventricule droit (Pl. XVI, fig. 3 et Pl. XVII, fig. 2), nous trouvons, en allant d'avant en arrière :

1° L'infundibulum de l'artère pulmonaire qui est nettement circonscrit par la fausse-cloison et sa lèvre,

2° En arrière, le vestibule de l'aorte gauche et l'orifice correspondant. Ce vestibule est, chez les Chéloniens, séparé du vestibule de l'artère pulmonaire par la lèvre de la fausse-cloison, et ne communique avec lui que par une fente placée entre le bord libre de la lèvre et la paroi ventriculaire. Il n'en est pas de même chez les Crocodiliens, où, la lèvre manquant, les deux vestibules pulmonaire et aortique communiquent très-largement entre eux. J'ajoute que la présence de la lèvre diminue les dimensions relatives du vestibule aortique chez les Chéloniens ; mais à part ces légères différences, qui ne changent rien à leur situation respective, ces deux éléments sont exactement comparables chez les Chéloniens et chez les Crocodiliens (Pl. XVII, fig. 2 et 3). Mais, au lieu que chez ces derniers le vestibule de l'aorte gauche est nettement séparé de celui de l'aorte droite par la cloison intervestibulaire, chez les Chéloniens, au contraire, ces deux vestibules ne sont que très-incomplètement délimités entre eux par ce rudiment de cloison fibreuse intervestibulaire que nous avons rencontré sur la saillie postérieure de la fausse-cloison, et qui se continue en haut avec l'apophyse postérieure du noyau cartilagineux. Bien plus, la communication des deux vestibules est non-seulement largement effectuée par l'absence d'une vraie cloison intervestibulaire, mais elle est encore accrue par l'existence de la fente inter-aortique ; de telle sorte qu'il y a là une espèce de fusion plus apparente que réelle des deux vestibules et des deux orifices qui a fait croire à tort à quelques anatomistes, Meckel et Carus entre autres, que les deux aortes s'ouvraient par un orifice commun. Mais cette fusion des deux vestibules, qui est vraie au point de vue descriptif, est déclarée fausse de par la physiologie. Nous avons vu en effet que pendant la systole ventriculaire le vestibule de l'aorte gauche était aplati et effacé entre la face postérieure de la lèvre et le faisceau droit commun, de telle sorte que la distinction entre les deux vestibules, faiblement indiquée seulement par un rudiment de cloison, est entièrement réalisée par le fonctionnement de l'organe.

3° Avec le troisième élément du ventricule droit, c'est-à-dire la portion auriculaire du ventricule, commencent réellement les difficultés de reconstitution du ventricule. La difficulté résulte surtout de ce que cette portion du ventricule ne paraît point directement reliée avec le second élément ou vestibule de l'aorte gauche. Tandis que chez les Crocodiliens cette portion du ventricule droit était directement continue avec le vestibule de l'aorte gauche et était placée en arrière et un peu à gauche de lui, elle est en effet, chez les Chéloniens, éloignée du vestibule de l'aorte gauche et semble séparée de lui par le vestibule de l'aorte droite. Nous connaissons la cause de cette différence : nous savons en effet qu'elle provient de ce que chez ces derniers le pôle veineux est resté à gauche du pôle artériel, ce qui a maintenu les orifices et les vestibules aortiques éloignés chacun de la portion auriculaire du ventricule qui leur correspond ; tandis que chez les Crocodiliens, le pôle veineux s'étant transporté vers la droite et en arrière du pôle artériel, le vestibule de chacune des deux aortes est venu se placer au-devant et un peu à droite de l'orifice auriculaire correspondant, et s'est mis directement en contact avec lui. C'est ainsi que l'orifice et le vestibule de l'aorte gauche sont venus se mettre en rapport intime avec l'orifice auriculaire droit et la portion du ventricule qui lui correspond. Il y a donc, chez les Chéloniens, entre ces deux éléments une distance qui paraît occupée par le vestibule de l'aorte droite, distance qui a certainement embarrassé les observateurs, et à laquelle j'attribue la plus grande part dans les conceptions fausses qui ont été émises sur les ventricules des Reptiles autres que les Crocodiliens.

La difficulté existe certainement, mais elle est loin d'être insurmontable, ainsi que j'espère le démontrer. Je prie le lecteur de ne point perdre de vue, pendant la démonstration suivante, les *fig.* 2 et 3 de la Pl. XVII, représentant des coupes schématiques des ventricules de la Tortue et du Crocodile. Ces figures lui permettront de voir que chez les Chéloniens le vestibule de l'aorte gauche n'est pas entièrement séparé de la portion auriculaire droite du ventricule par le vestibule de l'aorte droite. En arrière de ce dernier, en effet, se trouve un espace ou *couloir* transversal, qui, contournant en arrière l'orifice et le vestibule de l'aorte droite, vient relier le vestibule de l'aorte gauche à la portion auriculaire droite du ventricule. Cet espace intermédiaire est étroit dans le sens antéropostérieur, et présente transversalement la forme d'un couloir capable de relier, malgré la distance qui les sépare, les deux éléments du ventricule dont il s'agit. Ce couloir n'est nullement séparé du vestibule de l'aorte droite, qu'il circonscrit postérieurement. La cloison qui serait appelée à établir entre eux une délimitation précise et une séparation serait la cloison intervestibulaire, qui, naissant de l'angle postérieur de la fausse-cloison, séparerait d'abord les deux aortes, et, se prolongeant en arrière et fortement à gauche, contournerait l'orifice et le vestibule de l'aorte droite, et irait rejoindre le bord libre de la cloison interventriculaire proprement dite. On voit que pour suffire à ce parcours capricieux, sinueux et très-étendu (désigné par une ligne ponctuée *fig.* 2,2 *bis*), la cloison intervestibulaire eût dû acquérir un grand développement ; mais, au contraire, cette cloison reste à l'état de vestige et laisse donc sans limites et sans séparation deux espaces appelés à appartenir chez des animaux supérieurs à deux ventricules différents et entièrement séparés. Chez les Crocodiliens, en effet, la séparation a eu lieu. Deux conditions essentielles sont venues en favoriser l'établissement : 1° D'une part, chaque vestibule aortique s'étant transporté au contact de l'orifice auriculaire correspondant, le couloir qui chez les Chéloniens réunissait le vestibule de l'aorte gauche à la région auriculaire droite du ventricule s'est raccourci au point de disparaître presque entièrement (Pl. XVII, *fig.* 3), de telle sorte que la cloison intervestibulaire s'est rapprochée transversalement de la cloison inter-ventriculaire et a pu se souder avec elle et compléter la séparation (Pl. XVI, *fig.* 8). 2° D'autre part, la cloison intervestibulaire, au lieu de rester comme chez les Chéloniens à l'état de vestige, acquiert une étendue considérable ; néanmoins cette cloison n'a pas à circonscrire le vestibule de l'aorte droite dans ses faces droite, postérieure et gauche, comme elle eût dû le faire chez les Chéloniens. Elle se borne à le circonscrire à droite et à peine en arrière, parce qu'elle rencontre bientôt et à ce point même la cloison interventriculaire, qui s'est transversalement rapprochée d'elle, et à laquelle elle s'unit.

Ainsi donc, les éléments du ventricule droit se retrouvent exactement chez les Chéloniens comme chez les Crocodiliens, et forment, comme chez ces derniers, un croissant ouvert à gauche et en avant, embrassant dans sa concavité le ventricule gauche et particulièrement le vestibule de l'aorte droite. La seule différence à la fois importante et embarrassante qu'il y ait entre ces ventricules provient de ce que, chez les Chéloniens, à cause de la distance transversale qui sépare le pôle veineux du pôle artériel du cœur, la portion auriculaire de ce ventricule droit a dû se prolonger vers la droite en se rétrécissant en forme de couloir, pour venir se réunir au vestibule de l'aorte gauche. Il résulte de là que la corne postérieure du croissant formé par le ventricule droit, qui déjà chez les Crocodiliens s'étendait vers la gauche plus que ne le faisait la corne antérieure, voit cette disposition se prononcer bien davantage chez les Chéloniens, ainsi que le montrent clairement les *fig*. 2, 2 *bis* et 3 (Pl. XVII).

Les éléments du ventricule gauche sont, avons-nous dit, chez les Crocodiliens : 1° le vestibule de l'aorte droite; et 2° la portion auriculaire gauche de la cavité ventriculaire. Ces deux éléments existent chez les Chéloniens, mais en affectant, soit entre eux, soit avec les autres parties du cœur, des rapports spéciaux qu'il est bon de préciser. 1° Le vestibule de l'aorte droite se trouve, comme nous l'avons vu à propos du ventricule droit, circonscrit en arrière par le couloir ou portion rétrécie de ce ventricule. Nous avons dit que ces deux parties appartenant à des ventricules différents étaient chez les Chéloniens dépourvues de limite distincte, et *à fortiori* de cloison. 2° La portion auriculaire du ventricule se trouve à gauche de la cloison interventriculaire et communique par le trou interventriculaire avec la portion auriculaire du ventricule droit. Cette portion offre relativement moins de capacité chez les Chéloniens que chez les Crocodiliens, ce qui tient à des considérations physiologiques liées au degré d'importance de la circulation pulmonaire.

Mais ce que présentent de plus spécial les deux éléments du ventricule gauche chez les Chéloniens, ce sont leurs rapports mutuels. En effet, les mêmes causes qui maintiennent le vestibule de l'aorte gauche éloigné de la portion auriculaire du ventricule droit, maintiennent aussi le vestibule de l'aorte droite à une grande distance de la portion auriculaire du ventricule gauche. Mais, tandis que nous avions trouvé les deux éléments du ventricule droit réunis par une portion rétrécie ou couloir, nous trouvons les deux éléments correspondants du ventricule gauche entièrement séparés par l'interposition de l'extrémité antérieure de l'orifice auriculaire droit; de telle sorte que si à droite il y a continuité par un vrai couloir, à gauche la continuité ne peut être sensée établie que par un couloir *virtuel* plutôt que *réel*, marqué par une ligne rouge dans la *fig.* 2 (Pl. XVII). Mais on comprend facilement par quel procédé ces deux éléments parviennent à s'unir chez les Crocodiliens, c'est-à-dire comment le transport de l'orifice et du vestibule de l'aorte droite dans l'angle antérieur des deux orifices auriculaires réunit intimement en une seule cavité les deux éléments du ventricule gauche (Pl. XVII, *fig.* 3).

J'espère avoir exactement déterminé, chez les Chéloniens, les Ophidiens et les Sauriens, les éléments qui constituent les ventricules des Vertébrés qui leur sont supérieurs. Nous savons que chez ceux-ci chacun des ventricules se compose essentiellement de deux éléments dont l'un appartient au pôle veineux du tube cardiaque (portion auriculaire), et dont l'autre appartient au pôle artériel (artère pulmonaire et aortes). Ces éléments, groupés chez les Vertébrés supérieurs de manière à constituer deux ventricules complets et distincts, sont loin de présenter le même caractère chez les Chéloniens, etc. Loin d'être rapprochés et fondus, ces éléments présentent, chez les Chéloniens, une sorte d'éparpillement, et n'ont même pas dans le ventricule gauche les indices, les traces de liaison qu'on peut discerner dans le ventricule droit. Ainsi donc, l'*entité ventriculaire*, si parfaite et si caractéristique chez les Crocodiliens, et plus encore chez les Oiseaux et les Mammifères, n'est point un fait *primitif* dans la série zoologique, c'est un fait *consécutif* produit pour ainsi dire artificiellement dans les classes élevées par le rapprochement, la réunion et la fusion d'éléments restés séparés et même éloignés dans les classes inférieures. C'est là une loi qu'il est intéressant de constater. A cette première loi il faut en ajouter une seconde. La constitution de l'*entité* ou du *tout ventriculaire* se produit dans la série zoologique, non point, comme on l'a cru, par un certain degré de *chevauchement des deux ventricules l'un sur l'autre*, mais par un *chevauchement des deux pôles artériel et veineux du cœur l'un autour de l'autre*, ou, pour parler avec une entière exactitude, *par une rotation du pôle veineux autour du pôle artériel*[1]. Le sens de cette rotation est tel, que le pôle veineux se porte *vers la droite et en arrière du pôle artériel*.

Mais si l'on peut, dans le cœur des Chéloniens, chercher et retrouver exactement les éléments des ventricules des Vertébrés supérieurs, l'on ne peut point, d'un autre côté, légitimement considérer ce cœur au point de vue anatomique comme constitué par de *véritables ventricules* formant des appareils complets et comparables à ceux des Vertébrés supérieurs. Il en est de même de ce cœur envisagé au point de vue physiologique. Il me suffit, pour le prouver, de renvoyer à la partie de ce travail où j'ai traité de la circulation du sang dans le cœur des Chéloniens. Il en ressort effectivement qu'aucun des systèmes de cavités que j'ai déterminés comme représentant un des ventricules des Vertébrés supérieurs, n'est exclusivement réservé à l'un des deux états du sang. L'espace interventriculaire de Corti, que nous avons vu formé par des éléments appartenant aux deux ventricules, renferme en effet, d'abord du sang noir, ensuite du sang mixte, et plus tard enfin du sang rouge. Le vestibule de l'artère pulmonaire et la portion auriculaire du ventricule gauche sont les seules cavités qui soient exclusivement réservées, l'une au sang noir et l'autre au sang rouge ; de telle sorte que pendant la diastole ventriculaire, un des éléments du ventricule gauche (la portion auriculaire) renferme du sang rouge, et l'autre élément (le vestibule de l'aorte droite) renferme du sang noir ; et pendant la systole, l'un des éléments du ventricule droit (la loge pulmonaire) contient du sang noir, tandis qu'un autre élément (la portion

---

[1] Tout ce qui précède, et mieux encore la *fig.* 2 (Pl. XVII), disent assez ce qu'il faut penser de cette assertion que M. Jacquart apporte à l'appui de sa théorie : « Ici (c'est-à-dire chez le Serpent), comme chez les Mammifères, le ventricule gauche empiète sur le droit en arrière, tandis qu'en avant c'est le droit qui couvre le gauche ». Si l'on compare la *fig.* 2 (Pl. XVII) avec la *fig.* 2 *ter*, qui reproduit les conceptions de M. Jacquart sur les ventricules des Chéloniens, on verra que c'est le contraire qui a lieu. J'en dis autant pour cette proposition de M. Gubler « que chez les Ophidiens et la Tortue franche, le cœur gauche se trouve reporté plus en arrière et le droit est plus en avant ». (*Loc. cit.*)

auriculaire) reçoit du sang rouge et ne renferme même à la fin que du sang rouge.

Il y a donc confusion et intrication des deux ventricules, au point de vue physiologique comme au point de vue anatomique, et plus encore qu'au point de vue anatomique ; car si l'anatomie nous a permis de retrouver avec précision les éléments ventriculaires, la recherche de ces éléments, en prenant pour base et pour critérium la nature du sang que renferment les cavités, nous mettrait en présence d'un vrai dédale.

Puis donc que, même au point de vue anatomique, l'on ne peut pas considérer le cœur des Chéloniens comme composé de vrais ventricules, distincts, il me semble légitime de rejeter la dénomination de *ventricule* de la description de cet organe chez les Reptiles à ventricules communicants. Ce mot doit être réservé pour le langage de l'anatomie philosophique et employé dans la recherche des homologies ; mais il ne peut qu'embarrasser et introduire des notions fausses, quand il s'agit d'anatomie descriptive proprement dite. Nous avons vu que Brücke appelait loge veineuse (*cavum venosum*) toute la partie des ventricules placée à gauche du trou interventriculaire et renfermant du sang veineux pendant la diastole, et loge artérielle (*cavum arteriosum*) le reste de la cavité renfermant du sang rouge. Ces dénominations peuvent être adoptées dans le langage descriptif ; elles offrent pourtant cet inconvénient de baser la désignation des cavités sur la nature du sang qu'elles contiennent. Cette nature variant dans certaines régions du cœur pendant le cours de la systole, il peut en résulter quelque confusion. Sans rejeter cette nomenclature, qui peut avoir son utilité pour exprimer une division générale de la cavité ventriculaire, je proposerai néanmoins des dénominations qui sont certainement plus exactes, et qui permettent de se faire une idée plus analytique de la cavité ventriculaire des Chéloniens, Ophidiens, Sauriens. Ces dénominations sont du reste connues, puisque je les ai employées dans le cours de ce travail ; je me borne à les réunir ici. La cavité ventriculaire des Reptiles à ventricules communicants se compose, de droite à gauche, de : 1° la loge ou vestibule pulmonaire ; 2° le vestibule de l'aorte gauche ; 3° le vestibule de l'aorte droite ; 4° la portion auriculaire du ventricule droit avec son couloir postérieur ; et 5° la portion auriculaire du ventricule gauche.

LIVRE TROISIÈME

Lois générales de la constitution du Cœur dans la série des Vertébrés.

Après avoir manié et remanié le cœur des diverses classes de Vertébrés, et après avoir procédé, dans l'étude que je viens d'en faire, tantôt par voie d'analyse, tantôt par voie de synthèses partielles, je dois tâcher d'exprimer en quelques formules générales les lois qui paraissent présider aux transformations variées de cet organe à travers ces groupes. Ces transformations ne sont point toutes de même nature : elles demandent donc à être classées en plusieurs catégories.

Je m'occuperai premièrement des modifications de l'axe du cœur (Pl. XVI, fig. 1, 1 bis, 2, 3, 4, 5, 6). A cet égard, nous avons vu chez certains Poissons les diverses cavités du cœur, placées en série rectiligne antéro-postérieure, commençant en avant par le pôle artériel et se terminant en arrière par le pôle veineux. Cet axe rectiligne est remplacé chez la plupart des Poissons par un axe plus ou moins recourbé en anse à convexité postérieure. Cette anse est placée, suivant les espèces, dans un plan, soit transversal, soit antéro-postérieur, soit intermédiaire.

Les Batraciens nous présentent également l'axe du cœur recourbé en anse comprise dans un plan transversal ; le pôle artériel est à droite, le pôle veineux est à gauche. A cela, chez les Reptiles à ventricules communicants, s'ajoute un léger mouvement de rotation du pôle veineux autour du pôle artériel. Ce mouvement, peu étendu, porte le pôle veineux un peu en arrière du pôle artériel et le pousse très-faiblement vers la droite. A la *flexion* de l'axe du cœur se joint donc un faible degré de *torsion*.

En remontant aux Crocodiliens, le transport du pôle veineux en arrière du pôle artériel et vers la droite se prononce encore davantage. Le degré de torsion est augmenté.

Enfin, chez les Mammifères et les Oiseaux, le transport du pôle veineux vers la droite s'exagère, et la torsion de l'axe s'exagère aussi.

Nous pouvons donc formuler avec exactitude la proposition suivante :

En remontant des Vertébrés inférieurs aux Vertébrés supérieurs, l'axe du cœur, d'abord rectiligne et antéro-postérieur, commence par subir une flexion en forme d'anse, à laquelle s'ajoute un degré de torsion de plus en plus prononcé.

Pour éviter des longueurs et des répétitions, je désignerai cette formule sous le nom de *Loi de flexion et de torsion de l'axe*.

Si nous jetons un coup d'œil d'ensemble sur les segments successifs et distincts qui se trouvent sur le parcours de l'axe du cœur, nous constaterons ce fait que leur nombre, plus élevé chez les Poissons, diminue à mesure que l'on remonte vers les Vertébrés supérieurs. Ainsi, chez les Poissons, l'appareil cardiaque se compose, en allant d'un pôle à l'autre : 1° de l'embouchure de la portion terminale des veines caves; 2° du sinus veineux; 3° des auricules; 4° des ventricules ; 5° du bulbe artériel. Quand j'ai étudié les oreillettes, j'ai montré, en allant des Poissons aux Mammifères, la fusion progressive des auricules avec le sinus veineux et même avec la portion centrale des veines caves; j'ai également démontré en un autre endroit la fusion progressive du bulbe artériel et du ventricule, de telle sorte que chez les Vertébrés supérieurs les segments successifs du cœur se sont réduits à deux, oreillettes et ventricules. Il y a donc, en remontant dans la série des Vertébrés, une tendance de plus en plus marquée vers la concentration et la fusion des éléments de l'appareil cardiaque suivant l'axe longitudinal de cet appareil.

Mais, d'autre part aussi, nous avons constaté, en remontant cette même série, une tendance de nature toute différente. Nous avons vu le tronc artériel commun et le bulbe se partager, se diviser, suivant leur diamètre transversal, en deux compartiments, l'un pulmonaire et l'autre aortique, ce dernier se divisant ou non (Mammifères) en deux loges secondaires.

Nous avons constaté également la formation des cloisons intervestibulaire et interventriculaire, de la cloison des auricules et de la cloison du sinus veineux ; tout autant de cloisons qui montrent clairement une tendance à la division des cavités du cœur dans le sens du diamètre transversal. Nous pouvons donc légitimement réunir ces faits généraux sous la formule suivante :

En remontant des Vertébrés inférieurs aux Vertébrés supérieurs, il y a, dans l'appareil cardiaque, tendance de plus en plus marquée à la concentration et à la fusion suivant l'axe longitudinal, et à la division suivant le diamètre transversal.

Ce sera la *Loi de concentration longitudinale et de division transversale.*

Cette loi résume d'une manière complète tout ce que nous avons dit précédemment des ventricules des Chéloniens comparés à ceux des Crocodiliens et à ceux des Oiseaux et des Mammifères. Par la loi de division transversale s'explique la séparation des deux vestibules et des deux portions auriculaires des ventricules ; et la loi de concentration longitudinale nous permet de comprendre cette fusion croissante de l'élément vestibulaire et de l'élément auriculaire du ventricule, fusion qui produit *l'entité ventriculaire* distincte. J'ajoute, pour être à la fois exact et complet, que, dans le cas particulier des ventricules, la rotation du pôle veineux autour du pôle artériel concourt puissamment à produire cette concentration (Pl. XVII, fig. 2, 3, 4, 5).

Il est enfin dans le cœur des parties qui subissent, suivant les classes et quelquefois suivant les familles et même les genres, des modifications que j'ai eu l'occasion de constater et qui me paraissent susceptibles de rentrer dans quelques formules générales. Je désigne par là les valvules, soit artérielles, soit veineuses, soit auriculo-ventriculaires.

J'ai déjà, dans la partie de ce travail qui est relative à la recherche des homologies des valvules auriculo-ventriculaires, exposé ma manière de concevoir ces valvules. Sans revenir inutilement sur les faits qui forment la base de l'opinion que j'ai émise, je désire ici résumer ce qu'on peut dire de général à ce sujet. J'ai dit que ces valvules devaient être considérées, non comme des organes de création spéciale, mais comme des dépendances et des modifications des faisceaux musculaires internes des parois ventriculaires. Tantôt entièrement musculaires, comme dans le ventricule droit des Oiseaux et des Crocodiliens; tantôt transformées partiellement en tendons aplatis et étalés, elles n'en représentent pas moins des faisceaux musculaires des parois ayant la direction des faisceaux voisins, dont ils se sont plus ou moins détachés pour faire saillie dans la cavité du ventricule. Ces valvules présentent, à partir des Reptiles inclusivement, un certain degré de constance dans leur nombre et dans leurs rapports généraux. Aussi peut-on déterminer leurs homologies malgré les transformations qu'elles subissent. Elle présentent à la fois des perfectionnements de forme, de disposition et de puissance. Ces derniers sont quelquefois très-prononcés ; ils sont naturellement en relation directe avec l'accroissement de puissance musculaire des parois du cœur, et ils atteignent leur maximum chez les Mammifères et surtout chez les Oiseaux.

Les valvules des orifices artériels ne sont nullement des organes musculaires, elles sont des dépendances, de vraies apophyses des membranes internes cellulo-élastiques des artères. Elles constituent des dispositions plus accidentelles que les valvules auriculo-ventriculaires ; aussi présentent-elles de fréquentes variations de nombre. Il y en a trois pour chaque orifice artériel chez les Mammifères et les Oiseaux, deux seulement chez les Reptiles, deux pour les deux aortes réunies chez le Crapaud, trois pour l'orifice inférieur du bulbe chez le même animal. Les Poissons enfin présentent de nombreuses variations à cet égard. Ces valvules manquent quelquefois : c'est ainsi que les valvules inférieures du bulbe artériel des Poissons et des Batraciens disparaissent chez les Reptiles et chez tous les autres Vertébrés. Ces valvules varient aussi quant à leur situation et à leurs connexions; je n'en veux pour preuve que le changement de position que présentent les valvules aortiques en passant des Chéloniens aux Crocodiliens.

Quant aux valvules des orifices veineux dans les oreillettes, nous avons suivi leurs transformations et leurs pérégrinations, dirais-je. Nous avons vu ces valvules d'abord placées entre le sinus et la région des auricules (Poissons, Batraciens); puis situées un peu en arrière dans le sinus même et subdivisées en valvule du sinus pulmonaire, et valvules du sinus des veines caves (Chéloniens, Ophidiens, Sauriens, Crocodiliens); puis reculant encore chez les Oiseaux jusqu'aux embouchures des veines caves dans le sinus, et se subdivisant en segments propres à chaque veine cave; et enfin s'effaçant chez les Mammifères, pour ne laisser que de faibles vestiges, la valvule d'Eustachi et la valvule de Thébésius. Ces valvules sont de véritables saillies de la paroi du sinus ou des veines, ou bien elles dépendent de la cloison des auricules, et ont par conséquent, comme tous ces organes, une structure musculaire plus ou moins prononcée.

Tels sont les caractères généraux propres à chacun des trois systèmes de valvules qui se trouvent dans l'appareil cardiaque. Voici maintenant des considérations plus générales embrassant tout le système valvulaire cardiaque.

Les *valvules naissent au niveau des rétrécissements du tube cardiaque*. Si le lieu où elles se trouvent dans une classe, dans une famille, etc., cesse d'être un rétrécissement dans une autre classe, dans une autre famille, etc., les valvules disparaissent à ce niveau. Il en est ainsi pour les valvules inférieures du bulbe des Batraciens, qui manquent chez les Chéloniens, etc., où le bulbe, se confondant avec le ventricule, cesse d'être séparé de lui par un rétrécissement. Il en est également ainsi pour les valvules veineuses des Mammifères, où la portion terminale des veines caves se dilate pour s'incorporer à l'oreillette. Bien plus, si le rétrécissement se déplace, les valvules se déplacent avec lui : témoin les valvules des orifices veineux dans les oreillettes.

Les *valvules cardiaques considérées dans la série des Vertébrés partagent donc le sort des rétrécissements*[1]. *Elles naissent, se déplacent et disparaissent avec eux.*

Cette *loi des valvules* nous présente donc une corrélation curieuse dont on peut essayer de donner l'explication. N'est-il pas légitime de penser que les lèvres ou bords d'un rétrécissement sont appelés à supporter des chocs

---

[1] J'emploie ici l'expression de *rétrécissements*, quoiqu'elle ne soit pas absolument exacte. Ce sont plutôt des points où le tube cardiaque n'est pas dilaté, et qui restent étroits par rapport aux parties voisines, qui ont subi une dilatation. Le tube cardiaque présente dans sa formation des points qui se dilatent, et entre eux des anneaux qui ne se dilatent pas. J'appelle ces derniers des *rétrécissements*. Le mot étant expliqué, je le conserve pour la facilité du langage.

et des frottements qui à l'époque du développement embryonnaire, c'est-à-dire pendant une période où la faculté de création des tissus et des organes est très-grande, sont bien propres à y exciter la formation d'appendices ou de lames valvulaires? Mais les valvules, comme tous les organes, ne sont conservées que par le jeu de leurs fonctions. L'effort qu'elles supportent semble les maintenir dans leurs dimensions normales, et, si elles sont rendues insuffisantes, elles permettent au courant de s'établir en tout sens, deviennent par cela même indifférentes, et ne sont plus choquées, distendues et étalées par le reflux du liquide ; alors elles se ratatinent, se rétrécissent et se transforment en inégalités, en saillies qui finissent elles-mêmes par s'effacer. C'est ce que prouve l'étude des cas pathologiques, et c'est ce que confirment les faits physiologiques. J'en ai donné une preuve intéressante quand j'ai établi l'existence et la disparition progressive des valvules des embouchures des veines caves chez les jeunes Mammifères. Ainsi donc, toute valvule qui devient insuffisante tend à disparaître. Or une dilatation précoce du tube cardiaque, dans un point où pour une autre classe existe un rétrécissement pourvu de valvules, me semble devoir être considéré comme une cause d'insuffisance, et par conséquent comme une cause de disparition. D'autre part aussi, l'apparition chez une classe d'un rétrécissement, dans un point où il n'en existait pas pour une classe différente, s'accompagne de l'apparition de valvules nouvelles. C'est ainsi que cette double corrélation explique dans la série des Vertébrés le transport des valvules des orifices veineux d'avant en arrière, transport consécutif au déplacement dans le même sens du rétrécissement qui sépare les oreillettes, soit du sinus, soit d'une portion du sinus, soit enfin des veines caves elles-mêmes.

Il est un autre fait sur lequel j'ai promis de revenir, et qui pourrait trouver son explication rationnelle dans les considérations qui précèdent. Nous avons vu que les valvules aortiques des Crocodiliens ne représentent nullement les valvules aortiques des autres Reptiles, et sont des organes entièrement nouveaux. Nous avons déjà démontré que la torsion précoce de l'axe du cœur des Crocodiliens avait permis le développement de la cloison intervestibulaire et sa soudure avec le bord supérieur de la cloison interventriculaire. Il résulte de ces conditions que le reflux du sang aortique trouve au-devant de lui le bord supérieur de la cloison fibreuse intervestibulaire, sur lequel il tend à se diviser en deux courants. Il y a donc sur ce bord tranchant un choc considérable qui doit y provoquer de très-bonne heure la formation des deux valvules, l'une pour l'aorte gauche et l'autre pour la droite. Ce sera donc au niveau de ce bord, et non plus à la partie supérieure de la fente aortique, que se trouvera le véritable rétrécissement aortique, c'est-à-dire l'anneau, sur lequel surtout portera l'effort du choc en retour, et c'est à ce niveau que se développeront aussi les valvules externes des deux orifices aortiques. Ainsi me paraissent s'expliquer chez les Crocodiliens l'abaissement de niveau du plan des orifices aortiques, et la position si nouvelle des valvules par rapport à la fente inter-aortique devenue foramen de Pannizza.

Je clos là cet essai de généralisation. J'ai dû le présenter non-seulement pour résumer et classer sous quelques chefs principaux les connaissances que nous avions acquises, mais encore et surtout pour servir de base aux considérations suivantes, qui auront pour objet une comparaison rapide des transformations du cœur des Vertébrés dans la série zoogénique et dans la série embryogénique.

LIVRE QUATRIÈME

Du parallélisme entre les divers états du Cœur dans la série zoogénique et dans la série embryogénique.

Dans la constitution des sciences naturelles, il est souvent arrivé qu'une théorie générale, née, dans un esprit spéculatif, d'un ensemble encore indécis et incomplet de connaissances, ait souvent trouvé sa démonstration ou sa réfutation dans l'étude d'une des questions particulières qu'elle contenait. Porter en effet les questions générales sur un terrain spécial bien délimité, c'est les serrer de près sans les rétrécir, et les contraindre à une rigueur et à une exactitude qu'il semble difficile d'atteindre quand il s'agit d'embrasser un champ trop étendu. Poussé par cette considération, je désire examiner ici, et à propos de cette étude sur l'appareil central de la circulation, la question si souvent discutée et aujourd'hui un peu renaissante de la constitution de la série zoologique par des arrêts de développement dans le travail génésique parvenu à des degrés divers.

L'idée mère de cette hypothèse paraît appartenir, d'après M. Milne-Edwards [1], à Kielmayer, l'un des fondateurs de l'école allemande des naturalistes philosophes. Meckel, Tiedmann, etc., ont fourni des arguments en sa faveur, mais elle a été surtout appuyée et développée par M. Serres, qui en a fait comme la base et la lumière de son enseignement scientifique; et je crois, pour donner une idée aussi exacte que possible de ses vues à cet égard, devoir lui emprunter la formule même de cette théorie.

« Quand on a suivi pas à pas la composition de l'Homme, d'une part, et de l'autre la décomposition en série des animaux, on est conduit à con-

---

[1] Milne-Edwards; *Introduction à la zoologie générale*, chap. VI, pag. 93. 1853.

clure par l'évidence des faits que *souvent l'organogénie humaine est une anatomie comparée transitoire, comme à son tour l'anatomie comparée est l'état fixe et permanent de l'organogénie de l'Homme ;* et par contre, si l'on retourne la proposition ou la méthode d'investigation, si l'on observe l'animalité de bas en haut, au lieu de s'assujétir à la considérer de haut en bas, on voit les organismes de la série reproduire *souvent* ceux de l'embryon et se fixer à cet état, qui devient pour les animaux le terme de leur développement. *La longue série des changements de forme qu'offre le même organisme en anatomie comparée n'est que la reproduction de la série nombreuse des transformations que cet organisme subit chez l'embryon de l'Homme dans le cours de ses développements...* La série animale, considérée ainsi dans ses organismes, n'est qu'une longue chaîne d'embryons jalonnés d'espace en espace, et arrivant enfin à l'Homme, qui trouve ainsi en partie son explication physique dans l'organogénie comparée.»

Tel est le système que je me propose d'examiner de près, à l'aide des lumières que nous fournit l'étude si minutieuse que nous venons de faire de l'appareil central de la circulation chez les principaux types des Vertébrés. Cet appareil est, peut-être plus que tout autre, propre à fournir à la théorie de Serres l'appui d'une démonstration; il convient de ne pas l'oublier, soit pour en faire la base de quelques réserves dans les conclusions favorables qu'on pourrait être appelé à émettre, soit pour considérer le système comme inadmissible s'il ne peut résister à une épreuve même si favorable.

Je déclare dès l'abord que je ne veux considérer ici que les Vertébrés. L'esprit de système porté à ses extrêmes limites a pu seul jusqu'à présent tenter de ramener à un même type les Vertébrés et les Invertébrés. L'unité entre ces deux groupes primaires ne peut évidemment avoir trait à la disposition réciproque, à la coordination des appareils entre eux. Il y a à cet égard des différences radicales que les vues les plus ingénieuses et les solutions les plus cherchées et les plus étudiées ne sont point encore parvenues à affaiblir. Les rapports mutuels des systèmes nerveux, circulatoire et digestif, le point d'insertion de la vésicule ombilicale, varient d'un groupe primaire à l'autre, de manière à les rendre *jusqu'à présent* irréductibles en un type unique. Cette unification systématique ne peut être légitimement tentée, pour le moment, qu'au point de vue de l'existence même des appareils ou des systèmes considérés isolément et en eux-mêmes. Il est certain que dans les deux groupes primaires se manifeste clairement une tendance à la formation de certains grands systèmes ou appareils (nerveux, digestif, circulatoire) dont l'ensemble constitue l'animal complet, mais qui, comme je viens de le dire, empruntent au groupe auquel appartient cet animal des différences capitales de situation et de rapports réciproques.

Ces différences, qui se trahissent dès les premiers temps de l'apparition des appareils, détruisent naturellement tout parallélisme rationnel entre les types des Invertébrés et les diverses périodes du développement embryonnaire d'un Vertébré. Aussi laisserai-je de côté les assimilations forcées qui ont été tentées à cet égard, et me bornerai-je à comparer l'appareil central de la circulation, d'une part chez les principaux types de la série des Vertébrés, et d'autre part dans les divers moments de sa formation chez un Vertébré supérieur, l'Homme par exemple. Ainsi, la série des Vertébrés et l'embryon humain constituent les deux lignes dont je vais étudier simultanément les directions, pour constater, soit leur parallélisme, soit leurs intersections et leurs divergences plus ou moins multipliées. Il est bien entendu que je ne veux point faire ici un traité d'embryologie ; je me bornerai à un simple et rapide énoncé des résultats acquis à la science actuelle, et je me dispenserai des développements.

J'ai formulé précédemment les lois générales qui semblent présider à la constitution des diverses formes du cœur dans la série des Vertébrés. Il faut examiner d'abord si ces lois s'appliquent également à la formation des modifications successives du cœur pendant le développement de l'embryon humain. Pour ce qui concerne l'axe du cœur pendant les diverses périodes de la vie embryonnaire d'un Vertébré supérieur, il est incontestable que cet axe, d'abord rectiligne et parallèle à l'axe de l'embryon, subit une flexion en forme d'U, et que plus tard la branche du pôle veineux ou branche gauche de l'U vient se porter en arrière de la branche du pôle artériel et vers la droite, de telle sorte qu'il y a à la fois flexion et torsion. Ce n'est du reste que par ces modifications de l'axe que peut s'expliquer la formation de deux ventricules séparés et pourvus chacun d'un orifice veineux et d'un orifice artériel. Cette constitution d'un cœur double composé de deux appareils ventriculaires distincts est d'une conception difficile en embryologie, comme nous avons vu qu'elle l'était en anatomie comparée. Les phénomènes précoces et rapides qui modifient d'une manière remarquable l'axe du cœur entraînent les modifications intérieures qui sont la clé et l'explication de cette constitution définitive du cœur à deux ventricules distincts et complets.

Il est intéressant de remarquer que nous avons constaté, en suivant la série des Vertébrés, des modifications de l'axe du cœur exactement semblables aux précédentes ; et il est non moins intéressant de constater encore que ces modifications de l'axe entraînent chez les types de la série des Vertébrés des modifications intérieures exactement semblables aussi à celles que le développement embryonnaire a successivement produites. Seulement ces modifications intérieures, je veux dire le mode de constitution des deux entités ventriculaires complètes et séparées, peuvent être exactement et longuement observées pour la série des Vertébrés dans les divers degrés de leur réalisation, puisque ces degrés appartiennent à des types fixes et permanents. C'est là une condition heureuse qui permet de pénétrer plus avant dans l'analyse du phénomène, et d'en déterminer rigoureusement les phases successives, ainsi que j'ai tenté de le faire dans un des chapitres précédents. Il est donc permis de conclure, de ce qui vient d'être dit, que la *loi de flexion et de torsion de l'axe* du cœur appartient aussi bien à l'embryogénie des Vertébrés supérieurs qu'à la constitution des divers types de la série des Vertébrés.

Peut-on en dire autant de la *loi de concentration longitudinale et de division transversale*? Nous allons voir que la réponse doit être affirmative. Chez l'embryon, l'appareil cardiaque se constitue sous la forme d'une série de renflements séparés par des anneaux plus ou moins étroits. On trouve, en allant du pôle veineux au pôle artériel : 1° le sinus ou confluent veineux commun ; 2° la région des auricules ; 3° la région des ventricules ; 4° la région des vestibules ; 5° le bulbe artériel. Or, pendant les périodes suivantes, plusieurs de ces renflements se fusionnent : c'est ainsi que le sinus veineux s'incorpore peu à peu à la région des auricules, et que même plus tard le tronc commun des veines caves supérieures et le tronc de la veine cave inférieure sont attirés de plus en plus dans les parois du sac veineux et contribuent à la constitution définitive des oreillettes du cœur de l'Homme. Ces oreillettes comprennent donc la région des auricules, l'ancien sinus veineux et une portion dilatée des troncs des veines caves. Les rétrécissements qui séparaient ces parties se sont élargis, et les limites des anciens renflements se sont plus ou moins effacées.

Vers le pôle artériel se sont produits des phénomènes semblables. De très-bonne heure, chez l'Homme, le bulbe artériel s'est concentré vers la région vestibulaire et s'est fondu avec elle. Celle-ci, à son tour, s'est fondue avec la région ventriculaire ; le détroit de Haller, qui séparait le bulbe du vestibule, s'est dilaté et effacé. C'est en vertu de ces concentrations successives que le cœur de l'Homme entièrement développé se trouve réduit à deux renflements successifs : le renflement des oreillettes et le renflement des ventricules.

Quant aux phénomènes de division transversale du tube cardiaque, j'ai à peine besoin de les énumérer. Nous savons fort bien en effet que des cloisons s'établissent dans le tronc artériel commun, entre les ventricules, entre les oreillettes, dans le bulbe, etc., de manière à ce que se perfectionne et se complète peu à peu cet appareil si bien approprié à deux circulations entièrement séparées. Ainsi donc, dans l'embryogénie du cœur comme dans la série zoologique, se vérifie la loi de concentration longitudinale et de division transversale.

Reste à examiner si la loi des valvules trouve son application dans les phases successives de la vie embryonnaire des Vertébrés supérieurs. Ici j'ai peu de faits à invoquer, soit parce que l'attention des observateurs ne s'est guère tournée de ce côté, soit parce que les observations relatives à ce sujet, portant sur les parties internes du cœur et devant être faites à une époque reculée de la vie fœtale, n'ont pas encore donné de résultats, soit aussi, et peut-être surtout, parce que l'apparition des valvules n'est pas assez précoce pour avoir précédé celle des concentrations et des dilatations consécutives. Je dois donc me borner à relater quelques exemples. Ainsi, le détroit de Haller, placé entre le bulbe et le ventricule, ayant subi une dilatation et ayant disparu, les valvules manquent à ce niveau, tandis que celles qui se trouvaient entre le bulbe et les canaux artériels sont conservées avec le rétrécissement qui leur correspond. Les valvules du détroit de Haller ont-elles existé? C'est là ce qu'on ne saurait dire, car ce détroit disparaît de si bonne heure chez l'embryon humain, qu'on l'a rarement observé. Il est toutefois probable que les valvules n'ont pas eu le temps de se former ; car si, comme je le pense, leur formation est provoquée par le frottement du courant liquide au niveau des rétrécissements, il faut à cette action un temps nécessaire pour qu'une stimulation suffisante se soit produite. Il n'est toutefois permis que de constater ce fait, que les valvules sont absentes là où le rétrécissement a disparu.

Le second fait est relatif aux orifices veineux. Ces valvules ont existé pour tous les orifices veineux, ainsi que je l'ai prouvé et fait représenter sur un cœur de fœtus. Les traces en sont non équivoques ; la valvule d'Eustachi reste comme un témoin irréfutable pour ce qui regarde la veine cave inférieure, et la valvule de Thébésius pour la veine cave supérieure gauche. Seulement, à mesure que le sinus veineux et une partie des troncs veineux eux-mêmes se sont incorporés à l'oreillette, en acquérant au niveau de leur embouchure une dilatation infundibuliforme, les valvules se sont effacées; quelques-unes ont entièrement disparu; d'autres, plus prononcées, ont laissé quelque vestige.

Ce que je dis de l'oreillette droite et des veines caves s'applique également à l'oreillette gauche et aux veines pulmonaires. Leur sinus ou confluent et les troncs eux-mêmes se dilatant largement pour former la plus grande partie de l'oreillette, la valvule de l'orifice du sinus a disparu, et les veines pulmonaires élargies sont également dépourvues de valvules. Cette loi, que les valvules partagent le sort des rétrécissements, et naissent, se déplacent et disparaissent avec eux, paraît donc se vérifier en embryogénie comme en zoogénie ; il faut remarquer seulement que si le parallélisme offre ici moins de précision, c'est que les valvules, étant des parties accessoires et secondaires, ne se forment, ne se développent que tard, alors que les modifications essentielles de l'appareil cardiaque se sont pour la plupart produites, et qu'elles ne peuvent par conséquent suivre les fortunes diverses de ces modifications essentielles.

Je ne doute pas qu'il n'y ait bien d'autres points sur lesquels on pourrait établir une véritable assimilation entre l'accomplissement des phases embryogéniques du cœur et le travail de constitution des principaux types de cœur de Vertébrés; mais il faudrait pour cela que l'embryogénie du cœur des Vertébrés supérieurs et de l'Homme en particulier fût plus exactement et plus complètement connue. Il est en effet des points qui sont encore restés dans l'ombre, et sur lesquels nous n'avons que des notions indécises. Je désire m'arrêter un instant sur quelques-uns de ces points obscurs.

D'après les embryologistes les plus autorisés (Bischoff, Coste, Ecker, Kölliker, etc.), le tube cardiaque, se pliant de bonne heure en forme d'S, présente deux courbures, dont l'une inférieure et droite correspond à la portion ventriculaire, et l'autre supérieure et gauche à la portion veineuse ou auriculaire. Bientôt, sur la portion ventriculaire qui correspond à ce que j'ai comparé à un U, apparaît un sillon qui divise cette portion en deux parties ou renflements : l'un à droite en relation avec le tronc artériel commun, et l'autre qui communique avec la portion auriculaire ou veineuse. Les embryologistes considèrent ces deux portions comme représentant, l'une le ventricule droit, l'autre le ventricule gauche, et donnent au sillon qui les sépare le nom de *sillon interventriculaire* (Kölliker); ce sillon correspondrait à la future cloison des ventricules. Ce sont là des notions contre lesquelles je sens le besoin de m'élever, au nom de l'analogie la plus rigoureuse. Chacun de ces ventricules embryonnaires, considéré comme tel avant la période de formation de la cloison interventriculaire, n'est pas plus un vrai ventricule que ne l'étaient la loge pulmonaire et la loge artérielle des Chéloniens et des Ophidiens. L'un, le droit, ne communiquant qu'avec le tronc artériel, représente exactement ce que j'ai désigné sous le nom de *portion vestibulaire* du cœur des Reptiles; l'autre, le gauche, qui n'est en relation qu'avec la région de l'oreillette, répond d'une manière précise à ce que j'ai désigné sous le nom de *portion auriculaire* des ventricules. Or, il est évident que pour la constitution de chacun des vrais ventricules futurs il faudra qu'une partie de la portion vestibulaire s'unisse à une partie de la partie auriculaire. Le ventricule complet de Mammifère sera donc formé de l'union de ces deux éléments. Le prétendu sillon interventriculaire ne correspond pas dès le début à la séparation des ventricules, pas plus que le sillon antérieur du cœur des Chéloniens n'est un sillon interventriculaire. C'est là une proposition d'une évidence irréfutable. La cloison interventriculaire doit nécessairement correspondre à l'orifice auriculoventriculaire, puisque son bord supérieur est appelé à diviser cet orifice unique en deux; les *fig.* 22 et 23, pl. XXX d'Ecker[1], et la *fig.* 196, 3 de Kölliker[2], où l'on voit la cloison interventriculaire naissante, montrent clairement cette relation. Or il est facile de s'assurer, sur le cœur d'un embryon humain de quelques semaines, que le prétendu sillon interventriculaire ne peut contracter à cette époque aucune connexion avec la région des oreillettes, et qu'il en est transversalement très-éloigné. Du reste, ce prétendu sillon interventriculaire apparaît de très-bonne heure, puisque Ecker l'a vu bien accentué sur un embryon de 5 lignes de longueur dans le cours de la troisième semaine, embryon humain le plus jeune qu'on ait encore observé[3]. Or la vraie cloison interventriculaire, dont il devrait être l'indice extérieur, ne commence à paraître qu'à la fin de la quatrième semaine ; il n'est donc pas téméraire de considérer ce sillon précoce comme l'analogue précis du sillon antérieur du cœur des Chéloniens, c'est-à-dire comme un sillon intervestibulo-ventriculaire produit à la fois par un renflement de deux portions voisines du tube cardiaque et surtout par le plissement antérieur de la paroi qui est le résultat de la courbure et du commencement de torsion de l'axe. Il correspondrait donc intérieurement à la fausse-cloison et non à la cloison interventriculaire; mais il est vrai de dire que la fausse-cloison n'a point encore été signalée dans l'embryon des Mammifères et de l'Homme, soit parce que, privée de sa lèvre, elle reste très-réduite et a ainsi échappé à l'œil des observateurs, soit aussi parce que, la torsion de l'axe s'opérant très-rapidement, la fausse-cloison est de très-bonne heure appliquée sur la face droite de la cloison interventriculaire et confondue avec elle. A cette époque, mais à cette époque seulement, le sillon antérieur correspond vraiment à la cloison interventriculaire.

Les dénominations malheureuses contre lesquelles je viens de m'élever

---

[1] Ecker ; *Icones physiologicæ.* Leipzig, 1851-1859.
[2] Kölliker ; *Entwickelungsgeschichte des Menschen und der höheren Thiere.* Leipzig, 1861.
[3] Ecker ; *Ic. physiol.*, pl. XXX, *fig.* 18 et 19.

sont susceptibles de jeter une certaine obscurité sur les analogies qu'il est possible d'établir entre les cœurs des Vertébrés inférieurs et les divers états du cœur embryonnaire des Vertébrés supérieurs. Je propose donc de les abandonner et de leur substituer les dénominations de *branche vestibulaire*, *branche ventriculaire*, et de *sillon antérieur* ou *intervestibulo-ventriculaire*. Je signale ces réflexions à l'attention des embryologistes, afin qu'ils puissent en tenir compte dans leurs recherches et éviter de regrettables confusions. J'appelle surtout des recherches nouvelles sur le mode de formation de la cloison des ventricules, car l'anatomie comparée démontre d'une manière évidente que cette cloison se forme par la réunion de deux éléments d'abord éloignés l'un de l'autre et naissant probablement à des époques différentes : d'une part la fausse-cloison, et la cloison intervestibulaire qui en naît, provenant du pôle artériel, et d'autre part la cloison interventriculaire proprement dite provenant du pôle veineux. L'anatomie comparée nous a même permis de distinguer dans le cœur de l'Homme adulte et des Mammifères ces deux éléments réunis dans un même plan antéro-postérieur; mais bien plus, j'ajoute que les formes extérieures du cœur de l'embryon humain permettent d'affirmer que ces deux éléments ont dû, comme chez la Tortue, occuper deux plans éloignés transversalement et qui se sont rapprochés et de bonne heure confondus par suite des progrès rapides et précoces de la torsion de l'axe cardiaque. Il y a donc sur ce sujet de la cloison interventriculaire des éléments intéressants d'assimilation entre les processus zoogéniques et les processus embryogéniques, éléments plus nombreux et plus précis que ne pourrait le faire supposer l'état actuel des notions et des interprétations embryologiques.

Il est un autre point du développement du cœur des Mammifères qui me paraît réclamer de nouvelles observations. Je désigne par là l'époque précise d'apparition et le mode de constitution de la cloison des oreillettes. Nous avons besoin d'être mieux fixés sur l'époque d'apparition de la cloison des auricules et de la cloison du sinus. Si le lecteur se reporte à ce que j'ai dit à ce sujet dans le chapitre où j'ai traité des oreillettes, il verra que j'ai distingué une cloison des auricules qui est antérieure et une cloison du sinus qui est postérieure. Ces deux éléments constituent la cloison des Reptiles. Chez les Oiseaux et les Mammifères, qui sont appelés, plus tard que les Reptiles, à la respiration pulmonaire, il s'ajoute un troisième élément, la valvule du trou ovale, opercule de nouvelle formation correspondant à des dimensions extraordinaires du trou de Botal. Il est assez généralement admis par les embryologistes que la cloison des oreillettes n'apparaît qu'après la formation complète de la cloison des ventricules ; Kölliker, entre autres, donne ce fait comme le résultat de ses observations. Je dois le considérer comme exact jusqu'à preuve du contraire ; mais je me demande si la persistance du trou de Botal n'a pas exercé sur les observateurs une certaine influence, et si elle n'a pas empêché qu'on ne s'aperçût de l'apparition précoce de la cloison des auricules et de la cloison du sinus, cloisons très-rétrécies chez les Mammifères, et dont l'observation offre évidemment de très-grandes difficultés, tant à cause de leurs faibles dimensions que de leur délicatesse extrême. Dans la formation de la cloison des oreillettes, la période que j'ai appelée reptilienne pourrait être ainsi passée inaperçue, et il serait vraiment intéressant que des observations nouvelles portassent sur ce point, afin qu'on pût juger des époques relatives d'apparition de la période reptilienne de la cloison des oreillettes et de la période reptilienne de la cloison des ventricules.

Tout en faisant nos réserves sur ce point, nous devons, pour le moment et selon les données actuelles de la science, penser qu'il y a dans le développement du cœur des Mammifères (septième semaine pour l'Homme) une époque où, la cloison interventriculaire étant complète, la cloison des oreillettes n'a pas encore paru, et que, dans le développement du cœur des Mammifères et de l'Homme en particulier, il n'y a donc pas place pour une phase assimilable à l'état du cœur des Reptiles à cloison inter-auriculaire complète et à ventricules communicants. Si d'une part le développement des oreillettes et celui des ventricules, considérés chacun isolément, peuvent donner lieu à une assimilation exacte avec la constitution de ces mêmes parties du cœur, considérées isolément aussi, dans la série zoogénique, il ne saurait d'autre part être établi un parallélisme fidèle entre le processus zoogénique et le processus embryogénique, lorsqu'on considère l'ensemble de ces deux parties du cœur. Dans l'un des cas ce sont les ventricules qui se séparent avant que les oreillettes présentent une vraie division, et dans l'autre ce sont les oreillettes qui sont entièrement séparées l'une de l'autre, tandis que les ventricules ont encore conservé un orifice notable de communication. Ce fait, si contraire au parallélisme, aurait quelque droit de nous étonner s'il était isolé, et donnerait alors aux réserves que j'ai faites plus haut une grande valeur ; mais la vérité est que les deux séries présentent d'autres exemples, moins contestables peut-être, d'un défaut de parallélisme et d'un renversement dans la succession des phénomènes. Il est bon de remarquer, en effet, qu'en démontrant que dans l'une et l'autre série les lois de torsion de l'axe, de scission transversale et de concentration longitudinale, etc., étaient également suivies, j'ai seulement établi la similitude dans les modifications de quelques éléments de l'appareil cardiaque considérés isolément, mais non dans les diverses phases de l'ensemble de cet appareil. Je crois en d'autres termes avoir démontré que, soit dans l'évolution embryogénique, soit dans la série zoogénique, la nature opérait les transformations du cœur à l'aide des mêmes modifications portant sur les mêmes éléments de l'appareil ; mais je n'ai nullement établi que les diverses modifications qui dans l'un des deux cas, étaient simultanées et constituaient par leur réunion une nouvelle forme de l'ensemble, étaient également simultanées dans l'autre cas. Il y a *similitude* dans les procédés employés; mais y a-t-il *simultanéité* ? C'est là la question qui constitue le fond et l'essence même de la théorie du parallélisme, et sur laquelle je vais insister.

Après un examen superficiel, on est réellement frappé des traits généraux de ressemblance qui peuvent faire croire à un parallélisme complet. Ce résultat d'une observation rapide et insuffisante s'explique par ce fait que des organes partis de points de départ identiques et tendant dans leur développement à l'accomplissement plus ou moins parfait d'une même fonction, ne peuvent qu'avoir de nombreux points de ressemblance. Ce sont là, en effet, les conditions respectives dans lesquelles se trouvent les cœurs des divers types de la série des Vertébrés d'une part, et les différents états du cœur d'un embryon de Mammifère d'autre part. Les uns et les autres se présentent primitivement sous une forme identique, le tube cardiaque primitif, et les uns et les autres tendent à la réalisation d'un même type général. Mais nous allons examiner s'il ne s'introduit pas, soit dans l'exécution, soit dans le résultat, des modifications spéciales propres à chaque type particulier, et qui ne permettent peut-être pas une assimilation rigoureuse d'une phase de la vie embryonnaire avec un état de la série zoologique. Sans m'étendre trop longuement sur ce sujet et sans passer en revue tous les faits qui s'y rapportent, je vais me borner à appuyer mon dire de quelques faits saillants. Ils suffiront, je l'espère, pour produire la conviction dans l'esprit du lecteur.

Nous connaissons quelle est l'importance des mouvements de flexion et de torsion de l'axe du cœur dans la constitution définitive de cet organe. Prenons ces modifications de l'axe pour point de départ, et examinons si à un même degré de flexion ou de torsion de l'axe, chez l'embryon et chez un type de Vertébré, ne correspondent pas des états différents de quelques-unes des parties de l'ensemble de l'appareil.

Les périodes qui correspondent aux directions, soit rectiligne, soit simplement courbe, de l'axe, sont assez rigoureusement comparables, chez les Poissons d'une part, et chez l'embryon humain âgé de quelques jours seulement ou arrivé presque à la troisième semaine. Si chez les Poissons il y a une dilatation bien plus accentuée des renflements cardiaques, si les valvules sont développées, si les parois ont acquis des épaisseurs relatives différentes suivant les points, etc., ce sont là en réalité des perfectionnements qui sont la conséquence nécessaire de la prolongation de la vie des organes, et qui, n'atteignant pas les lignes principales de l'appareil, ne peuvent s'opposer à une assimilation rationnelle. Dans les deux cas, il n'y a qu'une série, soit rectiligne, soit courbe, de cavités simples, sans cloison; et la circulation centrale n'est divisée dans aucune partie de son parcours. Il y a là les éléments d'un parallélisme complet qui doit d'autant moins nous étonner que dans les deux cas le point de départ est identique et peu éloigné, et que les lignes n'ont pas encore eu le temps de manifester leurs divergences.

Le type du cœur de Batracien représente un degré de flexion de l'axe un peu plus prononcé que celui des Poissons. L'anse formée par l'axe du cœur se ferme supérieurement; mais s'il semble y avoir un léger degré de torsion, il ne faut pas en placer le siége dans l'axe du cœur lui-même, mais bien dans le bulbe artériel. Nous savons que cette direction de l'axe est accompagnée chez les Batraciens d'un état distinct du bulbe aortique, qui est nettement séparé par un étranglement (détroit de Haller) et par des valvules de la branche vestibulaire du cœur. Ce bulbe est lui-même divisé par une cloison incomplète, mais suffisante, en deux rampes distinctes, la rampe aortique et la rampe pulmonaire ; la cloison inter-auriculaire existe plus ou moins complète, et par conséquent le système veineux pulmonaire est séparé du système veineux général. Voilà des traits importants, des conditions majeures, sans lesquelles le cœur en question ne serait pas un cœur de Batracien.

Chez l'embryon humain, avec une disposition semblable de l'axe du cœur, c'est-à-dire de la troisième à la quatrième semaine [1], on trouve le détroit de Haller entièrement effacé et le bulbe fondu dans la portion vestibulaire du ventricule. Il n'y a aucune trace de séparation de l'aorte et de l'artère pulmonaire. Le système veineux pulmonaire n'a pas encore été observé, et dans tous les cas il ne saurait être séparé du système veineux général. Il y a donc entre les deux types des discordances considérables, portant sur des traits essentiels, et qui s'opposent à tout rapprochement judicieux.

Voyons s'il en sera autrement pour un état du cœur correspondant à une flexion complète et à un premier degré de torsion de l'axe, qui a placé le pôle artériel à droite et un peu en avant du pôle veineux. Cet état est réalisé dans le cœur des Reptiles à ventricules communicants. Chez les Chéloniens, par exemple, on trouve avec un commencement de cloison interventriculaire proprement dite, une cloison inter-auriculaire complète. Le tronc artériel s'est divisé en trois vaisseaux, les deux aortes et l'artère pulmonaire, dont les cloisons sont complètes jusqu'à l'embouchure de ces vaisseaux, sauf cependant pour les deux aortes, entre lesquelles existe encore inférieurement une petite fente, la fente inter-aortique. Les veines pulmonaires se sont nettement séparées des veines du système veineux général.

Chez un embryon de Mammifère qui présente un égal degré de torsion, ce qui pour l'Homme se trouve chez un embryon de la quatrième à la cin-

---

[1] Ecker : *Icon. phys.*, Tab. XXX, fig. 18; et chez les Chiens, Tab. XXX, fig. 16, 17, d'après Bischoff.

quième semaine environ, et d'une longueur de 6 lignes, on trouve, il est vrai, un rudiment de cloison interventriculaire comparable à celle des Chéloniens (Kölliker; *Entwickel.*, fig. 196); mais l'aorte est encore simple et n'offre aucun indice de division, ou bien présente simplement une lumière étirée transversalement. Il n'y a aucun rudiment de cloison inter-auriculaire, et par conséquent aucune distinction entre le système veineux pulmonaire et le système veineux général.

Si nous observons des embryons plus développés, dans la sixième semaine (Ecker; Tab. XXX, *fig.* 21, 22, 23), la torsion approche de son maximum; la cloison interventriculaire, dont le développement s'effectue très-rapidement, est presque complète; les ventricules ne communiquent entre eux qu'au niveau de leur base; les rapports primitifs sont déjà bien changés, puisque le ventricule droit s'est mis directement en relation avec l'oreillette. Ces conditions-là nous rappellent évidemment la constitution du cœur des Crocodiliens, chez lesquels en effet le foramen de Pannizza n'est qu'un orifice de communication entre les parties supérieures ou bases des ventricules au niveau des orifices aortiques. Mais chez l'embryon humain, la cloison inter-auriculaire n'a pas encore paru, et on commence à peine à apercevoir sur le tronc artériel un sillon longitudinal qui est l'indice du futur cloisonnement de l'aorte, cloisonnement qui ne doit se compléter que bien plus tard vers la huitième semaine. Je n'ai pas besoin de dire qu'il en est tout autrement chez les Crocodiliens adultes.

Enfin, vers la fin de la septième semaine pour l'Homme (Ecker; Tab. XXX, *fig.* 25, 26, 27), la torsion de l'axe est complète, la cloison ventriculaire l'est aussi, et le tronc artériel est divisé en deux troncs secondaires, l'artère pulmonaire et l'aorte. La cloison des oreillettes ne commencerait à paraître que dans la huitième semaine, ainsi que la valvule du trou ovale. Ces éléments se développent, et dans le troisième mois seulement la cloison interventriculaire, quoique *imparfaite*, doit être considérée comme *complète*, puisque ses éléments existent et que le trou de Botal n'est qu'une fente oblique dont le cours forcé du sang rend la soudure impossible.

Il ressort, de l'étude comparative qui précède, que les degrés de torsion de l'axe sont fidèlement accompagnés d'un développement proportionnel de la cloison interventriculaire. Ce résultat pouvait être prévu, et dans tous les cas il s'explique fort bien par cette considération que le développement de la cloison interventriculaire n'est possible qu'autant que la torsion de l'axe a mis la partie auriculaire du ventricule gauche en relation directe avec un vestibule et un orifice aortique. Il faut une issue au sang rouge de cette cavité gauche du ventricule ; et ce sang s'échappe par une lacune plus ou moins grande de la cloison, quand il ne peut sortir par un orifice artériel. Mais, nous le voyons, cette progression parallèle dans la torsion de l'axe et le développement de la cloison interventriculaire ne correspond pas, chez l'embryon et chez les divers types de Vertébrés, à des modifications semblables et simultanées du tronc artériel et des portions veineuses de l'appareil cardiaque. C'est là certainement une objection sérieuse à opposer aux partisans du parallélisme; mais il est encore une difficulté que je désire leur soumettre.

La théorie du parallélisme ne permet pas de considérer les deux classes des Oiseaux et des Mammifères comme des rameaux divergents d'une même souche ; car admettre que deux types distincts puissent se constituer par des divergences et par la formation de caractères propres à chaque type et entièrement étrangers à l'autre type, c'est renoncer à la théorie de la constitution successive des types par des arrêts de développement à diverses périodes de la vie embryonnaire ; c'est, en un mot, renoncer à la théorie du parallélisme. Si donc, pour être logique, il faut considérer le type Oiseau et le type Mammifère comme successifs, il est nécessaire de rechercher quelle est, dans la vie embryonnaire du plus élevé de ces deux types, la période qui correspond au type qui lui est immédiatement inférieur. Et puisqu'il est incontestable que dans l'ensemble et pour les fonctions les plus élevées la classe des Mammifères représente un type supérieur à celui des Oiseaux, cherchons s'il y a un moment de la vie embryonnaire où le cœur de Mammifère présente les caractères du cœur d'Oiseau. Ces cœurs, considérés l'un et l'autre à l'état de développement complet, diffèrent médiocrement l'un de l'autre pour la plupart des traits principaux; il n'est donc pas étonnant qu'il y ait de très-grands rapports entre un cœur d'Oiseau adulte et celui d'un fœtus de Mammifère dans une période qui précède immédiatement son état de développement complet. Malgré cela, il y a encore des dispositions propres à chacun de ces types qui ne permettent pas d'établir entre eux une correspondance favorable à la théorie du parallélisme. Je ne parle pas du trou de Botal, qui est une disposition de circonstance et qui n'empêche pas les cloisons du sinus et des auricules d'être dans un état de développement complet, chez le fœtus de Mammifère comme chez l'Oiseau adulte. Mais si l'on jette un coup d'œil sur le système aortique, il sera facile de remarquer qu'il y a de profondes différences, et qu'il est impossible de faire provenir le Mammifère dépourvu de cloison inter-aortique et ayant une aorte gauche et une aorte droite (sous-clavière droite) d'un fœtus qui, semblable à l'Oiseau adulte, serait entièrement dépourvu d'aorte gauche.

Il me semble donc évident, d'après la revue que je viens de faire de quelques-uns des éléments du problème, que la théorie du parallélisme considérée d'une manière rigoureuse ne doit point être jugée comme l'expression exacte des faits. Ce qu'il est plus juste de dire, c'est que dans la constitution des grands traits de la série zoologique des Vertébrés, comme dans la formation des diverses phases du développement embryonnaire des Vertébrés supérieurs, la nature a employé les *mêmes procédés* et a imprimé aux diverses parties des *modifications comparables*, tout en *variant les combinaisons*. Ainsi, les lois de flexion et de torsion de l'axe, la loi de concentration longitudinale et de scission transversale, la loi des valvules, se trouvent vraies dans l'une comme dans l'autre série ; mais on peut affirmer que le développement de chaque type de la série zoologique n'est point *précisément* et *seulement* le résultat d'un degré de plus dans le développement du type qui lui est immédiatement inférieur. Non, il y a dans le développement de chaque type une tendance spéciale qui n'a peut-être pas été assez étudiée, et qui consiste dans une combinaison spéciale des diverses lois que j'ai précédemment énoncées et d'autres lois moins importantes qui pourraient y être ajoutées. C'est ainsi que ce qui me semble caractériser de très-bonne heure, et presque pendant toute la durée de la vie embryonnaire, le processus du développement du Mammifère et de l'Oiseau, c'est une prédominance marquée de la loi de flexion et de torsion de l'axe.

L'analyse comparative que je viens de faire des types zoologiques vertébrés et des phases successives du développement du cœur des Mammifères a démontré en effet qu'à une certaine modification de l'axe correspondait, pour l'embryon de Mammifère, un degré de développement des autres éléments du cœur moins avancé que dans les types des Vertébrés qui leur sont inférieurs. Chez les Vertébrés supérieurs, ce sont donc les modifications de l'axe qui sont les précurseurs et qui dominent la scène. Voilà pourquoi apparaissent de bonne heure chez eux le sillon antérieur et la fausse-cloison qui en est la saillie interne. Cette tendance dominante du développement des Vertébrés supérieurs annonce une harmonie spéciale, bien plus précoce qu'on ne serait disposé à le penser, entre les particularités du développement embryonnaire et la constitution définitive de l'animal. Nous savons en effet que ces modifications de l'axe sont la condition essentielle de la séparation complète des deux circulations cardiaques, séparation qui est un caractère des plus saillants, si ce n'est le plus saillant, de l'organisation des Vertébrés supérieurs.

Si maintenant nous cherchions un caractère qui pût dans les phases précoces du développement permettre de distinguer la tendance du cœur de l'Oiseau de celle du cœur des Mammifères, nous la trouverions peut-être dans une prédominance plus grande chez les Oiseaux de la loi de scission transversale, et chez les Mammifères de la loi de concentration longitudinale. Nous présumons en effet que de très-bonne heure, chez les Oiseaux, se forme une cloison aortique qui n'existe jamais chez les Mammifères. Il est possible et même probable que chez eux encore les cloisons qui tendent à séparer les systèmes artériel et veineux pulmonaires apparaissent plus tôt et se développent relativement plus vite que chez les Mammifères. Enfin, nous savons avec quelle rapidité chez les Mammifères s'opère la fusion complète du bulbe aortique et de la région vestibulaire du cœur, et nous savons aussi avec quelle précocité et jusqu'à quel degré extrême s'effectue chez eux la fusion de la région des auricules, non-seulement avec la région du sinus, mais encore avec la partie centrale des veines caves.

Je livre ces données et ces vues aux observateurs, sans prétendre à une certitude que pourraient seules donner des observations comparatives de développement, que je renvoie à plus tard. Sans insister plus longuement sur ce sujet, je veux me borner à ajouter qu'une analyse plus complète du développement des Chéloniens, des Sauriens, des Batraciens, etc., permettrait probablement de découvrir la combinaison des lois de formation du cœur, la tendance dominante qui préside à l'évolution de cet organe, et lui donne de bonne heure chez ces Vertébrés un caractère typique. Il est seulement bon d'ajouter qu'en remontant la série des Vertébrés, c'est-à-dire en allant vers les types les plus simples et les moins modifiés, nous trouverons sans aucun doute toujours moins de traces de spécialisation précoce dans le développement de l'organe.

Ainsi donc, pas de parallélisme exact, absolu, entre l'embryogénie et la zoogénie, mais : 1° emploi des mêmes processus particuliers combinés de diverses manières pour conduire à la variété des types; et 2° probablement spécialisation dans la combinaison des processus plus ou moins près du début du développement. Telle est la première conclusion qu'il me semble légitime de tirer de l'étude qui précède. J'ajouterai comme seconde conclusion qu'il y a entre les processus de l'embryogénie et de la zoogénie des degrés si grands de parenté et de si puissantes relations, que leur étude devrait pour ainsi dire aller toujours de pair. Il en est de ces deux branches naturelles comme des membres qui assurent notre marche, dont l'un ne peut se porter en avant avec sécurité qu'à condition de prendre sur l'autre un point d'appui, et dont la progression continue n'est assurée qu'autant que l'un des deux ne fait un pas qu'après avoir permis à son congénère de faire le sien.

LIVRE CINQUIÈME

Le Cœur des Vertébrés et le Transformisme.

L'examen précédent du parallélisme de la série zoogénique et de la série embryogénique ne me permet pas de passer sous silence une question d'une grande actualité, celle de la transformation des espèces. Je ne puis avoir la prétention de l'approfondir; mais le sujet de ce travail me provoque naturellement à l'étude de quelques-uns des points qu'elle embrasse, et je veux essayer d'apporter une pierre, si petite soit-elle, dans ce chantier si largement ouvert aujourd'hui à l'activité des naturalistes.

Je désire d'abord faire remarquer qu'il y a sans doute, entre la théorie du parallélisme et la théorie de la transformation des espèces, certains liens de parenté, mais que ces liens sont bien moins étroits qu'on ne serait d'abord disposé à le penser, et que ces théories sont loin de dépendre profondément l'une de l'autre. La théorie du parallélisme permettrait sans doute d'expliquer facilement, par de simples degrés dans l'évolution, les rapports de descendance de certains types différents les uns des autres. Mais ce serait une erreur de la considérer comme une des bases fondamentales et comme une des conditions nécessaires du Darwinisme; elle pourrait tout au plus aider à constituer pour un certain nombre de cas de transformation une explication plus ou moins facile et rationnelle. Comme l'a fort bien dit le professeur Hallier (*Théorie de Darwin*; Hambourg, 1865), « les formes organiques, qui existent côte à côte, se sont formées les unes *auprès* des autres et non pas les unes *des* autres »; de sorte qu'il s'agit moins de savoir comment un Reptile tel que les nôtres s'est transformé en Oiseau, ce qui est du ressort de la théorie du parallélisme, que de rechercher quel est le type ou la forme organique préexistante d'où sont sortis à la fois, par suite de transformations divergentes, les deux types postérieurs et simultanés du Reptile et de l'Oiseau.

A un autre point de vue, il ne saurait être juste de croire que les objections que j'ai présentées contre la théorie du parallélisme, et les conclusions négatives auxquelles je suis arrivé, pussent constituer une objection sérieuse contre la théorie du transformisme. En se plaçant au point de vue des transformistes, il est en effet rationnel de penser que le très-long travail qui, à travers des milliers d'années et une série innombrable d'influences, a conduit les types inférieurs à l'état des types supérieurs, a dû nécessairement réagir sur l'évolution embryonnaire des types et en a modifié les phases. N'est-il pas compréhensible, par exemple, que le travail considérable qui a conduit une série d'êtres de l'état de Poisson (respiration aquatique) à l'état d'Oiseau et de Mammifère (respiration aérienne), c'est-à-dire d'un état de courbure simple de l'axe du cœur et d'unicité ventriculaire à un état où prédominent la torsion de l'axe et le cloisonnement complet des ventricules, n'est-il pas, dis-je, compréhensible que ce travail ait introduit dans les phases successives du développement embryonnaire de ces êtres des modifications telles, que la torsion de l'axe et le cloisonnement ventriculaire, qui en est le fidèle corrélatif, soient rendus plus précoces et devancent d'autres phénomènes qui dans des types antérieurs étaient leurs contemporains ou même leurs prédécesseurs? Il serait bien étonnant en effet que des influences capables de modifier si profondément les conditions de la vie post-embryonnaire et de changer d'une manière si prononcée l'équilibre définitif des organes, fussent restées sans action sur la vie embryonnaire. Ces deux vies, ou bien mieux ces deux périodes de la vie, sont si loin d'être absolument distinctes, que leur limite varie singulièrement suivant les classes, suivant les familles et même les genres [1].

Il y a donc, plus qu'on ne le croirait au premier abord, indépendance

---

[1] Je me borne à citer ici le fait très-remarquable observé par M. Bavay sur l'*Hilodes Martinicensis* (Tschudi), qui sort de l'œuf à l'état de Batracien anoure parfait. L'état de larve s'est écoulé entièrement dans l'œuf. (Voir *Revue des Sciences naturelles* de E. Dubrueil, tom. I, n° 3. Montpellier, 1872.) On savait que le Têtard du Crapaud accoucheur, lorsqu'il sort de l'œuf, a déjà perdu ses branchies externes; les branchies internes seules subsistent.

entre la théorie du parallélisme et la théorie Darwinienne. Mais néanmoins ce que j'ai dit de la première me conduit naturellement à parler de la seconde, parce que certaines considérations que j'ai eu l'occasion de présenter à propos du parallélisme peuvent donner lieu à des réflexions utiles sur le transformisme. Une autre raison du reste m'engage à ne pas me taire entièrement à cet égard. Dans le cours de ce travail, j'ai consacré un long chapitre à la recherche des transitions qui conduisent du cœur de Poisson au cœur de Vertébré supérieur. Je me suis efforcé de démontrer que les différences profondes qui séparaient ces organes, pris dans les classes extrêmes, s'atténuaient et s'effaçaient partiellement quand on considérait les formes de passage fournies par les classes intermédiaires. J'ai essayé d'exposer le lien rationnel de ces diverses formes, et de montrer qu'elles dépendent uniquement de modifications graduelles portant sur des éléments parfaitement communs à tous les types de la série des Vertébrés.

La réalité de cette progression et des rapports étroits qui en relient les termes est évidente, quoique je me sois presque exclusivement attaché aux types nettement caractérisés de chacune des grandes divisions des Vertébrés. Il est incontestable que les liens se resserreraient encore et les distances se réduiraient considérablement, s'il m'avait été permis de faire des types actuels de transition (Lepidosiren, Ornithorhynque, etc.) une étude aussi approfondie que je l'ai faite des types essentiels. Qu'adviendrait-il si à ces types vivants de transition, relativement rares, on pouvait joindre l'étude des types de transition qui ont positivement existé en très-grand nombre pendant les périodes géologiques? Malheureusement il ne reste de ces derniers types que des parties squelettiques ou épidermoïdes, qui, tout en autorisant, en vertu de la loi de corrélation de développement des organes, à déterminer la place que ces êtres doivent occuper dans la série et les grands traits de leur composition organique, ne permettent point cependant d'induire les *particularités* de structure de leurs organes mous. Par là peuvent et doivent s'expliquer certaines lacunes que les faits connus ne permettent pas de combler.

Les considérations qui précèdent, et qui me paraissent la conséquence rigoureuse des faits consignés dans ce travail, peuvent recevoir des interprétations différentes et être invoquées à la fois par les deux théories qui partagent l'opinion des savants sur le mode d'apparition des formes très-nombreuses des êtres vivants à la surface du globe. Pour ceux qui considèrent ces êtres animés comme résultant de créations multiples et successives, les analogies étroites et nombreuses que j'ai démontrées dans la structure d'un de leurs appareils les plus importants ne doivent être regardées que comme des preuves du plan adopté par le Créateur, plan dont les grands traits, partout reconnaissables, ont servi de thème à une série merveilleuse d'innombrables variations. On comprend d'autre part quelles doivent être les conclusions de l'école transformiste en présence de ces formes intermédiaires, et de ces transitions si naturelles, si évidentes, entre des types différents et même éloignés.

Il serait par trop téméraire à moi d'essayer de trancher un débat qui tient en suspens le jugement des esprits les plus éclairés et des savants les plus autorisés. Du reste, le cadre dans lequel je me suis renfermé est trop restreint pour qu'il me soit permis de faire beaucoup plus qu'une simple allusion à une théorie qui embrasse si largement tout l'ensemble des êtres vivants. La question de la transformation des espèces ne peut être définitivement jugée qu'après une immense enquête, à laquelle j'appliquerai volontiers le mot de la parabole : « Le champ, c'est le monde ». Mais, sans m'éloigner du sujet de ce travail, je désire m'arrêter sur quelques-unes des objections que l'école des créations semblerait pouvoir opposer à sa rivale.

La première de ces objections, c'est que certains points de transition font absolument défaut. Il est sûr qu'entre les Reptiles à ventricules communicants et les Crocodiliens, il y a, au point de vue de la constitution du cœur, une distance pour laquelle on pourrait désirer un type intermédiaire. Le développement complet de la cloison, les modifications des valvules auriculo-ventriculaires, et surtout les rapports spéciaux du foramen de Pannizza avec les valvules sigmoïdes aortiques, rapports si singuliers et si différents de ceux que ces mêmes valvules affectent avec la fente interaortique chez les autres Reptiles, semblent constituer dans la série zoologique l'introduction passablement brusque d'une disposition spéciale du cœur.

Ce que je viens de dire du cœur des Crocodiliens s'applique également au cœur des Oiseaux. Malgré les affinités évidentes qu'il y a entre les Oiseaux et les Reptiles, il n'en est pas moins vrai qu'il y a une distance notable entre les cœurs de ces deux classes de Vertébrés. Le ventricule droit des Oiseaux, avec sa valvule musculaire si singulière, et privé tout à la fois d'orifice aortique et d'aorte gauche, ne peut, il faut en convenir, être rapproché du ventricule droit des Crocodiliens que grâce à certaines formes de transition faciles à concevoir, mais qui, ne l'oublions pas, sont uniquement des créations de l'esprit, justifiées il est vrai par l'analogie, mais non pas des formes réelles représentées dans la nature actuelle.

A cette objection, l'école transformiste peut répondre et a répondu que si les types intermédiaires font actuellement défaut, ils n'en ont pas moins existé pendant les périodes antérieures de la vie du globe. La découverte de certains types éteints qui pour la conformation de leur squelette représentent des formes transitoires (*Archæopteryx, Hipparion*, etc.), autorise à penser que ces formes de transition ont existé pour les parties molles et les viscères, aussi bien que pour les parties capables de résister au temps et aux autres agents de destruction. On comprend que, de sa nature, cette question ne puisse pas être résolue directement par les faits, puisque les pièces de conviction manquent et manqueront toujours, du moins pour les temps antérieurs aux nôtres; mais il faut convenir que cette impossibilité radicale de juger actuellement le procès en lui-même exclut tout avantage positif pour l'une comme pour l'autre cause. Je dois cependant, pour être juste, ajouter que les analogies que pourrait invoquer en sa faveur l'école transformiste ont une valeur que rend plus grande de jour en jour la découverte sans cesse renouvelée de formes perdues de transition.

Une seconde objection que peut faire l'école des créations successives et multiples me paraît plus susceptible de recevoir des découvertes géologiques une solution directe et positive. C'est encore la curieuse et intéressante famille des Crocodiliens qui servira d'objectif à mes réflexions.

L'espèce a-t-elle eu un seul ou plusieurs centres de création ? Telle est la question extrêmement importante qui divise les naturalistes. Singulière destinée que celle de cette question ! Tandis que, il n'y a encore que peu d'années, les naturalistes ont considéré comme une conquête de la science sur le préjugé et sur la foi la démonstration de l'idée des centres multiples de création de l'espèce, l'établissement de l'*unicité* de ce centre devient aujourd'hui l'objectif des efforts des partisans de la science libre et des adeptes de l'école du transformisme. L'admission de cette unicité est considérée par Darwin lui-même comme une condition à peu près nécessaire de la doctrine du transformisme, si elle ne veut pas être accusée de remplacer le merveilleux par le merveilleux, et de perdre par là tout droit à la préférence et toute prétention au naturalisme. « Cela semble si simple, dit Darwin, que chaque espèce se soit produite d'abord dans une contrée unique, que cette hypothèse captive aisément l'esprit. Quiconque la rejette est d'ailleurs conduit à rejeter la *vera causa* de la génération régulière, suivie de migrations postérieures, et à recourir à l'intervention du miracle [1]. »

S'il est une classe qui puisse fournir un argument en faveur de la multiplicité des centres de création, c'est bien la classe des Reptiles, et plus particulièrement les Crocodiliens. On peut dire en effet que les animaux appartenant à ce groupe considérable des Reptiles n'offrent pas d'exemples de migrations comparables à celles des Poissons, des Oiseaux ou même des Mammifères. Ceux qui sont terrestres s'éloignent peu du lieu où ils sont nés ; les autres appartiennent, soit aux eaux douces toujours assez circonscrites, et vivent alors dans les mares, les lacs, les fleuves ; soit aux eaux salées, et restent confinés dans les criques, au niveau des embouchures, près des côtes, etc. Il est donc incontestable que la dissémination de pareils animaux, soit dans l'étendue des grands continents, soit à travers les grandes mers, semble devoir présenter des difficultés considérables. Si donc, pour expliquer la présence des représentants de cette classe, soit dans les divers continents éloignés les uns des autres, soit dans la grande étendue de ces mêmes continents, l'école transformiste était obligée d'admettre des centres multiples, non pas de création directe, mais de transformation, elle se créerait des objections capables de la faire reculer.

Prenons pour exemple la famille des Crocodiliens ; dont l'état actuel de dispersion sur quelques points du globe relativement rares et très-distants pourrait fournir un argument en faveur de la multiplicité des centres de

---

[1] Darwin ; *Origine des Espèces*, 2ᵉ édit., pag. 424 et 425.

création [1]. Si nous devons rapporter à plusieurs souches distinctes l'origine par transformation des divers groupes de Crocodiliens qui existent ou ont existé, il nous reste à expliquer, suivant la théorie Darwinienne, comment se sont formées ces souches primitives. Il est évident que pour résoudre cette question on se trouve en présence de difficultés considérables, et que l'on en est réduit à faire appel à la foi la plus robuste dans la puissance des hasards heureux. N'oublions pas en effet qu'il ne s'agit pas seulement de modifications extérieures portant sur le squelette, ou sur les dents, ou sur la peau, ou sur la forme des membres, modifications pour lesquelles le milieu, le genre de vie, l'hérédité, la sélection naturelle, peuvent avoir une influence plus concevable ; mais il s'agit aussi de modifications très-singulières, ayant pour siége un organe interne, un viscère, sur lequel les influences extérieures sont relativement moins puissantes [2], et ces modifications se reproduisent avec une égale régularité et une exactitude sans

---

[1] Consulter, à propos des stations actuelles des Crocodiliens, un travail intéressant du Dr Alexandre Strauch: *Synopsis der gegenwärtig lebenden Crocodiliden*, etc. (Mémoires de l'Acad. impér. des Sciences de Saint-Pétersbourg, VIIe série, tom. X, n° 13. 1866). — Il résulte de ce travail que le genre *Crocodilus* occupe l'Afrique centrale et méridionale au-dessous d'une ligne allant du Sénégal aux frontières sud de l'Égypte ; en Asie, la partie centrale et inférieure de l'Hindoustan, Ceylan, le Bengale, l'Indo-Chine jusqu'à l'Himalaya, et à partir de ce point la Chine jusqu'au fleuve Bleu; en Océanie, les îles de la Sonde, la Nouvelle-Guinée; en Australie, le tiers moyen de la côte nord et quelques petits îles de la Mélanésie, entre autres les îles Fidgi; en Amérique, la région inférieure du Mexique à partir de Tampico, toute la région rétrécie qui réunit les deux Amériques, la Nouvelle-Grenade, l'Équateur et Venezuela. Le genre *Alligator* se trouve aux États-Unis, dans les États du Sud seulement et particulièrement dans la partie inférieure du Mississipi et du Rio-Grande, ensuite dans le Yucatan, l'isthme de Panama et dans toute l'Amérique du Sud jusqu'à une ligne qui irait de la partie nord du Pérou à l'embouchure du Rio-de-la-Plata ; enfin les *Gavials* n'existent que dans le bassin immédiat du Gange, à Bornéo et à Java.

[2] On pourrait m'objecter que l'influence du milieu, des habitudes, etc., est très considérable sur le jeu de l'appareil de la circulation et sur la conformation du cœur. Je suis loin de nier cette influence ; mais je veux dire seulement que des influences de milieu capables de modifier puissamment la couleur du pelage, la forme des membres, la forme générale du corps, etc., sont loin d'atteindre aussi profondément la forme et le jeu de l'appareil circulatoire : ainsi, les Mammifères, plongeurs par excellence, acquièrent, comme les Poissons, des membres plus ou moins palmés ou en nageoires, une queue en nageoire, une forme allongée; il en est de même des Oiseaux plongeurs; et pourtant les uns et les autres conservent un appareil cardiaque conforme au type de celle des deux classes à laquelle ils appartiennent.

exception dans certains groupes bien distincts de la grande famille des Reptiles (Crocodiles, Alligators, Gavials). Ces groupes offrent du reste entre eux des affinités très-considérables et très-nombreuses. Ils ne peuvent être séparés dans une classification rationnelle, et forment par leur ensemble un groupe des plus naturels et des plus homogènes. Comment alors concevoir que, dans des points différents de la surface du globe, il se soit rencontré plusieurs combinaisons dans les conditions, soit de milieu, soit d'hérédité, soit de sélection, etc., plusieurs combinaisons, dis-je, assez identiques dans leurs résultantes, pour que de certains types antérieurs plus ou moins rapprochés de nos Reptiles ordinaires aient surgi les divers représentants du type Crocodilien ? Comment s'est opérée, en un mot, sur différents points du globe, cette transformation cardiaque si remarquable et la même pour les Crocodiliens d'Afrique, d'Asie, ou d'Amérique, etc.? Comment, de plus et surtout, s'est-il fait que ces transformations cardiaques, dans tous les groupes où elles se sont produites, se sont constamment accompagnées d'un même ensemble de modifications portant sur divers organes ? Ainsi, chez tous les Crocodiliens on trouve un os tympanique soudé à la région occipitale par une articulation fixe, des dents uniradiculées implantées dans des alvéoles distinctes et existant sur les deux mâchoires, un allongement et un aplatissement latéral de la queue qui est surmontée d'une crête, la présence d'un dermo-squelette, un développement considérable de la taille, et quatre membres munis partiellement de griffes, de telle sorte que tous ces groupes de Reptiles se distinguent très-nettement de tous les autres Reptiles par un ensemble complet de caractères. Y a-t-il une corrélation *nécessaire* entre ces transformations extérieures et intérieures, de telle sorte que la production des premières entraîne et explique la formation des secondes, ou *vice versa* ? On n'aurait le droit d'affirmer une proposition aussi étonnante qu'en la prouvant ; et il est évident qu'on serait réduit sur ce terrain aux conjectures les plus hasardées et pour le moment les moins légitimes[1].

---

[1] Cette proposition aurait d'autant plus besoin d'être prouvée, que la corrélation entre la constitution du cœur et les formes extérieures de l'animal ne paraît au fond que médiocrement étroite. Pour le démontrer, je me bornerai à un exemple. Les cœurs si semblables des Chéloniens, des Ophidiens et des Sauriens, c'est-à-dire des Reptiles à ventricules communicants,

Il est vrai que j'ai, à propos de la *loi des valvules*, essayé de donner une explication rationnelle de la formation des valvules sigmoïdes aortiques des Crocodiliens. J'ai même émis l'opinion qu'un perfectionnement pareil dans l'appareil central de la circulation devait nécessairement produire un perfectionnement de l'ensemble de l'organisme. Si la question restait sur ce terrain général, il n'existerait donc pas de difficultés pour l'école transformiste, et sa réponse serait facile. Mais la difficulté gît en réalité dans l'identité des modifications partielles et locales qui produisent le perfectionnement de l'ensemble. Chez tous les Crocodiliens, ces modifications sont les mêmes; et il est, pour le moment du moins, impossible de saisir leur corrélation avec les modifications de l'appareil cardiaque.

Il me semble donc qu'en présence d'un fait comme celui que je viens d'exposer et de tous les faits semblables, la théorie Darwinienne, si elle admettait les centres multiples, ne pourrait essayer une explication qu'en se jetant à corps perdu dans un système d'hypothèses à outrance, et que la doctrine opposée, celle de la création libre et directe, offrirait, hypothèse pour hypothèse, une explication à la fois plus simple et plus rationnelle.

Les considérations que je viens de présenter à propos d'un cas particulier des transformations cardiaques peuvent s'appliquer avec non moins de raison à bien d'autres particularités d'organisation qui ont été exposées dans le présent travail. On peut, par exemple, dire à propos du ventricule droit des Oiseaux et de sa valvule musculaire, ce qui vient d'être dit au sujet des valvules sigmoïdes des Crocodiliens. S'il était admis que la grande classe des Oiseaux, si nombreuse, si répandue, si variée, a pris naissance de plusieurs souches et dans plusieurs centres différents, comment expliquer par la théorie Darwinienne cette uniformité qui se remarque dans l'organisation interne sous les différences de conformation extérieure ? Par quelle série incompréhensible d'heureux hasards, par quelles combinaisons miraculeuses, s'est-il fait que le ventricule droit de tous les Oiseaux, provenant de centres différents et éloignés de formation, ait acquis une

---

s'associent à des formes extérieures et même à des particularités de constitution bien différentes les unes des autres.

conformation semblable pour tous, identique même, et que chez tous, en même temps que le bord interne de l'orifice auriculo-ventriculaire se dégarnissait de toute valvule, se soit formée cette valvule musculaire si constante, si caractéristique, qu'elle permet de distinguer immédiatement un cœur d'Oiseau du cœur de tout autre Vertébré[1] ? Y a-t-il une corrélation nécessaire entre l'apparition des caractères extérieurs et cette conformation du cœur des Oiseaux? ou, pour parler d'une manière plus précise, la naissance des plumes, la transformation des membres antérieurs en ailes, l'établissement de la station bipède, l'armature cornée des maxillaires et l'absence

---

[1] La constitution du cœur de l'Oiseau est certainement en relation avec la suractivité de la respiration qu'exige la fonction du vol. Il n'est donc pas surprenant que le ventricule droit possède des moyens puissants d'impulsion pour la circulation pulmonaire. Ce qui me surprend davantage, et ce qui provoque mes réflexions, c'est l'*uniformité* du moyen employé chez les Oiseaux par la nature pour obtenir ce résultat, c'est-à-dire la formation d'une puissante valvule musculaire qui sert à la fois de barrière au reflux du sang et d'organe énergique d'impulsion. Cette uniformité a d'autant plus le droit de m'étonner, que le cœur des Cheiroptères, appelés pourtant au vol, n'a point une disposition valvulaire identique à celle des Oiseaux. Leur appareil valvulaire droit rappelle celui des Mammifères, et se compose, comme ce dernier, d'une valve externe membraneuse rattachée à de fortes papilles musculaires de la paroi par des filaments tendineux (2 papilles et 2 tendons) et d'une valve interne plus étroite.

Du reste, dans bien d'autres cas, pour obtenir des effets identiques, la nature emploie des moyens variés et différents entre eux. L'uniformité complète de la disposition du cœur des Oiseaux me semble pour ces motifs ne pouvoir s'expliquer raisonnablement, suivant la doctrine transformiste, que par la descendance d'une souche unique d'où sont dérivés les autres représentants de cette grande classe. Si, comme tout porte à le penser, les Oiseaux et les Reptiles ont des relations étroites d'origine, on comprend aisément que le premier représentant du type Oiseau ait pu dériver d'un type Reptilien voisin du type Crocodilien, par exemple, et dont la valvule musculo-membraneuse s'est fort réduite, tandis que la valvule musculaire s'est considérablement développée. De là sont descendus tous les autres Oiseaux, qui ont conservé cette valvule sans variations importantes. Mais si l'on suppose la formation du type Oiseau par voie d'évolution de plusieurs souches primitives et indépendantes, on a le droit d'éprouver un grand embarras devant cette uniformité complète des dispositions cardiaques, et l'on se demande pourquoi, chez un ou plusieurs de ces types, le renforcement et le développement simultanés des deux valvules du type Reptilien n'ont pas constitué les moyens adoptés par la nature pour obtenir une suractivité de la circulation pulmonaire. Je ne vois pas pour le moment de réponse solide à faire à cette question; et il me semble à la fois plus rationnel et plus naturel d'admettre une origine unique à la première espèce Oiseau, d'où seraient provenus, par voie de divergences successives, les groupes plus larges et d'ordres divers, c'est-à-dire le genre, la famille, l'ordre et la classe.

des dents, la constitution spéciale du sternum, des clavicules, du sacrum, etc., constituent-ils un ensemble de caractères extérieurs qui doive avoir pour corrélatif nécessaire la conformation du ventricule droit telle qu'on la trouve chez les Oiseaux? Je répéterai encore ici qu'il serait certainement plus que téméraire de répondre affirmativement à une pareille question, et il me semble encore que, s'il fallait admettre plusieurs centres de formation pour la classe des Oiseaux, la notion d'une création directe de l'espèce, et par conséquent du genre, de la famille, etc., création qui serait le fruit immédiat d'un plan préconçu, constituerait l'explication la plus simple, la plus admissible, la plus naturelle, de la formation de ces types définis par la réunion d'un ensemble de caractères qui, sans paraître avoir pour la plupart rien de fatal et de nécessaire dans leur enchaînement, sont pourtant utilement réunis, et constituent des combinaisons plus ou moins heureuses d'éléments divers.

Je viens de raisonner dans l'hypothèse de la multiplicité des centres de formation. Mais j'ai déjà dit et montré que Darwin croit à l'unicité des centres de création pour chaque espèce, et les arguments de valeur ne manquent pas à l'appui de cette opinion. Il faut convenir que l'objection capitale que ses adversaires ont cru pouvoir tirer de la configuration actuelle des mers et des continents perd considérablement de sa valeur, en présence de ce fait incontestable que cette configuration a subi de grandes variations, et que les espaces occupés aujourd'hui par des terres et des continents ont été dans des temps antérieurs recouverts par des mers; et *vice versa*, que là où s'élèvent actuellement des chaînes de montagnes créant des séparations et des barrières, ont existé dans le temps des terres planes ou des bassins, etc. Ces variations dans les connexions des continents et dans la distribution des terres et des mers, unies aux variations considérables des conditions climatériques, variations dont l'époque glaciaire a laissé des témoignages irrécusables, constituent des données précieuses pour expliquer l'extension et la dissémination des espèces cosmopolites [1].

Il convient aussi d'ajouter que telles familles qui dans la période ac-

---

[1] Voir, à ce sujet, un article très-intéressant du professeur Ch. Martins : *Les populations végétales, leur origine, leur composition et leurs migrations*. (*Revue des Deux-Mondes*, 1er février 1870.)

tuelle se trouvent cantonnées dans quelques stations très-éloignées les unes des autres, ont pu être plus généralement répandues pendant des périodes antérieures, et présenter dans leurs habitats une continuité qu'elles ont perdue. Tel est le cas, par exemple, de la famille des Crocodiliens, qui, autrefois beaucoup plus répandue et existant dans des contrées d'où elle a depuis longtemps disparu, l'Europe par exemple, se trouve aujourd'hui réduite à quelques groupes séparés par de grandes étendues et qui représentent, dans la nature actuelle, des organismes d'un autre âge. On peut soutenir en effet que les Crocodiliens, par leur taille, par leurs mœurs, par leur conformation extérieure, sont les restes d'une faune à peu près éteinte et qui s'efface tous les jours.

Ces considérations et bien d'autres, telles que la réapparition, dans la faune d'une localité, de colonies d'espèces qui en avaient primitivement disparu, réapparition qu'il est rationnel de considérer comme une preuve des migrations de ces espèces, etc., ces considérations, dis-je, et bien d'autres, viennent apporter un appoint considérable à la doctrine de l'unicité du centre de formation de l'espèce. Aussi semble-t-il que ce n'est pas sur ce terrain que l'école des créations puisse pour le moment essayer avec avantage de battre l'école transformiste.

La lutte est néanmoins vivement engagée, et je ne puis avoir ici la prétention de donner même une simple énumération de tous les arguments qui sont produits par les deux camps opposés. Je me suis borné à mettre sous les yeux du lecteur quelques pièces du procès et quelques réflexions qui m'ont paru avoir des rapports assez directs avec le sujet de ce travail. Sans avoir exprimé mon humble opinion dans ce débat, j'en ai pourtant assez dit pour qu'on ait pu juger de mes sympathies pour la doctrine du transformisme. Ce n'est point ici le lieu de développer les raisons qui ont déterminé cette conviction ; je n'en donnerai qu'une, qui s'harmonise avec le fond même de ce travail et avec la recherche que j'y ai constamment faite des homologies organiques et des affinités. La doctrine du transformisme m'a paru, bien mieux que toute autre, rendre compte de cet enchaînement remarquable des êtres, qui devient éclatant pour ainsi dire dès que l'esprit se fixe sur une portion quelconque du monde organisé. Mieux que toute autre, cette doctrine semble permettre de comprendre comment a pu se former, je ne dirai pas cette *série* des êtres, mais ce *réseau* des êtres, qui est parvenu à envelopper le globe de ses mailles.

C'est un des malheurs de la théorie du transformisme d'avoir été, dès son apparition, accueillie et proclamée comme une victoire par l'école matérialiste. Cela lui a valu les méfiances et même l'opposition de l'école spiritualiste, pour laquelle la théorie des créations successives semblait comme une garantie indispensable de la réalité du monde spirituel et de la nature supérieure de l'Homme. Il me semble qu'il y a eu là une double méprise. D'une part, en effet, l'école qui croit à l'omnipotence de la matière et des forces physiques n'est parvenue à trouver un appui dans la théorie Darwinienne qu'en y ajoutant des conséquences forcées et illégitimes ; et d'autre part, l'école qui croit à l'existence de l'esprit a eu le tort de s'en laisser imposer par l'assurance et le ton triomphant de sa rivale.

En effet, la théorie Darwinienne, telle qu'elle est sortie des mains de son éminent introducteur, et telles que les données positives de la science permettent de la concevoir, n'est nullement exclusive des idées de création et de plan qui supposent nécessairement celle d'un Créateur et d'un Ordonnateur. Non-seulement elle n'exclut pas ces idées, mais elle les admet logiquement, parce qu'elle se trouve radicalement incapable de résoudre sans elles d'une manière sérieuse les grandes questions qui sont à la base du problème de l'apparition et des transformations du monde organisé. Comment ont apparu les types primordiaux, ou, pour parler avec les plus radicaux, le type primordial d'où sont sortis les milliers de types secondaires, tertiaires, etc., qui peuplent le globe? Est-il possible de saisir un rapport de causalité entre le monde inorganique et le monde organique ? Quelle est la source de cette vertu latente, de cette force potentielle renfermée dans les premiers types et dont la manifestation a produit les formes infinies qui sont sous nos yeux ? Quelle est l'origine de l'intelligence, du moi réflexe, du sens moral ? A toutes ces questions et à d'autres semblables, il est juste de dire que l'école matérialiste n'a fait aucune réponse sérieuse, car je ne pense pas qu'on puisse encore qualifier de la sorte les assertions purement gratuites de Gustave Jœger[1], avec ses *uniloculaires*, l'*autogonie* entièrement hypothétique du professeur Hœckel (d'Iéna) et toutes les affirmations très-discutées et très-discutables des partisans de la génération spontanée.

La vraie science, celle qui ne veut s'appuyer que sur les faits incontestables et qui n'affirme que ce qui est digne d'affirmation et susceptible de preuve, laisse donc encore une place à la grande cause, à la cause supérieure qui a servi de générateur à toutes les autres. Il est encore permis d'avoir recours à elle pour répondre aux questions qui précèdent et pour expliquer les idées de vie et les lois de succession, d'hérédité, de variation, de transformation qui en sont les corollaires ; et, tout en exprimant le désir et l'espoir, que doit partager tout ami de la science, de voir les limites de l'inconnu reculées dans ces domaines si obscurs, je ne crains pas d'affirmer que sur cette voie, à la fois pénible et glorieuse, l'esprit humain sentira toujours, même après ses marches les plus hardies, qu'il lui reste encore l'infini à parcourir, et c'est là que se trouvera toujours la place de Dieu.

---

[1] *Lettres zoologiques*, 3ᵉ lettre. Vienne, 1864.

LIVRE SIXIÈME

Des types de la circulation dans la série des Vertébrés.

Je me propose de rechercher, en terminant ce travail, quels sont les types différents que présente la circulation générale chez les Vertébrés. Mais avant d'aborder directement ce sujet je dois examiner quelques questions dont la solution nous sera extrêmement utile, et que j'ai à dessein renvoyées à cette partie de ce travail. Quel est le rôle spécial de l'aorte gauche, et conséquemment que se passe-t-il dans l'anastomose abdominale qui réunit les deux aortes chez les Chéloniens et chez les Crocodiliens ? Les fonctions de ces vaisseaux pouvant varier selon que l'animal respire librement ou est plongé sous l'eau, il convient préalablement, et pour éviter toute digression ultérieure, d'étudier l'influence que peut exercer la respiration pulmonaire sur la circulation centrale, c'est-à-dire sur le cours du sang dans les cavités du cœur et les gros vaisseaux artériels et veineux qui en dépendent. C'est là le point intéressant auquel je vais d'abord m'attacher.

CHAPITRE PREMIER

INFLUENCE DE LA RESPIRATION SUR LA CIRCULATION.

ARTICLE. I. — Animaux a sang chaud.

Il y a un fait qui depuis longtemps a frappé les observateurs et est devenu le point de départ des théories que l'on a émises sur le mécanisme de l'asphyxie et sur les relations considérables qui peuvent exister entre les fonctions du cœur et celles du poumon. Quand un animal, Oiseau ou Mammifère, a succombé à l'asphyxie proprement dite, les cavités droites du cœur, les gros troncs veineux y afférents et les divisions de l'artère pulmonaire, sont remplis par du sang noir. Cette accumulation sanguine a donné lieu à des interprétations assez variées dans les détails, mais pouvant pour l'ensemble être ramenées à quelques chefs principaux.

Les contemporains de Haller, et Haller lui-même, l'attribuaient à l'interruption des phénomènes mécaniques de la respiration, et surtout à l'état de flexion et de compression relatives des vaisseaux pulmonaires pendant l'affaissement prolongé des poumons privés d'air. Pour d'autres, la distension des poumons maintenus à l'état d'inspiration suffisait pour comprimer, pour allonger et rétrécir les petits vaisseaux pulmonaires, et pour interrompre la circulation dans leur parcours. Telle était l'opinion de Poiseuille.

Godwyn, qui essaya le premier de résoudre cette question par la voie expérimentale, rejeta ces causes mécaniques et expliqua l'arrêt de la circulation et la réplétion du cœur veineux par le défaut de stimulation des parois du cœur gauche, qui ne sont plus en contact avec du sang rouge.

Bichat, qui adopta le point de vue de Godwyn, le développa et le fortifia d'une manière considérable[1]. A ce défaut de stimulation de la surface

---

[1] Bichat; *Recherches physiologiques sur la vie et la mort.*

interne du ventricule gauche. Bichat ajouta, avec plus de logique, l'affaiblissement des fibres musculaires du cœur arrosées par le sang noir des artères coronaires. C'est à cette dernière cause qu'il attribua surtout l'arrêt de la circulation pulmonaire. Il chercha d'abord à démontrer, après Godwyn, que la circulation pulmonaire n'est pas mécaniquement interrompue pendant l'expiration prolongée. « Prenez un animal quelconque, dit-il, un chien par exemple; adaptez à sa trachée-artère, mise à nu et coupée transversalement, le tube d'une seringue à injection ; retirez subitement, en faisant le vide avec celle-ci, tout l'air contenu dans le poumon ; ouvrez en même temps l'artère carotide : il est évident que dans cette expérience la circulation devrait subitement s'interrompre, puisque les vaisseaux pulmonaires passent du degré d'extension ordinaire au plus grand reploiement possible ; et cependant le sang continue encore quelque temps à être lancé avec force par l'artère ouverte, et par conséquent à circuler à travers le poumon affaissé sur lui-même. Il cesse ensuite peu à peu..... On produit le même effet en ouvrant des deux côtés la poitrine d'un animal vivant. » Et plus loin, pour répondre à ceux qui invoquent l'influence de la distension prolongée du poumon, il ajoute : « Cette cause n'est pas plus réelle que celle des plis à la suite de l'expiration. En effet, gonflez le poumon par une quantité d'air plus grande que celle des plus fortes aspirations; maintenez cet air dans les voies aériennes en fermant un robinet adapté à la trachée artère; ouvrez ensuite la carotide : vous verrez le sang couler encore assez longtemps avec une impétuosité égale à celle qu'il affecte lorsque la respiration est parfaitement libre ; ce n'est que peu à peu que son cours se ralentit, tandis qu'il devrait subitement s'interrompre, si cette cause qui agit d'une manière subite était en effet celle qui arrête le sang dans les vaisseaux. »

Telles sont les expériences remarquables sur lesquelles Bichat appuya son opinion, que l'état de distension ou d'affaissement du poumon ne sont point les causes de l'arrêt de la circulation pulmonaire pendant l'asphyxie. Lui faire conclure de ces faits « que la circulation du sang n'est par interrompue à travers le poumon pendant l'asphyxie», comme l'a fait l'auteur de l'article *Asphyxie*, du *Dictionnaire encyclopédique* [1], c'est se méprendre

---

[1] Maurice Perrin ; *Dictionnaire encyclopédique des Sciences médicales*, tom. VI, 1867.

sur sa pensée, et le mettre gratuitement en contradiction avec le chapitre suivant, si remarquable, où il s'occupe de l'influence qu'exerce l'interruption des phénomènes chimiques du poumon sur la cessation de l'action du cœur. Bichat prouve que dans ce cas, les artères coronaires ne recevant que du sang noir, « c'est par son contact avec les fibres charnues, à l'extrémité du système artériel, et non par son contact sur la surface interne du cœur, que le sang noir agit. Aussi ce n'est que peu à peu et lorsque chaque fibre en a été bien pénétrée, que sa force diminue enfin, tandis que la diminution et la cessation devraient, comme je l'ai fait observer, être presque subites dans le cas contraire. »

Mais cet affaiblissement et cette cessation définitive de l'action du cœur sont incapables d'expliquer d'une part « comment, lorsque les phénomènes chimiques du poumon s'interrompent, l'artère pulmonaire, le ventricule et l'oreillette à sang noir, tout le système veineux en un mot, se trouvent gorgés de sang, tandis qu'on en rencontre beaucoup moins dans le système vasculaire à sang rouge, lequel en présente cependant davantage que dans la plupart des autres morts. Le poumon, ajoute judicieusement Bichat, semble en effet être alors le terme où est venue finir la circulation, qui s'est ensuite arrêtée de proche en proche dans les autres parties »; et plus loin: « Toujours, par conséquent, c'est dans le poumon que la circulation trouve son principal obstacle».

Les causes de ce fait sont pour Bichat : 1° le défaut de l'excitation que produisait dans le poumon le sang rouge des artères bronchiques, et l'affaiblissement de ces diverses parties par le sang noir qui l'a remplacé dans ces vaisseaux, et qui empêche par là *leur action et la circulation capillaire qui s'y opère sous l'influence de leurs forces toniques*; 2° le défaut d'excitation du poumon par *l'air vital*, qui ne pénètre plus dans les bronches, et qui ne peut plus *stimuler la muqueuse et entretenir par conséquent le poumon dans une espèce d'éréthisme continuel*.

Ainsi, d'une part il y a au niveau du poumon un obstacle à la circulation capillaire, supérieur à l'obstacle que présente le système capillaire général ; et d'autre part les cavités droites du cœur et leurs veines afférentes sont plus faibles que les cavités gauches et le système artériel, dont elles sont le point de départ. La réplétion excessive du système veineux s'explique donc naturellement par l'arrêt du cours du sang dans le poumon et par son passage relativement plus libre en ce moment à travers le système capillaire général. 1° Affaiblissement des contractions du cœur, et 2° obstacle vital, dirai-je, et non mécanique à la circulation pulmonaire; telles sont, pour Bichat, les causes qui expliquent cette rupture d'équilibre que l'on remarque pendant l'arrêt de la respiration pulmonaire entre le système artériel et le système veineux.

Depuis Bichat, de nouvelles expériences ont été faites pour résoudre cette question. Tous les expérimentateurs ont été d'accord pour admettre avec lui que c'était dans le poumon que se trouvait la cause principale de l'arrêt de la circulation pulmonaire. Presque tous aussi ont considéré le défaut d'hématose comme ayant pour cet effet plus d'influence que les phénomènes mécaniques de la respiration. Les procédés d'expérimentation ont varié. Quelques-uns ont, comme Bichat, interrompu la respiration en liant la trachée artère, soit directement, soit à l'aide d'un robinet. Ils ont en même temps ouvert une artère pour constater le ralentissement et l'arrêt de la circulation artérielle. Après la mort de l'animal asphyxié, ils ont observé la déplétion des veines pulmonaires, l'état de plénitude des artères de la petite circulation, du cœur veineux et du système veineux général. C'est ainsi qu'ont procédé David Williams et James-Philips Kay.

Alison, tout en constatant que la circulation pulmonaire était plus active pendant que le poumon était gonflé d'air que pendant qu'il était affaissé, démontra pourtant qu'il fallait surtout attribuer l'arrêt du sang dans les capillaires du poumon au défaut d'hématose. Ayant placé des animaux dans un gaz irrespirable, mais non toxique, il constata à l'autopsie que, malgré la persistance des phénomènes mécaniques de la respiration, les cavités droites du cœur et le système veineux général étaient gorgés de sang.

Enfin J. Reid [1] procéda avec plus de précision encore, et mesura à l'aide de l'hémodynamomètre la pression du sang dans les diverses parties du système circulatoire, pendant que l'asphyxie se produisait, soit

---

[1] J. Reid; *On the order of succession in which the vital actions are arrested in asphyxia.* (*Edinburgh med. and surg. Journal.* 1841.)

avec interruption, soit avec persistance des mouvements respiratoires. De ces expériences, dont je ne connais point les détails, il paraît résulter, d'après M. Milne-Edwards[1], que le sang veineux ne traverse pas les capillaires aussi facilement que le sang artériel, et qu'ainsi l'interruption des phénomènes chimiques de la respiration tend à produire directement l'arrêt du courant circulatoire dans les vaisseaux des poumons.

Avant de connaître les expériences de Reid, l'idée m'était venue d'étudier à l'aide de l'hémodynamomètre les phénomènes qui se produisent dans le système circulatoire pendant l'interruption des phénomènes mécaniques et des phénomènes chimiques de la respiration. Comme les expériences sur cette matière n'ont pas été aussi multipliées qu'on pourrait le désirer, et qu'il reste encore quelques obscurités sur ce point de physiologie, je crois devoir ici rendre compte de mes expériences personnelles. Je le fais avec d'autant plus de raison, du reste, que plusieurs d'entre elles sont entièrement nouvelles, que leur ensemble pourra donner lieu à une discussion intéressante, et que les conclusions que nous pourrons en tirer serviront de base à l'étude des types de la circulation chez les Vertébrés, étude qui fait le sujet de ce sixième livre.

Une première série d'expériences a été faite sur les Vertébrés à température constante, c'est-à-dire pourvus d'une double circulation parfaite. Ce groupe de Vertébrés comprenant les Mammifères et les Oiseaux, je me suis adressé aux premiers, que l'on peut se procurer facilement de grande taille, ce qui est une condition de succès opératoire et expérimental.

J'ai commencé par étudier l'effet de la cessation des mouvements respiratoires sur la tension sanguine dans les systèmes artériel et veineux. Dans toutes ces expériences, j'ai agi sur des Chiens complètement couchés.

Sur un Chien de grosse taille, j'ai placé une canule en T dans la veine jugulaire externe, et j'ai mis la longue branche de la canule en communication, par l'intermédiaire d'un tube de caoutchouc, avec un hémodynamomètre ordinaire formé d'un tube en U renfermant du mercure jusqu'à un certain niveau. En plaçant la canule, j'avais eu le soin d'éviter l'intro-

---

[1] Milne-Edwards; *Leçons sur la physiologie*, tom. IV. pag. 356 note.

duction de l'air dans les veines; et le tube en caoutchouc, ainsi que la cavité du manomètre placée au-dessus du niveau du mercure, avaient été remplis d'une solution de carbonate de soude, qui avait l'avantage de s'opposer à la coagulation du sang et de transmettre la pression sanguine au mercure par l'intermédiaire d'un liquide, c'est-à-dire d'un milieu incompressible. L'animal, étendu et fixé sur une table, avait le museau coiffé d'une vessie, ou d'une poche en caoutchouc renfermant un entonnoir métallique qui en prévînt l'aplatissement pendant l'inspiration. Le tout était soigneusement appliqué de manière à ce que l'animal ne pût respirer que par un tube en caoutchouc terminant la poche. A l'extrémité libre de ce tube se trouvait un robinet. Cette manière de procéder a sur celle de Bichat l'avantage de ne point nécessiter la section et la ligature de la trachée, ce qui, comme nous le verrons, n'est pas sans influence sur le résultat de l'expérience.

Quand l'animal respirait librement, la colonne de mercure oscillait dans un espace compris entre 5 millimètres et 1 centimètre. Pendant l'expiration normale, le sujet en expérience étant calme et en repos, le mercure s'élevait à 8 millimètres ou 1 centimètre, rarement au-dessus. Pendant l'inspiration, la colonne mercurielle descendait de quelques millimètres. L'animal étant ainsi disposé, je fais fermer le robinet, le thorax étant en *expiration*. Aussitôt la colonne mercurielle s'élève à 2 centimètres, et fait quelques oscillations. Elle redescend d'abord à 1 centimètre et même au-dessous quand l'animal fait des efforts inutiles d'inspiration, mais elle remonte aussitôt à 2 ; et à mesure que la suffocation se prolonge, la colonne veineuse tend de moins en moins à descendre pendant l'inspiration. J'ouvre le robinet : l'animal inspire, et la colonne redescend aussitôt à zéro, pour remonter, à l'expiration suivante, au-dessus de la hauteur habituelle, et, après quelques oscillations d'amplitudes décroissantes correspondant aux grands mouvements respiratoires, revenir enfin à la hauteur normale de 5 millimètres à 1 centimètre.

Après avoir donné à l'animal un temps de repos suffisant pour le rétablissement de l'état normal, je fais fermer le robinet, le thorax étant en *inspiration* : aussitôt, élévation de la colonne mercurielle à 2 et à 3 centimètres, avec quelques oscillations légères quand l'animal fait des tentatives d'expiration et d'inspiration. Soit du reste que le thorax ait été maintenu dans l'expiration ou dans l'inspiration, dès que l'animal commençait à s'agiter, à faire des efforts considérables, la colonne mercurielle s'élevait fortement, et à ce moment je faisais ouvrir le robinet.

Enfin, ayant fait appliquer un masque de poix ramollie sur le museau de l'animal, le thorax étant en inspiration, j'observai la colonne mercurielle jusqu'à la mort complète de l'animal. La colonne mercurielle s'éleva d'abord à 2 et même à 3 centimètres ; elle subit ensuite des oscillations comprises entre 1 centimètre et 3 centimètres, et correspondant aux efforts d'inspiration et d'expiration. Lorsque les violents efforts et les mouvements généraux de l'animal survinrent, les maxima des oscillations s'élevèrent encore de plusieurs centimètres. Mais lorsque ces efforts eurent disparu, que l'asphyxie se fut produite, et que les mouvements de l'animal eurent cessé, la colonne s'abaissa successivement en présentant de légères oscillations, et quand la mort fut arrivée, la colonne mercurielle, à peine élevée de 4 ou 5 millimètres, finit par s'abaisser à zéro.

J'ai répété cette expérience avec un second Chien sur lequel j'ai fait cesser la suffocation avant la mort, et j'ai obtenu des résultats analogues à ceux que je viens de rapporter.

Il ressort de ces faits que la tension veineuse s'élève pendant l'interruption des mouvements respiratoires, que les poumons soient dilatés ou qu'ils soient dans l'affaissement.

Quant aux phénomènes qui ont accompagné les dernières périodes de l'asphyxie, c'est-à-dire l'abaissement successif de la colonne mercurielle, ils s'expliquent naturellement par l'affaiblissement progressif et par la cessation de l'action du cœur, qui a permis le rétablissement de l'équilibre de tension dans l'ensemble de l'appareil circulatoire.

Les expériences précédentes indiquaient une élévation de tension du sang dans le système veineux pendant l'arrêt des mouvements respiratoires, mais elles ne fournissaient aucun renseignement sur les changements de tension dans le système artériel, et de plus elles avaient le grave défaut de ne point séparer l'influence des phénomènes mécaniques et des phénomènes chimiques de la respiration. C'est dans le double but de combler ces lacunes que j'instituai les expériences suivantes.

Un Chien de grosse taille étant couché et fixé sur la table à vivisections, j'adaptai soigneusement à son museau la poche en caoutchouc dont j'ai déjà parlé. Cette poche se continuait en avant avec un tube en caoutchouc ayant à peu près le calibre de la trachée du Chien en expérience, c'est-à-dire capable de fournir facilement à la respiration de l'animal. Ce tube était mis en communication au moyen d'un ajutage en T avec deux tubes de caoutchouc d'un diamètre égal au sien et pourvus chacun d'un robinet; l'un d'eux communiquait avec l'atmosphère, l'autre communiquait avec le sommet d'une grande cloche de verre suspendue dans un réservoir d'eau et remplie d'hydrogène, c'est-à-dire d'un gaz non toxique, mais impropre à la respiration. Quand le gaz renfermé dans la cloche est aspiré, la cloche s'enfonce; quand au contraire on repousse en expirant le gaz dans la cloche, celle-ci s'élève. Pour rendre ces mouvements plus faciles et pour annuler le poids de la cloche, on lui fait équilibre par deux contre-poids suspendus à deux cordons qui, attachés à deux anses opposées de l'armature supérieure de la cloche, viennent se réfléchir sur deux poulies placées au sommet de deux montants. En supprimant ainsi la pression que la cloche exerçait sur le gaz contenu, on rend on ne peut plus faciles l'entrée et la sortie de ce gaz. L'animal étant ainsi disposé, je mets à nu la carotide et j'y introduis une canule en T, en prenant la précaution d'éviter l'entrée de l'air dans l'artère, ce qui, en produisant l'anémie de quelques points du cerveau, occasionne des troubles nerveux qui faussent les résultats de l'expérience. La colonne mercurielle accuse une pression moyenne de 14 ou 15 centimètres. A chaque impulsion du cœur, la colonne s'élève d'un centimètre environ, quelquefois plus. Quand l'animal s'agite, la colonne s'élève encore et les oscillations prennent plus d'amplitude, 2, 3, 4 centimètres.

Le Chien étant au repos et le robinet à hydrogène fermé, on ferme aussi le robinet à air, de manière à interrompre la respiration. Presque aussitôt il se produit un abaissement de la colonne mercurielle d'un centimètre environ, avec diminution de l'amplitude des oscillations. Mais au bout de dix ou quinze secondes, l'animal étant encore au repos, la colonne remonte au-dessus du niveau normal. Bientôt l'animal s'agite, et les oscillations deviennent si amples qu'il est impossible d'en apprécier le niveau moyen. J'ouvre alors le robinet à air et je laisse l'animal respirer librement. La colonne redescend rapidement, ces oscillations diminuent d'amplitude et l'état initial se reproduit. Après un temps de repos suffisant, je ferme le robinet à air, *à la fin d'une expiration*, et j'ouvre le robinet à hydrogène : l'animal inspire aussitôt ce gaz, et ses mouvements respiratoires continuent régulièrement pendant un certain temps. Aussitôt la colonne mercurielle s'abaisse, comme quand j'avais interrompu la respiration ; l'amplitude des oscillations diminue légèrement ; mais au bout de huit à dix secondes, la colonne s'élève peu à peu. Puis l'animal s'agite, fait des efforts, et la colonne subit des oscillations si étendues qu'il est impossible d'en apprécier le niveau moyen. A ce moment, j'ouvre le robinet, et les choses reprennent rapidement leur situation normale. Les alternatives de respiration libre, de suffocation, de respiration d'hydrogène, ont été renouvelées plusieurs fois et m'ont constamment donné les mêmes résultats, qui sont évidents tant que l'animal est au repos. C'est là une condition essentielle ; car si, dès qu'on interrompt la respiration ou dès qu'on ouvre le robinet à hydrogène, l'animal s'agite et fait des efforts, la colonne mercurielle présente des oscillations si étendues qu'elles masquent tous les résultats; et, du reste, les efforts apportent par eux-mêmes dans les contractions cardiaques et dans la tension vasculaire des modifications qui altèrent les conditions de l'expérience, et dont il est impossibe de faire abstraction dans une appréciation des phénomènes.

Après avoir ainsi étudié sur deux Chiens les effets de l'interruption des phénomènes, soit mécaniques, soit chimiques de la respiration sur la tension artérielle, j'ai voulu compléter mes expériences en mesurant les effets de cette interruption sur la tension veineuse. A cet effet, sur ces deux mêmes Chiens et sur un troisième, je mis l'hémodynamomètre en communication avec la veine jugulaire externe du Chien, la seule veine du cou qui pût permettre l'introduction d'une canule en T de calibre convenable, la jugulaire interne ne formant chez ces animaux qu'une petite veine placée à côté de la carotide. L'animal respirant librement et paisiblement, la colonne mercurielle était élevée de 7 ou 8 millimètres à 1 centimètre pendant l'expiration. Elle s'abaissait de plusieurs millimètres, 3, 4 et même 6 pendant les inspirations calmes et paisibles. Le robinet à hydrogène étant fermé, on ferme le robinet à air, de manière à interrompre les mouvements respiratoires. La colonne mercurielle s'élève assez rapidement à 2 centimètres et même 2 centimètres et demi : l'animal fait bientôt des efforts alternatifs d'inspiration et d'expiration qui augmentent rapidement la hauteur de la colonne et produisent des oscillations correspondantes, mais sans abaisser la colonne à zéro. L'animal s'agitant et cherchant à se dégager, le mercure s'élève fortement ; on ouvre le robinet, et la tension veineuse revient brusquement à son niveau normal. Je laisse à l'animal un temps suffisant de repos, après lequel je ferme le robinet à air et j'ouvre le robinet à hydrogène. Les mouvements respiratoires continuent ; mais, l'hématose n'ayant pas lieu, ils prennent une ampleur et une profondeur croissantes, par suite du besoin qu'a l'animal de respirer. Aussi, dès que le robinet à hydrogène est ouvert, la colonne mercurielle s'élève successivement à 1 centimètre et demi, à 2 centimètres, et même au-delà pendant l'expiration; mais elle s'abaisse constamment à zéro ou au voisinage de zéro pendant les inspirations.

Ces phénomènes, plusieurs fois reproduits chez chacun des trois animaux en expérience, me prouvèrent que la tension sanguine s'élevait dans le système veineux, soit que les mouvements respiratoires fussent interrompus, soit qu'ils fussent continués, pourvu que l'hématose n'eût pas lieu. Je me demandai seulement d'où venait l'abaissement de la colonne à zéro pendant les grandes inspirations, tandis que l'animal respirait l'hydrogène. Il était en effet naturel de penser que, la colonne mercurielle s'étant élevée à 2 et même à 3 centimètres, elle dût s'abaisser pendant l'inspiration, à cause de l'aspiration thoracique, mais pas au point de devenir entièrement nulle. Cette dernière circonstance si accentuée semblait s'allier difficilement en effet avec une réplétion exagérée des cavités droites du cœur et un arrêt relatif de la circulation pulmonaire. Je trouvai l'explication de ce fait dans cette circonstance, que la veine jugulaire externe du Chien est à la fois très-supérficielle et placée entre deux plans de muscles, le peaucier et les muscles propres du cou. Cette double condition, jointe à deux autres, c'est-à-dire le voisinage du soufflet aspirateur formé par le thorax et le maintien à l'état béant de l'embouchure postérieure de la veine, nous expliquent ce qui se passe dans la veine jugulaire externe du Chien pendant les grandes inspirations faites avec effort. Le sang de la veine est fortement aspiré vers le thorax, et la tension veineuse disparaît entièrement. La veine se vide, s'aplatit à cause même de sa position superficielle, et les deux plans musculaires fortement contractés achèvent et maintiennent cet aplatissement. Ainsi disparaît toute tension dans la veine jugulaire externe pendant les inspirations forcées.

Mais si l'explication que je viens de donner était exacte, et d'autre part s'il était vrai que la tension veineuse fût augmentée pendant l'interruption des phénomènes chimiques de la respiration, je ne devais point constater cette suppression complète de la tension veineuse en appliquant l'hémodynamomètre sur une veine qui se trouvât dans des conditions autres que celles de la veine jugulaire externe. La veine crurale me parut remplir les conditions convenables pour cette expérience : elle est en effet d'un calibre suffisant pour que les canules en T qu'elle peut recevoir ne soient pas promptement obstruées par un caillot ; elle est maintenue béante par des plans aponévrotiques et musculaires, et ne peut être aplatie par l'aspiration ou par la contraction des muscles ; elle est enfin assez éloignée du thorax pour que l'influence de l'aspiration thoracique soit amoindrie sans y être nulle.

Ayant donc pris un Chien de grande taille, sur la jugulaire duquel j'avais opéré quelque temps auparavant, je plaçai une canule en T dans la veine crurale du côté gauche, immédiatement au-dessous de l'arcade crurale. Le robinet à air étant ouvert, la colonne mercurielle ne s'élève pas tout à fait à 1 centimètre pendant l'expiration. Les oscillations correspondantes aux inspirations sont faibles, mais pourtant distinctes. Le robinet à air est fermé, l'animal étant en inspiration ou en expiration, et aussitôt la tension sanguine augmente peu à peu et atteint successivement 1 centimètre et demi, 2 centimètres, 2 centimètres et demi. A ce moment, l'animal s'agite, la colonne s'élève et oscille irrégulièrement, par suite des contractions du thorax et de l'abdomen, et les résultats cessent d'être distincts. J'ouvre alors le robinet : la colonne redescend à son niveau normal ; et après un temps de repos suffisant, à la fin d'une expiration, je ferme le robinet à air et j'ouvre le robinet à hydrogène. Les mouvements respiratoires continuent, ils prennent de l'amplitude ; la colonne mercurielle s'élève par petites secousses à 1 centimètre et demi, à 2 centimètres et un peu au-dessus; mais les oscillations correspondant au mouvement respiratoire sont très-faibles et n'embrassent que 1 ou 2 millim. C'est dire que la colonne ne s'abaisse jamais à zéro, ni même au voisinage de zéro, comme quand j'opérais sur la jugulaire. Au contraire, la colonne s'élève insensiblement par petites oscillations. A un moment donné, l'animal ajoute aux mouvements respiratoires des mouvements et des efforts généraux qui troublent les résultats. Cette expérience est répétée à plusieurs reprises sur le même animal, et toujours avec le même succès.

Telle est la série d'expériences que j'ai exécutées pour aider à la solution de la question que je me suis posée dès le début de ce chapitre. Il me reste maintenant à en coordonner les résultats, à les interpréter et à en tirer les conclusions.

La mesure de la tension veineuse a constamment démontré une élévation de cette tension succédant à l'arrêt des phénomènes mécaniques de la respiration, que le poumon fût maintenu en inspiration ou en expiration. Elle a aussi démontré que l'élévation de la tension avait également lieu quand l'hématose ne se faisait pas, et malgré la persistance des mouvements respiratoires.

La mesure de la tension artérielle a démontré, pendant l'arrêt des phénomènes mécaniques ou chimiques de la respiration, d'abord un abaissement de la tension artérielle, et bientôt après une élévation graduelle de cette tension. Cette élévation a duré et s'est accrue jusqu'à ce que, donnant de l'air à l'animal, la tension artérielle a repris par oscillations son niveau normal.

Ce dernier résultat pourrait au dernier abord paraître en contradiction avec l'expérience de Bichat citée plus haut, et dans laquelle, chez un Chien dont la trachée avait été fermée, le jet du sang de la carotide ouverte s'était affaibli peu à peu jusqu'à s'arrêter presque entièrement, et n'avait reparu avec intensité que lorsqu'on avait donné de l'air à l'animal. Il n'y a pourtant aucune contradiction entre ces deux expériences, qui se confirment réciproquement. Il faut remarquer en effet que dans l'expérience de Bichat, l'artère étant coupée, la tension artérielle est entièrement soustraite à l'influence de la tension veineuse, tandis qu'il en est tout autrement dans les expériences que je rapporte ici. Dans ces derniers cas, le premier effet qui succède à l'arrêt de la respiration pulmonaire, c'est une augmentation de la tension veineuse. Si, comme nous espérons l'établir tout à l'heure, c'est dans les capillaires pulmonaires que se trouve le véritable obstacle à la circulation, il est logique de dire que c'est d'abord dans l'artère pulmonaire, les cavités droites du cœur et les gros troncs veineux afférents, que se produira cette élévation de tension, qui ne s'étendra aux petites veines et aux origines du système veineux général qu'au bout d'un certain temps, à cause même de la constitution extensible et peu résistante de l'arbre veineux et à cause de la présence des valvules. Pendant ce temps, le sang pulmonaire ne parvenant qu'en faible quantité aux cavités gauches du cœur, la tension artérielle s'abaissera, et ce n'est que lorsqu'elle se trouvera en présence d'un obstacle croissant constitué par l'augmentation de la tension dans les petites veines, que la tension artérielle s'élèvera.

Les expériences précédentes, en démontrant l'élévation de tension dans le système veineux et l'abaissement de tension dans le système artériel pendant la cessation ou la persistance des phénomènes mécaniques de la respiration, à la seule condition que les phénomènes chimiques fussent interrompus, établissent clairement que, sans refuser un certain degré d'influence aux mouvements pulmonaires, il faut surtout attribuer les troubles de la circulation dans ces cas-là au défaut d'hématose. C'est parce que le sang n'a pas reçu de l'oxygène qu'il cesse de circuler régulièrement.

Mais quel est le siége et quelle est la cause intime de ces troubles circulatoires? On ne peut penser, avec Godwyn, que le sang noir, arrivant du poumon dans les cavités gauches du cœur, est un stimulant insuffisant pour les parois internes de ces cavités, contre lesquelles il vient battre. Si l'on considère que le sang noir est bien un stimulant suffisant pour les parois du ventricule droit avec lequel il est normalement en contact, on a le droit de penser que le liquide sanguin projeté dans les cavités cardiaques agit comme liquide sanguin, comme excitant mécanique plutôt encore que comme sang noir ou sang rouge. C'est du reste ce que démontre l'expérience suivante de Bichat. « Mettez, dit-il, à découvert un seul côté de la poitrine en sciant exactement les côtes en devant et en arrière : aussitôt le poumon de ce côté s'affaisse, l'autre restant en activité. Ouvrez une des veines pulmonaires ; remplissez une seringue échauffée à la température du corps, du sang noir pris dans une veine du même animal ou dans celle d'un autre ; poussez ce fluide dans l'oreillette et le ventricule à sang rouge : il est évident que son contact devrait, d'après l'opinion commune sur l'asphyxie, non pas anéantir le mouvement de ces cavités, puisqu'elles reçoivent en même temps du sang rouge de l'autre poumon, mais au moins le diminuer d'une manière sensible. Cependant je n'ai point observé ce phénomène dans quatre expériences que j'ai faites successivement ; l'une m'a offert un surcroît de battement à l'instant où j'ai poussé le piston de la seringue. »

« Il m'est arrivé, dit-il plus loin, de rétablir les contractions du cœur anéanties dans diverses morts violentes, par le contact du sang noir injecté dans le ventricule et l'oreillette à sang rouge, avec une seringue adaptée à l'une des veines pulmonaires. »

Mais si ces expériences prouvent que le sang noir est capable de porter à la surface interne des parois du ventricule gauche une excitation qui détermine la contraction, il est étonnant que Bichat n'ait point vu qu'elles étaient en contradiction avec son opinion que le sang noir pouvait ralentir et faire cesser les mouvements du cœur, parce que, porté dans son tissu par les artères coronaires, ce fluide empêchait l'action de ses fibres et en affaiblissait l'activité et la force. Mes observations m'ont du reste démontré que cette cause de l'arrêt relatif de la circulation artérielle ne pouvait être considérée comme réelle. L'hémodynamomètre a toujours accusé des pulsations cardiaques énergiques, et, chose remarquable, l'énergie et l'amplitude des oscillations ont semblé augmenter à mesure que le sang, arrivant dans les cavités gauches, était plus dépourvu d'oxygène. Le cœur a du reste pu résister à la tension veineuse croissante qui se trouvait au-devant du système artériel, puisque la colonne mercurielle s'est élevée en même temps que les oscillations devenaient plus amples.

Il est juste de penser que le contact prolongé du sang veineux avec les organes de l'économie doit amener au bout d'un certain temps un affaiblissement de leur nutrition, et par conséquent de leur activité ; mais dans les limites de temps auxquelles était forcément bornée la durée de la cessation de la respiration dans nos expériences, l'action débilitante du sang veineux n'a pas eu le temps de se produire, et c'est une autre influence qu'il a exercée sur la fibre musculaire. Les expériences de Brown-Séquard tendent à démontrer que le contact un peu prolongé du sang noir détermine dans les organes musculaires et nerveux une stimulation temporaire qui en accroît momentanément l'activité. Les faits que j'ai observés dans le cas actuel m'ont paru parfaitement en harmonie avec cette donnée physiologique. J'ai constamment observé en effet l'accroissement de l'amplitude et de la vivacité des oscillations de la colonne mercurielle ; et même dans un cas où je voulus prolonger de quelques secondes la suffocation, la colonne mercurielle indiquant la pression dans les artères s'éleva de plus de 40 centimètres et fut violemment projetée en dehors de la grande branche du manomètre. Ce n'est donc pas au niveau du cœur et dans l'affaiblissement de cet organe qu'il faut chercher la cause des troubles de la circulation.

Mais si l'opinion de Bichat sur ce point ne peut être acceptée, voyons ce qu'il nous faut penser de l'importance qu'il attribue à l'embarras de la circulation capillaire, soit générale, soit pulmonaire. Y a-t-il un obstacle à la marche du sang dans les capillaires généraux ? C'est possible, je dirai même que c'est probable. Mais, dans tous les cas, cet obstacle doit être d'une importance bien moindre que celui que l'on constate au niveau des capillaires de la circulation pulmonaire. Que remarquons-nous, en effet, sur les animaux morts d'asphyxie lente ? Une accumulation sanguine considérable dans le système veineux général, dans les cavités droites du cœur, dans l'artère pulmonaire et dans les vaisseaux capillaires du poumon. Les cavités vasculaires qui succèdent à celles-là dans le circuit vasculaire, c'est-à-dire les veines pulmonaires et les cavités gauches du cœur, sont moins distendues par le sang qu'elles ne le sont dans les conditions normales. Il est évident que c'est au niveau des capillaires pulmonaires que s'est surtout produit l'arrêt relatif du cours du sang, puisque c'est en arrière de ce passage que s'est formée la plus grande accumulation de ce liquide.

C'est ce qu'avait bien fait remarquer Bichat. Mais quelle est la nature de cet obstacle pulmonaire ? C'est ce qu'il a été impossible de démontrer expérimentalement, et ce que nous devons chercher par la voie de l'induction. Il y a, dans le poumon d'un animal privé d'hématose, deux conditions nouvelles, qui doivent jouer toutes les deux et à divers degrés un rôle dans les phénomènes d'embarras capillaire : 1° la muqueuse pulmonaire, qui était mise en contact avec l'oxygène, est privée de ce contact; 2° les capillaires et les veines pulmonaires, qui renferment normalement du sang hématosé, sont parcourues par du sang noir.

Comme nous l'avons déjà vu, l'influence de la première de ces conditions n'avait pas échappé à Bichat, qui signale *le défaut d'excitation du poumon par l'air vital, excitation qui aurait pour premier effet d'exciter, de stimuler* la muqueuse *et d'entretenir le poumon dans une espèce d'éréthisme continuel.* Tout ce que la science moderne peut ajouter à un énoncé aussi vrai, aussi remarquable que celui qui précède, n'est qu'une explication plus intime du mécanisme de cet acte physiologique. Nous savons en effet que l'impression produite par l'oxygène sur les nerfs sensitifs de la muqueuse pulmonaire est capable de produire, par un mécanisme réflexe, une dilatation des vaisseaux pulmonaires favorable à la circulation. Tandis que le défaut de cette excitation des nerfs peut, par le même mécanisme, provoquer une contraction des petits vaisseaux qui devient un obstacle et une cause d'embarras, Bichat avait accusé la présence du sang noir dans les artères bronchiques d'affaiblir le poumon et d'empêcher la circulation capillaire dans cet organe. Les artères bronchiques sont des vaisseaux trop peu importants, et leur distribution se limite trop bien aux bronches, qui n'ont que des rapports éloignés avec le système capillaire pulmonaire proprement dit, pour qu'on puisse leur prêter logiquement une si grande influence sur ce système capillaire. Ce n'est donc pas aux artères bronchiques qu'il faut demander le secret de cet engorgement sanguin; mais, comme je l'ai déjà dit, c'est aux veines pulmonaires. Il est évident que l'état de contraction ou de dilatation des petites veines d'origine de ce système doit avoir une influence capitale sur le cours du sang dans le poumon ; et je ne crois pas sortir des limites d'une légitime et saine analogie en pensant que l'arrivée du sang noir dans les veines pulmonaires, qui ne renferment normalement que du sang rouge (et le sang rouge le plus pur, le plus riche en oxygène, le plus dépourvu d'acide carbonique) soit capable de produire sur les éléments contractiles de ces vaisseaux une stimulation qui diminue leur calibre, et l'efface même entièrement pour les petites veines qui succèdent immédiatement aux capillaires. De là cet état de réplétion de l'artère et des capillaires pulmonaires. C'est là une explication que peuvent justifier les expériences de M. Brown-Séquard sur le pouvoir stimulant du sang noir, et qui se trouve rendre compte d'une manière satisfaisante, soit des expériences déjà citées de Bichat, soit de l'expérience suivante de James-Philips Kay. Ayant lié la trachée sur un animal vivant, il ouvrit le thorax, vida les veines pulmonaires, et injecta dans l'artère pulmonaire du sang artériel qui traversa facilement le poumon. Ayant remplacé le sang artériel par du sang veineux, il fallut une plus grande quantité de liquide et une pression beaucoup plus forte pour le faire passer dans les veines pulmonaires.

Je me suis suffisamment expliqué sur le mécanisme qui paraît présider aux troubles de la circulation pendant l'asphyxie. Quelle que soit du reste la nature de ce mécanisme, il n'en reste pas moins établi que, chez les Vertébrés à circulation double et à température constante, quand l'hématose est suspendue, il se produit dans les vaisseaux pulmonaires un obstacle plus ou moins complet à la circulation, une accumulation de sang dans les cavités droites du cœur et dans le système veineux général, et par suite une vacuité relative des cavités gauches.

ARTICLE II. — Animaux a sang froid.

Mais si ce fait est incontestable pour les animaux à sang chaud, il n'en est pas de même pour les animaux à sang froid et à double circulation imparfaite. Brücke, que j'ai eu si souvent l'occasion de citer dans ce travail, et qui est peut-être le seul à avoir tenté une expérience sur cette question spéciale, ne voit pas pourquoi, chez un Amphibie (et il désigne par là les Reptiles aussi bien que les Batraciens), la circulation pulmonaire serait interrompue pendant que l'animal ne respire pas. J'ai déjà rapporté cette expérience dans le chapitre où j'ai étudié la circulation chez les Crocodiliens (page 108), et je me borne à en rappeler ici les principaux traits pour en faire la critique et en apprécier la valeur. Brücke enleva le plastron d'une *Emys europæa*, de manière à voir facilement le cœur et les gros vaisseaux à travers le péricarde, qui est transparent. Il laissa d'abord la trachée libre, puis il la ferma soigneusement, et ne constata aucune modification notable de la circulation : les pulsations de l'artère pulmonaire ne changèrent nullement de caractère. L'animal renversé sur le dos et mis sous une cloche remplie d'hydrogène, il ne remarqua aucune modification des pulsations de l'artère pulmonaire, et lorsqu'après l'expérience il ouvrit le péricarde, il trouva l'oreillette gauche et les aortes remplies d'un sang aussi noir que celui de l'oreillette droite et de l'artère pulmonaire. Ayant replacé l'animal sous la cloche, remplie cette fois d'acide carbonique, l'artère pulmonaire continua à battre comme d'ordinaire, et l'oreillette gauche se remplit aussi bien que lorsque l'animal respirait à l'air libre. De là, Brücke conclut que la circulation pulmonaire est maintenue intacte chez les Tortues et les Amphibies, quoique la respiration soit interrompue.

Cette conclusion n'est point légitime, et l'expérience sur laquelle elle s'appuie est loin d'échapper à la critique. L'auteur se borne à dire qu'il a enlevé le plastron de la Tortue en expérience ; il nous prévient que le péricarde a été conservé intact, ce qui est très-facile; mais il ne se préoccupe nullement de la membrane sous-jacente au plastron et qui recouvre les parties thoraciques latérales et la région abdominale. Cette membrane ne peut être conservée intacte qu'en apportant un soin extrême à sa séparation d'avec les os auxquels elle adhère fortement. Brücke ne paraissant attacher aucun intérêt spécial à sa conservation parfaite et restant muet à cet égard, nous sommes en droit de penser que cette membrane a été entamée, comme elle l'est dans tous tous les cas où l'on ne prend pas de grandes précautions pour éviter de la léser. Le silence de Brücke à cet égard, et plus encore la faible part d'influence qu'il attribue à l'enlèvement du plastron sur la respiration de l'animal, prouvent suffisamment que Brücke, avec la presque totalité des naturalistes, admet que les Chéloniens respirent par une véritable déglutition de l'air, et non par aspiration et expiration thoraciques. Or, c'est là une erreur qui entache l'expérience de Brücke, et qui lui ôte toute valeur pour la question actuelle.

Cette erreur si généralement répandue, et qui n'avait pour base qu'une anatomie incomplète, avait trouvé des contradicteurs. Townson [1] avait déjà vu qu'une Tortue dont la carapace est ouverte ne peut plus remplir ses poumons; et c'est une observation que j'ai renouvelée chez un grand nombre de Chéloniens. Le plastron enlevé, les poumons s'affaissent plus ou moins contre la carapace, et restent entièrement immobiles. Pannizza [2] avait expérimentalement démontré que les Tortues inspirent et expirent. Récemment, Weir Mitchell et G. Morehouse,[3] ont complété cette démonstration et ont signalé les muscles inspirateurs et expirateurs. Enfin M. Bert[4] a prouvé de la manière la plus palpable, au moyen des appareils enregistreurs, que les Tortues ne déglutissent pas l'air pour la respiration, mais qu'elles inspirent et expirent par une dilatation et un rétrécissement actifs de la cavité thoracique. Les agents de ces changements de capacité du thorax sont, d'une part un muscle expirateur et un muscle inspirateur, dont l'action est assez restreinte et ne peut produire que de faibles effets; d'autre part et surtout, selon moi, les muscles qui attirent les membres et la tête, soit sous la carapace, soit au dehors de la carapace. Si l'on observe pendant l'été une Tortue couchée sur le dos, on s'aperçoit bien vite que les membres et le cou exécutent par intervalles des mouvements alternatifs de sortie et de rentrée qui ne sont autre chose que des mouvements respiratoires. On comprend en effet que la rentrée des membres et du cou rétrécisse la cavité thoracique en comprimant les viscères, et que leur sortie produise au contraire une tendance au vide, qui dilate le poumon et y attire de l'air. Mais on comprend aussi que cet effet ne puisse se produire qu'à condition que la cage thoracique et abdominale soit formée par une boîte à parois rigides et incapables de s'affaisser. Supposons en effet la carapace ouverte: la sortie des membres et du cou

---

[1] Townson; *Observationes physiologiæ de Amphibiis*, pars prima: *De respiratione.* Gœttingue, 1794.

[2] Pannizza; *Observations zoologico-physiologiques sur la respiration chez les Grenouilles, les Salamandres et les Tortues.* (*Annales des Sciences naturelles*, tom. III. 1845.)

[3] W. Mitchell et Morehouse; *Researches upon the anat. and physiol. of respiration in the Chelonia.* (*Smithsonian contribution*, mars 1864.)

[4] P. Bert; *Leçons sur la Physiol. comparée de la respiration.* 1870.

n'aura pas d'autre effet que de faire pénétrer l'air autour des viscères et nullement dans la cavité pulmonaire. Que si la membrane fibreuse qui est placée sous le plastron a été conservée parfaitement intacte, l'air ne pourra pas pénétrer autour des viscères, mais la tendance au vide produite par la sortie des membres de l'intérieur de la carapace aura d'abord pour effet d'affaisser cette membrane et de lui imprimer une forme concave; et ce n'est que lorsque la membrane aura atteint un certain degré de tension, que l'action des muscles des membres sera utilisée à dilater le poumon. On comprend par là combien cet effet sera restreint, et qu'il sera même nul dans certains cas, suivant que le plastron aura été enlevé sur une étendue plus ou moins grande.

S'il en est ainsi, quelle conclusion légitime peut-on tirer de l'expérience de Brücke? Placer, comme il l'a fait, une Tortue privée de son plastron et dont la membrane abdominale n'était peut-être pas intacte, tantôt dans l'air, tantôt dans l'hydrogène, tantôt dans l'acide carbonique, c'est toujours observer une Tortue chez laquelle la respiration n'a pas lieu ; et il n'est pas étonnant que Brücke n'ait noté aucune modification dans les pulsations de l'altère pulmonaire. L'animal placé à l'insu de l'observateur dans des conditions identiques a toujours présenté des phénomènes identiques.

Désireux de résoudre la question par des moyens qui fussent à l'abri de semblables objections, j'ai institué les expériences suivantes :

EXPÉRIENCE I. — Sur un gros Lézard vert, très-vif et très-bien portant, en avril, par une température de 15 à 20°, j'enlève le sternum et l'extrémité antérieure des côtes sternales, et je mets ainsi à nu le péricarde, que j'ouvre supérieurement, de manière à ce qu'on voie bien les gros vaisseaux. Le contact de l'air et la lésion produite amènent pendant les premiers moments certains troubles dans les contractions du cœur, qui manquent de régularité et sont précipitées. Il faut, avant d'observer, laisser les fonctions reprendre leur marche normale, ce qui ne se fait pas longtemps attendre. A ce moment, je trouve l'artère pulmonaire d'une couleur brun foncé, tandis que l'aorte gauche et la droite surtout sont remplies d'un sang plus clair et rouge.

L'artère pulmonaire se dilate largement à chaque systole ventriculaire et revient bien sur elle-même pendant la diastole, de telle sorte que son diamètre varie beaucoup, comme de 2 à 1, suivant qu'on le considère dans ces deux temps. Le poumon n'ayant pas été mis à nu, et les parois thoraciques étant en grande partie conservées, il reste dans le poumon une quantité d'air qui suffit momentanément à la respiration. Mais au bout d'un certain temps, qui est assez long pour ces animaux et varie d'un quart d'heure à une demi-heure, l'animal ne pouvant respirer parce que ses parois thoraciques sont coupées, la provision d'air est usée, le sang de l'aorte gauche est devenu presque aussi brun que celui de l'artère pulmonaire, et le sang de l'oreillette gauche est presque aussi foncé que celui de la droite. Alors l'artère pulmonaire n'offre plus des variations de volume aussi grandes que précédemment; elle reste distendue et revient très-peu sur elle-même, de telle sorte qu'à chaque systole ventriculaire on n'observe plus ce mouvement d'expansion qui était si remarquable dans les premiers moments de l'expérience. En prolongeant l'expérience dans ces conditions, on voit l'artère pulmonaire devenir d'autant plus continuellement distendue et d'autant moins variable dans ses diamètres, que le sang de l'oreillette gauche et des aortes est plus identique à celui de l'oreillette droite et de l'artère pulmonaire.

A ce moment, je fais une ouverture à la trachée, et j'y introduis une canule adaptée à une boule en caoutchouc pourvue d'une double ouverture et de soupapes. A l'aide de cette boule, j'insuffle de l'air dans les poumons, en pratiquant ainsi par des mouvements rhythmés la respiration artificielle. Bientôt après, une demi-minute, une minute environ, le sang arrive plus clair dans l'oreillette gauche ; il finit par devenir rouge, et les aortes ont une coloration distincte de celle de l'artère pulmonaire. A mesure que ce changement s'opère, l'artère pulmonaire revient plus complètement sur elle-même à chaque diastole ventriculaire, et présente à chaque systole des mouvements d'expansion plus prononcés. Tandis que précédemment elle était constamment distendue par le sang noir et toujours saillante au-devant de l'aorte gauche, qu'elle cachait en partie, elle se rétrécit après chacun de ces mouvements d'expansion, au point de ne former à côté et en arrière de l'aorte gauche qu'un petit cordon étroit presque incolore, qui se dilate largement et se colore dès que la systole ventriculaire a lieu.

Comme on aurait pu me faire, dans l'expérience précédente, le reproche de n'avoir pas placé l'animal dans des conditions identiques pour les mouvements respiratoires, je pris une vessie munie d'un robinet et remplie d'hydrogène, et je l'adaptai à la canule introduite dans la trachée. Cette canule, qui n'était point fixée par une ligature, permettait au gaz renfermé dans les poumons de s'échapper, quand ces organes revenaient sur eux-mêmes. En pressant par intervalle et d'une manière rhythmée la vessie dont le robinet était ouvert, je chassais complètement l'air conservé dans les poumons, et je continuais à introduire par petites secousses, dans les poumons de l'animal, de l'hydrogène qui en était chassé sur les côtés de la canule par le retrait du poumon et des parois thoraciques ; j'imitais par là les mouvements respiratoires. Or, bientôt le sang de l'oreillette gauche prit une teinte de plus en plus foncée, et l'artère pulmonaire cessa de plus en plus de revenir sur elle-même et se maintint dans un état continu de distension. Ayant alternativement et à plusieurs reprises pratiqué la respiration avec la boule à air et avec la vessie à hydrogène, je vis les phénomènes observés se reproduire fidèlement.

Exp. II. — Sur un gros Lézard ocellé, plein de force et de vie, par une température de printemps, l'animal n'étant pas engourdi, je fis sur la ligne médiane du sternum une incision assez peu étendue pour ne mettre à nu que le cœur et les gros vaisseaux et ne point compromettre les parois thoraciques et leurs mouvements respiratoires. Le cœur du Lézard se trouvant placé très en avant et au niveau du cou pour ainsi dire, on peut facilement obtenir ce résultat. Le sternum ayant été divisé sur la ligne médiane, je me bornai à écarter avec des érignes les deux lèvres de la fente, ce qui me permit de voir nettement le cœur, et je pus me convaincre facilement que les mouvements respiratoires étaient parfaitement conservés.

L'animal, couché sur le dos, est fixé sur une plaque de liége. J'observe ce qui se passe tant que l'animal respire à l'air libre, et je constate à la fois la coloration rouge de l'oreillette gauche et de l'aorte gauche, et les mouvements alternatifs d'expansion et de retrait de l'artère pulmonaire. L'animal est ensuite mis sous une cloche de verre placée sur une cuve à eau, et dont l'air a été remplacé par de l'hydrogène ; les mouvements respiratoires continuent. Au bout d'un certain temps, de 5 à 10 minutes, le sang de l'oreillette gauche et de l'aorte gauche se colore en brun foncé, et l'artère pulmonaire, distendue et gorgée, cesse d'avoir des retraits prononcés. En même temps l'oreillette droite se remplit et se distend, tandis que la gauche revient sur elle-même et se dilate de moins en moins. L'animal est retiré de la cloche et y est replacé à diverses reprises. Les mêmes phénomènes se reproduisent constamment.

Exp. III. — Sur un Lézard vert de belle taille, je renouvelle l'expérience précédente avec les mêmes résultats.

Exp. IV.—Ayant pris une Tortue mauresque adulte, bien nourrie, vive, par une température de 25°, je circonscrivis, par quatre traits de scie en crête de coq, une portion quadrangulaire de la partie antérieure du plastron correspondant à la région et à l'étendue du péricarde. Les traits de scie latéraux sont éloignés des bords latéraux du plastron, et ne touchent que d'une manière insignifiante aux insertions des muscles pectoraux et des muscles du membre antérieur et du cou. Le trait de scie postérieur atteint précisément le bord postérieur du péricarde. La portion d'os est enlevée avec précaution, de manière à respecter entièrement la membrane qui adhère au plastron. L'aponévrose abdominale et pectorale est donc parfaitement intacte et adhère aux portions conservées du plastron. J'insiste sur les détails de cette opération, pour faire comprendre au lecteur que la grande cavité pulmonaire et intestinale avait conservé ses parois rigides et les muscles leurs insertions osseuses et aponévrotiques, de manière à ce que les inspirations et expirations pussent s'opérer normalement ; car je me suis assuré qu'on pouvait considérer comme de peu d'importance, par rapport à l'ensemble, la dépression dont la région cardiaque était devenue susceptible par suite de l'enlèvement de la portion de plastron qui la recouvrait.

Le péricarde est ouvert pour permettre d'observer exactement la coloration des diverses parties du cœur et des gros vaisseaux et les pulsations de l'artère pulmonaire. J'attends quelques minutes destinées à laisser se dissiper le trouble produit dans les pulsations cardiaques par la lésion et par le contact de l'air. Je dois ajouter que, pour atténuer autant que possible ce dernier inconvénient, j'avais soigneusement conservé dans le péricarde le liquide séreux qui s'y trouvait, et dans lequel le cœur était plongé. Quand le cœur recommence à battre régulièrement, l'animal étant placé sur le dos et respirant à l'air libre (et ces mouvements respiratoires sont évidents), j'observe que l'aorte gauche est colorée en rouge peu après le début de la systole ventriculaire. L'oreillette gauche est également rouge et se dilate largement; son volume égale presque celui de l'oreillette droite. Les veines pulmonaires se remplissent abondamment de sang rouge et se contractent très-visiblement avant la contraction des oreillettes. C'est par leur contraction et par celle non moins évidente du sinus veineux général que commence la série des systoles des compartiments successifs de l'appareil cardiaque. Au bout d'un certain temps, l'animal est placé sous une cloche dans laquelle on a remplacé l'air par de l'hydrogène; les mouvements respiratoires continuent, et tout, au début, se passe comme précédemment. Mais au bout d'un nombre de minutes variant de 5 à 10 environ, la teinte du sang de l'oreillette gauche tend à se rapprocher de celui de l'oreillette droite. Peu à peu les aortes et l'oreillette gauche sont remplies d'un sang aussi foncé que celui de l'artère pulmonaire. A ce moment, l'artère pulmonaire distendue ne revient plus sur elle-même; les veines pulmonaires fournissent peu de sang. En prolongeant l'expérience, je vis l'oreillette gauche réduite au volume d'un petit pois, tandis que l'oreillette droite, forte comme une grosse noisette et extrêmement distendue, formait une saillie surprenante. Le sinus veineux et les veines caves étaient gorgés de sang noir; l'animal s'agitait fortement; ses mouvements respiratoires étaient précipités, et je dus le rendre à l'air libre pour éviter une mort par asphyxie.

L'animal, revenu à l'air, respira abondamment; peu à peu le calibre de l'oreillette droite diminua, et celui de la gauche augmenta en même temps que sa couleur devenait plus claire; enfin l'artère pulmonaire reprit ses mouvements alternatifs d'expansion et de contraction. Les phénomènes précédents se reproduisirent à plusieurs reprises quand je plaçai l'animal, soit dans l'hydrogène, soit dans l'air.

Exp. V. — Sur une seconde Tortue de même taille, bien nourrie et active, j'appliquai une couronne de trépan sur le plastron, au niveau même du cœur ; j'agrandis cette ouverture insuffisante avec des pinces incisives courbes, de manière à me donner tout l'espace convenable pour l'expérience, sans dépasser la région du cœur et sans atteindre les insertions musculaires et les régions abdominales et pulmonaires. J'ouvris le péricarde, en conservant le liquide qu'il renfermait. Après un temps de repos suffisant, je constatai dans la coloration des cavités du cœur et des vaisseaux et dans les pulsations de l'artère pulmonaire les phénomènes déjà observés pendant la respiration à l'air libre. Je mis ensuite l'animal, couché sur le dos et fixé à une planche, sous une cloche ouverte supérieurement placée sur l'eau. Par la partie inférieure de la cloche, je fis arriver un courant d'acide carbonique qui chassa par l'orifice supérieur l'air renfermé dans la cloche. Il fallut peu de temps pour que l'oreillette gauche et l'aorte gauche eussent acquis une teinte aussi foncée que celle de l'oreillette droite et de l'artère pulmonaire. L'animal resta beaucoup moins calme que le précédent ne l'avait fait dans l'hydrogène. Il s'agita presque dès le début, et fit de grands efforts de respiration qui se trahissaient par la saillie ou la dépression de la portion de membrane sous-sternale qui adhérait au péricarde. Quand les cavités et les vaisseaux ordinairement rouges eurent pris une teinte noire, je pus remarquer que l'oreillette droite était fort dilatée et contenait beaucoup de sang, que la gauche était petite, que l'artère pulmonaire distendue ne présentait presque pas de pulsations apparentes et ne revenait pas sur elle-même. Ces phénomènes différents se reproduisirent alternativement, suivant que l'animal fut plongé dans l'air ou dans l'acide carbonique.

Ces expériences m'ont paru suffisantes pour conduire à une conclusion entièrement opposée à celle de Brücke. Elles n'ont pas besoin de commentaires et démontrent assez que, chez les Reptiles comme chez les Vertébrés à double circulation, la circulation capillaire pulmonaire est, sinon tout à fait interrompue, du moins très-ralentie et fort embarrassée quand l'hématose n'a plus lieu et que l'obstacle au cours du sang est d'autant plus grand que l'hématose se fait moins bien. C'est là un résultat intéressant et dont j'aurai bientôt à tirer parti pour l'analyse physiologique de la circulation chez les Reptiles, et pour la détermination des types de circulation, soit d'une manière générale, soit particulièrement chez les Reptiles. Il règne en effet dans la science, sur ces points, des opinions qui me paraissent devoir être modifiées.

La spécialisation surprenante de fonctions que j'ai établie pour les régions du cœur et pour les gros vaisseaux, chez des animaux auxquels on a longtemps attribué une confusion plus ou moins complète des deux courants sanguins, et d'autre part les notions que nous allons acquérir sur le rôle de l'aorte gauche chez les Reptiles, me permettront, je l'espère, de présenter une conception assez nouvelle des types de la circulation dans la série des Vertébrés.

CHAPITRE II

DU ROLE DE L'ANASTOMOSE ABDOMINALE DES REPTILES.

ARTICLE I. — Pendant la respiration a l'air libre.

Dans le chapitre que j'ai consacré à l'étude de la circulation chez les Crocodiliens, je ne me suis occupé que de ce qui se passait au niveau du foramen de Pannizza et pendant que l'animal respirait à l'air libre. Il me reste à examiner comment s'effectue, dans ces conditions, la circulation dans l'anastomose abdominale, soit chez les Crocodiliens, soit chez les Reptiles, et quelles sont les modifications que le séjour sous l'eau, c'est-à-dire l'arrêt de la respiration libre, apporte dans le cours du sang. La solution de ces divers problèmes exigeait l'acquisition des notions précédentes ; et comme, du reste, dans le chapitre qui traite des Crocodiliens, et auquel je renvoie le lecteur, j'ai exposé soigneusement le côté historique de ces questions et montré toute la diversité des solutions proposées par les naturalistes, je vais aborder directement le sujet à l'aide des données qui sont entre mes mains.

La fusion des deux aortes pour former l'aorte abdominale est constante chez les Batraciens et chez les Reptiles, mais elle est loin de présenter chez tous la même disposition et les mêmes rapports. A cet égard, les Reptiles présentent deux types distincts. Le premier comprend les Ophidiens et les Sauriens, le second les Chéloniens et les Crocodiliens. Dans le premier type, les deux aortes s'unissent sur la ligne médiane en arrière de l'œsophage; mais l'aorte gauche, qui avant la fusion ne fournit par d'artères (Ophidiens), (Pl. XVIII, *fig.* 3), ou ne fournit qu'une artère viscérale peu importante (Sauriens), conserve ses dimensions, et ne possède pas, pour le sang qu'elle reçoit du ventricule, d'autre débouché possible que l'aorte abdominale. Elle ne peut donc être considérée que comme un affluent de cette aorte.

Chez quelques Sauriens même, l'aorte gauche semble la véritable origine de l'aorte abdominale, dont l'aorte droite rétrécie paraît n'être qu'un affluent. Les artères viscérales naissent : chez les Ophidiens, par une série de petites artères de l'aorte abdominale; chez les Sauriens, par une petite artère œsophago-stomachique qui se détache de l'aorte gauche immédiatement au-dessus du confluent des deux aortes, et par une ou deux autres artères qui proviennent de l'aorte abdominale. Telles sont les dispositions que j'ai constatées, soit sur des sujets injectés avec des matières solidifiables, soit sur des Reptiles dans le cœur desquels j'établissais un courant d'eau continu et convenablement réglé, de manière à maintenir les vaisseaux sous l'influence d'une pression constante partant du cœur. Ce procédé-là avait sur les injections solides l'avantage d'agir également sur tous les vaisseaux, de les maintenir dans leur distension normale et régulière, et d'éviter les inégalités de pénétration, et par conséquent de dilatation, qui sont si fréquentes dans les injections solidifiables pratiquées sur de petits animaux.

Ce premier type est donc caractérisé par la convergence à angle très-aigu de deux aortes, dont la gauche ne fournit pas d'artères viscérales volumineuses, et qui s'abouchent largement pour former l'aorte abdominale. Il est évident, et l'on peut s'en convaincre par l'examen direct sur un animal vivant, que pendant la vie aérienne le cours du sang se fait constamment, chez ces animaux, des troncs aortiques vers leur confluent, c'est-à-dire vers l'aorte abdominale. Rien en effet ne pourrait expliquer le reflux du sang d'une des deux aortes dans l'autre au niveau du confluent. Si la tension paraît devoir être plus grande dans l'aorte droite que dans l'aorte gauche, parce qu'elle est directement en rapport avec le ventricule gauche du cœur, il ne faut point oublier que la différence de tension doit être assez faible, soit à cause de la communication des deux ventricules au début de la systole, soit à cause de la perméabilité de la fente inter-aortique. Mais si cette différence de tension est déjà faible chez les Serpents, chez les Varaniens et le Caméléon d'Afrique, qui n'ont qu'une crosse aortique de chaque côté, on peut affirmer qu'elle s'amoindrit encore et s'annihile même chez la plupart des Sauriens, qui, comme les Lézards, les Sauriens serpentiformes, etc., sont pourvus de deux crosses aortiques de chaque côté, reliées entre elles par un rameau récurrent plus ou moins développé, ce qui fait que l'aorte gauche naît à la fois de l'arc aortique gauche proprement dit et de l'arc carotidien du même côté, qui n'est lui-même qu'une émanation de l'aorte droite. On conçoit combien cette dernière voie de communication, qui est très-développée chez les Lézards, doit contribuer à équilibrer la tension entre les deux aortes. On peut donc affirmer qu'au niveau du confluent des deux aortes, la différence de tension des deux vaisseaux, suffisante peut-être vers la fin de la systole et pendant la diastole pour arrêter l'écoulement du sang de l'aorte gauche dans l'aorte abdominale, est dans tous les cas insuffisante pour produire un reflux du sang de l'une des deux aortes dans l'autre. Ce reflux, qui ne pourrait avoir lieu que de l'aorte droite dans la gauche, est du reste rendu impossible par cette circonstance que l'aorte gauche, ou bien ne fournit pas de vaisseaux, ou bien n'en fournit qu'un très-petit, tout à fait incapable de suffire à l'écoulement du sang de cette aorte, et à plus forte raison du sang qui lui arriverait aussi de l'aorte droite. Chez les animaux appartenant au premier type, il ne peut donc y avoir, suivant les moments de l'action du cœur, qu'un arrêt de l'écoulement de l'aorte gauche ou un écoulement du sang de cette aorte dans l'aorte abdominale.

Le second type diffère notablement du premier. Il comprend les Chéloniens et les Crocodiliens. Ce qui caractérise ce groupe, c'est que l'aorte gauche fournit, avant sa jonction avec la droite, un bouquet d'artères viscérales volumineuses destinées au foie, à la rate, à l'estomac et à l'intestin. Ce second type doit être divisé lui-même en deux sous-types. Chez le premier, qui renferme les Crocodiliens et certains Chéloniens, comme la *Testudo mauritanica*, la *Cistudo europæa*, l'aorte gauche fournit les artères viscérales à une distance assez grande du point d'union des deux aortes, pour que l'anastomose abdominale soit constituée par un vaisseau d'une notable longueur (Pl. XVIII, *fig.* 2 et 2 *bis*).

Il résulte de là que dans ce sous-type l'aorte gauche, après avoir fourni ses collatérales de gros volume, qui semblent être sa continuation ou son épanouissement, se trouve réduite à un petit vaisseau de faible calibre[1], d'une

---

[1] Je dois prévenir le lecteur que sur les deux figures 2 et 2 *bis* (Pl. XVIII), le diamètre de l'anastomose *d* a été fort exagéré, et est presque double du diamètre réel.

longueur variable suivant les espèces, les individus, et qui semble n'être qu'une anastomose tendue obliquement entre les deux aortes et se jetant sur l'aorte droite par un angle assez aigu *d* (Pl. XVIII, *fig.* 2). C'est là le vaisseau qui, avec des variétés de détail, forme ce que les auteurs nomment l'anastomose abdominale, et qui est en réalité et originairement la partie inférieure de l'aorte gauche ayant subi un arrêt de développement.

Dans le second sous-type, auquel appartiennent la Tortue franche et la Tortue caouane, les vaisseaux viscéraux naissent de l'aorte gauche au voisinage immédiat du point où cette artère se confond avec l'aorte droite, de telle sorte que le vaisseau anastomotique n'a pas de longueur réelle et se trouve remplacé par une large ouverture de communication entre les deux aortes (Pl. XVIII, *fig.* 1).

Quelle est la direction du cours du sang dans l'anastomose abdominale? Question délicate, à laquelle je vais essayer de répondre avec les données physiologiques qui nous sont déjà acquises. Pour cela, il convient d'examiner séparément les Chéloniens et les Crocodiliens, parce que la disparition de la communication des deux ventricules chez ces derniers modifie assez les conditions du phénomène pour apporter des différences considérables dans ce phénomène lui-même. Étudions d'abord ce qui se passe chez les Chéloniens, et commençons par ceux du premier sous-type; je prends comme point de départ dans cette étude la *Testudo mauritanica* et la *Cistudo europæa*. Chez ces deux espèces, il faut remarquer qu'immédiatement après avoir fourni un premier tronc volumineux *c*, pour certains viscères abodominaux (foie, rate, région pylorique et intestin), l'aorte gauche *b* (Pl. XVIII, *fig.* 2 et 2 *bis*) se rétrécit brusquement et donne naissance à un second tronc volumineux *e*, qui fournit au cardia et à l'estomac. Au niveau de l'origine de ce dernier vaisseau, se trouve une dilatation légère à laquelle succède l'anastomose proprement dite, qui est d'un calibre un peu supérieur à celui du segment intermédiaire à l'origine de deux troncs viscéraux. Il y a ceci de très-remarquable, que le tronc hépatico-mésentérique *c*, qui naît le premier, se dirige en bas et à droite, et continue si bien la direction de l'aorte gauche, qu'il est admirablement disposé pour recevoir le courant sanguin qui provient de ce vaisseau. L'artère cardio-stomachique *eg*, destinée au cardia et à l'estomac, a au contraire une direction rétrograde en haut et à gauche, et se trouve par suite dans la direction même du sang, qui remonterait par l'anastomose de l'aorte droite vers la gauche. Le segment aortique intermédiaire à l'origine des deux troncs viscéraux, déjà très-rétréci, est susceptible de revenir fortement sur lui-même, et son calibre peut même s'effacer entièrement quand les vaisseaux sont privés de sang (*fig.* 2 *bis*). Mais l'introduction du liquide sous une pression variable produit chez lui des changements de calibre assez considérables. Sur des coupes transversales, on trouve les parois de ce vaisseau épaisses et richement pourvues de fibres musculaires. En somme, ce segment de vaisseau présente, comme du reste l'anastomose, l'aspect, la conformation et la structure d'un vaisseau destiné à recevoir des quantités de sang très-variables, parfois considérables, parfois très-faibles et même nulles.

A l'exemple de Brücke, j'ai pris les mesures comparatives des deux aortes, de l'aorte abdominale et des artères viscérales; mais les résultats que j'ai ainsi obtenus ne concordent point entièrement avec ceux de ce physiologiste distingué. Il est vrai de dire qu'il s'est borné à prendre ses mesures sur un seul individu d'*Emys europæa*, espèce de petit volume et dont les vaisseaux ont d'assez faibles diamètres pour que des erreurs de mesure puissent se commettre facilement. J'ai au contraire fait mes observations sur trois *Emys europæa* et sur trois *Testudo mauritanica* de volume relativement gros. Les variations que j'ai observées dans les dimensions comparatives des vaisseaux m'ont bien démontré la nécessité de prendre des moyennes sur un nombre suffisant d'individus. Il y a en effet, dans un pareil examen, des causes d'erreur inévitables. Ainsi, ces vaisseaux, possédant tous des parois très-musculaires et conservant longtemps leur vitalité, peuvent présenter, soit à l'état de vacuité, soit pendant qu'on les injecte, des contractions ou des relâchements localisés qui produisent des inégalités et des différences de calibre que l'on regarderait à tort comme des dispositions permanentes. Il est donc indispensable de procéder ici par moyennes, et d'apporter encore une très-grande réserve dans les conclusions.

Aux motifs que j'ai donnés de cette réserve, j'en ajoute un autre infiniment plus important et qui suffit pour ôter toute valeur absolue aux conclusions que Brücke a tirées de ces mesures, et que d'autres pourraient être disposés à en tirer. De ce qu'un vaisseau d'un certain calibre est continué par un ou plusieurs vaisseaux dont le calibre total est inférieur au sien, il ne faut pas conclure qu'il en résulte nécessairement un certain embarras dans la circulation, et que tout le sang du vaisseau large ne pourra point être reçu par le vaisseau étroit. Il suffit, pour qu'il en soit autrement, que l'écoulement à l'extrémité du vaisseau étroit soit assez facile pour permettre un accroissement proportionnel de vitesse du liquide qui le parcourt. C'est précisément ce qui a lieu lorsque les petits vaisseaux qui en sont l'épanouissement et la terminaison sont dans un état de dilatation, de paralysie, qui facilite la circulation capillaire. Dans ce cas-là, le vaisseau étroit donne facilement accès à tout le sang du vaisseau large, qui se trouve seulement doué d'un accroissement de vitesse proportionné à la différence de calibre des deux vaisseaux. Ces considérations permettent de comprendre combien je suis éloigné de dire, avec Brücke, que, pour la question actuelle de la direction du sang dans l'anastomose, on peut trouver un élément précieux de solution en constatant si l'aorte abdominale augmente de diamètre au-dessous de l'anastomose. Après avoir fait ainsi mes réserves, je donne les résultats de mes observations.

Des mesures que l'ai prises il ressort : 1° que l'aorte gauche, comme l'aorte droite, présente une dilatation dans sa portion descendante ; seulement l'aorte droite se rétrécit de nouveau avant de s'unir à l'aorte abdominale, tandis que l'aorte gauche s'élargit jusqu'au point où elle fournit les artères viscérales (Pl. XVIII, fig. 2); 2° que le calibre de l'aorte abdominale formée par la réunion de l'aorte droite et de l'anastomose est à peine égal et même un peu inférieur à celui de l'aorte droite seule mesurée dans sa partie ascendante et au-dessus de sa réunion avec l'anastomose, et par conséquent que le calibre de l'aorte abdominale est bien inférieur aux calibres réunis de l'aorte droite et de l'anastomose ; 3° que le calibre de l'aorte gauche mesurée dans sa portion ascendante et au niveau de la crosse est inférieur à la somme des calibres des artères viscérales, et *à fortiori* bien inférieur à cette somme, plus le calibre de l'anastomose ; et 4° que le calibre de l'aorte gauche mesurée au-dessus de l'origine des artères viscérales, c'est-à-dire dans sa partie la plus large, est à peu près égal à la somme des calibres des artères viscérales, et inférieur à cette somme plus le calibre de l'anastomose.

Mes résultats ne sont donc point conformes à ceux de Brücke que j'ai rapportés (pag. 109); mais comme je les ai recueillis avec soin sur plusieurs sujets, je maintiens leur exactitude et leur valeur, et j'en conclus que la tension de l'aorte droite tend à augmenter au niveau de l'anastomose, à cause du rétrécissement de l'aorte abdominale, et que la tension de l'aorte gauche s'affaiblit au contraire, depuis son origine jusqu'à sa terminaison, par suite de l'élargissement progressif, soit de son calibre propre, soit du calibre total des branches qu'elle fournit. Cette dernière proposition est d'autant plus vraie, que les divisions et subdivisions des artères viscérales fournissent immédiatement à leur tour une dilatation rapide du calibre total de l'arbre qu'elles forment, ce qui n'a point lieu au même degré pour les divisions de l'aorte abdominale. Si nous joignons ces données à celles que nous possédons déjà sur la circulation dans les cavités du cœur chez les Chéloniens, j'espère que nous pourrons arriver à des notions assez précises sur le sens de la circulation dans l'anastomose abdominale.

Disons d'abord que parmi les dépendances des vaisseaux aortiques il y a deux systèmes dont le calibre et la capacité sont soumis à des variations plus fréquentes et bien plus considérables que pour le reste du système circulatoire. Je désigne par là, d'une part le système des artères céphaliques (glandes, organes des sens, centres nerveux encéphalique et cervical), et appartenant à l'aorte droite; et d'autre part le système des artères viscérales de l'abdomen (foie, rate, estomac, intestin) dépendant de l'aorte gauche. De ces deux systèmes, le plus vaste de beaucoup et celui dont la capacité offre les variations les plus larges, est sans contredit le système viscéral de l'abdomen. Cette différence entre les deux systèmes est extrêmement prononcée chez des animaux tels que les Chéloniens, et je ne crois pas commettre une exagération en considérant les variations du système céphalique comme de peu de valeur chez ces animaux par rapport aux variations du système abdominal.

Il ne faut pas réfléchir longtemps pour comprendre que la dilatation, l'augmentation temporaire de la capacité de l'un des deux systèmes, doit avoir pour effet de diminuer la tension de l'aorte correspondante, dans la proportion même de cet accroissement de capacité. Mais si nous considérons la tension de l'arc aortique droit comme peu influencée par les variations du système céphalique, il ne peut en être de même pour l'aorte gauche, par rapport au système viscéral. Si l'animal est en digestion, si le foie, la rate sont en activité, il y a une dilatation de leurs vaisseaux et nécessairement un abaissement de la tension dans l'aorte gauche. Nous avons déjà vu, dans un des chapitres précédents, que la tension du sang était normalement plus considérable dans l'aorte droite, qui recevait constamment et directement du sang du puissant ventricule gauche, que dans l'aorte gauche, qui, après avoir reçu une faible quantité du sang noir du vestibule aortique, n'était ensuite alimentée que par une quantité de sang rouge toujours décroissante qui franchissait la fente inter-aortique.

Supposons d'abord le système artériel viscéral contracté et réduit à sa plus faible capacité. La tension de l'aorte gauche en sera accrue, mais elle ne saurait dépasser la tension de l'aorte droite ; elle pourrait tout au plus l'atteindre. L'aorte gauche en effet, peu après le début de la systole, ne recevant du sang que de l'aorte droite par la fente inter-aortique, il est clair que cette dernière artère cessera de lui en fournir dès que la tension sera voisine de la sienne. D'autre part, la fente inter-aortique se rétrécissant progressivement vers la fin de la systole, la tension de l'aorte gauche diminuera et s'éloignera par conséquent de celle de l'aorte droite. On peut donc présumer qu'au début de la systole, alors que les aortes reçoivent leur sang d'une même impulsion de la cavité ventriculaire, du sang passe dans l'anastomose de l'aorte gauche dans la droite ; mais ce courant cesse dès que l'orifice aortique s'aplatit et s'efface, car alors ce vaisseau reçoit assez de sang pour suffire à la circulation viscérale, mais pas au-delà. Il n'est pas probable qu'à ce moment du sang de l'aorte droite remonte par l'anastomose dans la gauche, car, pour que cette circulation rétrograde fût possible, il faudrait de la part de l'aorte droite un excès de tension tel qu'il n'est guère permis de le supposer, à cause du ralentissement de la vitesse dans l'aorte gauche. L'anastomose restera donc légèrement distendue par du sang stationnaire dans cette cavité. Cet état, commençant peu après le début de la systole, persistera pendant la diastole suivante.

Mais si le système chylopoïétique se trouve dans un état de fluxion physiologique, si ses petits vaisseaux dilatés livrent au sang de l'aorte gauche un passage facile, il y a des raisons pour que les phénomènes se modifient. La tension dans l'aorte gauche s'abaisse considérablement; tout le sang que cette artère reçoit, elle le fournit aux vaisseaux viscéraux, et en particulier à la grande artère, qui se distribue au pylore, au foie et à l'intestin, et qui, nous l'avons vu, est très-favorablement disposée par sa direction et par son calibre à recueillir tout le sang de l'aorte gauche. On conçoit que dans ce cas la tension de l'aorte gauche et surtout de l'anastomose puisse s'abaisser assez par rapport à celle de l'aorte droite, pour que le sang de cette dernière remonte dans l'anastomose. Ce sang pénétrera tout ou presque tout entier dans les artères de l'estomac et du cardia convenablement disposées pour le recueillir et qui recevront ainsi du sang de l'aorte droite. Dans de telles circonstances, le segment de l'anastomose placé entre l'origine des deux gros troncs viscéraux peut être le siège d'un faible courant sanguin dont le sens sera déterminé vers celui des deux troncs viscéraux, dont les ramuscules terminaux seront le siège de la plus grande dilatation, ce qui varie suivant les moments de la digestion. Il peut aussi se faire que, les deux troncs viscéraux étant également dilatés et avides de sang, les deux courants opposés s'épuisent chacun dans le tronc viscéral correspondant et que, la circulation étant devenue nulle dans le segment intermédiaire, ses parois très-contractiles reviennent sur elles-mêmes et le ferment.

Ainsi donc, quand le système artériel chylopoïétique est dans l'état de dilatation, il y a très-probablement cours rétrograde du sang dans l'anastomose; mais on conçoit que ce reflux sanguin a surtout lieu vers la fin de la systole ventriculaire, alors que, la fente inter-aortique étant très-rétrécie et l'aorte gauche ne recevant que très-peu de sang tandis que son débit terminal est considérable, ce vaisseau se vide pour ainsi dire et n'a plus qu'une tension presque nulle.

Si, dans ces deux conditions physiologiques extrêmes, rétrécissement ou dilatation des artères viscérales, il y direction opposée du cours du sang dans l'anastomose, il est encore facile de concevoir des états intermédiaires où, par suite d'une faible dilatation des artères viscérales, il s'établit entre les deux aortes, je ne dirai pas un équilibre de tension, mais un balancement continuel de tension tel que la quantité relative de sang provenant des deux aortes oscille constamment dans de faibles limites, ou que même le courant soit nul dans l'anastomose. Je crois même pouvoir ajouter que cette situation doit être la plus fréquente. Je le déduis de la lenteur bien connue des digestions et des fonctions chylopoïétiques chez les Reptiles ; et j'appelle également à l'appui de cette opinion cette considération, que j'ai constamment trouvé l'aorte abdominale d'un calibre un peu moindre que l'aorte droite, ce qui peut produire en faveur de cette dernière un accroissement de tension capable de s'opposer à l'écoulement du sang de l'aorte gauche dans la droite, mais insuffisant pour causer à lui seul le reflux du sang de cette dernière dans l'anastomose.

Aux influences que je viens de signaler comme propres à modifier la circulation dans l'anastomose, il faut, pour être complet, en ajouter d'autres qui, moins importantes que la première, n'en sont pas moins réelles et viennent ajouter leur action aux actions précédentes. Les systèmes vasculaires des muscles, de la peau et des parois en général, sont aussi soumis à des variations de calibre qui ne peuvent rester sans effet. Ainsi, pour ne citer qu'un exemple, il est clair que si, pendant que le système circulatoire viscéral est largement ouvert, le système vasculaire général dépendant de l'aorte abdominale ou des troncs brachio-céphaliques se trouve rétréci et contracté, il y a une raison de plus pour que le sang de l'aorte droite, au lieu de s'engager dans ces vaisseaux où la vitesse est très-faible, se déverse abondamment dans l'anastomose et remonte vers les artères viscérales. Or on sait que cet état de balancement entre les vaisseaux viscéraux et les vaisseaux pariétaux constitue une des conditions les plus constantes et les plus nécessaires de la physiologie normale du système vasculaire.

Nous voyons donc que dans l'anastomose : 1° quand les organes chylopoïétiques sont au repos, une faible quantité de sang passe de l'aorte gauche dans la droite, pendant le premier moment de la systole; la circulation s'interrompt pendant la fin de la systole cardiaque et *à fortiori* pendant la diastole, et l'anastomose reste plus ou moins distendue par une certaine quantité de sang stationnaire; 2° quand les organes chylopoïétiques sont en grande activité, le cours du sang, avant le début de la systole, est nul dans l'anastomose, qui tend à revenir sur elle-même, vu la faible tension aortique ; mais avec la systole il s'établit un courant progressivement croissant à travers l'anastomose de l'aorte droite vers la gauche, et plus particulièrement vers l'artère cardio-stomachique ; 3° dans l'état d'activité modérée ou partielle des organes chylopoïétiques, la circulation est nulle avant le début de la systole dans l'anastomose abdominale, qui reste faiblement distendue à cause de l'abaissement général de tension du système vasculaire. Au début ou vers la fin de la systole, il peut y avoir dans l'anastomose des oscillations de peu d'importance.

En somme, cours du sang dans l'anastomose : 1° toujours très-faible de l'aorte gauche à l'aorte droite, pendant l'état de contraction des artères viscérales ; 2° d'intensité variable de l'aorte droite à l'aorte gauche pendant l'état de dilatation des artères viscérales ; et 3° défaut de circulation ou simples oscillations dans les périodes ou dans les conditions intermédiaires. Il faut noter que dans le cas où il y a cours rétrograde du sang de l'aorte droite dans l'anastomose, ce sang va fournir à une partie des artères viscérales, tandis que le sang venu directement de l'aorte gauche fournit à l'autre partie. Tel est en définitive ce que nous pouvons présumer sur le rôle de l'anastomose chez les Chéloniens du premier sous-type.

L'étude des Chéloniens du second sous-type va nous donner une confirmation intéressante de ces vues. A cette catégorie appartiennent les Chéloniens chez lesquels, les artères viscérales naissant de l'aorte gauche au niveau même de son abouchement avec l'aorte droite, l'anastomose se trouve n'avoir pas de longueur réelle, et consiste en une large ouverture d'inosculation existant entre les deux aortes adossées l'une à l'autre en ce point. C'est là la disposition que j'ai pu observer avec soin chez trois Tortues caouanes dont la taille considérable contribuait à donner aux mesures de longueur et de diamètre des vaisseaux, et à la détermination des directions et des relations de ces vaisseaux, une précision et une valeur qu'on ne saurait leur prêter sans témérité et sans imprudence sur des animaux d'un petit volume. La disposition de ces vaisseaux (Pl. XVIII, *fig.* 1) demande une description spéciale. L'aorte droite et la gauche, au-dessus du point où elles vont s'unir, sont presque adossées l'une à l'autre pendant un parcours de plusieurs centimètres, et comprennent par conséquent entre elles un angle extrêmement aigu. Au niveau de leur point d'union, ces deux vaisseaux sont entièrement au contact l'un de l'autre; et si, comme je l'ai fait dans la figure, on ouvre l'aorte gauche *B*, on aperçoit un large orifice de communication *O* fait comme par un emporte-pièce. Cet orifice ovalaire a une grosse extrémité inférieure limitée par un bord assez arrondi; l'extrémité supérieure a un bord tranchant en forme d'éperon ou de repli falciforme. Immédiatement au-dessus du niveau de ce bord supérieur tranchant se trouve, sur la paroi de l'aorte gauche opposée à l'orifice de communication, l'orifice du tronc cœliaque *H*, qui se subdivise bientôt en deux branches inégales destinées à l'estomac, au foie et à la rate. L'embouchure du tronc cœliaque a la forme d'un entonnoir *H* largement évasé en haut et en dedans vers la partie supérieure de la cavité de l'aorte gauche, et représente là comme un renflement de ce vaisseau aortique. Au-dessous de l'orifice de communication naît l'artère mésentérique *C*.

L'aorte droite se rétrécit notablement au-dessous de l'orifice de communication, de telle sorte que l'aorte abdominale qui lui fait suite est d'un calibre visiblement moindre que le sien. Ce rétrécissement se fait d'une manière assez brusque et forme une sorte de collet *I*. Il y a dans la direction réciproque de ces divers vaisseaux des points intéressants à signaler. L'aorte droite *A* se porte de haut en bas et de dehors en dedans jusqu'au niveau de l'orifice de communication, et se dirige ensuite de haut en bas et légèrement de dedans en dehors, pour devenir plus tard verticale. L'aorte gauche, presque verticale jusqu'à l'orifice de communication, peut être considérée comme continuée par l'artère mésentérique, qui se porte de haut en bas, de dedans en dehors et un peu d'arrière en avant. Il résulte de là, comme on peut en juger par la figure, que ces deux vaisseaux semblent former un X très-allongé, que l'artère mésentérique semble poursuivre la direction de l'aorte droite, et que l'aorte abdominale semble continuer la direction de l'aorte gauche. Ces parties sont en réalité fort bien disposées pour que le sang venant de l'aorte gauche puisse facilement être projeté dans l'aorte abdominale, et encore mieux pour que le sang de l'aorte droite soit projeté dans l'artère mésentérique. D'autre part, la disposition et la direction de l'infundibulum du tronc cœliaque sont éminemment propres à faire engouffrer le sang de l'aorte gauche dans le tronc cœliaque, tandis que la situation de l'orifice de ce même tronc au-dessus du foramen de communication et la direction du bord tranchant de l'orifice sont bien faites pour éloigner de ce tronc cœliaque le sang venant de l'aorte droite et pour le rejeter vers l'artère mésentérique. Ce sont là des faits positifs, qui ne peuvent échapper à un observateur attentif, et dont le lecteur pourra facilement et légitimement tirer des conséquences intéressantes quand j'aurai mis sous ses yeux les mesures comparatives de ces divers vaisseaux. Je donne ici ces mesures, prises sur trois Tortues caouanes injectées avec des matières grasses :

1° Tortue caouane de belle taille; injection bien réussie ayant également pénétré partout. Les mesures des deux aortes ont été prises à 1 centimètre au-dessus de leur point d'union. Elles offrent à ce niveau une diminution de calibre qui occupe une étendue de plusieurs centimètres au-dessus, et qui fait suite à un renflement prolongé fusiforme qui occupe la plus grande partie des portions descendantes et des crosses des aortes. Les parties ascendantes des deux crosses sont d'un calibre à peu près égal pour l'aorte droite, et inférieur, pour la gauche, à celui qu'elles ont un peu au-dessus du point d'union des deux aortes. Cette disposition permet l'accumulation du sang et la régularisation de l'écoulement dans les aortes, qui peuvent recevoir beaucoup de sang dans leur partie dilatée et le faire ensuite progresser régulièrement par le retrait de leur paroi. L'aorte gauche, dont le calibre terminal reste supérieur au calibre initial, est, on le voit, disposée pour un abaissement de la tension. Voici du reste les mesures des diamètres prises avec un compas d'épaisseur à vis.

Aorte gauche, ascendante.................................. 12^{mm},0
— descendante renflée.................. 15 5
— — rétrécie.................. 14 0
Tronc cœliaque, artère stomachique.................. 5 5
— artère hépatique, mésentérique, splénique, etc...................... 11 0
— artère mésentérique proprement dite (très-distendue par l'injection)...... 12 0

Aorte droite, crosse.................................... 11^{mm},0
— descendante renflée.................... 12 0
— — rétrécie...................... 11 0
Aorte abdominale.................................. 9 0

L'orifice de communication correspond à un cercle de 9^{mm} à 9^{mm},5.

2° Tortue caouane de plus grande taille que la précédente, dont les artères viscérales, incomplétement remplies par l'injection, sont ridées et insuffisamment dilatées; l'artère mésentérique en particulier est mal remplie. Ces remarques expliqueront au lecteur les différences considérables qui sembleraient exister dans les dimensions respectives des vaisseaux des deux Tortues.

Aorte gauche, ascendante......................... 17^{mm},5
— descendante renflée.................... 20 0
— — rétrécie................... 19 0
Tronc cœliaque (mal injecté), artère stomachique..... 6 5
— artère splénique, mésentérique, hépatique, etc....................... 10 0
— artère mésentérique proprement dite (mal injectée)..................... 13 0
Aorte droite, crosse. 15 0
— descendante renflée..................... 16 0
— — rétrécie.................... 15 0
Aorte abdominale............................... 12 0

3° Tortue caouane d'un gros volume; injection assez bien réussie.

Aorte gauche, ascendante (en mauvais état).
— descendante renflée........ .... 19^{mm},0
— — rétrécie................... 18 0
Tronc cœliaque, artère stomachique.................. 5 5
— artère hépatique, mésentérique, splénique, etc....................... 10 5
— artère mésentérique proprement dite.. 13 5
Aorte droite, crosse (mal conservée).
— descendante renflée..................... 16 0
— — rétrécie.. .... 14 7
Aorte abdominale...,....................•.............. 11 0

Si nous rapprochons ces chiffres les uns des autres, chez la première Tortue, dont l'injection était partout également bien réussie, nous voyons que l'artère mésentérique, qui a 11^{mm},5 de diamètre, pourrait recevoir à un moment donné tout le sang de l'aorte droite descendante (11^{mm}). Nous voyons également que les artères hépatique et stomachique, etc., réunies (5^{mm},5 et 11^{mm}), pourraient à un moment donné recevoir presque tout le sang provenant de l'aorte gauche (13^{mm},5 en moyenne), puisque les cercles, c'est-à-dire les calibres des vaisseaux étant entre eux comme les carrés des rayons ou des diamètres, ces vaisseaux sont entre eux comme 30,25 + 100, c'est-à-dire 130,25 est à 182,25, ce qui dénote une différence dont l'effet peut être annulé en tout ou du moins en grande partie par la dilatation des petits vaisseaux dépendant de ces artères viscérales. Les dimensions de l'orifice de communication (9^{mm},5) sont intéressantes, en ce qu'elles prouvent combien l'échange des deux sangs peut se faire abondamment à ce niveau. Les dimensions de cet orifice, sa forme et sa situation prouvent encore que presque tout le sang de l'aorte droite pourrait facilement passer dans la gauche et plus particulièrement dans l'artère mésentérique, et que dans des conditions différentes la plus grande partie du sang de l'aorte gauche pourrait passer dans l'aorte abdominale. Le rétrécissement assez brusque que présente l'aorte abdominale immédiatement au-dessous de l'orifice de communication, autorise à affirmer que le sang rencontre à ce point un certain obstacle à son facile écoulement, et qu'il peut y avoir là une sorte de reflux qui le rejette dans l'orifice de communication. Enfin, les dimensions considérables de cet orifice sont une preuve qu'il doit être le siége d'un échange actif entre les deux aortes, soit dans un sens, soit dans les deux alternativement; car, s'il en était autrement, l'orifice se serait rétréci ou aurait même disparu. Voilà ce qui ressort clairement de l'examen de la première Tortue et de la troisième, et ce qui ressortira aussi de l'examen de la deuxième, si l'on tient compte des différences que l'insuccès relatif de l'injection a apportées dans les dimensions de certains de ses vaisseaux.

Examinons maintenant les diverses conditions physiologiques dans lesquelles peut se trouver le système vasculaire. Supposons d'abord les divisions des artères viscérales à l'état de contraction. Il en résultera que la tension sanguine s'élèvera dans les troncs d'origine de ces vaisseaux ; mais la somme des calibres de ces troncs étant notablement supérieure au calibre de l'aorte gauche, il peut se faire que ces troncs viscéraux se trouvent encore capables de recevoir tout le sang provenant de cette dernière aorte, et l'on peut affirmer dans tous les cas que, s'il y a un excédant passant par le foramen de communication pour aller se mêler au sang de l'aorte droite, il n'existera qu'au début de la systole, et sera toujours extrêmement faible, comme chez les Chéloniens du premier sous-type, et pour les mêmes motifs.

Si les artères viscérales abdominales sont largement dilatées, si l'écoulement s'y fait facilement, leur tension diminue, et elles deviennent capables de recevoir une quantité de sang très-considérable pour lequel le débit de l'aorte gauche ne suffit plus. Il faut donc que du sang de l'aorte droite traversant le foramen pénètre dans l'aorte gauche. Cette quantité de sang fournie par l'aorte droite sera d'autant plus considérable que les vaisseaux qui dépendent d'elle ou de l'aorte abdominale seront plus contractés. Notable au début de la systole, cette quantité ira croissant jusqu'à la fin, et décroîtra pendant la diastole, pour devenir nulle plus ou moins tôt avant la systole ventriculaire suivante. Dans les premiers temps de la systole, en effet, l'aorte gauche est largement alimentée, mais le sang qui lui parvient diminue sans cesse et dans de fortes proportions jusqu'à la fin de la systole. C'est là une circonstance qui doit faire augmenter progressivement la quantité de sang que lui envoie l'aorte droite par le foramen de communication.

Pendant la diastole ventriculaire, la systole aortique vide l'aorte droite de son excédant dans l'aorte gauche, pour arriver à un moment donné au rétablissement de l'équilibre de la tension, et par conséquent à l'absence du cours du sang dans l'anastomose. Comme je l'ai déjà dit en décrivant les dispositions anatomiques, il est permis d'affirmer que la plus grande partie du sang fournie par l'aorte gauche passe dans le tronc cœliaque, et que le sang provenant de l'aorte droite par l'orifice de communication va surtout alimenter la grande artère mésentérique.

En résumant l'analyse que je viens de faire au nom de l'anatomie et des lois connues de la circulation, on peut donc dire que : 1° quand les artères viscérales abdominales sont contractées et les autres artères, pariétales ou non[1], sont dilatées, le sang peut passer par l'orifice de communication de l'aorte gauche dans la droite, mais en faible quantité et pendant un temps relativement court; 2° quand les artères viscérales de l'abdomen sont dilatées et les autres artères contractées, ce sang passe abondamment de l'aorte droite dans la gauche pendant toute la systole et une partie de la diastole. La disposition du canal de communication des deux aortes qui se trouve formé par un large orifice toujours béant, et qui n'offre point de longueur réelle de trajet, ne permet pas absolument d'admettre qu'il n'y ait point un échange continuel à ce niveau entre les deux aortes; seulement il est permis de comprendre qu'il y ait des conditions physiologiques du système vasculaire telles que l'échange soit réduit à des proportions extrêmement faibles et pour ainsi dire à de simples oscillations. J'ajoute, en terminant, que le rétrécissement brusque de l'aorte droite immédiatement au-dessous de l'orifice, et les dimensions considérables des artères viscérales, qui représentent au contraire un élargissement brusque de l'aorte gauche, autorisent à penser que c'est de l'aorte droite dans la gauche qu'a lieu le plus souvent l'écoulement, ce qui est du reste d'accord avec ce fait que les viscères abdominaux sont, de tous les organes, ceux qui font les appels de sang le plus fréquents, le plus prolongés, le plus considérables.

Pour terminer l'étude de la circulation de l'anastomose abdominale pendant la vie aérienne, il ne nous reste qu'à parler des Crocodiliens. C'est uniquement sur les animaux de cette famille qu'a porté jusqu'à présent la discussion des zoologistes au sujet du cours du sang dans cette anastomose. Il était en effet universellement admis, pour tous les autres Reptiles, que c'était le sang de l'aorte gauche qui allait constamment se mêler à celui de la droite pour alimenter l'aorte abdominale. Le lecteur connaît les raisons pour lesquelles je rejette cette opinion, en ce qui con-

---

[1] J'entends par là toutes les artères de la tête, du cou, des membres, des reins, de l'appareil reproducteur et des parois du tronc, c'est-à-dire toutes les artères du système aortique autres que les artères des grands viscères chylopoïétiques, ou, en d'autres mots, autres que les branches de l'aorte gauche.

cerne du moins les Chéloniens. Prenant ce point de départ, je vais examiner ce qui se passe chez les Crocodiliens.

Les Crocodiliens se trouvent, par rapport aux différences de tension entre les deux aortes, dans des conditions autres que les Chéloniens. Cela se comprend aisément quand on pense que le pertuis inter-aortique, ouvert pendant la systole et fermé pendant la diastole chez les Chéloniens, ne s'ouvre chez les Crocodiliens que pendant la diastole, pour se fermer pendant la systole. De plus, chez les Chéloniens, les cavités ventriculaires communiquent largement entre elles; les deux aortes participent à une même impulsion ventriculaire pendant le premier temps de la systole, alors que l'orifice de l'aorte gauche n'est pas encore aplati et effacé. La cloison complète du cœur des Crocodiliens place ces derniers dans des conditions différentes pendant toute la systole, et permet à chacune des deux aortes d'obtenir une tension qui soit en rapport avec la puissance du ventricule auquel elle appartient. De ces différences dans les conditions mécaniques de la circulation résultent des différences dans les rapports de tension des deux aortes. Je les résume dans le tableau suivant.

CHÉLONIENS.	CROCODILIENS.
\multicolumn{2}{c}{*A.* **Avant le début de la Systole.**}	
La tension des deux aortes *est à peu près égale* par suite de l'écoulement du sang des deux aortes, soit dans l'aorte abdominale, soit dans les artères viscérales. Je dis *à peu près* seulement, car il est probable qu'il y a un léger excès de tension en faveur de l'aorte droite.	La tension des deux aortes doit être *égale*, parce que le foramen de Pannizza a permis un écoulement abondant de l'aorte droite dans la gauche.
\multicolumn{2}{c}{*B.* **Systole.**}	
a. Pendant le premier temps de la systole, c'est-à-dire tant que l'orifice aortique gauche est ouvert, il y a sensiblement *égalité* de tension entre les deux aortes, parce qu'elles reçoivent leur sang de deux ventricules qui communi-	*a.* Dès le début de la systole, les deux ventricules de puissance inégale étant entièrement séparés, et le pertuis aortique étant fermé, la tension *devient inégale* au profit de l'aorte droite, et la différence croît *rapidement*, parce que

CHÉLONIENS.	CROCODILIENS.
quent, et dans lesquels la pression se répartit également.	le ventricule droit, qui est plus faible, a deux orifices de débit, dont l'un destiné à l'artère pulmonaire permet un écoulement très-facile et abondant.
b. Mais, l'orifice aortique gauche s'aplatissant et se fermant bientôt, les deux aortes ne communiquent plus que par la fente inter-aortique, qui elle-même va se rétrécissant de plus en plus ; aussi la différence de tension qui s'accuse lentement aux dépens de l'aorte gauche, pendant que l'orifice aortique gauche tend à s'aplatir, s'accroît plus rapidement à partir du moment où la fente inter-aortique reste seule et se rétrécit.	b. L'orifice aortique gauche s'aplatissant et se fermant de bonne heure, et le pertuis aortique étant toujours fermé, la différence de tension *croît encore plus rapidement* au profit de l'aorte droite et aux dépens de la gauche.
Ainsi donc, la différence de tension au profit de l'aorte droite et aux dépens de la gauche *ne s'établit que quelque temps après le début de la systole et croît d'abord très-lentement, et vers la fin un peu moins lentement*.	Ainsi donc, la différence de tension *s'établit dès le début de la systole et croît d'abord rapidement, et vers la fin très-rapidement*.
Cette différence de tension n'est jamais considérable.	Cette différence de tension devient très-considérable.

C. Diastole.

La différence de tension, qui est faible, tend à diminuer par suite de l'écoulement du sang des deux aortes dans leurs collatérales et à travers l'anastomose abdominale. La fente inter-aortique étant fermée, l'échange entre les deux aortes ne peut se faire qu'à travers l'anastomose abdominale. La différence de tension doit donc s'effacer beaucoup plus lentement chez les Chéloniens à anastomose longue et étroite que chez ceux du second sous-type.	La différence de tension, qui est considérable, diminue par suite de l'écoulement du sang de l'aorte droite dans l'aorte gauche, à travers l'anastomose abdominale; mais elle diminue surtout *très-rapidement* parce que le foramen de Pannizza, béant et largement ouvert, permet un écoulement abondant de l'aorte droite dans la gauche.

Pour représenter d'une manière graphique ce que je viens de développer, je donne deux courbes (Pl. XVIII, *fig.* 5) dont les degrés d'élévation expriment les différences de tension qu'il y a entre les deux aortes chez les Chéloniens du premier sous-type et chez les Crocodiliens. La courbe supérieure représente graphiquement les variations de la différence de tension des deux aortes chez les Crocodiliens; la courbe inférieure a trait aux Chéloniens. Les chiffres placés sur la ligne horizontale correspondent aux divers moments de l'action du cœur. 1 indique le début de la systole, 2 la fermeture de l'orifice aortique gauche, 3 la fermeture de la fente inter-aortique chez les Chéloniens, 4 le début de la diastole et l'ouverture du foramen de Pannizza, 5 le moment où l'équilibre inter-aortique est établi chez les Chéloniens, 6 le moment où cet équilibre est établi chez les Crocodiliens, 7 la fin de la période de diastole et de repos ventriculaire.

Il est bien entendu que ces courbes sont purement théoriques et ne reposent que sur une analyse attentive des conditions mécaniques de l'appareil de la circulation. La comparaison que je viens d'établir entre les causes qui font varier la différence de pression entre les deux aortes me dispense d'analyser et d'expliquer ces courbes. Je laisse ce soin au lecteur, me bornant à faire remarquer que la courbe des Chéloniens a trait à ceux du premier sous-type, qui se rapproche des Crocodiliens; on comprend que chez les autres, comme la Tortue caouane et la Tortue franche, la courbe serait bien plus surbaissée, et l'équilibre se rétablirait bien plus facilement à la fin de la diastole.

Je viens d'exposer les phénomènes tels qu'ils auraient lieu dans des systèmes vasculaires dont les canaux auraient partout la même constitution anatomique et dont les divers départements, constitués d'une manière identique, conserveraient invariables leurs calibres respectifs. Mais nous avons déjà vu, à propos des Chéloniens, qu'il n'en est point ainsi et que des modifications physiologiques plus ou moins intermittentes modifient les calibres relatifs des divers départements de ce système d'irrigation, et changent à la fois la tension vasculaire des régions et par suite la rapidité ou le sens des courants. Il nous reste à étudier ces modifications, et c'est ce que je ferai bientôt; mais avant, je dois donner quelques détails sur la disposition des vaisseaux au niveau de l'anostomose chez les Crocodiliens.

Ce qu'il y a de plus frappant, c'est le faible volume du rameau anastomotique. Ce rameau, étendu très-obliquement de l'aorte gauche à l'aorte droite, qui sont parallèles et presque contiguës à ce niveau, ce rameau, dis-je, ne représente qu'une petite artère se détachant de l'aorte gauche, tandis que le tronc viscéral, d'un volume considérable et se subdivisant au-dessous de l'anastomose en trois branches, constitue le prolongement effectif de l'aorte gauche. Ce faible calibre de la branche anastomotique a frappé les zoologistes. C'est ainsi que Pannizza l'a désignée sous le nom de *ramoscello*; pour Siebold et Stannius, c'est un *faible rameau communiquant*; pour Carus un *faible canal*. Je répète ici que sur un *Crocodilus lucius* bien adulte, de plus de $2^m,50$ de longueur, Poëlman [1] a constaté que le canal de communication présentait une direction oblique d'une longueur de 8 millimètres et un diamètre d'environ 2 millimètres. J'ai moi-même trouvé des mesures presque identiques à celles-là sur un Caïman adulte du Sénégal.

Or, chez l'animal observé par Poëlman, le pertuis aortique, de forme ovalaire, avait un diamètre transverse de 7 millimètres et un diamètre vertical de 3 millimètres. Ces dimensions du foramen de Pannizza permettent d'évaluer à un centimètre au moins le diamètre des aortes. Il résulte de là que le diamètre de l'anastomose est tout au plus les 0,2 du diamètre de l'une des aortes prise pour unité. Or, chez les Chéloniens, tels que la Tortue mauresque, il en est les 0,6 environ, et chez la Tortue caouane il en est à peu près les 0,7 ou les 0,8. Et comme les calibres des vaisseaux sont entre eux comme les carrés des rayons, le calibre d'une aorte est à celui de l'anastomose:

Chez les Crocodiliens.............. :: 0,25 : 0,01.
Chez la Tortue mauresque.......... :: 0,25 : 0,09.
Chez la Tortue caouane............ :: 0,25 : 0,12 ou 0,16.

On voit déjà par là combien le rôle de l'anastomose comme canal propre à déverser le sang d'une des aortes dans l'autre et à rétablir l'équili-

---

[1] *Académie royale de Belgique*, 4 février 1864. Classe des Sciences.

bre de tension entre ces deux vaisseaux, doit être beaucoup plus restreint chez les Crocodiliens que chez les Chéloniens du second sous-type et même que chez ceux du premier.

Chez de jeunes Caïmans de 35 et de 50 centimètres de longueur, j'ai trouvé que ce vaisseau avait un diamètre relativement bien supérieur à celui que je viens de signaler chez les animaux adultes. Ce fait-là n'a rien d'étonnant, attendu que, dès son apparition et dans les premières périodes de formation du système vasculaire, les deux aortes sont d'égal diamètre jusqu'au point de leur réunion, et que ce n'est que par suite de leur modification produite successivement par les progrès du développement de l'individu que l'anastomose se trouve réduite à un diamètre de plus en plus petit par rapport à celui des aortes. Le rôle de ce canal de communication doit être de peu d'importance chez les Crocodiliens adultes. et on peut présumer qu'il y a de nombreux moments où, revenu sur lui-même et son calibre étant plus ou moins effacé, il n'est le siége d'aucune circulation. Ce qui prouve du reste que ce défaut de communication et d'échange par l'anastomose est loin d'être un fait absolument contraire à la régularité des fonctions et inconciliable avec la vie, c'est que Poëlman a trouvé ce vaisseau complètement oblitéré chez un Crocodile adulte. Si nous ajoutons ces notions à celles que nous avons précédemment acquises sur le mécanisme de la circulation centrale chez les Crocodiliens, nous pourrons arriver, je l'espère, à des notions suffisamment exactes sur le rôle de l'aorte gauche et de l'anastomose abdominale.

Mais avant d'aborder directement cette question, il est bon, il est même nécessaire d'être fixé sur un point d'hydraulique physiologique sur lequel Brücke insiste beaucoup, et auquel il est regrettable qu'il ait donné une solution par trop théorique. Brücke préfère croire, avec Bischoff et contre Pannizza, que dans l'anastomose abdominale chez les Crocodiliens le sang coule de l'aorte gauche dans la droite, de telle sorte que c'est du sang mixte qui se rend aux extrémités postérieures. Reconnaissant cependant que la tension dans l'aorte droite est supérieure à la tension dans l'aorte gauche, il sent le besoin de démontrer que, malgré cette condition, le courant peut s'établir de cette dernière vers la première, et voici textuellement les raisons qu'il invoque à l'appui de cette possibilité. « Si l'on considère un tube d'embranchement qui se détache sous un certain angle d'un canal cylindrique droit dans lequel coule un liquide, et si l'on veut mesurer la force avec laquelle le liquide tendra à passer dans le tuyau d'embranchement, on arrive au résultat suivant. Cette force, que je désigne par W, est représentée par la somme de deux quantités, dont la première est la pression h qu'indique le manomètre appliqué dans le tube principal au niveau même de l'embranchement, et dont la seconde est une fonction de deux quantités variables, indépendantes l'une de l'autre, savoir : 1° la vitesse v du courant dans le tube principal; et 2° l'angle φ que forme l'embranchement avec ce tube; de sorte que si l'on exprime cette force par la formule suivante :

$$W = h + F(v; cos\ \varphi)$$

la seconde quantité de la somme augmente ou diminue avec $cos\ \varphi$ ou change même de sens, si l'on désigne toujours par φ l'angle que forme l'embranchement avec la portion du tuyau principal qui est placée du côté vers lequel se fait l'écoulement. Si l'on considère maintenant deux tuyaux AB et CD (Pl. XVIII, *fig.* 7) placés parallèlement côte à côte et reliés par une anastomose oblique, et dans lesquels le sens du courant va de A à B et de C à D; si de plus on désigne par h^o la pression dans le premier et par h' dans le second, par v^o la vitesse dans le premier et par v' dans le second, on a les deux formules :

$$W^o = h^o + F(v^o; cos\ \varphi^o).$$
$$W' = h' + F'(v; cos\ \varphi').$$

» Mais $cos\ \varphi^o$ étant une valeur positive, tandis que $cos\ \varphi'$ est une valeur négative, il est clair que par l'anastomose le courant pourra s'établir de AB vers CD, quoique h' soit supérieur à h^o, puisque la direction de ce courant dépend uniquement de ce que $W^o - W'$ représente une valeur positive ou une valeur négative. Si $W^o > W'$, le courant va de AB vers CD; si $W^o < W'$, il va de CD vers AB jusqu'à ce que $W^o = W'$. Or précisément une anastomose ainsi obliquement étendue entre deux vaisseaux représente exactement le vaisseau qui réunit les deux aortes chez les Crocodiliens, et le vaisseau analogue, mais relativement plus large des Chéloniens, vaisseaux qui forment un angle très-obtus avec le tronc de l'aorte gauche et un angle très-aigu ouvert vers la tête avec le tronc de l'aorte droite. Il devient clair par là qu'il est possible que du sang coule de l'aorte gauche vers la droite, quoique la pression dans cette dernière soit plus élevée que dans l'autre, et que cet écoulement a nécessairement lieu tant que la pression est égale dans les deux aortes et que la circulation existe dans ces vaisseaux. Du reste, ajoute Brücke, l'opinion de Bischoff (que le sang passe toujours de l'aorte gauche dans la droite) est appuyée par ce fait bien constaté, que chez aucun Reptile écailleux la partie postérieure du corps n'est arrosée par du sang artériel pur, comme cela aurait lieu chez les Crocodiles, s'il fallait accepter l'opinion de Pannizza, qui est du reste peu conciliable avec les faibles dimensions du ventricule gauche. »

Il y a dans les vues de Brücke une part à faire à la certitude, et une part qui ne peut légitimement être considérée que comme de pures présomptions. Il m'a semblé bon d'apporter plus de précision dans ces considérations d'hydraulique physiologique, pour en tirer des conclusions moins discutables et mieux assises. J'ai eu pour cela recours à la méthode expérimentale. Il est bon de remarquer que s'il n'est point douteux que la formule $W = h + F(v; \cos \varphi)$ est parfaitement rationnelle et renferme tous les éléments généraux essentiels qui doivent permettre d'arriver à une évaluation de la force qui pousse le liquide d'un tuyau dans un embranchement qui s'en détache latéralement sous un angle donné, il n'en est pas moins vrai que, les termes précis de la fonction de v et de $\cos \varphi$ n'étant point déterminés, il est impossible d'avoir une notion exacte de l'importance relative de v, de $\cos \varphi$ par rapport à W, et par conséquent d'évaluer les variations que produisent dans la valeur de W les changements de valeur de v et de $\cos \varphi$. C'est là un premier doute dont le lecteur sentira toute l'importance ; car si par exemple $\cos \varphi$ devait se trouver au nominateur ou au dénominateur d'une fraction, l'influence de la valeur de $\cos \varphi$ serait diamétralement opposée ; ou bien si $\cos \varphi$ jouait dans l'expression de la fonction le rôle d'une valeur élevée à une puissance quelconque ou qui ne figurerait que par une racine carrée ou cubique, etc., son influence sur la valeur de W changerait singulièrement.

Quant à la vitesse, son coefficient dans $F(v; \cos \varphi)$ a aussi besoin d'être déterminé, car elle a, avec la force de poussée latérale du liquide en mouvement dans le tube, des rapports qui peuvent exercer la plus grande influence sur la valeur de W. Bernouilli a en effet démontré, et Venturi a vérifié que, lorsqu'un liquide est en mouvement dans une conduite, la pression en un point sur les parois de la conduite est égale à la pression hydrostatique H diminuée de la hauteur H' du liquide qui produirait la vitesse qui a lieu en ce point, si le tuyau s'y terminait. L'expérience prouve en effet que la pression latérale dans un long tuyau est d'autant plus inférieure à celle qui aurait lieu dans l'état d'équilibre c'est-à-dire de repos du liquide, que la vitesse est plus grande ; et comme, lorsque dans un tuyau une partie large succède à une partie étroite, la vitesse s'accélère considérablement au point où finit la partie étroite et où va commencer la partie élargie, parce que l'écoulement devient plus facile ; comme, dis-je, la vitesse s'accélère alors considérablement, il y a une diminution notable de la pression latérale en ce point, et si le passage de la partie étroite à la partie large se fait d'une manière assez brusque, il peut même y avoir aspiration, succion de l'extérieur à l'intérieur du tuyau.

Il faut encore considérer que dans un tuyau d'écoulement la vitesse peut être diminuée de deux façons différentes: ou par diminution de la pression hydrostatique, c'est-à-dire de la colonne de liquide qui théoriquement peut produire la vitesse existant dans ce tuyau, ou bien par diminution de l'orifice de sortie du liquide. Il est clair que dans le premier cas la valeur absolue de la pression latérale peut diminuer dans une certaine proportion indéterminée en même temps que la vitesse diminue, tandis que dans le second la pression latérale augmente nécesssairement d'une manière proportionnée à la diminution de la vitesse, puisqu'elle tend à se rapprocher d'autant plus de celle qui aurait lieu dans l'état d'équilibre que l'orifice d'écoulement est plus rétréci. Je me borne à dire pour le moment que c'est de cette dernière manière que se modifient la vitesse et la tension dans le système vasculaire. Nous verrons plus tard quelles sont les conséquences qu'il faut en tirer.

Ce sont là des considérations dont il convient de tenir compte dans l'interprétation de la formule $W = h + F(v\ ; cos\varphi)$. On conçoit en effet que la pression et la vitesse puissent être combinées d'une façon telle que l'influence de $cos\varphi$ soit entièrement diminuée dans la valeur de W. Ainsi, dans l'exemple donné par Brücke, si dans AB, h restant le même, v est considérablement accru, comme cela peut se faire en rendant l'écoulement de AB très-facile, en élargissant par exemple le tube immédiatement au-dessous de l'anastomose, il peut se produire en φ° une véritable succion de l'anastomose dans AB, et par conséquent de CD vers AB. Ce sont là des considérations auxquelles Brücke n'a pas sans doute cru devoir donner l'importance qu'elles me paraissent mériter dans le cas actuel, et nous verrons que c'est ce qui l'a conduit à une opinion que je crois erronée sur la direction du cours du sang dans l'anastomose abdominale des Crocodiliens et des Chéloniens.

Pour déterminer cette direction du sang dans l'anastomose, j'ai voulu apprécier expérimentalement la valeur relative des termes de l'équation $W = h + F(v; cos\, \varphi)$. Mes expériences n'ont point la prétention de présenter une précision mathématique, qui n'est du reste pas possible dans les conditions où j'ai dû me placer ; mais j'y ai apporté assez de soin et d'attention, et je les ai suffisamment multipliées pour que leurs résultats soient contenus dans des limites d'approximation satisfaisantes. Voici comment j'ai procédé : j'ai pris deux tubes en caoutchouc vulcanisé, ayant un mètre de long, un diamètre intérieur de 7 millimètres, et des parois très-élastiques et suffisamment résistantes. J'ai fait adapter avec soin sur le milieu de leur longueur un petit tube en caoutchouc d'un millimètre et demi de diamètre intérieur et de 4 centimètres et demi de longueur. Ce petit tube a des parois épaisses de plusieurs millimètres, de manière à offrir une certaine résistance à la dilatation et à reproduire partiellement les conditions de l'anastomose abdominale, dont les parois épaisses et capables de revenir entièrement sur elles-mêmes peuvent interrompre toute communication entre les deux aortes quand la tension aortique est affaiblie. Ce tube anastomotique relie les deux tubes droits et parallèles sous la forme d'une sécante très-oblique faisant dans un même sens un angle de 35° avec l'un, et de 145° avec l'autre. Les orifices de communication du tube anastomotique avec les grands tubes sont légèrement évasés vers la cavité de ces derniers, et ont été construits avec soin, de manière à ce qu'aucun obstacle matériel, aucune valvule ne vînt établir d'inégalité dans la facilité de pénétration du liquide dans un sens ou dans l'autre.

Sur chaque tube, au point diamétralement opposé à l'orifice du tube anastomotique, j'ai fait adapter perpendiculairement à l'axe du grand tube un petit tube en caoutchouc de 30 centimètres de longueur et de 3 millimètres de diamètre. Chacun de ces deux petits tubes vient s'adapter à l'une des branches horizontales d'un manomètre comparatif dont le tube en U renferme du mercure jusqu'à une certaine hauteur, et auprès duquel se trouve une échelle divisée en centimètres et en millimètres. La différence de niveau des deux colonnes est destinée à m'indiquer ainsi exactement la différence de tension dans les deux tubes, au point même où se trouve l'orifice d'aboucheinent du tube anastomotique. D'autre part, en oblitérant par la compression l'anastomose et en laissant un des grands tubes en caoutchouc vide et sans pression, le manomètre peut m'indiquer la pression hydrostatique qui règne dans l'autre tube au niveau de l'insertion de l'anastomose. Chacun des deux grands tubes est fixé par son extrémité supérieure à un ajutage cylindrique d'un calibre intérieur égal pour chaque côté, à peu près égal à celui du tube en caoutchouc, et fixé lui-même à une tubulure placée latéralement à la partie inférieure d'un grand flacon. Les deux tubes ainsi disposés étaient ensuite couchés sur une planche d'une longueur égale à la leur, obliquement inclinée afin de favoriser l'écoulement, et dépassée à sa partie inférieure par l'extrémité des robinets fixés aux tubes, de manière à ce qu'on pût recueillir facilement les liquides écoulés.

Les deux flacons, placés côte à côte de façon à ce que les tubes fussent sensiblement parallèles, étaient également posés sur un même plan horizontal, de manière à ce que leurs tubulures supérieure et inférieure fussent au même niveau pour les deux flacons. Par là, j'obtenais au-dessus des orifices de l'anastomose des hauteurs de colonne de liquide qui ne différaient que par la distance verticale qui séparait ces deux orifices. A l'aide de robinets convenablement disposés et de tubes en caoutchouc plongeant librement dans les flacons, j'amenais dans ces deux réservoirs de l'eau en excès qui déversait par l'orifice supérieur, ce qui me procurait un niveau constant, et par suite un écoulement constant par les tubes inférieurs. L'adjonction à frottement aux tubulures supérieures de larges tubes en verre de longueurs variées, recevant de l'eau par des robinets convenablement réglés, me permettait d'avoir un écoulement constant sous des pressions supérieures à celles que donnaient les flacons pleins; ou bien ces flacons, transformés en vases de Mariotte, me procuraient des écoulements constants sous des pressions plus faibles. Les tubes étaient munis inférieurement de robinets de laiton de calibres égaux et donnant des écoulements égaux sous des pressions égales. J'ajoute que la différence de niveau des orifices des petits tubes qui s'adaptaient au manomètre donnait, quand ces petits tubes étaient remplis d'eau jusqu'à la surface du mercure, et en dehors de toute pression venant des grands tubes, une différence de pression en faveur du tube dont l'orifice était le plus élevé. Cette différence, qui s'accusait dans le manomètre par une différence de niveau de 2 à 3 millimètres suivant le degré d'inclinaison des grands tubes, était une valeur invariable pour une même situation des tubes, valeur notée à chaque expérience et dont il était tenu compte dans l'évaluation des différences manométriques de la tension dans les deux grands tubes. Enfin je dois ajouter que l'ouverture des angles formés par l'anastomose et les tubes qu'elle réunit était modifiée par le rapprochement des deux tubes, et que l'acuité et la régularité de ces angles étaient maintenues par deux vis placées à des distances convenables, fixées dans la planche qui supportait les tubes, et sur lesquelles étaient placés à cheval les sommets des angles alternes internes aigus. La position des deux vis pouvait être changée de manière à augmenter ou à diminuer l'acuité de ces angles, et par conséquent l'obliquité de l'anastomose.

Les appareils étant ainsi disposés, j'ai entrepris deux séries d'expériences qui m'ont conduit à des résultats qui se confirment réciproquement. Dans une première série, je me suis borné à introduire de l'eau dans un des deux flacons et à produire des écoulements constants par le tube correspondant. En faisant varier, soit la pression hydrostatique par les procédés que j'ai déjà indiqués, soit la vitesse d'écoulement à l'aide du robinet inférieur, je modifiais la poussée latérale ou tension dans le tube correspondant. Une quantité variable de liquide traversait l'anastomose. En recueillant le liquide écoulé par le tube voisin dans un flacon d'une capacité déterminée, et en notant aussi le temps nécessaire pour que le flacon fût rempli, il m'était facile de calculer la quantité de liquide qui traversait l'anastomose pendant une seconde. Le flacon que j'avais choisi pour recueillir le liquide était d'une capacité de 280°°. A l'aide d'un flacon de 1145°° destiné à recueillir le liquide du tube principal, il m'était facile de calculer la vitesse dans ce tube. Pour comparer dans des conditions exactement semblables l'influence de l'anastomose sur l'écoulement dont elle était le siége, je me servais toujours du même tube, dont je plaçais une des extrémités, tantôt en haut en rapport avec le flacon réservoir, tantôt en bas en rapport avec le robinet inférieur d'écoulement. Ainsi, l'angle aigu formé par l'anastomose était dirigé tantôt en haut et tantôt en bas, et je pouvais comparer les quantités de liquide écoulées à travers l'anastomose dans les deux cas, dans des conditions identiques d'orifice, et en me mettant par là même à l'abri des inégalités que pouvaient produire dans l'écoulement les différences possibles des orifices d'abouchement de l'anastomose avec les deux tubes. Après avoir opéré ainsi sur l'un des tubes, j'ai opéré également sur le tube opposé, et j'ai pu constater par les résultats, qui étaient sensiblement les mêmes dans les deux tubes, que leurs orifices de communication avec l'anastomose se trouvaient dans des conditions égales et parfaitement comparables.

Je ne puis point ici rapporter les diverses combinaisons expérimentales que j'ai mises en œuvre dans ces conditions. Prenant une pression hydrostatique donnée, je faisais varier la vitesse et étudiais par là l'influence de la vitesse. D'autre part, avec une vitesse constante je faisais varier la pression hydrostatique, et je pouvais ainsi constater l'influence de cette dernière. Pour exprimer les résultats que j'ai ainsi obtenus et pour éviter les répétitions et les longueurs, je préviens le lecteur que, quand le tube sera disposé de manière à ce que l'anastomose présente son angle aigu ouvert inférieurement, je le désignerai sous le nom d'aorte gauche, tandis que je l'appellerai aorte droite dans le cas contraire. Voici le résultat des expériences que j'ai ainsi exécutées.

La poussée latérale ou tension du liquide croît avec l'augmentation de la pression hydrostatique et avec la diminution de la vitesse. Cette tension est d'autant plus grande que la différence entre ces deux quantités est elle-même plus grande. Cela ressort de la loi de Bernouilli citée plus haut.

Le passage du liquide dans l'anastomose dépend de la tension au point d'abouchement de cette dernière. La quantité de liquide qui traverse l'anastomose dans les deux cas croît plus rapidement que la tension, ce qui se comprend parce que la force d'impulsion augmente, tandis que les obstacles (direction, longueur du tube, frottement, etc.) restent les mêmes ou ne croissent pas aussi rapidement. Cette quantité de liquide qui traverse l'anastomose croît plus rapidement pour l'aorte droite que pour la gauche.

Quelle que soit la hauteur de la pression hydrostatique, pourvu que la vitesse soit telle que la tension soit la même, l'écoulement par l'anastomose reste sensiblement le même pour une même aorte. Voici quelques résultats numériques à l'appui de cette proposition.

AORTE GAUCHE.

PRESSION HYDROSTATIQUE.	TENSION.	DÉPENSE à travers l'anastomose par seconde.	VITESSE DANS L'AORTE par seconde.
82^{mm}	54^{mm}	4^{cc},5	—
65	54	4 6	—
80	52	4 4	0^m,99
65	52	4 4	0 56
82	30	3 2	—
65	30	3 2	—
49	18	2 9	1 06
21	18	3 0	0 38
49	5	1 5	1 29
21	5	1 6	0 73

Si l'on compare maintenant l'aorte droite à l'aorte gauche, on constate que, plus la pression hydrostatique est grande par rapport à la vitesse, c'est-à-dire plus la tension est élevée, plus aussi l'influence de la direction de l'angle de l'anastomose devient faible. Ainsi, quand la tension s'élève au-dessus de 3 ou 4 centimètres, la différence d'écoulement par l'anastomose devient presque insignifiante. Voici quelques chiffres à l'appui :

	PRESSION HYDROSTATIQUE.	TENSION.	ÉCOULEMENT PAR L'ANASTOMOSE.
Aorte gauche.....	65^{mm}	54^{mm}	4^{cc},6
Aorte droite......	65	54	4, 6
Aorte gauche.....	65	30	3, 2
Aorte droite......	65	30	3, 2
Aorte gauche.....	65	25	2, 77
Aorte droite......	65	25	2, 80
Aorte gauche.....	49	36	4, 3
Aorte droite......	49	36	4, 3

Mais quand la tension devient inférieure à 2 centimètres, soit parce que la pression hydrostatique a diminué, soit parce que la vitesse a augmenté, alors l'influence de l'angle se fait d'autant plus sentir que la tension est plus basse. Voici en effet les résultats obtenus.

	PRESSION HYDROSTATIQUE.	TENSION.	ÉCOULEMENT à travers L'ANASTOMOSE.	VITESSE par AORTE
Aorte gauche..	65^{mm}	23^{mm}	2^{cc},7	
Aorte droite...	65	23	2, 6	
Aorte gauche..	49	18	2, 9	1,^{m}06
Aorte droite...	49	18	2, 4	1, 04
Aorte gauche..	49	5	1, 5	1, 28
Aorte droite...	49	5	0, 1	1, 30

Il résulte de ces nombres que, plus la tension devient grande, c'est-à-dire plus la pression hydrostatique est élevée par rapport à la vitesse, plus aussi l'influence de la direction de l'angle s'atténue. Si donc, la pression hydrostatique restant la même, la vitesse vient à décroître, la différence de l'écoulement dans les deux directions de l'anastomose s'affaiblira à mesure que la vitesse diminuera. L'atténuation de l'influence de l'angle dépend donc du degré de distance qu'il y a entre la pression hydrostatique et la vitesse, de telle sorte que si le maximum de cette influence existe quand à une faible pression hydrostatique correspond une grande vitesse, le minimum a lieu quand une forte pression hydrostatique se trouve combinée avec une vitesse faible.

C'est là un fait qui ressort des nombreuses expériences que j'ai exécutées, et dont il est facile de donner l'explication. Il est clair, en effet, que quand, la pression étant élevée, la vitesse vient à diminuer, le liquide renfermé dans le tube se rapproche de plus en plus de l'état statique, c'est-à-dire de l'état dans lequel la pression s'exerce également dans toutes les directions. Il n'est donc pas étonnant que la direction de l'embranchement anastomotique perde de son influence.

Si maintenant nous reprenons la formule $W = h + F(v; \cos. \varphi)$, et si nous cherchons à déterminer dans une mesure très-large sans doute les relations de ses termes, nous verrons que h ne peut pas représenter un terme simple sans coefficient. Il est clair en effet que la valeur maximum de W est égale à la pression hydrostatique h, et que par conséquent W ne peut être égal à $h +$ une autre valeur positive quelconque. Il faut donc considérer h comme pourvu d'un coefficient fractionnaire à dénominateur variable; et comme dans de certaines proportions indéterminées W augmente quand h augmente, et diminue quand v augmente aussi, il est rationnel de penser que v entre dans la composition du dénominateur de h; et puisque, lorsque la tension s'élève, l'influence de la direction de l'angle diminue, et que cette influence disparait entièrement lorsque, v égalant 0, W est égal à h, il est donc rationnel de considérer $\cos \varphi$ comme faisant partie d'un terme de la fonction dont la valeur diminue avec v et devient égale à 0 quand $v = 0$, c'est-à-dire qui soit multiplié par v. De sorte que la formule générale qui doit exprimer d'une manière exacte la force qui pousse le liquide dans l'embranchement ou anastomose me semble devoir être la suivante :

$$W = \frac{h}{mv + 1} + nv \cdot \cos \varphi$$

Si dans cette formule, v restant constant, on fait varier la valeur de h, W variera également suivant une proportion qui dépendra de la valeur de m et de n. Si, h restant constant, v varie, on voit que le premier membre du second terme de l'équation augmentera quand v diminuera ; le second membre diminuera au contraire avec v. Si $v = 0$, la formule se réduit à $W = \frac{h}{1} = h$, résultat qui est d'accord avec la théorie et l'expérience. Si v augmente, la valeur du premier membre $\frac{h}{mv+1}$ diminuera, et la valeur du second $nv \cdot \cos \varphi$ augmentant, l'influence de $\cos \varphi$ sur la valeur de W augmentera avec la vitesse.

Les variations peuvent enfin porter sur $\cos \varphi$. Tant que l'angle est aigu dans le sens vers lequel a lieu l'écoulement, $\cos \varphi$ est positif; dès qu'il devient obtus, $\cos \varphi$ devient négatif. Examinons d'abord le cas où $\cos \varphi$ est positif. Plus l'angle φ est aigu, plus la valeur des $\cos \varphi$ est grande, tout en restant fractionnaire; d'où il résulte que le second membre, $nv \cdot \cos \varphi$, et par conséquent la valeur de W, seront d'autant plus grands que l'angle sera plus aigu. L'angle étant réduit à 0°, c'est-à-dire l'embranchement ayant confondu son axe avec celui du tube, et étant devenu la continuation du tube, $\cos \varphi$ devient égal à 1, et la formule se réduit à $W = \frac{h}{mv+1} + nv$ qui représente la force qui pousse le liquide dans le sens du mouvement sur une tranche de la lumière du tube égale à la lumière de l'embranchement. Il est à remarquer que dans ce cas nv, n'étant plus multiplié par une valeur fractionnaire, se trouve avoir atteint sa valeur maximum, ce qui est d'accord avec la théorie et l'expérience, puisque W représente alors la poussée du liquide dans le sens même du courant.

Si φ atteint 90°, c'est-à-dire si l'embranchement devient perpendiculaire au tube principal, $\cos \varphi$ devient égal à 0, et la formule se réduit à $W + \frac{h}{mv+1}$ ce qui exprime bien en effet ce que nous savons, c'est-à-dire que la tension ou poussée latérale perpendiculaire au sens du courant dépend simplement d'un certain rapport entre la pression hydrostatique et la vitesse. Il ne nous reste enfin qu'à supposer l'angle φ compris entre 90° et 180°, et alors, $\cos \varphi$ devenant négatif, le terme $nv.\cos \varphi$ devient négatif aussi, et la valeur de W s'en trouve d'autant diminuée. Plus l'angle s'approchera de 180°, plus la valeur négative de $\cos \varphi$, et par conséquent de $nv.\cos \varphi$, augmentera, et plus la valeur de W diminuera. Enfin, si nous supposons $\varphi = 180°$, et par conséquent $\cos \varphi = -1$, W représentera la force qui tend à pousser le liquide dans une direction opposée justement à celle dans laquelle il coule, et la formule aura nécessairement acquis sa valeur minimum $W = \dfrac{h}{mv+1} - nv$ dans laquelle W décroît très-rapidement quand la vitesse augmente, et tend rapidement vers 0 quand v devient trop grand.

La valeur de m peut facilement être calculée; il suffit pour cela de considérer le cas ou l'angle $\varphi = 90°$. En effet, $\cos \varphi$ étant alors égal à 0, la formule se réduit à $W = \dfrac{h}{mv+1}$, d'où il est facile de tirer $m = \dfrac{h-W}{Wv}$. Or, si l'on connaît h, W et v, la valeur de m est par cela même connue. J'ai fait ce calcul pour diverses tensions obtenues sous une même pression hydrostatique en faisant varier la vitesse d'écoulement au moyen d'un robinet placé à l'orifice inférieur du tube. Je donne ici quelques-uns de ces résultats. Les deux premières colonnes du tableau représentent une progression arithmétique des tensions dont la différence est 3; les deuxième et troisième colonnes renferment quelques termes d'une progression arithmétique dont la différence est 5.

PRESSION HYDROSTATIQUE = 50^{mm}.

MULTIPLES DE 3.		MULTIPLES DE 5.		
Tension.	Vitesse.	Tension.	Vitesse.	Valeur de m.
—	—	5^{mm}	110^c,5	0,008
—	—	10	106,4	0,0047
—	—	15	99,7	0,0023
18^{mm}	92^c,4	—	—	0,0019
—	—	20	90,8	0,0016
21	89,7	—	—	0,0015
24	85,9	—	—	0,0012
—	—	25	83,5	0,0011
27	81,4	—	—	0,0010
30	75,4	30	75,4	0,0009
33	67,5	—	—	0,0007
36	61,8	—	—	0,0006
39	54,1	—	—	0,0005
—	—	40	50,5	0,00049
—	—	45	30,5	0,00030
—	—	50	0	0

Il ressort clairement de ce tableau que, pour le cas donné, la valeur de m croît et décroît avec la vitesse et en sens inverse de la tension. Je ne doute point que la valeur de m ne varie suivant la pression hydrostatique et la nature du tuyau d'écoulement, etc.; mais il n'en reste pas moins vrai que dans un tuyau élastique analogue à celui dont je me suis servi pour mes expériences, la valeur de m décroît de plus en plus lentement à mesure que diminue la vitesse et que croît la tension. Ces variations, régulières dans la valeur du rapport de la pression hydrostatique et de la vitesse pour constituer la tension dans un même tuyau et sous une même pression, tiennent probablement aux conditions d'élasticité du tuyau, et aux changements de calibre de ce tuyau provoqués par des tensions différentes. Dans tous mes calculs j'ai supposé constant le diamètre du tube, parce que ses parois étaient épaisses et suffisamment résistantes par rapport aux tensions qu'elles avaient à supporter; mais je ne dois pas oublier de dire que ce diamètre a dû croître très-faiblement avec la tension, et que la valeur de cet accroissement doit diminuer insensiblement, comme la valeur de m, à mesure que la tension s'élève, c'est-à-dire à mesure que le maximum de distension du tube est près d'être atteint. C'est peut-être en partie à cela qu'il faut attribuer les variations dans la valeur de m. C'est ce qu'on pourrait prouver par des expériences faites avec des tubes rigides. Ces expériences, je n'ai pas eu le loisir de les faire, car elles n'avaient que des rapports très-éloignés avec le sujet dont je m'occupe. Il me suffit d'avoir établi, dans cette première série d'expériences faites sur un seul tube pourvu d'un embranchement oblique de petit calibre, quelques propositions importantes pour la solution de la question que je me suis posée. Il ressort en effet, de tout ce que je viens de dire, que le phénomène et la formule d'hydraulique sur lesquels s'appuie Brücke, pour penser que l'écoulement se fait chez les Crocodiliens de gauche à droite dans l'anastomose, doivent recevoir une interprétation et une forme différentes de celles que Brücke leur attribue. Nous avons vu en effet que les propositions de Brücke sont trop générales, et que si, pour le cas actuel, lorsqu'il s'agit de tensions inférieures à 2 centimètres, l'influence de la direction de l'angle est d'autant plus grande que la tension est plus faible, au-dessus de 2 centimètres au contraire, c'est-à-dire à 3, 4, 5 centimètres, l'influence de l'angle s'efface de plus en plus et l'écoulement se fait également bien, quel que soit le sens du courant par rapport à l'embranchement. Or, si l'on examine précisément quelles sont les conditions dans lesquelles se trouvent les aortes chez les Crocodiliens, on remarque d'un côté une aorte droite dont on peut, par analogie et eu égard aux parois du ventricule gauche, supposer la tension égale au moins à 5 ou 6 centimètres, et pour laquelle l'influence défavorable de l'angle de l'anastomose disparaît sous l'influence de cette pression élevée; tandis que l'aorte gauche, dont on ne peut considérer la tension comme supérieure à 1 ou 2 centimètres au plus, perd par cela même le bénéfice de l'insertion à angle obtus de l'anastomose. Cette première série d'expériences ne permet pas assurément de supposer que le sang passe *toujours* de l'aorte droite dans la gauche, comme le veulent Bischoff et Brücke; les expériences de la seconde série vont me permettre de préciser les limites dans lesquelles est possible ce courant de droite à gauche.

Dans la seconde série d'expériences, j'établissais pour chacun des deux flacons réservoirs et des deux tubes une pression et un écoulement constants; puis je faisais varier la différence de tension manométrique des deux tubes, tantôt en élevant ou abaissant la colonne d'eau de l'un des flacons réservoirs, et tantôt en fermant plus ou moins le robinet inférieur d'écoulement de l'un ou l'autre des deux tubes. Pour constater dans les deux cas le moment où le liquide de l'un des tubes pénétrait dans l'autre quand l'anastomose était dirigée, soit de haut en bas, soit de bas en haut, par rapport au premier tube, j'avais recours au moyen suivant: Je plaçais dans le flacon correspondant au premier tube une certaine quantité de cristaux de bichromate de potasse destinés à se dissoudre pendant l'écoulement et à fournir une solution suffisamment colorée de ce sel. Quand l'opération commençait, je faisais varier successivement, soit la hauteur de la colonne, soit l'orifice du robinet inférieur, et je recueillais à chaque fois dans un verre à expérience du liquide qui s'écoulait du tube correspondant au flacon d'eau pure. Je traitais le liquide recueilli par une solution d'acétate de plomb, qui donnait un précipité blanc de carbonate de plomb lorsque le liquide du tube coloré n'avait pas pénétré par l'anastomose dans l'autre tube, ou un précipité jaune de chromate de plomb dans le cas contraire.

Je ne puis rapporter ici les résultats détaillés des nombreuses expériences que j'ai faites dans ces conditions; je me borne à donner le tableau d'une série de ces expériences, en ajoutant que les résultats que j'ai obtenus n'ont pas différé de ceux que je rapporte ici. Je préviens le lecteur que, pour simplifier les désignations, je continue à appeler aorte gauche le tube avec lequel l'anastomose forme un angle aigu vers l'orifice terminal, et aorte droite celui avec lequel elle forme un angle obtus dans la même direction.

Dans l'expérience suivante, j'ai établi des pressions hydrostatiques assez élevées, et égales ou à peu près égales dans les deux aortes. J'ai ensuite, au moyen des robinets inférieurs, fait varier simultanément la vitesse d'écoulement dans les deux aortes de $\frac{1}{4}$, de $\frac{1}{3}$, de $\frac{1}{2}$, etc., en prenant pour point fixe l'aorte à liquide incolore. Pour chaque vitesse de cette aorte, j'ai établi, en agissant sur le robinet de l'aorte colorée, des différences de tension manométrique d'un demi-millimètre, de 1^{mm}, de 2, etc., de manière à constater quelle était pour telle ou telle vitesse la différence de tension nécessaire pour que du liquide coloré passât de l'aorte colorée dans l'aorte incolore à travers l'anastomose. Le tableau suivant (pag. 397) résume ces résultats.

Le tableau ci-après (pag. 398) renferme les résultats obtenus après avoir renversé de haut en bas les tubes, de manière à ce que leurs anciens orifices d'écoulement fussent devenus leurs orifices d'abouchement au flacon, et *vice versâ*. Par suite de cette opération, le même tube que précédemment, et par suite le même orifice du tube anastomotique, se trouve en rapport avec le flacon coloré. Mais comme le sens de l'anastomose a été changé par le renversement du tube, l'ancienne aorte droite joue le rôle d'aorte gauche, et *vice versâ*.

Il ressort clairement de ces tableaux que, la pression hydrostatique restant la même, l'influence de l'angle d'insertion de l'anastomose s'efface à mesure que la vitesse diminue, c'est-à-dire à mesure que la tension s'élève. Cette influence devient par conséquent de moins en moins défavorable à l'aorte droite, et de moins en moins aussi favorable à l'aorte gauche. Ces résultats sont parfaitement en harmonie avec ceux que j'ai déjà obtenus en expérimentant sur un seul tube. Ils se relient aux mêmes causes, et trouvent une explication identique.

S'il est donc vrai, comme le prétend Brücke, que le sang d'un vaisseau analogue à l'aorte gauche des Crocodiliens puisse passer dans l'aorte droite par une anastomose oblique, quoique la tension de l'aorte gauche soit inférieure à celle de la droite, il est démontré également par les expériences précédentes qu'il peut exister des conditions de pression, de vitesse, etc., telles, que l'influence de l'angle d'insertion de l'anastomose se trouve singulièrement affaiblie et tout au moins diminuée, primée par l'influence de la

VITESSE dans l'aorte gauche.	VITESSE dans l'aorte droite.	DIFFÉRENCE DE TENSION entre les deux aortes au niveau des embouchures de l'anastomose.	PASSAGE du liquide coloré de l'aorte droite dans la gauche.
68c,6	62c,9	2mm » en faveur de l'aorte droite colorée...	Nul.
—	55c,9	3 » — —	Nul.
—	50c,2	4 » — —	Traces.

Ainsi donc, avec une pression hydrostatique élevée de 7 cent. environ, et des vitesses relativement grandes de 68,6 dans l'aorte gauche, et de 62,9 ; 55,9 ; 50,2 dans l'aorte droite, le liquide ne passe de l'aorte droite dans la gauche que lorsqu'il y a une différence de tension de 4mm au moins en faveur de la droite.

50,2	37,8	2mm » en faveur de l'aorte droite colorée....	Nul.
—	35,9	2 5 — —	Traces.

Ainsi donc, la pression hydrostatique restant la même, et la vitesse ayant diminué d'un tiers environ, il suffit, pour que le liquide passe de l'aorte droite dans la gauche, d'une différence de tension de 2mm,5 en faveur de la droite.

35,9	x.	1mm 5 en faveur de l'aorte droite colorée....	Nul.
—	28,9	2 » — —	Traces.

Ainsi donc, la vitesse primitive ayant diminué de moitié environ, il suffit de 2mm de tension en plus dans l'aorte droite pour que le liquide passe dans la gauche.

21,6	14,0	1mm 5 en faveur de l'aorte droite colorée....	Traces.

La vitesse étant devenue plus de trois fois moindre que la vitesse primitive, il suffit de 1mm,5 de différence de tension en faveur de l'aorte droite pour que du liquide passe dans la gauche.

		Pression hydrostatique....	Aorte gauche *colorée*, 70ᵐᵐ. Aorte droite *incolore*, 71ᵐᵐ.	
VITESSE dans l'aorte droite.	VITESSE dans l'aorte gauche.	DIFFÉRENCE DE TENSION entre les deux aortes au niveau des embouchures de l'anastomose.		PASSAGE du liquide coloré de l'aorte gauche dans la droite.
68ᶜ,6	78ᶜ,3	3ᵐᵐ » en plus dans l'aorte droite incolore..		Nul.
—	75,6	2 5 — —		Traces.
—	70,2	2 » — —		Traces plus marquées.

Ainsi donc, avec une pression hydrostatique de 7 cent. environ, et des vitesses relativement grandes de 68,6 dans l'aorte droite, et 78,3; 75,6; 70,2 dans l'aorte gauche, le liquide passe de l'aorte gauche dans la droite, quoique la tension soit inférieure dans la gauche de 2ᵐᵐ,5.

50,2	*x*.	2ᵐᵐ 5 en plus dans l'aorte droite incolore..		Traces très-faibles.
—	47,2	2 » — —		Traces.

La vitesse restant toujours relativement grande, la différence avec le cas précédent est à peine appréciable.

23,5	27,8	2ᵐᵐ 5 en plus dans l'aorte droite incolore..		Nul.
—	25,1	2 » — —		Traces.

La vitesse primitive ayant diminué des deux tiers environ, le liquide ne passe de l'aorte gauche dans la droite que quand la différence de tension en faveur de cette dernière ne dépasse pas 2ᵐᵐ.

		Pression hydrostatique....	Aorte gauche *colorée*, 70ᵐᵐ. Aorte droite *incolore*, 68ᵐᵐ.	
22,5	*x*.	2ᵐᵐ » en plus dans l'aorte droite colorée...		Nul.
—	—	1 5 — —		Nul.
—	—	1 » — —		Traces.

tension. Il s'agit actuellement de voir si les aortes des Crocodiliens ne sont point dans ces conditions-là, soit d'une manière continue, soit par moments. Analysons les conditions dans lesquelles se trouvent ces deux vaisseaux.

L'aorte droite des Crocodiliens, dépendant du ventricule gauche, doit recevoir des contractions puissantes de ce ventricule une tension assez élevée, et qu'on peut par analogie évaluer à 5 ou 6 centimètres au moins dans les conditions ordinaires. De plus, quant à la vitesse du cours du sang, ce vaisseau, qui se distribue particulièrement aux parois internes et aux membres, se trouve dans des conditions défavorables, puisqu'il aboutit à un système de petits vaisseaux relativement peu dilatables et soumis à des compressions presque incessantes.

L'aorte gauche, au contraire, émane du ventricule droit, dont les parois, plus faibles de moitié au moins que celles du ventricule gauche, ne sont pas propres à lui procurer une tension élevée. Mais, de plus, la pression du ventricule droit, déjà bien inférieure par elle-même à celle du ventricule gauche, se divise en deux parts, dont la plus considérable se dépense pour l'artère pulmonaire, et dont la plus faible est destinée à pousser le sang dans l'aorte gauche. La part réservée à ce dernier vaisseau est d'autant plus faible que, comme nous le savons, l'orifice de ce vaisseau s'aplatit dès le début de la systole et se ferme bientôt après. A ces considérations, il faut ajouter que les vaisseaux viscéraux qui dépendent de l'aorte gauche forment un département largement ouvert, susceptible d'une dilatation considérable, presque soustrait aux compressions, offrant peu de résistance, et par conséquent très-favorablement disposé pour la rapidité du cours du sang. Dans de semblables conditions, l'analogie ne permet d'attribuer à l'aorte gauche pendant la systole qu'une tension faible et bien inférieure à celle de l'aorte droite.

Ainsi donc, d'une part pour l'aorte droite, pression cardiaque élevée et vitesse faible ; et d'autre part pour l'aorte gauche, pression cardiaque faible et vitesse considérable : voilà des conditions dont les effets, appréciés à la lumière des précédentes expériences, permettent d'affirmer que la direction de l'anastomose a perdu presque toute influence favorable ou défavorable à l'une des deux aortes, et que, dans les conditions ordinaires de la vie aérienne, il doit se produire un écoulement continu, quoique d'intensité variable, de l'aorte droite dans la gauche pendant tout le temps de la systole ventriculaire. Il reste à rechercher ce qui se passe pendant la diastole. C'est ce que je désire faire en même temps que je vais analyser les diverses phases du cours du sang pendant la systole.

Pour cela, supposons d'abord les artères viscérales contractées, tandis que les artères pariétales dépendant de l'aorte droite sont plus ou moins dilatées. La tension dans les deux aortes étant faible et sensiblement égale avant le début de la systole, un jet de sang rapide et de très-courte durée peut passer de l'aorte gauche dans la droite par l'anastomose, dès la première impulsion de la systole. Mais cet écoulement cesse presque immédiatement, parce que la tension s'élève rapidement dans l'aorte droite. Le sang est retenu dans l'aorte gauche, dont la tension s'abaisse peu, attendu que les artères fournies par elle sont contractées et n'accueillent que peu de sang. Néanmoins, la tension de l'aorte gauche étant toujours de beaucoup plus faible que celle de la droite, une certaine quantité de sang passe de cette dernière dans la première à travers l'anastomose. Dès que la diastole cardiaque commence, et par conséquent pendant la systole aortique, la différence de tension des deux aortes s'efface rapidement par le passage du sang de la droite dans la gauche à travers le foramen de Pannizza. La tension des deux aortes s'abaissant considérablement, l'influence de l'obliquité de l'anastomose se fait de plus en plus sentir, et, dès que les tensions aortiques cessent de présenter une grande différence, une petite quantité de sang peut passer à travers l'anastomose de l'aorte gauche dans la droite ; mais cette quantité est faible parce que le cours du sang se ralentit rapidement dans les aortes vers la fin de la diastole, et l'écoulement anastomotique peut même cesser entièrement vers la fin de la diastole. La systole cardiaque suivante trouvant les deux aortes douées de tensions à peu près égales et donnant une nouvelle impulsion au sang de ces vaisseaux, produit, comme nous l'avons vu dès le début, un jet de sang très-court de l'aorte gauche dans la droite, c'est-à-dire une augmentation très-courte de l'écoulement dans ce sens, et ainsi de suite.

Ainsi donc, dans ces conditions, il se fait dans l'anastomose un faible écoulement de gauche à droite pendant une partie de la diastole. Cet écouement s'affaiblit considérablement sur la fin de la diastole et forme un jet de sang rapide et court au début de la systole. Après ce premier jet de gauche à droite, dont la durée est presque instantanée, la différence de tension s'accentuant très-rapidement entre les deux aortes au profit de la droite, un courant d'une intensité croissante s'établit de l'aorte droite à la gauche; ce courant atteint son maximum à la fin de la systole, et décroît très-rapidement dès que la diastole commence. La courbe inférieure de la Pl. XVIII, *fig.* 6, représente graphiquement ces diverses phases de la circulation anastomotique pendant l'état de contraction des artères viscérales qui dépendent de l'aorte gauche. Les parties de la courbe placées au-dessus de la ligne horizontale correspondent au courant de droite à gauche, et celles qui sont au-dessous représentent le courant dans le sens contraire. La longueur de ligne 1 correspond à la systole, la longueur 2 à la diastole.

Ce qui se passe dans l'anastomose tandis que les vaisseaux viscéraux sont largement dilatés et font un appel considérable de sang peut être plus facilement et plus sûrement conçu que pour le cas précédent. Avant le début de la systole, ainsi que nous le verrons bientôt, la tension est devenue sensiblement égale dans les deux aortes, et de plus cette tension s'est abaissée parce que, les branches de l'aorte gauche étant très-dilatées, l'aorte droite lui a beaucoup fourni par le foramen de Pannizza. On sait en effet, par les expériences de Ludwig, Cyon, etc., combien la paralysie des vaisseaux des viscères abdominaux peut abaisser la tension cardiaque et aortique. Quand la systole cardiaque commence, les artères viscérales appelant beaucoup de sang, il ne peut y avoir écoulement de gauche à droite dans l'anastomose. Cela est encore moins possible pendant le reste de la systole, alors que la tension de l'aorte droite augmente fortement et que la tension de la gauche s'affaiblit d'une manière considérable. Dès le début de la systole, l'aorte droite acquiert très-rapidement sur l'aorte gauche une grande supériorité de tension, puisque l'aorte gauche reçoit, sous la faible pression du ventricule droit et pendant un temps limité, du sang qui s'écoule facilement dans les artères viscérales paralysées. Dans ces conditions et dès le début de la systole, du sang passera par l'anastomose de l'aorte droite dans la gauche et viendra s'ajouter au sang de cette dernière pour fournir à la circulation très-active des vaisseaux viscéraux. Ce courant rétrograde augmente jusqu'à la fin de la systole ventriculaire, parce que la différence de tension des deux aortes augmente aussi ; mais son accroissement est plus rapide encore à partir du moment où l'orifice de l'aorte gauche s'est aplati et fermé.

Dès que la diastole commence, un courant s'établit à travers le foramen de Pannizza, d'autant plus abondant que la tension aortique gauche est très-faible ; l'excès de tension de l'aorte droite diminue donc, et d'autant plus rapidement dès le début que la différence de tension est plus grande. La tension de l'aorte droite s'abaissant, l'écoulement de droite à gauche par l'anastomose se ralentit proportionnellement, et vers la fin de la diastole la tension se trouve notablement abaissée dans les deux aortes. Or, nous avons vu que l'influence de la direction de l'anastomose était d'autant plus prononcée que la tension dans les vaisseaux était plus faible. Il suffira donc que dans ces conditions la différence de tension des deux vaisseaux se soit convenablement affaiblie pour que tout courant cesse dans l'anastomose, et il en est probablement ainsi jusqu'à la fin de la diastole, car alors, la tension sanguine étant très-basse et le cours du sang dans les aortes s'étant fortement ralenti, il est même à présumer que les parois épaisses et contractiles de l'anastomose sont revenues sur elles-mêmes et que la lumière en est pour ainsi dire effacée. Au début de la systole, ce vaisseau communicant est de nouveau ouvert et dilaté par le sang qui passe de droite à gauche, et ainsi de suite.

Ainsi donc, pendant que les artères viscérales sont dilatées, il y a dès le début de la systole courant rapidement croissant jusqu'à la fin de la systole, de l'aorte droite vers la gauche à travers l'anastomose. Ce courant décroît ensuite dès le début de la diastole, d'abord très-rapidement et ensuite de plus en plus lentement, jusqu'au moment où, sous une faible pression aortique, la différence de tension s'affaiblissant, il y a interruption du cours du sang dans ce vaisseau et peut-être même disparition de sa lumière. Celle-ci reparaît dès le début de la systole suivante, et ainsi de suite. La courbe supérieure de la *fig.* 6 (Pl. XVIII) représente schématiquement ces variations successives dans l'intensité du courant de droite à gauche. On peut la comparer à la courbe inférieure, sur laquelle j'ai déjà attiré l'attention.

La courbe supérieure représente le courant qui se fait de droite à gauche pendant l'état de dilatation des artères viscérales. Elle indique un courant plus intense et uniquement de droite à gauche. La courbe inférieure représente le courant qui se fait tantôt de droite à gauche et tantôt de gauche à droite, quand les vaisseaux du système chylopoïétique sont contractés.

Il est inutile d'insister sur ce point que, la contraction des artères périphériques coïncidant normalement avec la paralysie des artères viscérales, et *vice versâ*, c'est une raison de plus pour que les phénomènes aient lieu comme je viens de l'exposer. Je dois ajouter que chez les Crocodiliens comme chez les Chéloniens, et plus encore que chez les Chéloniens, il doit se trouver de nombreux moments où toute circulation est interrompue dans l'anastomose, et où ce vaisseau est plus ou moins revenu sur lui-même. En effet, quoique les tensions aortiques chez les Crocodiliens présentent entre elles par moment des différences supérieures à celles que l'on trouve chez les Chéloniens, il ne faut point oublier que le calibre très-réduit de l'anastomose et l'acuité excessive de son angle d'insertion sur l'aorte droite créent des obstacles plus grands à l'établissement d'un courant dans sa cavité.

Aussi les états intermédiaires de dilatation et de contraction des vaisseaux, soit périphériques, soit viscéraux, états que nous savons être les plus fréquents et que nous avons vus chez les Chéloniens ne devoir permettre que des oscillations plus ou moins légères au sang renfermé dans l'anastomose, ces états intermédiaires, dis-je, accompagnés d'un abaissement dans la tension des aortes, ne sont plus capables chez les Crocodiliens de produire l'écartement des parois du petit vaisseau anastomotique et de donner naissance à un courant dans son intérieur. Si les vaisseaux viscéraux sont modérément ou partiellement dilatés, en effet, la tension de l'aorte gauche, qui est par cela même diminuée, ne sera plus suffisante pour faire pénétrer du sang dans l'anastomose ; et d'autre part la tension de l'aorte droite, diminuée aussi, soit par une légère dilatation des vaisseaux périphériques, soit par l'accroissement de l'apport qu'elle fournit à la gauche par le trou de Pannizza, la tension, dis-je, de l'aorte droite ne sera plus suffisante pour vaincre la résistance que lui oppose sous une faible tension le mode d'insertion extrêmement oblique et rétrograde du ramuscule anastomotique. En considérant donc : 1° le parallélisme des deux aortes au point où elles sont reliées par l'anastomose ; 2° la continuation directe de l'axe de l'aorte droite avec l'axe de l'aorte abdominale, et de l'axe de l'aorte gauche avec le tronc d'où naissent les artères viscérales, et par conséquent la tendance du sang de chacune des deux aortes à passer dans le vaisseau qui en est la continuation effective et pour le volume et pour la direction ; 4° le calibre très-étroit du vaisseau anastomotique ; 4° son obliquité excessive par rapport aux aortes et le sens de cette obliquité qui diminue les chances d'écoulement de l'aorte dont la tension est la plus forte vers celle dont la tension est la plus faible ; 5° si de plus on ajoute à cela l'analyse patiente que je viens de faire des phénomènes de la circulation dans l'anastomose, on arrivera nécessairement à ces conclusions : 1° que pendant la respiration à l'air libre, il y a des moments où, par suite de l'établissement normal et régulier de variations assez considérables dans la tension des deux aortes, un courant s'établit normalement presque toujours de l'aorte droite vers la gauche, et seulement pendant de courts moments dans le sens contraire ; 2° mais que dans les conditions les plus ordinaires et les plus fréquentes de la circulation, tandis que l'animal respire à l'air libre, le rôle de l'anastomose doit être peu considérable. Ce vaisseau est alors simplement le siége de quelques oscillations, soit dans un sens, soit dans l'autre, suivant les circonstances, et il doit enfin, dans bien des cas, se trouver tout à fait fermé et revenu sur lui-même.

C'est ainsi, ce me semble, que doit être considérée cette question de la circulation dans l'anastomose, qui avait reçu des solutions si différentes : Pannizza croyant que le courant y était toujours dirigé de l'aorte droite vers la gauche ; Bischoff, Owen et Milne-Edwards croyant au contraire que le sang passait toujours de l'aorte gauche vers la droite ; Brücke inclinant fortement vers cette opinion, tout en admettant des changements dans le sens de l'intensité du courant suivant le moment de l'action du cœur, suivant l'état de plénitude ou de vacuité de l'intestin ; et enfin Poëlman croyant que le mélange des deux sangs à travers l'anastomose, possible dans certaines circonstances, doit être *insignifiant* quand la fonction circulatoire s'exécute *normalement*. Il résulte de là et de ce que nous avons dit précédemment sur la circulation à travers le foramen de Pannizza, que c'est principalement au niveau de ce foramen que se fait le passage du sang artériel de l'aorte droite dans la gauche, qui a déjà reçu du sang veineux, et que, contrairement à l'opinion généralement admise, le sang qui se rend aux membres postérieurs et à la queue ne diffère que bien faiblement de celui qui est destiné à la tête et aux membres antérieurs. Cette proposition, vraie pour les Crocodiliens, s'applique également à des degrés divers aux autres Reptiles, aux Chéloniens surtout et moins aux Ophidiens et aux Sauriens.

ARTICLE. II. — PENDANT LA SUBMERSION.

Après avoir déterminé le rôle de l'aorte gauche et de l'anastomose abdominale chez les Reptiles, quand l'animal respire librement, il me reste à étudier ce rôle quand l'animal n'est point à l'air libre et se trouve sous l'eau, ce qui arrive fréquemment pour certains Reptiles. On sait combien les Reptiles en général, et quelques-uns en particulier, étonnent par la durée du séjour qu'ils peuvent faire sous l'eau sans venir respirer à la surface. Chacun a vu des Couleuvres occupées à chercher leur proie, rester tranquillement sous l'eau pendant un temps relativement très-long.

J'ai fait à cet égard quelques expériences sur divers Reptiles. J'ai placé et maintenu à plusieurs reprises sous l'eau des Tortues, soit mauresques, soit bourbeuses, pendant une demi-heure, trois quarts d'heure, une heure et plus à la température de 15° à 20°, sans produire chez elles des phénomènes bien prononcés d'asphyxie. J'ai également mis sous une cloche pleine d'eau des Lézards gris des murailles, à la température extérieure de 14° environ: je les ai trouvés, après une heure et même deux de séjour, légèrement engourdis, mais capables de revenir à la vie. Chez un jeune Caïman j'ai obtenu des résultats analogues. Maintenu au fond d'un baquet, il a pu y rester pendant une demi-heure sans donner le moindre signe d'asphyxie; quand je lui rendais la liberté, il revenait à la surface de l'eau, où il avait toute son activité comme s'il n'eût pas été privé de la respiration pendant un temps assez long. Je n'ai pas poussé plus loin cette expérience, désirant conserver cet animal pour d'autres recherches. Toutes les expériences précédentes ont été faites à une période avancée du printemps, et alors que ces animaux étaient tous sortis de la léthargie hibernale.

Les renseignements sur les Crocodiliens que j'ai pu obtenir de personnes ayant vécu dans les régions tropicales, ou que j'ai recueillis dans les récits publiés par les voyageurs, me prouvent du reste que ces animaux sont susceptibles de faire volontairement sous l'eau des séjours de plusieurs heures. Je me bornerai à citer l'observation d'un naturaliste américain des plus distingués qui a particulièrement étudié l'histoire naturelle du Crocodile. M. Bennett Dowler [1] dit que le Crocodile peut vivre plusieurs jours sous l'eau privé de la respiration pulmonaire, tandis qu'il ne survit pas plus d'une heure à la ligature de la trachée. Nous verrons que cette contradiction n'est qu'apparente. Pour le moment, nous nous bornons à insister sur ce point, connu depuis longtemps, que tous les Reptiles sont bien supérieurs aux Oiseaux et aux Mammifères même les plus favorisés à cet égard, pour la durée du séjour qu'ils sont susceptibles de faire sous l'eau sans signe de gêne et sans trouble apparent dans leur manière d'être. On sait en effet, et les expériences de M. Bert l'ont prouvé, que les Oiseaux plongeurs les plus favorisés meurent après une submersion dont la durée varie à peu près de 4 à 15 minutes. La Baleine blessée ne reste pas plus de 30 minutes sous l'eau ; et parmi les Mammifères plongeurs, l'Hippopotame peut rester de 15 à 30 minutes sans respirer, ainsi que l'a constaté Gratiolet. Malgré la supériorité remarquable que possèdent ces Oiseaux et Mammifères plongeurs sur les espèces de ces deux classes qui ont l'habitude de vivre constamment au milieu de l'air, on ne peut nier qu'il n'y ait encore fort loin de cette résistance à l'asphyxie par submersion, à celle que présentent les Reptiles, et dont j'ai cité quelques exemples. Il faut reconnaître même que la distance est telle qu'on peut admettre *à priori* que les conditions physiologiques qui sont capables d'expliquer la résistance spéciale des Mammifères et Oiseaux plongeurs aux causes d'asphyxie, deviennent tout à fait insuffisantes pour rendre compte des habitudes amphibiennes des Reptiles. A ces conditions physiologiques, si elles existent chez les Reptiles, doivent s'en joindre d'autres que je me propose de rechercher ici.

---

[1] *New-Orleans med. and surg. Journal*, novembre 1860.

J'ai, au début de ce chapitre, étudié expérimentalement les conséquences de l'interruption de la respiration aérienne sur la circulation pulmonaire. Nous avons vu que le défaut d'artérialisation du sang des capillaires pulmonaires entraînait un embarras considérable et même un arrêt du cours du sang dans les veines pulmonaires, et par conséquent une accumulation rapidement croissante du sang veineux dans les cavités droites du cœur et dans tout le système veineux général. Il est évident que la rapidité avec laquelle se produisent dans ce cas la gêne profonde et les perturbations considérables, prouve que ce n'est pas tant aux troubles de la nutrition des tissus qu'il faut la rapporter, qu'à la distension excessive des cavités droites du cœur et des grosses veines, et surtout qu'à l'accumulation du sang veineux dans tous les organes, mais particulièrement dans les centres nerveux encéphaliques et médullaires. Il est clair que si, par quelque disposition nouvelle, cet effet brusque, immédiat et presque foudroyant de l'arrêt de la circulation pulmonaire pouvait être supprimé ou fortement ralenti chez les Reptiles, ces animaux se trouveraient dans des conditions très-favorables à la prolongation du séjour sous l'eau. L'hypothèse que je viens d'émettre est effectivement réalisée, ainsi que nous le verrons après avoir examiné les opinions diverses qu'on a mises en avant pour expliquer le retard apporté chez les Reptiles à l'apparition des phénomènes graves d'asphyxie.

Il est une opinion sur laquelle je tiens d'autant plus à m'arrêter qu'étant de vieille date, elle a été souvent reproduite et en particulier soutenue avec talent, il y a quelques années, par M. Jacquart, dans son travail sur le cœur de la Tortue franche : je veux parler du rôle de la respiration cutanée des Reptiles. Cette opinion, dont il faut, je crois, chercher l'origine dans cette erreur de classification qui réunissait sous le titre commun de Reptiles les Batraciens et les Reptiles proprement dits, se trouve formulée par M. Jacquart dans des termes que je désire rapporter textuellement : « Les poumons des Reptiles, dit-il, semblent constitués d'une manière incomplète pour transformer le sang veineux en sang artériel par l'action de l'air contenu dans leur cavité sur les vaisseaux de leur tissu............ Chez tous les Reptiles, il semble que le sang apporté par les veines des différentes parties du corps ait besoin de subir en route, *à la surface de la peau*, certaine élaboration préparatoire, avant d'arriver dans l'intérieur du poumon, de manière que la tâche impossible à remplir par le poumon seul soit allégée par un certain nombre d'appareils d'hématose qui lui viennent en aide. C'est ainsi que l'on comprend que, *même chez les Reptiles écailleux*, l'air agisse *à travers la peau* sur le sang veineux, et qu'on est porté à admettre chez eux une respiration cutanée. En effet, si l'on ne peut guère supposer que la substance cornée qui forme la partie moyenne des écailles à peu près impénétrables puisse se laisser imprégner par le gaz au milieu duquel elles sont plongées, en revanche il n'en est pas ainsi pour une partie de leur face profonde et des intervalles qui les séparent ; les téguments y paraissent plus minces. C'est surtout chez les Serpents morts au moment où ils allaient changer de peau que l'on trouve une telle vascularité partout, même dans l'épaisseur de la base des écailles, qu'on n'est pas éloigné d'admettre une certaine action de l'air, même à travers l'épaisseur de l'enveloppe externe..... Comme nous l'avons dit, le ventricule gauche des Ophidiens est beaucoup plus grand que le droit ; il a des parois quatre ou cinq fois plus épaisses que lui ; il s'ensuit que le sang artériel est lancé avec une plus grande force d'impulsion que le sang veineux, qu'il doit refouler ce sang, et se mêler à lui en quantité notable dans le ventricule droit à travers la fente interventriculaire ; de là, il est envoyé aux poumons par l'artère pulmonaire. La nature semble donc avoir eu pour but d'artérialiser en partie à l'avance le sang veineux, afin de venir en aide aux poumons, et de le préparer en quelque sorte à l'hématose pulmonaire. Alors on peut comprendre pourquoi la cloison interventriculaire est incomplète, et pourquoi le ventricule droit et le gauche communiquent entre eux par une large fente. Cette modification dans la loi de l'unité de plan, au lieu de nous paraître un oubli, une imperfection, est rapportée avec raison à une haute prévoyance, à un dessin arrêté d'avance par la sagesse du Créateur. »

S'il était vrai que les Reptiles fussent ainsi organisés de manière à ce que la respiration cutanée pût jouer un rôle aussi important dans l'accomplissement de l'hématose, on serait en droit de considérer l'enveloppe cutanée comme devenant dans un milieu aquatique l'organe principal de la respiration, et comme permettant ainsi à l'animal de séjourner longtemps sous l'eau sans venir respirer l'air à la surface. Mais la théorie que je viens de faire connaître est réellement inacceptable. S'il est une classe d'animaux chez lesquels la respiration cutanée paraisse réduite à de minimes proportions, c'est certainement la classe des Reptiles. Pour certains d'entre eux en particulier, il serait plus que paradoxal de soutenir la réalité d'une pareille fonction. Les Chéloniens, par exemple, recouverts partout d'une carapace osseuse et écailleuse, ou d'un derme dur et peu vasculaire pourvu d'un épiderme épais et corné, peuvent-ils être considérés comme doués d'une riche respiration cutanée? Ne peut-on pas en dire autant des Crocodiliens, des Sauriens, des Ophidiens? Il y a là une erreur manifeste provenant d'une assimilation regrettable des Reptiles écailleux et des Batraciens, dont la peau est nue.

Les notions contenues dans plusieurs des chapitres précédents ne permettent du reste d'accepter ni les déductions physiologiques de M. Jacquart, ni ses considérations philosophiques sur la loi de l'unité de plan et sur la finalité. Si M. Jacquart pense que le ventricule gauche des Ophidiens est beaucoup plus grand que le droit, c'est, comme nous l'avons vu, parce qu'il attribue à tort au ventricule gauche une portion des cavités cardiaques (vestibule de l'aorte gauche et portion auriculaire du ventricule droit) que nous avons démontrée appartenir en réalité au ventricule droit. Nous savons également que le sang artériel du ventricule gauche n'est point envoyé au poumon par l'artère pulmonaire, puisque nous avons vu le vestibule pulmonaire se fermer avant que cette pénétration pût avoir lieu, de telle sorte que l'artère pulmonaire ne reçoit que du sang veineux. Enfin, nous ne pouvons considérer la communication des deux ventricules chez les Reptiles comme une modification de l'unité de plan, pas plus que comme un oubli et une imperfection, puisque les considérations sur lesquelles je me suis étendu à propos des transformations successives du cœur dans la série zoogénique ont clairement démontré, je l'espère, que le cœur des Reptiles, loin de présenter des dispositions anormales difficiles à expliquer, et de constituer une sorte de déviation, une interruption ou un anneau bizarre dans la chaîne des Vertébrés, ne représente au contraire qu'un chaînon très-naturel de ces transformations progressives qui conduisent si régulièrement des Vertébrés inférieurs aux Vertébrés les plus élevés.

Si la respiration cutanée, chez les Reptiles, ne peut être considérée comme assez active pour suppléer efficacement pendant la vie aquatique à l'insuffisance de la respiration pulmonaire, il faut chercher ailleurs la raison de la facilité avec laquelle ces animaux supportent un séjour prolongé sous l'eau. M. Paul Bert, dans ses *Leçons sur la physiologie de la respiration* [1], s'efforce d'établir que ce n'est point dans des dispositions anatomiques qu'il faut rechercher la cause de ce phénomène, pas plus que celle de la résistance des Mammifères nouveau-nés à l'asphyxie. Pour lui, cette particularité provient au fond d'une *plus grande résistance vitale des éléments des tissus*, résistance qui a pour effet d'exiger une moindre consommation d'oxygène. Ce fait ne peut point être nié, et les expériences de M. Bert, comme celles qui les avaient précédées, ont clairement établi que *les muscles des Vertébrés à sang froid respirent d'une manière moins active au contact de l'air que ne le font les muscles des Vertébrés à sang chaud.*

Néanmoins les différences que les animaux des deux catégories présentent à cet égard ne sont point suffisantes pour rendre entièrement compte du haut degré de résistance à l'asphyxie que l'on constate chez les Reptiles. Voici en effet quelques résultats obtenus par M. Bert sur des fragments de muscles laissés dans une éprouvette remplie d'air à la température de 10 à 11 degrés. Après vingt-deux heures, l'analyse du gaz montre que :

100 gr. de muscles de Coq ont absorbé...... $62^{cc},0$ d'oxyg. et exhalé $54^{cc},6$ de CO^2.
100 gr. de muscles de Grenouille ont absorbé. 42 ,5 — — 36 ,6 —

Voici un autre exemple relatif aux Poissons; l'expérience a été faite un autre jour, et sa durée a été différente.

100 gr. de muscles de Moineau ont absorbé.. 100^{cc} d'oxyg. et exhalé 53^{cc} de CO^2.
100 gr. de muscles de *Cyprinus jeses* ont abs.. 90 — — 25 —

Troisième exemple :

180 gr. de muscles de Rat ont absorbé....... $24^{cc},6$ d'oxyg. et exhalé 24^{cc} de CO^2
100 gr. de muscles de petit. Carpes ont abs... 18 — — 13 —
100 gr. de muscles d'Escargots ont absorbé... 18 — — 14 —

A l'énoncé de ces expériences, M. Bert ajoute les réflexions suivantes :
« Les différences, pour être notables et s'être toujours présentées dans le

même sens dans d'autres expériences dont il serait oiseux d'énumérer les résultats, *n'ont pas été aussi grandes qu'on aurait pu s'y attendre. Les muscles des poissons surtout paraissent consommer beaucoup d'oxygène.* Il faut sans doute tenir compte, dans ces expériences, de ce fait que les muscles d'animaux à sang froid, ainsi coupés en fragments, se contractent pendant longtemps, ce qui doit activer les échanges gazeux. Quoi qu'il en soit, j'ai toujours trouvé que les muscles de Vertébrés à sang froid respirent d'une manière moins active au contact de l'air que ne le font les muscles de Vertébrés à sang chaud. *Mais entre ceux-ci, des différences tout aussi considérables ont pu être reconnues.* »

Voilà des résultats qu'il est bon d'enregistrer, car ils permettent d'établir que la lenteur habituelle des phénomènes respiratoires élémentaires des tissus chez les Reptiles, quoique réelle dans une certaine mesure, n'est point assez prononcée pour rendre compte de la résistance de ces animaux à l'asphyxie. Cette lenteur est certainement une des causes de ce fait, un des éléments de la solution du problème ; mais, quelque regret que j'aie de me trouver en contradiction avec un savant aussi autorisé que M. Bert, je pense qu'il y a d'autres éléments tout aussi importants, et je dois m'appliquer à les déterminer pour les grouper en un faisceau rationnel.

Je désire d'abord appeler l'attention sur des faits encore non expliqués, et qui peuvent apporter ici quelque lumière. On a pu observer chez les Reptiles, soit nus, soit écailleux, des ralentissements accidentels dans les échanges nutritifs, si grands et si prolongés qu'on peut presque les considérer comme de véritables suspensions de ces échanges. On connaît déjà les expériences faites sur des Crapauds conservés vivants pendant plusieurs mois dans des enveloppes de plâtre qui ne permettaient avec l'air extérieur que des échanges presque insignifiants. Mais voici des faits extrêmement curieux et qui méritent d'être soumis aux réflexions des physiologistes. Ils sont dus à des observateurs sérieux et distingués. Le professeur Riddel rapporte dans *New Orleans medical and. surgic. Journal*, le fait suivant très-remarquable de résistance vitale. Un *Amphiuma tridactylum*, pesant quatre ou cinq livres et ayant trois pieds de longueur, fut gardé vingt-huit mois *sans nourriture* dans un vase étroit, où l'eau bourbeuse du

Mississipi qui le recouvrait est restée deux fois sans être renouvelée pendant plusieurs mois (une fois quatre mois et une autre fois huit mois). Il était très-actif après les vingt-huit mois de jeûne. On n'a pas noté la perte de poids. L'auteur annonce aussi avoir vu des Serpents à sonnettes vivre dix-huit mois sans aliments. M. Bennett Dowler rapporte dans le même journal (janvier 1859) le fait assurément très-singulier d'un Alligator qui, après une hibernation de six mois, pendant laquelle il n'avait pris qu'une seule fois une faible quantité d'aliments, avait considérablement augmenté de volume, grâce à un dépôt abondant de graisse.

Les faits de cet ordre, qui auraient pu certainement être multipliés si les observateurs avaient dirigé leur attention de ce côté, peuvent autoriser à reconnaître chez les Reptiles une faculté de *ralentissement* des combustions et des phénomènes chimiques de la vie qui équivaut presque à une suspension complète. La flamme de la vie ne s'éteint point, mais elle se modère et se rapetisse proportionnellement aux ressources de combustible qui lui sont fournies. Et, qu'on le remarque bien, cette atténuation des phénomènes d'échange n'est point le fait de la température et de l'hibernation, puisqu'il s'agit de périodes de dix-huit et de vingt-huit mois, qui comprennent un et même deux étés. Il faut donc reconnaître que chez les Batraciens et chez les Reptiles les échanges nutritifs et respiratoires sont susceptibles de modifications, de variations d'activité qui n'ont rien de comparable avec ce que nous observons chez les Vertébrés supérieurs. Tandis que, chez ces derniers, le défaut de nourriture ou d'air ne produit qu'une faible diminution dans l'activité des échanges, de telle sorte que le combustible et le comburant s'épuisent rapidement, et la mort survient; chez les Reptiles, au contraire, en dehors même des conditions de température, il s'établit aussitôt une proportion remarquable entre la dépense et la provision, de telle sorte que cette dernière, toujours ménagée et ne perdant qu'une fraction très-petite d'elle-même, peut fournir pendant longtemps à la conservation de la vie.

Il est facile de comprendre la lumière que les considérations précédentes sont susceptibles de jeter sur la question qui nous occupe maintenant. Il est clair, en effet, que si l'activité des combustions respiratoires chez ces animaux se *proportionne régulièrement à chaque instant* à la provision d'air respirable qu'ils ont à leur disposition; il est clair, dis-je, que leur séjour sous l'eau sans phénomènes d'asphyxie s'explique naturellement. Cette explication est du reste d'autant plus acceptable que la conformation de l'appareil respiratoire chez les Reptiles présente des particularités remarquables qui en font chez tous, mais chez quelques-uns plus spécialement, un véritable réservoir d'air. On sait en effet que les poumons des Reptiles peuvent être considérés d'une manière générale comme constitués par une poche de dimensions relativement très-grandes et dont les parois présentent des replis ou saillies circonscrivant de grands espaces polygonaux, tandis que la partie centrale de la poche forme un vaste espace libre dans lequel est renfermé de l'air. Cet air, se trouvant sans contact direct avec les parois vascularisées du poumon, constitue par cela même une réserve de gaz respirable. Les couches superficielles de l'air contenu dans le poumon, recevant seules l'acide carbonique du sang, se mêlent incessamment à la masse centrale de l'air; d'où il résulte que l'air pulmonaire n'atteint que très-lentement le degré de saturation par l'acide carbonique, qui est incompatible avec le maintien de la vie.

La disposition générale que je viens de signaler dans l'appareil pulmonaire des Reptiles atteint un très-haut degré de perfectionnement chez certains d'entre eux. C'est ainsi que, chez les Caméléons, les poumons présentent sur leur bord une série de grands diverticulums en doigts de gant, et que, chez les Serpents, le poumon forme une poche très-allongée et très-vaste, atteignant presque l'extrémité postérieure de la région abdominale, et dont la partie antérieure peut seule être considérée dans une étendue restreinte comme organe respiratoire; tandis que tout le reste, constitué par des parois entièrement lisses et presque sans vaisseaux, ne peut être regardé que comme un vaste réservoir d'air respirable [1].

---

[1] M. Jacquart, dans le Mémoire cité plus haut, se demande si cette vaste arrière-cavité du poumon ne peut point être considérée comme un organe d'incubation. Il y a à cela plusieurs objections à faire: cet organe existe aussi développé chez le mâle que chez la femelle, et chez les Vivipares que chez les Ovipares ; et l'on ne comprend pas du reste en quoi une masse d'air, à 30° par exemple, renfermée dans une poche et n'ayant avec les œufs que des relations médiates, serait un meilleur organe d'incubation qu'une masse liquide ou solide de même forme et ayant la même température.

Il est bon d'ajouter à toutes ces considérations que les Reptiles ont les narines pourvues de sphincters dont l'occlusion s'oppose à la sortie de l'air introduit dans les poumons, et que ces animaux ont le soin de remplir d'air leur appareil respiratoire avant de plonger. Ce dernier point est établi par les expériences de M. Bert et par celles que j'ai pu faire moi-même sur divers Reptiles, et en particulier sur un jeune Caïman. J'ai constamment vu dans ce cas l'animal plongé sous l'eau laisser, par intervalles éloignés, échapper une ou deux bulles de gaz, ce qui prouvait bien qu'il avait eu le soin d'en inspirer avant la submersion.

Il n'est donc pas douteux que les Reptiles ne soient convenablement constitués pour faire une provision d'air considérable; et tout semble prouver qu'ils sont susceptibles de ne la dépenser que très-lentement. Cette lenteur provenant naturellement de l'activité propre de leurs tissus peut être encore considérablement accrue par la diminution de la dépense de mouvement; et il faut ajouter que sous ce rapport encore les Reptiles qui usent de la vie aquatique s'arrangent de manière à réduire cette dépense au minimum. Aussi les voit-on sous l'eau rester entièrement immobiles lorsqu'ils veulent y prolonger leur séjour, ou ne faire que des mouvements lents et limités. Si on les oblige à se mouvoir rapidement, ils ne tardent pas à venir à la surface, pour y puiser de nouvelles provisions d'oxygène et pour se débarrasser de l'acide carbonique.

Voilà des considérations qui sont d'un grand secours pour expliquer cette résistance remarquable des Reptiles aux dangers de la submersion. Mais elles ne sont point les seules, et il me reste à mettre en relief le rôle important que jouent dans ces phénomènes les dispositions de l'appareil central de la circulation qui sont propres à la classe des Reptiles. Nous avons, au début de la dernière partie de ce travail, établi sur de nombreuses expériences que, contrairement à l'opinion de Brücke, chez les Reptiles comme chez les Vertébrés supérieurs, la gêne ou l'interruption de l'hématose pulmonaire produisaient un embarras ou un arrêt de la circulation pulmonaire. Il est évident que chez les Mammifères et les Oiseaux cet arrêt a pour conséquences immédiates la distension excessive des cavités droites du cœur et des grosses veines qui y aboutissent, et l'accumulation de sang veineux dans les centres nerveux encéphalo-rachidiens. Il n'est pas douteux que ces derniers phénomènes ne soient la vraie cause des accidents rapides et graves qui suivent de très-près l'interruption de la respiration chez ces animaux, et qui rendent chez eux l'asphyxie si promptement menaçante et mortelle. Cette gêne poignante, cette angoisse et cette lourde tension cérébrale, qui dégénèrent rapidement en éblouissements et en convulsions, sont évidemment les conséquences immédiates de cette congestion veineuse du centre circulatoire, et surtout des centres nerveux. On peut facilement s'en convaincre en faisant l'expérience sur soi-même.

C'est donc plutôt à ces résultats, *mécaniques* pour ainsi dire, de l'arrêt de la respiration, qu'aux phénomènes intimes et élémentaires de l'asphyxie des tissus, que sont dues la rapidité et la gravité des symptômes de l'asphyxie. Si donc ces résultats mécaniques pouvaient être supprimés, il y aurait nécessairement un retard et un ralentissement marqués dans l'apparition et dans l'aggravation de ces symptômes. Or les Reptiles se trouvent précisément dans ces conditions exceptionnelles et favorables. L'aorte gauche, naissant du ventricule droit, est éminemment propre à débarrasser ce ventricule de l'excès de sang veineux que l'artère pulmonaire n'a pu recevoir ; et même, chez les Reptiles à ventricules communicants, une partie de ce sang noir peut passer dans l'aorte droite quand l'arrêt complet de la circulation pulmonaire rejette vers les aortes tout le sang veineux qui arrive des diverses parties de l'animal. On conçoit que l'aorte gauche peut d'autant plus remplir ce rôle de soupape de sûreté qu'elle aboutit à un département vasculaire très-vaste et très-dilatable, et que par l'anastomose abdominale elle peut déverser dans l'aorte abdominale l'excès de sang qui ne pourrait être reçu par les vaisseaux viscéraux.

Le rôle de l'anastomose abdominale, dans cet état des fonctions respiratoires, ne doit point être identique chez les Crocodiliens et chez les Reptiles à ventricules communicants. Parmi ces derniers, chez les Chéloniens du premier sous-type, c'est-à-dire à anastomose longue et étroite, l'orifice qui met en communication les deux ventricules devient libre dès le début de la systole, par suite du relèvement des valvules auriculo-ventriculaires. Il permet par conséquent au sang de l'un des ventricules de pénétrer dans l'autre, et dans tous les cas l'équilibre de tension s'établira immédiatement entre ces deux cavités. Si donc, comme cela doit avoir lieu pendant la gêne de la respiration, le ventricule droit reçoit un excès de sang veineux tandis que le gauche ne reçoit qu'une quantité insuffisante de sang artériel, le premier effet de la systole sera de projeter du sang veineux du ventricule droit vers le ventricule gauche incomplètement distendu et dans les deux orifices aortiques. Si, dans ces circonstances, le système artériel viscéral se trouve, comme il est permis de le supposer, dans un état de paralysie réflexe, il est évident qu'au début de la systole le sang de l'aorte gauche tendra à pénétrer à la fois dans ce système viscéral et dans l'anastomose. Cette double pénétration durera plus longtemps que dans les conditions de la vie aérienne, parce que l'aplatissement de l'orifice de l'aorte gauche aura lieu plus tard qu'à l'ordinaire, à cause même de l'excès de sang qui distend les ventricules, et qui ne peut s'écouler par l'artère pulmonaire. Quand cet aplatissement aura lieu, la tension sanguine aura diminué, au point que la circulation se sera bien ralentie et aura peut-être même cessé dans l'anastomose. Il faut remarquer aussi que, quand les petits troncs qui reliaient chez l'embryon la portion basilaire des artères pulmonaires aux crosses aortiques persistent chez l'adulte, comme cela a lieu pour quelques Tortues, ces vaisseaux anastomotiques constituent un canal de dégorgement pour les artères pulmonaires, quand la circulation pulmonaire est embarrassée.

Chez les Chéloniens du second sous-type, chez les Ophidiens et les Sauriens, où l'aorte gauche s'abouche largement avec la droite, on peut aisément comprendre qu'il y a aussi, dans ces circonstances, dès le début de la systole, écoulement plus ou moins prolongé de l'aorte gauche dans l'aorte abdominale. Pour comprendre ce qu'il y a de spécial à chacun de ces cas particuliers, il suffit de tenir compte du point où s'insèrent les artères viscérales, soit sur l'aorte gauche, comme chez les Chéloniens du premier sous-type, soit sur l'aorte abdominale, comme chez les Sauriens et surtout les Ophidiens.

Ainsi donc, chez les Reptiles à ventricules communicants, il est probable que lorsqu'un certain degré d'asphyxie commence à se produire, il y a dans l'anastomose abdominale passage du sang de l'aorte gauche dans la droite pendant les premiers temps de la systole, et absence de toute circulation pendant le reste du temps. La durée et l'intensité de ce courant à travers l'anastomose sont, on le comprend, proportionnées à l'intensité du défaut d'hématose. Plus la circulation pulmonaire est embarrassée, plus aussi est considérable la congestion des cavités cardiaques droites, et par conséquent aussi la quantité de sang que reçoit directement l'aorte gauche avant l'aplatissement de son orifice.

Chez les Crocodiliens, dont les ventricules sont complètement séparés, les conditions physiologiques sont différentes. Quand l'un de ces animaux plonge au fond de l'eau pour y faire un séjour plus ou moins prolongé, au début la provision d'air renfermée dans le poumon pourvoit à une hématose suffisante et d'autant plus facilement que les phénomènes de combustion et d'échange subissent, par suite de l'immobilité et par suite aussi d'une certaine faculté que j'ai signalée sans en préciser la nature, subissent, dis-je, un ralentissement presque voisin de la supension. Pendant toute cette période, la circulation cardiaque, très-ralentie, s'accomplit comme à l'air libre et sans modification de son mécanisme. Mais à mesure que l'air pulmonaire se charge d'acide carbonique et que la circulation pulmonaire devient moins facile, la tension augmente dans les cavités droites du cœur et diminue dans les cavités gauches. Pendant un certain temps, la tension du ventricule gauche et de l'aorte droite qui en naît reste encore supérieure à celle du ventricule droit et de l'aorte gauche. Tant que cette supériorité subsiste d'une manière notable, le sang rouge continue de passer de l'aorte droite dans la gauche par le foramen de Pannizza et par l'anastomose. Mais ce courant diminue d'intensité et de durée à mesure que la tension de l'aorte gauche se rapproche de celle de la droite. Un moment vient où, l'aorte gauche ayant une tension peu inférieure à celle de la droite, tout courant cesse dans l'anastomose ; mais, le phénomène d'asphyxie s'accentuant, la tension du ventricule droit tend à devenir supérieure à celle du ventricule gauche. A ce moment, le sang noir passe de l'aorte gauche dans la droite à travers le foramen de Pannizza et à travers l'anastomose.

Je fais observer que j'ai toujours considéré dans cette analyse le système vasculaire viscéral comme dilaté et capable de recevoir une grande quantité de sang. Ce n'est point là, comme je l'ai déjà dit plus haut, une supposition purement gratuite, depuis que les expériences de Ludwig et de Cyon nous ont démontré l'influence de ces nerfs sensitifs du cœur, dont l'excitation, soit directe, soit, comme dans le cas actuel, par un excès de distension des cavités cardiaques, produisait aussitôt une paralysie réflexe des nerfs splanchniques et un abaissement notable de la tension vasculaire.

On voit clairement que, en vertu du mécanisme que je viens d'exposer, les accidents précoces et rapides de l'asphyxie sont supprimés chez les Reptiles. Mais les phénomènes de l'asphyxie proprement dite, c'est-à-dire de l'asphyxie des tissus, ne s'en produisent pas moins, ils sont seulement très-tardifs et très-lents dans leur apparition ; ils ont lieu cependant et ils obligent l'animal à venir faire provision d'air respirable, sous peine de succomber. Il me semble possible de déterminer le moment précis où l'animal commence à éprouver cette gêne, ce trouble, qui l'engagent à venir à la surface : c'est *lorsque la tension sanguine du ventricule gauche s'est assez abaissée pour que du sang noir passe de l'aorte gauche dans la droite à travers le foramen de Pannizza, et vienne par conséquent se distribuer aux centres nerveux encéphaliques.* Ces organes si sensibles, si délicats, si impressionnables, et dont l'activité nutritive est si grande, sont alors péniblement affectés ; leur nutrition est viciée, leurs fonctions troublées, et l'animal doit éprouver dans tout son être une perturbation et une gêne qui éveillent son instinct de conservation et le poussent à revenir à l'air. Chez les Reptiles à ventricules communicants, pareils phénomènes se produisent quand la loge artérielle recevant très-peu de sang rouge, c'est principalement le sang noir en excès de la loge veineuse qui fournit à l'aorte droite et à ses rameaux céphaliques.

CHAPITRE III

DES OISEAUX ET DES MAMMIFÈRES PLONGEURS.

Je viens d'exposer longuement les causes qui nous permettent d'expliquer le séjour prolongé sous l'eau que peuvent supporter à divers degrés les Reptiles proprement dits. Je désire maintenant examiner en quelques mots s'il y a quelque chose de commun entre ces causes et les conditions qui permettent à quelques Mammifères et Oiseaux dits plongeurs de prolonger leur séjour sous l'eau, quoique toujours dans des limites infiniment plus restreintes que pour les Reptiles.

Les Oiseaux et les Mammifères se trouvent pour plusieurs raisons dans de mauvaises conditions sous le rapport du plonger. D'une part, l'activité des échanges nutritifs réclame une grande activité des combustions respiratoires; celle-ci exige à son tour une structure très-décomposée et très-cloisonnée du poumon, et par conséquent un défaut de provision possible d'air respirable. D'autre part, le ventricule droit n'offrant pour issue au sang veineux que l'artère pulmonaire, il se forme, dès le début de l'asphyxie, dans les cavités cardiaques droites et dans les veines des centres nerveux, une accumulation toujours croissante de sang dont nous connaissons les funestes conséquences. Ainsi : 1° activité de la dépense d'oxygène; 2° défaut de provision de cet élément; 3° congestion veineuse intense du cœur et des centres nerveux : voilà les conditions dans lesquelles se trouvent placés les Vertébrés supérieurs ordinaires pendant la submersion.

Ceux qui parmi eux ont la faculté de prolonger d'une quantité toujours assez faible leur séjour sous l'eau, le doivent à des atténuations apportées à l'une de ces trois conditions défavorables. Ainsi, ces animaux diminuent instinctivement l'activité de la dépense, en restant sous l'eau dans une immobilité relative. Quant au défaut de provision d'oxygène, ils y suppléent dans une très-faible mesure, il est vrai, en faisant avant de plonger une ou plusieurs grandes inspirations. Mais ce n'est là évidemment qu'un correctif très-insuffisant, et la provision ainsi faite doit être promptement épuisée. Aussi M. Bert pense-t-il que ces animaux possèdent un autre réservoir d'oxygène plus important, plus considérable.

D'après un certain nombre d'expériences comparatives faites sur le Poulet et le Canard, M. Bert conclut qu'un Canard a environ d'un tiers à la moitié plus de sang qu'un Poulet, et que même la proportion du principe le plus important à considérer au point de vue des affinités pour l'oxygène, c'est-à-dire de l'hémoglobuline, est plus considérable encore. « Voici donc enfin trouvé, dit M. Bert, ce réservoir d'oxygène dans lequel le Canard peut pendant longtemps puiser, à l'aide duquel il peut résister à l'asphyxie. Ce réservoir, c'est son sang. » Cette richesse relative du sang chez le Canard n'est pas un fait isolé parmi les animaux plongeurs. « Les pêcheurs, les voyageurs, les anatomistes, ajoute M. Bert, ont tous remarqué l'énorme quantité de sang que contiennent les Phoques, les Marsouins, les Baleines. Il est à regretter qu'on n'ait jamais fait de pesées exactes. Mais Burdach a pu dire avec raison : *Ils ont une énorme quantité de sang même dans le tissu adipeux, et en quelque point de leur corps qu'on fasse une entaille, il s'écoule comme d'une poche.* C'est à cette grande quantité de sang, à ce magasin d'oxygène combiné, que j'attribue la plus grande part dans leur résistance à l'asphyxie..... Sans doute aussi les dispositions anatomiques..... les grands sinus sanguins, les sphincters vasculaires, doivent jouer un rôle dans l'explication de cette faculté remarquable. Il faut en dire autant de la puissance du diaphragme, de l'existence de sphincters nasaux, qui permettent de maintenir l'air sans effort; *mais ce rôle est secondaire*, ces dispositions ne constituent que des perfectionnements harmoniques............ La raison principale est plus intime, elle touche de plus près aux conditions essentielles de l'être, que ne le font ces simples mécanismes anatomiques. »

Tout en reconnaissant ce qu'il y a d'ingénieux dans ces vues de M. Bert, il m'est impossible de les admettre sans faire quelques réserves. Mes réserves sont basées sur l'insuffisance des données expérimentales qui servent d'appui à cette opinion. Un petit nombre d'expériences comparatives, faites uniquement sur des Canards et des Poulets, ne sauraient établir une proposition générale s'étendant à tous les Mammifères et Oiseaux plongeurs. Rien ne prouve qu'on ne puisse trouver entre deux Mammifères ou deux Oiseaux, tous les deux plongeurs, des différences dans le poids relatif du sang égales et peut-être supérieures à celles que M. Bert a observées entre le Canard et le Poulet. Il faudrait tout au moins avoir démontré que des différences semblables n'existent pas entre deux Palmipèdes, c'est-à-dire entre deux Oiseaux plongeurs et capables l'un et l'autre d'une résistance notable à l'asphyxie. Rien n'autorise à penser que de pareils faits n'existent pas, et je trouve, même dans les expériences de M. Bert, des preuves sérieuses de leur réalité. Prenons en effet les nombres obtenus par M. Bert, comme exprimant le rapport du poids du sang au poids du corps. Ces nombres sont : pour le Canard $\frac{1}{14}$, $\frac{1}{16}$, $\frac{1}{16}$, $\frac{1}{17}$, $\frac{1}{21}$, et pour le Poulet $\frac{1}{21}$, $\frac{1}{22}$, $\frac{1}{20}$, $\frac{1}{30}$, $\frac{1}{46}$. Or, il suffit de jeter un coup d'œil sur ces nombres pour voir qu'il peut exister entre les nombres extrêmes du Poulet $\frac{1}{21}$ (0,047) et $\frac{1}{46}$ (0,022), un écart de 0,025 ; et entre les deux nombres extrêmes du Canard $\frac{1}{14}$ (0,071) et $\frac{1}{21}$ (0,047), un écart de 0,024, écarts qui sont tous les deux même supérieurs à l'écart de 0,023 qui existe entre la moyenne du Canard (0,059) et la moyenne du Poulet (0,036).

On voit donc qu'il peut exister entre les individus d'une même espèce des écarts au moins égaux à ceux qui séparent les moyennes de deux espèces différentes. Mais j'ajoute que si nous laissons les cas individuels de côté, pour ne comparer que les moyennes d'espèces voisines ayant les mêmes facultés de résistance à l'asphyxie, il est encore possible et même probable qu'on trouvera entre ces moyennes des différences comparables à celles que M. Bert a reconnues entre les moyennes du Canard et du Poulet, c'est-à-dire entre les moyennes d'un animal plongeur et d'un animal non plongeur. Voici quelques considérations à l'appui de mon opinion.

Je tiens à rappeler ici que dans ses recherches fort intéressantes sur la température des Oiseaux du Nord, M. le professeur Ch. Martins[1] a trouvé entre deux Palmipèdes, le Pétrel gris blanc (38°,76) et l'Oie de Guinée

---

[1] Ch. Martins ; *Mémoire sur la température des Oiseaux palmipèdes du nord de l'Europe.* (*Journal de la Physiol. de Brown-Séquard*, I. 1858.)

(42°,84) une différence de chaleur moyenne de 4°,08, différence que M. Martins trouve avec raison étonnante dans un ordre d'animaux si semblables sous le point de vue de la conformation et des habitudes. Des différences moins considérables, mais pourtant de 1° à 2°, ont été également trouvées par M. Martins entre deux Palmipèdes d'espèces très-voisines l'une de l'autre, vivant dans le même climat, ayant une nourriture semblable, et vêtus aussi chaudement [1]. Si de pareilles différences se rencontrent pour les températures moyennes d'Oiseaux si voisins sous tous les rapports, il est tout au moins permis de se demander si des différences notables entre les quantités relatives de sang ne peuvent pas exister aussi entre des espèces voisines. Il y aurait même lieu de rechercher si les différences de température ne sont point liées à des différences correspondantes dans la quantité de sang, et si l'élévation de la température n'est point la conséquence de la plus grande étendue du foyer et de la plus grande quantité de combustible.

Mais en donnant même aux différences dans la quantité de sang, chez le Poulet et chez le Canard, signalées par M. Bert, la signification que cet observateur leur donne lui-même, il est juste de faire remarquer que ces différences ne suffisent point pour expliquer les inégalités de résistance à la submersion. Il résulte en effet des expériences de M. Bert que la moyenne du rapport du poids du sang au poids total du corps est, pour le Canard de $\frac{1}{17}$, et pour le Poulet de $\frac{1}{30}$; et que la moyenne du rapport du poids du caillot sec au poids total du corps est, pour le Canard de $\frac{1}{542}$, et pour le Poulet de $\frac{1}{847}$. On voit par là que dans les deux cas le poids relatif du sang ou du caillot sec du Canard n'atteint pas le double de ce même poids chez le Poulet. Or il est facile de se convaincre que ce rapport est bien inférieur à celui de la résistance à la submersion dans ces deux espèces, puisque, d'après les expériences mêmes de M. Bert, la moyenne de la résistance du Canard est de 11 minutes 17 secondes, tandis que chez le Poulet cette moyenne n'est que de 3 minutes 31 secondes, c'est-à-dire un peu plus de trois fois moindre. Mais ce défaut de proportion entre la quantité

---

[1] Brown-Séquard; *Note sur la basse température de quelques Palmipèdes longipennes.* (Journ. de la Physiol., pag. 45. 1858.)

relative du sang et la résistance à l'asphyxie, défaut qui ressort clairement de l'examen des moyennes, devient encore plus éclatant quand on compare entre eux les résultats particuliers des expériences en question. C'est ainsi que si nous prenons les nombres particuliers qui expriment les rapports du poids du sang au poids du corps dans les deux espèces, nous trouvons pour le Canard des nombres tels que $\frac{1}{14}$, $\frac{1}{16}$, $\frac{1}{21}$, qui sont peu éloignés (et il y a même identité pour l'un d'entre eux) de quelques-uns des nombres tels que $\frac{1}{21}$, $\frac{1}{22}$, trouvés chez le Poulet; tandis que, pour les quantités de temps que les animaux de ces espèces résistent à la submersion, nous ne trouvons pas de rapprochements semblables. Les limites extrêmes sous ce rapport sont, pour le Poulet de 3 minutes à 4 minutes 40 secondes, et pour le Canard de 7 minutes à 15 minutes; de sorte qu'il y a toujours pour le moins une différence de près du double entre les deux.

Après une semblable discussion des faits, je me sens autorisé à dire que, sans le nouvel appui d'expériences multipliées et portant sur de nombreux sujets appartenant tantôt à la même espèce, tantôt à des espèces différentes, tantôt à des groupes rapprochés ou éloignés, on ne saurait accepter sans réserve les conclusions de M. Bert, et jusqu'à plus ample informé je persiste à attacher une grande importance aux dispositions anatomiques dont ce zoologiste très-distingué fait peut-être trop bon marché.

Quelques mots sur le mécanisme général de ces dispositions anatomiques contribueront à appuyer l'opinion que je viens d'émettre. Toutes ces dispositions ont pour but de s'opposer, dans une certaine limite, à la congestion veineuse des centres nerveux. Elles atteignent ce but par plusieurs moyens. Le plus général consiste dans une dilatation considérable des troncs veineux qui ramènent le sang à l'oreillette droite, et particulièrement de la veine cave inférieure. Ces dilatations portent surtout sur l'oreillette droite, la veine cave inférieure, les veines hépatiques, le système porte, les veines iliaques, diaphragmatiques, etc., et transforment ces portions du système veineux en de vastes lacs sanguins capables, à un moment donné, de contenir presque tout le sang veineux du corps. Ce premier mode d'emmagasinement du sang veineux est déjà un moyen efficace de soustraire le cœur et les centres nerveux à une congestion sanguine rapide et excessive. Cette dernière est momentanément diminuée ; elle augmente ensuite lentement. et la pression ne se communique que faiblement par l'oreillette droite à la veine cave supérieure et aux centres nerveux. C'est là la disposition que l'on remarque chez les Palmipèdes plongeurs, elle y est très-accentuée ; et quand on examine une bonne injection du système veineux de ces animaux, on est étonné des dimensions exagérées des veines hépatiques, des branches et du tronc de la veine porte et des veines abdominales en général. C'est là ce que bien des observateurs ont constaté, et ce que m'ont démontré de nombreuses préparations faites sur les Oiseaux palmipèdes de nos côtes.

Chez quelques animaux, ces dispositions vasculaires présentent un perfectionnement remarquable qui localise la congestion et la tension sanguine dans la portion abdominale et les affluents de la veine cave inférieure, de telle sorte que le cœur, le poumon et les centres nerveux supérieurs sont en partie soustraits à l'accroissement de tension qui se produit dans la portion postérieure du système veineux général. Ce perfectionnement, qui se trouve chez quelques Mammifères plongeurs, tels que le Phoque, la Loutre, l'Hippopotame, etc., consiste dans un sphincter musculaire qui entoure et peut oblitérer la veine cave inférieure dans le point où elle traverse le diaphragme. Comme ce sphincter est une dépendance des fibres musculaires du diaphragme, on comprend aisément comment la contraction énergique de ce muscle, au moment où l'animal va plonger, crée pour celui-ci des conditions très-favorables, c'est-à-dire à la fois un état d'inspiration extrême et une oblitération de la veine cave inférieure. On ne peut douter de l'action puissante de ce sphincter sur la veine cave inférieure, quand on compare le calibre de ce vaisseau au-dessus et au-dessous de lui. Chez la Loutre, par exemple, ainsi qu'on peut le voir sur une préparation que j'ai déposée au Musée de la Faculté de médecine, tandis que la veine cave au-dessus du sphincter présente un diamètre égal à celui de ce vaisseau sur un Chien de même taille, la veine cave au-dessous du sphincter forme aussitôt un vaste lac dont le diamètre est certainement cinq fois plus considérable, et dans lequel viennent aboutir quatre ou cinq veines hépatiques, dont chacune a un calibre supérieur à celui de la veine cave au-dessus du sphincter diaphragmatique. De plus, la veine cave au-dessous du foie, les veines iliaques, les veines rénales et le système porte, ont un calibre relativement très-grand. Cet ensemble de dilatations forme donc un système capable d'être, à un moment donné, séparé supérieurement du cœur et des veines caves supérieures, et de retenir le sang veineux loin du cœur, du poumon et du cerveau.

Il ne faudrait pourtant pas croire que l'isolement de ce système inférieur soit complet, et que la tension sanguine des parties inférieures ne puisse pas, malgré la contraction du sphincter, être transmise aux parties supérieures. Si les veines azygos qui font communiquer ces deux départements du système veineux sont elles-mêmes oblitérées par la contraction du diaphragme, il ne faut pas oublier que dans le canal vertébral lui-même se trouvent des sinus veineux plexiformes qui établissent des communications entre le département supérieur et le département inférieur. Mais, comme la voie qu'ils forment est en définitive indirecte et détournée, et comme ces sinus sont eux-mêmes très-dilatables et capables de recevoir beaucoup de sang avant d'avoir atteint une tension considérable, il arrive que ce n'est que lentement et à la longue que la veine cave supérieure partage la tension de la veine cave inférieure; et ce retard est suffisant pour ralentir et atténuer la congestion veineuse des centres nerveux.

Enfin, chez un Mammifère plongeur des plus étonnants sous le rapport de la résistance à la submersion, puisqu'il peut rester 15 minutes sous l'eau, l'Hippopotame, Gratiolet[1] a découvert, indépendamment des dispositions anatomiques précédentes, un perfectionnement de plus, consistant dans un mécanisme fort curieux, permettant à l'animal d'oblitérer à volonté ses artères carotides au niveau de l'os hyoïde. Cet habile zoologiste interprète d'une manière très-ingénieuse les avantages de cette particularité du système vasculaire de l'Hippopotame. Sans reproduire ici le texte même de son interprétation, je dois pourtant en donner un court aperçu. Le sang, revenant au cœur des parties postérieures du corps, est retenu dans les dilatations de la veine cave par le sphincter diaphragmatique. Le sang revenant par la veine cave supérieure arrive au cœur, traverse le poumon, et, passant par le ventricule gauche, est lancé dans l'aorte. Ce sang, envoyé

---

[1] Gratiolet; *Recherches sur l'hippopotame*, publiées par Alix. Paris, 1867.

dans toutes les régions, va en partie s'emmagasiner dans la veine cave inférieure, de telle sorte que chaque contraction du cœur diminue l'imminence de la congestion des centres nerveux. Ce résultat est d'autant plus sûrement atteint que la compression possible des carotides diminue la quantité de sang artériel qui arrive à la chaîne des réseaux admirables crâniens et orbitaires. Mais il résulte de tout cela que la quantité de sang qui est envoyée vers le poumon est de plus en plus petite. « Or, dit Gratiolet, plus la quantité de sang qui parcourt le cercle de la circulation pulmonaire sera petite, plus son mouvement se ralentira; moins la provision d'air renfermée dans le poumon sera viciée par l'exhalation de l'acide carbonique; la flamme se fait donc plus vite, si je puis ainsi dire, pour vivre plus longtemps dans une atmosphère limitée. »

Tout en acceptant ce que peut avoir de vrai cette théorie, si ingénieuse, je dois pourtant faire quelques réserves sur l'importance que lui attribue Gratiolet. Il n'est pas tout à fait exact de dire, avec l'auteur, que « une partie du sang venu exclusivement de la veine cave supérieure passera dans les réseaux qui dépendent de la veine cave inférieure et *ne reviendra point au cœur; qu'il s'ajoutera à la masse du sang emprisonné dans les veines abdominales, et que ce sera en conséquence, une nouvelle quantité de sang enlevée à la circulation pulmonaire.* » Il ne faut point oublier, en effet, que, comme je l'ai fait remarquer plus haut, les sinus veineux intra et périvertébraux peuvent ramener dans la veine cave supérieure une partie du sang de la veine cave inférieure, et que ce reflux doit être d'autant plus considérable que la tension est augmentée dans la veine cave inférieure, et tend à s'abaisser dans la supérieure.

L'étude que je viens de faire des conditions dans lesquelles se trouvent les Oiseaux et les Mammifères plongeurs me paraît de nature à établir l'importance des dispositions anatomiques qui se retrouvent toujours à divers degrés chez ces animaux. Elles ont en effet toutes pour but de s'opposer à cette congestion veineuse des centres nerveux que nous savons être la cause capitale et immédiate des accidents rapides et foudroyants de l'asphyxie. Ces dispositions atteignent ce but à des degrés divers sans doute; mais nous devons reconnaître qu'elles sont bien inférieures, à cet égard, à celles que nous avons signalées chez les Reptiles.

Tandis, en effet, que chez les Mammifères l'obstacle à la congestion veineuse des centres nerveux n'est en définitive qu'incomplet et devient de moins en moins efficace à partir du début de l'asphyxie ; chez les Reptiles, au contraire, une soupape de sûreté (aorte gauche) est constamment ouverte au sang noir, qui tendrait à congestionner les centres nerveux, et le cercle circulatoire peut conserver indéfiniment dans toutes ses parties une tension moyenne conciliable avec le maintien des fonctions. La cause des accidents précoces est supprimée, et il ne reste que la cause, du reste très-lente et très-tardive chez ces animaux, de l'asphyxie des tissus.

CHAPITRE IV

DES TYPES DE CIRCULATION DANS LA SÉRIE DES VERTÉBRÉS.

Le moment est venu maintenant de classer les formes qu'affecte l'appareil de la circulation dans la série des Vertébrés, et les rapports de ces formes avec la vie dans les différents milieux aérien ou aquatique. Les considérations qui précèdent nous aideront singulièrement à remplir cette dernière partie de notre programme. Ce sera là du reste comme la conclusion de notre travail.

On a jusqu'à présent reconnu que l'appareil circulatoire des Vertébrés affectait trois formes principales :

1º L'une d'elles est caractérisée par l'existence d'un cœur composé de deux cavités seulement et ne recevant que du sang veineux. Elle appartient essentiellement à la classe des Poissons.

2º La seconde se reconnaît à l'existence d'un cœur à trois cavités, savoir : deux oreillettes, et un ventricule où le sang artériel et le sang veineux viennent se mêler pour être distribués ensuite dans les artères de la grande et de la petite circulation. Ce mode de constitution appartient exclusivement aux Batraciens et aux Reptiles.

3º Enfin, le troisième type diffère des deux précédents par l'existence de quatre cavités cardiaques, la séparation complète entre la portion artérielle et la portion veineuse du cœur, l'indépendance des vaisseaux qui naissent des deux ventricules, d'où résulte que tout mélange entre le sang rouge et le sang noir est complètement impossible. Cette forme est propre aux Oiseaux et aux Mammifères.

Les différences qui caractérisent ces trois types ont donné lieu aux dénominations suivantes : 1º *Vertébrés à circulation simple* pour les Poissons; 2º *Vertébrés à circulation double et incomplète* pour les Batraciens et les

Reptiles; et 3° *Vertébrés à circulation double et complète* pour les Mammifères et les Oiseaux [1].

Considérée d'un point de vue très-général, cette classification embrasse certainement les diverses formes que revêt la fonction circulatoire chez les Vertébrés; mais il y a pourtant lieu de se demander s'il ne conviendrait pas de modifier, à la lumière des notions nouvelles, la caractéristique du second groupe, qui comprend les Batraciens et les Reptiles. Tout ce qui précède dans ce travail ne permet pas d'accepter comme caractéristique générale du cœur des Reptiles, d'avoir *un ventricule où le sang artériel et le sang veineux viennent se mêler, pour être distribués ensuite dans les artères de la grande et de la petite circulation :* cette proposition se trouve d'une part en contradiction avec les résultats de mes recherches sur le groupe tout entier des Reptiles, et tendrait d'autre part à exclure de ce groupe des familles entières qui lui appartiennent pourtant à juste titre. Nous savons en effet que si le sang artériel et le sang veineux se mêlent plus ou moins dans le ventricule, ce mélange n'a pas lieu pour la masse du sang, comme pourrait le laisser croire la proposition que je discute, mais seulement pour les couches voisines de ces deux espèces de sang. Nous savons également que ce n'est pas un mélange des deux sangs qui se distribue dans les vaisseaux des deux circulations, mais que les vaisseaux de la petite circulation ne reçoivent que du sang noir, et que, si un ou deux des vaisseaux de la grande circulation reçoivent au début du sang noir ou du sang mixte, ils reçoivent aussi *tout* le sang rouge qui est arrivé au cœur. J'ajoute enfin qu'on ne peut certainement considérer aucun des caractères énoncés ci-dessus comme appartenant aux Crocodiliens, et que par conséquent cet ordre tout entier se trouve par cela même exclu de ce groupe des Vertébrés, auquel se rapporte le second type de l'appareil de la circulation.

Il faut donc caractériser autrement ce second type, et je crois qu'il convient de dire qu'il se reconnaît à l'existence d'un cœur à trois ou quatre cavités, savoir : deux oreillettes et un ventricule (Batraciens), ou deux ventricules dont la séparation est plus ou moins complète (Reptiles). Dans ce cœur, la circulation s'accomplit de telle manière que la petite circulation ne

---

[1] Voir Milne-Edwards ; *Leçons sur la phys. et l'anat. comp.*, tom. III, pag. 314. 1858.

reçoit que du sang veineux, et que la grande reçoit, outre tout le sang artériel, une quantité variable de sang mixte dont le mélange s'est produit, ou dans le ventricule (Batraciens et Reptiles à ventricules communicants), ou au-dessus de l'origine des deux aortes (Crocodiliens). En un mot, ce qu'a de vraiment caractéristique ce groupe, ce qui l'empêche d'être confondu avec aucun des deux autres, c'est le passage, dans un des vaisseaux de la grande circulation ou dans les deux, d'une quantité plus ou moins limitée de sang mixte. Aucun des deux autres groupes ne présente un pareil phénomène, et tous les Vertébrés qui appartiennent au groupe dont il s'agit le présentent à un degré quelconque.

Ce second type, qui a donné lieu à tant d'interprétations diverses, présente plusieurs sous-types importants qui constituent, comme nous l'avons vu, une chaîne presque ininterrompue conduisant des Poissons aux Vertébrés supérieurs. Je n'ai pas à revenir sur ce point ; je tiens seulement à étudier ces sous-types au point de vue des relations de plus en plus croissantes du sang artériel *pur* avec le cœur, et de l'introduction progressive de la vie aérienne dans la nature.

Si on laisse de côté le *Lepidosiren*, qui est un animal de transition fort remarquable, et quelques Poissons intéressants, tels que le Polyptère du Nil et le Cuchia du Gange, chez lesquels la vessie natatoire a quelque tendance à devenir un organe pulmonaire, on peut dire que les Batraciens représentent, dans la faune actuelle, le premier effort fait par la nature pour passer de la vie aquatique (unique lors de l'apparition du règne animal) à la vie aérienne. A cet égard même, les Batraciens représentent deux périodes ou deux degrés de cet effort. Les Pérennibranches constituent un premier degré dans lequel, la vie aquatique étant fondamentale et habituelle, la vie aérienne est devenue possible dans une certaine limite, et pour ainsi dire se surajoute, se superpose à l'autre, sans devenir suffisante par elle-même. L'apparition d'un organe pulmonaire encore peu développé, mais pourtant capable d'un certain rôle, coïncidant avec la conservation des branchies ou houppes cutanées respiratoires, et avec l'absence pour la peau de tout revêtement écailleux inperméable à l'air, caractérisent ce premier degré de passage à la vie aérienne. Les Batraciens abranches représentent dans leurs premières phases de développement une forme exactement identique à celle des Batraciens pérennibranches. Mais la disparition des branchies, le maintien du caractère nu de la peau, et un développement plus prononcé de l'organe pulmonaire, changent les conditions de la vie. La vie aérienne est devenue fondamentale, et c'est la vie aquatique qui n'est possible que dans certaines limites, et vient se surajouter, se superposer à l'autre.

Cette vie vraiment amphibienne, cette suppléance possible pendant un temps prolongé du poumon et de la peau comme organes respiratoires, sont rendues possibles par la disposition même de l'appareil de la circulation. La cavité ventriculaire, étant unique, recueille le sang hématosé, d'où qu'il arrive: du poumon ou de la peau; et de plus, cette unité ventriculaire s'oppose à toute congestion veineuse grave et à tout embarras de la circulation, puisque dans tous les cas une issue, soit pulmonaire, soit aortique, est laissée au sang reçu par le ventricule.

Mais il existe de plus chez quelques Batraciens, soit pérennibranches, soit abranches, des relations très-remarquables entre les artères pulmonaires et les artères du système cutané, relations qui sont éminemment favorables au balancement fonctionnel de ces deux organes respiratoires, et à l'établissement de compensations très-utiles dans la distribution du sang. C'est ainsi que, comme nous l'avons vu chez la Grenouille et chez le Crapaud, l'artère pulmonaire de chaque côté se divise en deux branches dont l'une est destinée au poumon, et dont l'autre va former un réseau vasculaire dans la peau de la tête et du tronc chez la Grenouille, dans la peau de la région cervicale seulement chez le Crapaud. Chez l'Axolotl, les arcs aortiques de la quatrième paire se bifurquent pour aller, d'une part s'anastomoser avec les racines de l'aorte, d'autre part se distribuer aux poumons et constituer les artères pulmonaires. Chez le Protée, chez le *Siren lacertina*, il y a également des relations très-grandes entre le système artériel pulmonaire et le système artériel branchial ou général. On comprend facilement les effets de cette disposition; la circulation s'active, là où l'hématose devient possible, peau ou poumon, et le sang est ainsi détourné des voies où la circulation pourrait être embarrassée par le défaut même d'hématose. Les Batraciens présentent donc ce fait remarquable de pouvoir, à des degrés un peu divers il est vrai, s'adapter à une vie tantôt aquatique et tantôt aérienne. L'un et l'autre de ces deux milieux, l'air et l'eau, paraissent être pour eux un milieu normal ; et c'est sans faire violence à leur vie physiologique qu'ils peuvent alternativement adopter l'un ou l'autre milieu. C'est là le premier essai de vie aérienne, mais avec conservation plus ou moins grande de la vie aquatique.

Les Reptiles à ventricules communicants représentent un degré de plus dans cet essai de vie aérienne. Chez eux, en effet, la vie aérienne se perfectionne, mais la vie aquatique s'affaiblit et diminue ; l'organe respiratoire cutané disparaît presque entièrement, et la surface pulmonaire se multiplie par un cloisonnement moins incomplet. Il reste, comme condition anatomique favorable à un séjour prolongé sous l'eau, la possibilité du passage du sang du ventricule droit dans le gauche par la fente du ventricule, et la permanence de l'aorte gauche et de son anastomose abdominale. Ce sont là, comme nous l'avons vu, des conditions propres à supprimer les embarras dans la circulation veineuse, qui pourraient provenir d'un obstacle à la circulation pulmonaire.

Les Crocodiliens, enfin, représentent le troisième et dernier degré dans cette série de transformations dont l'ensemble constitue le second type. Ici la communication interventriculaire proprement dite est supprimée. Mais l'existence de l'aorte gauche, qui dépend du ventricule droit, le foramen de Pannizza et l'anastomose abdominale, quoique très-réduite, fournissent au sang du ventricule droit un écoulement suffisant, même quand la circulation de l'artère pulmonaire est embarrassée par suite du défaut d'hématose. D'une autre part, le poumon s'est encore perfectionné, et la vie aérienne a pris plus d'importance et plus d'activité.

Enfin, si, sortant de ce second type si remarquable, nous passons au troisième type, qui renferme les Vertébrés supérieurs, nous rencontrons d'une part les Mammifères et de l'autre les Oiseaux, qui présentent des points de contact avec le sous-type des Crocodiliens, chacun d'entre eux leur ressemblant par quelques points de l'organisation. Mais, pour ce qui regarde l'appareil circulatoire et ses rapports avec le milieu dans lequel vit l'animal, il faut dire que, malgré certaines ressemblances très-remarquables entre la constitution des chambres du cœur, des valvules et de certains vaisseaux chez les Oiseaux et chez les Crocodiliens, il y a au fond une filiation peut-être plus étroite entre le cœur des Crocodiliens et celui des Mammifères qu'entre ce premier et celui des Oiseaux. Je sais bien que telle n'est pas l'opinion des zoologistes; mais la lumière que j'espère avoir portée sur les rapports qui relient ces organes entre eux me permet d'affirmer que le cœur des Oiseaux est, auprès de celui des Mammifères, le résultat d'une transformation plus radicale du cœur des Crocodiliens, et représente le plus haut degré de perfectionnement de cet organe au point de vue de la vie aérienne.

En effet, tandis que chez les Mammifères nous avons retrouvé une aorte gauche et une aorte droite, incomplète il est vrai, communiquant entre elles par un vaste foramen de Pannizza ; chez les Oiseaux, l'aorte gauche, c'est-à-dire la soupape de sûreté contre l'arrêt de la circulation pulmonaire, s'est entièrement effacée et n'a laissé aucune trace. Je conviens que les rapports de l'aorte droite et de ses branches, qui représentent si bien chez les Oiseaux l'aorte droite des Crocodiliens, je conviens, dis-je, que ces rapports établissent certainement entre les uns et les autres de ces animaux des relations extrêmement intéressantes. Mais, au point de vue du perfectionnement de la vie aérienne, il n'est pas douteux que la disparition complète de l'aorte gauche n'annonce chez les Oiseaux une préparation à la vie aérienne plus précoce et plus radicale que chez les Mammifères.

Je dois et je puis maintenant m'élever contre des notions déjà anciennes, et que l'on retrouve encore sous la plume des zoologistes les plus éminents. On dit en effet que, dans l'organisation des Reptiles, la nature a cherché à réaliser le mélange des deux sangs, et à remplir les canaux artériels, soit pulmonaires, soit aortiques, d'un sang plus ou moins mixte. C'est là une notion fausse et contre laquelle il est de mon devoir de protester. Tout ce que j'ai pu dire sur les Reptiles, dans ce travail, prouve en effet que, dans cette substitution progressive de la vie aérienne à la vie aquatique que nous venons d'étudier, les communications possibles entre le système à sang noir et le système à sang rouge, soit dans le cœur lui-même, soit dans les vaisseaux, portent les indices évidents de progrès vers une séparation complète, et ne sont conservées que comme des dispositions indispensables pour ménager la transition de la vie aquatique à la vie aérienne. La nature n'a point recherché chez les Reptiles le mélange des deux sangs, car, s'il en était ainsi, les Reptiles seraient inférieurs aux Poissons, ce qui ne peut être raisonnablement admis. Elle n'a point *recherché* ce mélange, mais elle l'a *subi* comme compensation à un avantage plus grand, savoir : la possibilité de la vie aérienne au sein même d'un organisme primitivement constitué pour la vie aquatique. La preuve que la nature a *subi* et non point *recherché* ce mélange, c'est qu'elle a tâché de le restreindre de plus en plus et de le réduire aux plus faibles proportions. Pour cela, elle a employé ces moyens, aussi ingénieux que variés, que nous avons longuement étudiés dans ce travail ; les deux sangs ont été mis en contact plutôt que mélangés et confondus. Ils se touchent et peuvent se mêler par leur tranches voisines ; mais les masses restent distinctes et reçoivent des destinations différentes. Bientôt, à mesure qu'on s'élève, les points de contact des deux sangs diminuent, se restreignent en nombre et en étendue, jusqu'à ce qu'ils s'effacent entièrement et que la séparation devienne complète chez les Vertébrés supérieurs.

Toutes ces considérations établissent entre les Oiseaux et les Mammifères plongeurs d'une part, et les Reptiles et Amphibiens d'autre part, des différences dans les conditions d'organisation qui doivent frapper l'esprit du lecteur, et que je résumerai ainsi :

Chez les Oiseaux et les Mammifères plongeurs, il y a sous l'eau *interruption brusque et plus ou moins complète des conditions normales et nécessaires de la vie.*

Chez les Reptiles, il y a sous l'eau *modification et altération ralentie des conditions de la vie.*

Chez les Amphibies proprement dits (Batraciens), il y a sous l'eau *introduction de conditions différentes, mais normales et régulières, de la vie.*

Ici se terminent les considérations générales que j'ai tenu à placer à la fin de ce travail. Je n'ignore pas que dans le cours de ces trop longues pages je me suis souvent exposé à des longueurs et à des répétitions dont le lecteur aura raison de se plaindre ; mais j'espère qu'il voudra bien me les pardonner, eu égard à la difficulté même du sujet, et en récompense des efforts que j'ai faits pour être clair. L'intérêt même des questions que j'ai abordées m'a entraîné plus loin que je ne m'étais d'abord proposé d'aller. D'autres pourront s'en plaindre; mais, pour moi, je ne saurais être trop reconnaissant pour les heures de calme et d'oubli que je dois à ces recherches scientifiques. Au milieu des tristesses et des épreuves que Dieu n'a point épargnées à notre temps, il m'a été permis, en écrivant ces pages, de me transporter dans un monde plus pur et plus serein, et d'oublier parfois les misères humaines.

FIN.

EXPLICATION DES PLANCHES

Nota bene.—L'ouvrage actuel ayant dû d'abord être publié sous la forme *in-octavo*, les planches I et II d'une part, et les planches III et IV de l'autre, qui avaient été tirées dans ce format, ne forment plus que deux planches du format *in-quarto*, qui a été définitivement adopté. La première planche de ce travail comprend donc les planches I et II, et la seconde comprend les planches III et IV.

PLANCHES I et II (réunies).

PLANCHE I.

Fig. 1. Cœur de Crapaud. Ventricule et bulbe ouvert à l'état frais, fortement grossi.

    A Masse charnue postérieure avec ses colonnes irradiées et ses aréoles affaissées. Au-dessus de *A*, portion vestibulaire du ventricule.

    M Portion auriculaire du ventricule.

    B, C Demi-cloison en spirale du bulbe séparant les deux rampes, la rampe aortique à droite, et la rampe pulmonaire à gauche.

    D Valvule postérieure de la rampe aortique liée à l'extrémité antérieure de la cloison.

    E Cloison de l'espace ou chambre inter-aortique.

    E' Orifice des troncs carotico-linguaux.

    F Crosse aortique gauche.

    G Tronc carotico-lingual gauche.

    H Artère pulmonaire gauche.

Fig. 2. Cœur de Crapaud injecté au suif et traité par l'essence de térébenthine. Le ventricule a été coupé suivant un plan vertical et transversal. Les colonnes et les vacuoles de la face postérieure se voient fort bien. Le bulbe et les aortes ont été ouverts par une section antérieure (fortement grossi).

    A Vacuoles veineuses projetant le sang noir dans la rampe pulmonaire.

B Vacuoles artérielles projetant le sang rouge dans la rampe aortique.
C Colonne ou masse charnue postérieure.
D Bord inférieur de la cloison inter-auriculaire.

Fig. 3. Bulbe, et vaisseaux qui en naissent, chez un Crapaud (un peu plus que grandeur naturelle).
a Artère pulmonaire droite.
b Aorte droite.
c Artère carotico-linguale avec la glande carotide.
i Artère hyoïdienne naissant de l'aorte.
e Section des trois vaisseaux adossés.
d Section de ces trois vaisseaux vue de face.

Fig. 4. Les trois troncs vasculaires gauches très-grossis chez un Crapaud. La crosse aortique est ouverte, pour montrer la valvule semi-lunaire qu'elle renferme. (Empruntée à Brücke, *loc. cit.*) Injection au suif traitée par l'essence de térébenthine.
1 Canal carotico-lingual.
2 Canal aortique ouvert.
3 Canal pulmonaire.
a Glande carotide.
c Artère carotide.
l Artère linguale.
n Aorte.
v Valvule dans la crosse aortique.
r Artère cutanée respiratoire.
p Atère pulmonaire.

Fig. 5. Canal aortique d'une Grenouille ouvert à l'état frais (très-grossi).
a Artère pulmonaire béante.
b Aorte.
c Canal carotico-lingual affaissé.
d Artère hyoïdienne retournée comme un doigt de gant.

Fig. 6. Fibres musculaires mixtes du bulbe vues au microscope.

EXPLICATION DES PLANCHES.

PLANCHE II.

Fig. 1. Cœur de Tortue carette conservé depuis longtemps dans l'alcool, durci et ratatiné (grandeur naturelle).

- *A* Crosse aortique droite.
- *B* Aorte gauche.
- *C* Aorte pulmonaire gauche.
- *D* Fausse-cloison et sa lèvre, loge pulmonaire.
- *E* Noyau cartilagineux de la lèvre de la fausse-cloison.
- *F* Fente placée entre la face postérieure de la lèvre et la masse charnue postérieure, et faisant communiquer la loge pulmonaire avec les vestibules aortiques.
- *G* Coupe de la masse charnue postérieure et surtout du faisceau droit commun.
- *H, I* Oreillettes.

Fig. 2. Le même cœur ouvert postérieurement par une coupe transversale de la paroi ventriculaire postérieure.

- *A* Aorte droite fendue inférieurement et dont le calibre, aplati par la pression des parties voisines, paraît moindre qu'il ne l'est réellement.
- *B* Aorte gauche.
- *C* Artère pulmonaire.
- *D* Saillie postérieure de l'angle de la lèvre de la fausse-cloison.
- *E* Couche fibreuse épaisse placée au-dessous des orifices aortiques, et d'où naissent les faisceaux obliques gauches antérieurs.
- *F* Tissu aréolaire et colonnes de la loge artérielle.
- *H* Tube valvulaire auriculo-ventriculaire.
- *K* Faisceau fibreux qui unit la pointe du cœur au péricarde.

PLANCHE III et IV (réunies).

PLANCHE III.

Fig. 1. Cœur de *Varanus arenarius* (grandeur doublée).

- *A* Aorte droite.
- *B* Aorte gauche.
- *C* Artère pulmonaire gauche.
- *D* Fausse-cloison et loge pulmonaire.
- *E* Lèvre de la fausse-cloison.

  G Faisceau droit commun.
  I Oreillette.
Fig. 2. Cœur de *Iguana delicatissima*. Daud. (double de la grandeur naturelle).
  A Aorte droite ouverte par une fente dont le bord est caché par l'aorte gauche.
  B Aorte gauche.
  C Artère pulmonaire.
  D Loge pulmonaire.
  E Fausse-cloison.
  H Section de la base de la fausse-cloison.
  G Masse charnue postérieure.
  I Coupe du faisceau commun droit.
  L Faisceaux obliques gauches.

PLANCHE IV.

Fig. 1. Cœur de Corbeau. Ventricule droit ouvert.
  A Crosse de l'aorte.
  A' Tronc brachio-céphalique droit.
  A'' Tronc brachio-céphalique gauche.
  C Artère pulmonaire ouverte. On n'aperçoit que deux valvules sigmoïdes, la troisième étant cachée par le bord antérieur de la section.
  E Faisceau droit commun.
  F Grande valvule charnue.
  D Sa languette charnue externe.
  K Cicatrice de l'aorte gauche au-dessous et en arrière de la saillie de l'aorte droite.
  M Faisceaux rayonnants de la paroi interventriculaire.
Fig. 2. Cœur de jeune fœtus de Veau (grossi trois fois).
  A Aorte.
  C Loge et infundibulum pulmonaire.
  M Fausse-cloison.
  K Lèvre de la fausse-cloison.
  F Fragment de la valvule auriculo-ventriculaire externe.
  L Premiers faisceaux rayonnants antérieur et postérieur.
  F' Papille musculaire de la valvule auriculo-ventriculaire.

EXPLICATION DES PLANCHES.

PLANCHE V.

Fig. 1. Cœur de *Bothrops lanceolatus* (un peu moins que le double de grandeur naturelle).

    A Aorte droite.
    B Aorte gauche.
    C Artère pulmonaire.
    G, I Masse postérieure du ventricule et faisceaux droits.
    N Fausse-cloison et loge pulmonaire.
    E Angle formé par la fausse-cloison et sa lèvre.
    H Tente intervestibulaire.

Fig. 2. Cœur de *Boa constrictor* (de grandeur naturelle).

    A Aorte droite.
    B Aorte gauche.
    C Artère pulmonaire.
    N Fausse-cloison.
    E Sa lèvre.
    F Faisceau droit antérieur.
    G Faisceau droit postérieur.
    H Fibres commissurantes.
    L, M Oreillettes.

Fig. 3. Même cœur. Ventricule gauche ouvert par le bord gauche.

    A, B, C, L, M, comme précédemment.
    O Faisceaux rayonnants antérieurs.
    P Faisceaux rayonnants postérieurs.
    X Angle saillant postérieur de la fausse-cloison.
    T Valvule auriculo-ventriculaire ou demi-tente gauche.
    R Orifice auriculo-ventriculaire caché par une membrane fibreuse *S* qui tapisse la partie externe de l'orifice et d'où dépend la petite valvule auriculo-ventriculaire externe.

Fig. 4. Même cœur. La fausse-cloison a été sectionnée, et la partie postérieure des ventricules a été détachée et soulevée.

    A, B, C, comme précédemment.
    A' Orifice de l'aorte droite avec ses deux valvules antérieure et postérieure.
    B' Orifice de l'aorte gauche avec ses deux valvules antérieure et postérieure (entre les deux est la fente inter-aortique, dont les bords ont été largement écartés).

EXPLICATION DES PLANCHES.

O Angle postérieur saillant formé par la fausse-cloison et sa lèvre, et séparant les deux ventricules aortiques.
E Lèvre de la fausse-cloison. L'orifice de l'artère pulmonaire est caché par la fausse-cloison.
T Tente valvulaire auriculo-ventriculaire.
M Corne antérieure de la demi-tente droite.
N Corne postérieure de la demi-tente droite. Elle s'insère plus bas que la corne antérieure, et a des relations avec les faisceaux obliques gauches postérieurs.
S Coupe de la fausse-cloison.
P, R Coupe des faisceaux rayonnants antérieurs et postérieurs entre-croisés, et formant le rudiment de la cloison interventriculaire.

PLANCHE VI.

Fig. 1. Cœur de *Chelonia midas* (moitié de la grandeur naturelle).

B Aorte gauche.
C Aorte pulmonaire.
B' Orifice de l'aorte gauche.
O Noyau fibreux de la masse ventriculaire postérieure.
R Faisceau droit antérieur.
I Faisceau droit postérieur et fibres communicantes.
S Faisceaux obliques gauches.
U Fausse-cloison, loge pulmonaire, angle de la fausse-cloison et de sa lèvre.
K Lèvre de la fausse-cloison.
X Bulbe artériel ou demi-anneau bulbaire.

Fig. 2. Cœur d'une autre *Chelonia midas* (moitié de la grandeur naturelle). La fausse-cloison a été coupée au niveau de sa base et relevée avec la paroi antérieure du ventricule droit.

A, B, C, X, U, K, I, R, O, S, comme précédemment.
L Tente inter-aortique.
E Saillie fibreuse de l'angle postérieur de la fausse-cloison et apophyse postérieure du noyau cartilagineux. Rudiment de la cloison intervestibulaire.
P Demi-tente droite, ou valvule auriculo-ventriculaire droite interne.
Q Valvule auriculo-ventriculaire droite externe.
Y Faisceaux rayonnants postérieurs.

PLANCHE VII.

Cœur *de Crocodilus lucius* (de grandeur naturelle).

Fig. 1. **Ventricule droit.**
    A Aorte droite.
    B Aorte gauche.
    C Artère pulmonaire.
   Ces trois vaisseaux accolés forment par leur ensemble le cône artériel.
    E Noyau cartilagineux.
    Q Apophyse antérieure et droite de ce noyau.
    E' Apophyse postérieure ou inter-aortique de ce noyau.
    T Foramen de Pannizza mis à nu par la section de la valvule sigmoïde interne de l'aorte gauche. On voit derrière le pertuis la valvule sigmoïde interne de l'aorte droite.
    R Demi-ellipse externe, fibreuse, cartilagineuse ou osseuse de l'orifice de l'aorte gauche.
    V Angle postérieur du vestibule de l'aorte gauche.
    H Orifice auriculo-ventriculaire.
    P Valvule fibro-musculaire de l'orifice auriculo-ventriculaire.
    S Faisceaux obliques gauches.
    S' Valvule musculaire auriculo-ventriculaire.
    N Faisceau de la fausse-cloison.
    Z Premier faisceau rayonnant antérieur.
    Y Premier faisceau rayonnant postérieur.
    X Cravate bulbaire.

Fig. 2. **Même cœur. Ventricule gauche ouvert.**
    H Oreillette gauche.
    I Orifice auriculo-ventriculaire.
    A Orifice de l'aorte droite.
    B Valvule auriculo-ventriculaire interne.
    C Valvule auriculo-ventriculaire externe.
    M M' M'' Faisceaux rayonnants antérieurs.
    N N' N'' Faisceaux rayonnants postérieurs.
    R Fibres circulaires des parois ventriculaires.

PLANCHE VIII.

Fig. 1. Cœur de *Crocodilus lucius* (de grandeur naturelle).
Mêmes indications que pour la *fig.* 1, Pl. VII.

    Y' Partie postéro-supérieure du premier faisceau rayonnant postérieur.

Fig. 2. Cœur d'*Alligator sclerops* (de grandeur naturelle). Ventricule droit ouvert.

    A Aorte droite.
    A' Tronc brachio-céphalique droit.
    A" Tronc brachio-céphalique gauche un peu plus gros que le droit.
    B Aorte gauche.
    C Artère pulmonaire.
    R Faisceau droit antérieur.
    I Faisceau droit postérieur.
    B' Orifice de l'aorte gauche.
    E Plis permanents antérieurs de cet orifice.
    N N' N" Faisceaux de la fausse-cloison et leur parcours.
    S" Faisceaux obliques gauches.

Pour le reste, comme dans la *fig.* 1.

PLANCHE IX.

Fig. 1. Cœur de Caïman (de grandeur naturelle). Ventricule droit ouvert.
Mêmes indications que pour la Pl. VIII.

Fig. 2. Cœur de Caïman (de grandeur naturelle).
Mêmes indications.

    P Valvule musculo-membraneuse détachée.
    S' Valvule musculaire détachée.

Fig. 3. Cœur d'*Alligator sclerops* (de grandeur naturelle).

    A, B, C, comme précédemment.
    X Cravate ou demi-anneau bulbaire.

Fig. 4. Cœur de Mouton ayant subi une légère cuisson. Oreillettes enlevées. Base des ventricules.

    E Orifice auriculo-ventriculaire droit.
    F Orifice auriculo-ventriculaire gauche.
    A, B Orifice aortique et ses valvules.
    M Artère cardiaque coronaire postérieure.
    L Artère cardiaque coronaire antérieure.

C Artère pulmonaire.
O Noyau fibreux central des orifices artériels.
X Fibres de la cravate bulbaire.
Y Fibres naissant de la portion droite de l'orifice aortique.
Z Fibres unitives prolongeant inférieurement la couche des fibres de la cravate bulbaire.

PLANCHE X.

Fig. 1. Cœur d'Homme. Ventricule droit et artère pulmonaire ouverts.

    N Fausse-cloison.
    M, M Sa lèvre représentée par un faisceau musculaire qui a été sectionné dans la préparation.
    B Cicatrice de l'orifice de l'aorte gauche.
    Y, Y Premiers faisceaux rayonnants postérieur et antérieur.
    I Pont musculaire ou masse supérieure du faisceau droit commun.
    I' I" Trajet inférieur du faisceau droit commun.
    P Languette antérieure de la valvule auriculo-ventriculaire externe.
    P' Languette postérieure.
    S, S' Faisceaux obliques gauches.

Fig. 2. Cœur de Porc. Ventricule droit et artère pulmonaire ouverts. Léger degré de cuisson.

    R, I, M, M', P, P¹ Y (comme dans la *fig.* précédente).
    H, H' Languette supérieure de la valvule externe sectionnée.

Fig. 3. Cœur de Mouton. Ventricule droit ouvert suivant l'angle postérieur.

    B Position de l'orifice aortique gauche cicatrisé.
    A B Aorte.
    C Orifice et infundibulum, ou bulbe pulmonaire.
    J Orifice auriculo-ventriculaire gauche.
    I Orifice auriculo-ventriculaire droit.
    R Faisceau droit commun.
    H Paroi interne convexe du ventricule.

PLANCHE XI.

Fig. 1. Cœur de Mouton ayant subi une légère cuisson. Ventricule gauche ouvert par son bord gauche.

    I Aorte ouverte.
    K Orifice du tronc brachio-céphalique.
    H Oreillette ouverte.

M Papille musculaire antérieure des valvules auriculo-ventriculaires.

N Papille musculaire postérieure des valvules auriculo-ventriculaires.

P' Troisième couche rayonnante antérieure.

P'' Deuxième couche rayonnante postérieure.

O Deuxième couche rayonnante antérieure.

M' N'' Fibres en tourbillon de la pointe du cœur.

Fig. 2. Même cœur dont la courbe *P P' P''* a été enlevée.

O O Seconde couche rayonnante antérieure.

O' Point où les fibres de cette couche entrent dans le tourbillon de la pointe du cœur pour devenir superficielles.

PLANCHE XII.

Fig. 1. Même cœur que dans la Planche XI.

O^3 Seconde couche rayonnante antérieure qui a été enlevée en partie pour montrer la première couche rayonnante postérieure *R R'*.

Fig. 2. Cœur de Tortue mauresque. Section faite suivant l'aorte droite et sur les bords des ventricules. La paroi postérieure des ventricules est soulevée. Le cœur est vu par sa face postérieure.

A Aorte droite ouverte.

B Aorte gauche.

C Artère pulmonaire.

L Sommet de la fente inter-aortique et apophyse postérieure du noyau cartilagineux.

B' Apophyse externe ou antérieure du noyau cartilagineux.

K Angle saillant postérieur de la fausse-cloison.

E Apophyse postérieure du noyau cartilagineux, et saillie fibreuse ou rudiment de la cloison intervestibulaire.

N Cravate bulbaire.

P Tente valvulaire auriculo-ventriculaire.

Y Faisceau saillant, rudiment de la cloison interventriculaire.

H Orifice auriculo-ventriculaire droit.

M M' Deux lignes pour indiquer les plans des cloisons interventriculaire et intervestibulaire, et la distance qui les sépare.

Fig. 3. Ventricule de Crapaud (un peu plus grand que nature). Injecté avec du suif, traité par l'essence de térébenthine, et coupé horizontalement près de sa base.

EXPLICATION DES PLANCHES.   447

A Face antérieure.
P Face postérieure.
B Cavité divisée en deux par un léger étranglement. Portion vestibulaire à droite, et portion ventriculaire à gauche. Cloisons irradiées.

PLANCHE XIII.

Fig. 1. Oreillettes de Crapaud (*Bufo cinereus*). Injection au suif.
Coupe suivant un plan transversal et vertical. Moitié postérieure.

Fig. 2. Oreillettes de Crapaud (*Bufo cinereus*). Injection au suif.
Coupe suivant un plan transversal et vertical. Moitié postérieure.

H Orifice du *sinus* pulmonaire.

Fig. 3 et 4. Oreillettes de Crapaud (dimensions doublées). Portions antérieure et postérieure. Reproduction exacte des trabécules musculaires.

A Faisceau vertical antérieur.
B Divergence supérieure de ses fibres.
C Convergence postérieure des même fibres.
D D' Faisceaux qui embrassent l'orifice du sinus.
C C' Fibres latérales demi-circulaires.
E Grande valvule interne de l'orifice des veines caves.
1 Coupe de la cloison des oreillettes.
2 Ligne d'adhérence du sinus en arrière des oreillettes.

Fig. 5. Cœur de *Cistudo europæa* (de grandeur naturelle). Injecté et vu par sa face antérieure.

AA' Artères pulmonaires.
B Aorte gauche.
B' Crosse aortique droite.
D D' Artères sous-clavières droite et gauche.
C C' Carotides primitives ou communes droite et gauche.
H Demi-anneau bulbaire.
I Sillon intervestibulo-ventriculaire.

Fig. 6. Même cœur vu par sa face postérieure.

PP' Veines pulmonaires.
M Veine cave supérieure gauche.
L Veine cave supérieure droite.
N Veine cave inférieure.
R Veine coronaire.
1 Ligne d'insertion de la cloison inter-auriculaire.

Fig. 7. Même cœur, lavé dans l'essence de térébenthine. Coupe transversale et verticale. Moitié postérieure vue par devant.

    1 Cloison inter-auriculaire.
    4,5 Demi-tentes valvulaires droite et gauche.
    6 Orifice de la veine cave supérieure droite.
    7 Orifice de la veine cave inférieure.
    8 Orifice de la veine cave supérieure gauche.
    D D' Faisceaux musculaires des auricules entourant à droite la portion de sinus incorporée, et à gauche l'orifice du sinus pulmonaire.
    P Point de divergence de ces faisceaux musculaires.
    Y Portion du sinus incorporée à l'oreillette droite.

Fig. 8. Même cœur. Moitié antérieure vue par la cavité.

    1 Cloison inter-auriculaire.
    2 Fente de communication entre le vestibule pulmonaire et les vestibules aortiques.
    3 Face postérieure de la fausse-cloison.
    A Faisceau vertical antérieur des oreillettes.
    P Point de divergence de ses fibres.
    CC' Fibres demi-circulaires latérales des auricules.

Fig. 9. Cœur de Vautour. A l'état frais. Oreillette droite ouverte (de grandeur naturelle).

    L Orifice de la veine cave supérieure droite.
    M Orifice de la veine cave supérieure gauche.
    N Orifice de la veine cave inférieure.
    X Cloison valvulaire qui sépare l'orifice *L* de l'orifice *N*.
    1 Valvules de Thébésius.
    R Orifice de la veine coronaire.
    G Anneau de Vieussens.
    Z Fosse ovale.
    Y Portion du sinus incorporée.
    D Faisceaux qui bordent la portion du sinus incorporée.
    D" Faisceaux des auricules.
    A Faisceau vertical antérieur des oreillettes.
    B Masse transversale provenant du tassement antérieur des faisceaux divergents supérieurs.
    H Fosse antérieure de la cloison inter-auriculaire dans l'oreillette droite.

Fig. 10. Cœur de Dinde injecté au suif, lavé par l'essence et vu par la face postérieure.

    N Veine cave inférieure.
    L Veine cave supérieure droite.
    M Veine cave supérieure gauche.
    R Veine coronaire.
    P P' Veines pulmonaires.
    Y Jusqu'à *1*, portion de sinus incorporée.
    2 Position de la cloison inter-auriculaire.

PLANCHE XIV.

Fig. 1. Cœur de Fœtus humain de sept mois et demi environ, fortement grossi. Injecté au suif et lavé dans l'essence de térébenthine. Oreillette droite ouverte par la section de la portion externe.

    A Aorte.
    L Orifice de la veine cave supérieure.
    L' Veine cave supérieure.
    M Orifice de la veine coronaire.
    N Orifice de la veine cave inférieure.
    N' Veine cave inférieure.
    G Cloison des auricules.
    P Bande antéro-postérieure de la cloison du sinus.
    Z Valvule du trou ovale.
    1 Vestige de la valvule interne de la veine cave inférieure.
    8 Valvule de Thébésius.
    9 Vestiges des valvules de la veine cave supérieure.
    10 Trou de Botal.
    11 Orifice auriculo-ventriculaire.
    12 Faisceau antérieur vertical des auricules.
    13 Vacuoles de l'auricule droite.
    14 Valvule externe ou d'Eustachi.
    15 Prolongement inférieur et interne de cette valvule.

Fig. 2. Cœur de Cigogne (de grandeur naturelle). Injecté au suif et lavé dans l'essence. Oreillette gauche ouverte par une section qui en a enlevé la partie externe.

    1 Artère pulmonaire gauche.
    2 Tronc brachio-céphalique gauche.
    3 Tronc brachio-céphalique droit.

4 Aorte droite.
5 Veine cave supérieure gauche.
6 Grande valvule verticale de l'oreillette gauche.
7 Orifice auriculo-ventriculaire caché.
8 Faisceaux irradiés des fibres musculaires des auricules.
9 Veine pulmonaire gauche.
10 Orifices contigus des veines pulmonaires.
11 Angle postérieur interne du sinus pulmonaire.
12 Portion antéro-postérieure de la cloison des auricules.
13 Cloison des sinus.

Fig. 3. Même cœur.

B Masse transversale des faisceaux musculaires des auricules.
G Anneau de Vieussens.
H Fosse antérieure de la paroi inter-auriculaire.
Z Valvule du trou ovale.
L Orifice de la veine cave supérieure droite.
L' Veine cave supérieure droite.
M Orifice de la veine cave supérieure gauche.
R Orifice de la veine coronaire.
N Orifice de la veine cave inférieure.
N' Veine cave inférieure.
X Valvule intermédiaire ou sécante des deux orifices contigus.
1 Saillie de l'artère pulmonaire.
2 Tronc brachio-céphalique droit.
3 Tronc brachio-céphalique gauche.
4 Aorte.
5 Trachée artère.
6, 7 Veines pulmonaires.
8 Valvule de Thébésius.

Fig. 4. Cas anormal, chez l'Homme, d'insertion des veines pulmonaires sur la veine cave supérieure et l'azygos. Poumon droit.

1 Lobe supérieur.
2 Lobe inférieur.
3 Veine cave supérieure.
4 Veine pulmonaire anormale s'abouchant dans la grande azygos.
5 Branche de l'artère pulmonaire.
6 Veines bronchiques.
7 Grande azygos.
8 Veine pulmonaire normale du lobe supérieur.

EXPLICATION DES PLANCHES. 451

    9 Nerf pneumogastrique.
    10 Œsophage.
    Veines bronchiques se jetant dans la veine azygos.

Fig. 5. Cœur de Chien frais (grandeur naturelle). Oreillette droite ouverte.

    G Anneau de Vieussens. Cloison des auricules et faisceau antérieur vertical.
    Z Valvule du trou ovale.
    1 Auricule droite.
    2 Orifice de l'auricule droite.
    3 Orifice de la veine coronaire.
    4 Valvule de Thébésius.
    5 Orifice de la veine cave inférieure masqué.
    5' Veine cave inférieure.
    6 Valvule d'Eustachi.
    7 Orifice de la veine cave supérieure.
    7' Veine cave supérieure.

Fig. 6. Même sujet que la *fig*. 4.

    1 Lobe supérieur du poumon droit, présentant une veine pulmonaire anormale s'abouchant dans la veine azygos, cachée dans ce dessin.
    2 Lobe inférieur.
    3 Oreillette droite.
    4 Crosse de l'aorte.
    5 V. pulmonaire normale du lobe inférieur.
    6 V. pulmonaire anormale du lobe moyen.
    7 V. pulmonaire anormale du lobe supérieur.
    8 Artère pulmonaire.
    9 Veine cave inférieure.
    10 Veine cave supérieure.
    11 Veine sous-clavière gauche.
    12 Veine sous-clavière droite.
    13 Veine jugulaire droite.
    14 Une ramification bronchique.
    15 Lobe moyen montrant une veine pulmonaire anormale s'abouchant dans la veine cave supérieure.

Fig. 7. Cœur de Tortue mauresque de forte taille (de grandeur naturelle). Injecté au suif et lavé dans l'essence. Vu de la face postérieure de la région des oreillettes. Une coupe a été faite sur le sinus en avant de l'embouchure de la veine cave inférieure, et le morceau a été rabattu.

1 Veine cave supérieure gauche.
2 Veine cave supérieure droite.
3 Veine cave inférieure.
4 Veine hépatique.
6 Orifice du sinus des veines caves et ses deux valvules.
S Portion transversale de la cloison du sinus.
T Portion antéro-postérieure de cette cloison.
PP' Artères pulmonaires.

Fig. 7 (*bis*). Partie centrale de la pièce précédente. La cloison du sinus *S* a été ouverte par une fenêtre qui permet de pénétrer dans le sinus pulmonaire et de voir :

8 La valvule de l'orifice pulmonaire.
9 L'orifice du sinus pulmonaire dans l'oreillette gauche.

Fig. 8. Cœur de fœtus de 7 mois et demi environ. Injecté au suif et lavé. Portion auriculaire (grandeur naturelle). Vu par le côté gauche.

1 Orifice commun des veines pulmonaires gauches.
2 Orifice commun des veines pulmonaires droites.
3 Artère pulmonaire droite.
4 Aorte, crosse.
5 Veine cave supérieure.
6 Auricule gauche.
7 Artère pulmonaire gauche.
8 Canal artériel.
9 Tronc brachio-céphalique.
10 Veine coronaire.
11 Vestiges de la veine cave supérieure gauche.
12 Partie-sinus de l'oreillette gauche.
13 Veine de la face postérieure des ventricules.

PLANCHE XV.

Série de figures schématiques destinées à démontrer dans la série : le mode de constitution des oreillettes, la fusion progressive du sinus veineux avec les auricules, les relations des faisceaux musculaires des auricules, le mode de formation de la cloison des oreillettes, et la constitution du système des veines pulmonaires.

Fig. 0. Oreillettes et sinus chez un Poisson.
Fig. 1. Oreillettes et sinus chez le Crapaud.

EXPLICATION DES PLANCHES.

    1 Cloison des auricules.
    3 Cloison du sinus.

Fig. 2. Coupe à un niveau inférieur à celui de la précédente fig. La gouttière 3 s'est transportée obliquement de gauche à droite.

Fig. 3. Coupe réelle d'un cœur de Tortue mauresque injecté et lavé.

    1 Cloison des auricules. Portion antérieure.
    2 Cloison des auricules. Portion postérieure.
    3 Portion antéro-postérieure de la cloison du sinus.
    4 Valvule interne de l'orifice des veines caves.
    5 Orifice du sinus pulmonaire dans l'auricule gauche et valvule de ce sinus.
    6 Valvule externe de l'orifice des veines caves.
    7 Limite entre l'auricule droite et la portion de sinus incorporée.
    8 Orifice de la veine cave supérieure gauche dans le sinus.
    8' Saillie de l'embouchure de la veine cave supérieure droite.
    8" Veine cave supérieure gauche coupée obliquement.
    9 Veine cave inférieure.
    10 Portion transversale de la cloison qui sépare le sinus des veines pulmonaires de la veine cave supérieure gauche.
    11 Sinus pulmonaire.

Fig. 4. Même cœur. Coupe à quelques millimètres plus haut. Mêmes indications.

    11 Veines pulmonaires.

Fig. 5. Coupe d'un cœur d'Oiseau.
Mêmes indications que fig. 3.

    13. Valvule externe de la veine cave inférieure reportée en arrière.

Fig. 6. Coupe d'un cœur de Lapin.
Mêmes indications.

Fig. 7. Coupe d'un cœur de Chien.
Mêmes indications.

    3 a. Valvule du trou ovale.
    3 b. Bande antéro-postérieure de la cloison du sinus.

Fig. 8. Coupe d'un cœur de Fœtus humain de 6 à 7 mois.
Mêmes indications.

Fig. 9. Disposition idéale des faisceaux musculaires des auricules, l'orifice du sinus veineux étant censé placé symétriquement par rapport aux faces antérieure et postérieure.

Fig. 10. Modification de cette disposition quand l'orifice du sinus veineux est porté sur la face postérieure, comme cela a lieu dans presque tous les cas.

Fig. 11. Modifications de cette disposition et de la situation des auricules quand le sinus s'introduit comme un coin en arrière des auricules.

Fig. 12. Dessin schématique du système veineux central de l'embryon et du fœtus.

    S. Sinus veineux.
    1,1' Veines pulmonaires.
    2,2' Veines cardinales ou caves antérieures.
    4,4' Veines cardinales postérieures ou azygos.
    9,9' Canaux de Cuvier.
    5,5' Veines sus-hépatiques.
    6,6' Veines ombilicales.
    7,7' Veines hépatiques, branches de la veine porte.
    8,8' Deux veines caves inférieures rudimentaires ?
    10 Tronc commun des veines omphalo-mésentériques d'abord, plus tard des veines ombilicales, et enfin partie supérieure de la veine cave inférieure.

Fig. 13. Modifications successives, et perte de symétrie des vaisseaux de la *fig.* 12.

Mêmes indications.

    0 Angle aigu formé par la veine cave inférieure et la veine cave supérieure gauche.
    8' Veine cave inférieure gauche atrophiée et disparue.

PLANCHE XVI.

Série de figures schématiques propres à démontrer les relations de la portion vestibulaire avec la portion auriculaire des ventricules, le mode de constitution de la cloison des ventricules, et les homologies des valvules auriculo-ventriculaires.

Fig. 1. Coupe de la base d'un ventricule de Poisson (Squalidés, Scombéridés, etc.).

Fig. 1 (*bis*). Cœur de Poisson avec rapports différents de l'orifice auriculo-ventriculaire et de l'orifice aortique (Rajidés, etc.).

Fig. 2. Cœur de Batracien (Crapaud, Salamandre).

Fig. 3. Cœur de Tortue mauresque.

EXPLICATION DES PLANCHES.   455

    4 Demi-tente gauche.
    4¹ Valvule externe auriculo-ventriculaire gauche.
    5 Demi-tente droite.
    5¹ Valvule externe auriculo-ventriculaire droite.
    9 Masse postérieure du ventricule au niveau de la partie supérieure du ventricule.
    Les lignes pointées indiquent l'étendue des cavités ventriculaires.

FIG. 3 (*bis*). Cœur de Python.
    Mêmes indications.

FIG. 4. Cœur de Crocodile.
    5 Valvule musculo-membraneuse.
    5¹ Noyau fibreux.
    5² Valvule musculaire.
    Mêmes indications pour le reste.

FIG. 5. Cœur d'Oiseau. La cloison intervestibulaire qui contourne l'orifice aortique est marquée par un trait plus fort.
    5 Languette antérieure de la valvule.
    5² Valvule musculaire.
    5³ Languette du bord inférieur de la valvule.
    4 4¹ Parties interne et externe de la valvule mitrale.

FIG. 5 (*bis*). Cœur d'Oiseau (Coq).
    Rapports précis des orifices et des valvules.

FIG. 6. Cœur de Mammifères (Mouton, Veau).
    Mêmes indications.
    5 Pointe antérieure de la valvule tricuspide.
    5² Valve externe.
    5³ Pointe externe.
    5⁴ Valve interne.

FIG. 6 (*bis*). Cœur de Mammifère.
    Coupe exacte des cavités ventriculaires immédiatement au-dessous des orifices.

FIG. 7. Coupe schématique suivant un plan vertical et transversal d'un cœur de Tortue. Pour montrer la distance des plans de la cloison interventriculaire et de la cloison intervestibulaire.
    2 Cloison interventriculaire rudimentaire, continuée idéalement par une ligne pointée qui montre que cette cloison est la continuation exacte du plan de la cloison inter-auriculaire.

  3 Cloison intervestibulaire.
  4 Demi-tente gauche.
  4' Valvule externe gauche.
  5 Demi-tente droite.
  5' Valvule externe droite.
  6 Ligne ponctuée montrant la longueur et le trajet que devrait avoir la cloison intervestibulaire *3* pour atteindre la cloison interventriculaire *2*.
  7 Aorte droite.
  8 Aorte gauche.
  10 Tente inter-aortique.

Fig. 8. Coupe schématique semblable d'un cœur de Crocodile. Les deux cloisons se sont rapprochées et réunies.
Mêmes indications.
  10 Foramen de Pannizza.

Fig. 8 (*bis*). Coupe en arrière des orifices artériels. Pour montrer que la cloison interventriculaire *3* n'est point insérée à la face inférieure des valvules au-dessous de la cloison inter-auriculaire, mais à la face inférieure de la valvule membraneuse de l'orifice auriculo-ventriculaire droit.
Mêmes indications.

Fig. 9. Coupe horizontale des ventricules d'un Serpent Python un peu au-dessous des orifices aortiques et auriculo-ventriculaires. La figure représente la face supérieure de la coupe.
  A Orifice de l'artère pulmonaire, et loge pulmonaire.
  B Orifice de l'aorte gauche qui devrait être caché derrière la lèvre de la cloison.
  OP Faisceaux rayonnants antérieur et postérieur, coupés au-dessous du point de leur union.
  M Fausse-cloison, sa lèvre, une languette qui la fait adhérer à la face postérieure du ventricule.
  R Demi-tente droite.
  S Demi-tente gauche.
  K Valvule externe de l'orifice auriculo-ventriculaire gauche.
  NN' Masse charnue postérieure du ventricule qui embrasse le bord et la lèvre de la fausse-cloison, et qui limite avec elle la fente qui fait communiquer le vestibule pulmonaire avec les vestibules aortiques.

PLANCHE XVII.

Fig. 1, 2, 2 *bis*, 2 *ter*, 3, 4 et 5.

Série de dessins propres à montrer le mode de constitution des cavités ventriculaires et à déterminer les homologies ventriculaires dans la série des Vertébrés. Les parties appartenant au ventricule gauche sont dessinées en rouge ; es parties appartenant au ventricule droit sont dessinées en bleu. L'aorte gauche, qui reçoit du sang rouge et qui pourtant appartient au ventricule droit, est dessinée avec un double trait, bleu à l'extérieur, rouge à l'intérieur.

Le trajet réel ou supposé de la cloison intervestibulaire est marqué par des points noirs.

La cloison interventriculaire formée par les faisceaux rayonnants est marquée par des traits verts.

Fig. 1. Crapaud.

Fig. 2. Tortue mauresque.

Fig. 2 (*bis*). Serpent Python.

Fig. 2 (*ter*). *Fig.* destinée à représenter les ventricules selon les idées de M. Jacquart.

Fig. 3. Crocodile.

Fig. 4. Oiseau.

Fig. 5. Mammifère.

Les *fig.* 6 à 9 (*bis*) sont destinées à représenter le mode de développement et les transformations du système aortique chez les Vertébrés.

Fig. 6 (empruntée à Rathke). Aortes chez les serpents :

1 Veine pulmonaire ;
2 Aorte gauche ;
3 Aorte droite.

Fig. 7 (empruntée à Rathke). Aortes des Oiseaux, mêmes indications que *fig.* 6.

Fig. 7 (*bis*) (*mihi*). Aorte des Oiseaux d'après mes vues.

Fig. 7. Aorte droite des Oiseaux et ses deux troncs brachio-céphaliques. L'aorte gauche a disparu ; elle est marquée par des points.

Fig. 8. Aortes des Crocodiliens.

Fig. 8 (*bis*). Les deux aortes des Crocodiliens et foramen de Pannizza.

Fig. 9. Mammifères. Les deux aortes n'ont qu'un tronc commun.

Fig. 9 (*bis*). Les deux aortes des Mammifères confondues en un seul tronc.

L'orifice des aortes dans le ventricule droit s'est oblitéré ; il ne reste que l'orifice dans le ventricule gauche. Grand foramen de Pannizza.

PLANCHE XVIII.

Fig. 1. Aortes descendantes d'une Tortue caouane et leur anastomose. Diamètres reproduits exactement de grandeur naturelle. Une fenêtre a été pratiquée sur l'aorte gauche.

    A Aorte droite.
    B Aorte gauche.
    O Orifice de communication des deux aortes.
    I Rétrécissement de l'aorte droite devenant aorte abdominale.
    F Aorte abdominale.
    H Renflement supérieur de l'origine du tronc cœliaque.
    E Tronc cœliaque,
    C Artère mésentérique.

Fig. 2. Aortes et anastomose abdominale d'une Tortue mauresque. Bonne injection.

    a Aorte droite.
    b Aorte gauche.
    c Artère mésentérique.
    e Artère stomachique.
    g Artère du cardia.
    d Anastomose, *trop large d'un tiers* sur le dessin.
    f Aorte abdominale.

Fig. 2 (bis). Mêmes parties avant l'injection. Anastomose *trop large*.

Fig. 3. Oreillettes et vaisseaux d'un Python de grandeur naturelle vus par la face postérieure. Bonne injection.

    A Artère pulmonaire et ses deux branches inégales.
    B Aorte gauche allant s'aboucher inférieurement dans la droite.
    B' Aorte droite.
    CC' Artères carotides communes gauche et droite. La gauche est un peu plus grosse.
    D Artère vertébrale donnant, comme l'aorte droite descendante, naissance à des artères intercostales impaires.
    H Aorte abdominale.
    P Ventricule.
    L Veine cave supérieure droite.

EXPLICATION DES PLANCHES.

   M Veine cave supérieure gauche.
   N Veine cave inférieure.

Fig. 4 (empruntée à Rathke). Cœur et une partie des vaisseaux d'un *Crocodilus vulgaris*.

   a Ventricules du cœur vus par la face antérieure.
   bb' Oreillettes gauche et droite.
   cc' Portions ascendantes des deux aortes.
   d Sinus de l'aorte droite ou tronc très-court d'où naissent les deux artères anonymes.
   ee' Artères anonymes.
   f Carotide subvertébrale.
   gg' Artères collatérales du cou.
   hh' Artères sous-clavières.
   ii' Artères mammaires internes.
   kk' Artères vertébrales communes.
   ll' Troncs veineux antérieurs, ou veines caves antérieures droite et gauche.
   mm' Carotides communes.
   nn' Arcs formés par les artères infra-maxillaires, et recevant les artères collatérales du cou.
   oo' Artères axillaires.

Fig. 5. Courbes servant à indiquer graphiquement la différence qu'il y a entre les Chéloniens et les Crocodiliens, eu égard aux rapports des tensions des deux aortes.

Fig. 6. Courbes destinées à figurer le sens et l'intensité du courant dans l'anastomose abdominale des Crocodiliens, suivant tel ou tel état du système vasculaire.

Fig. 7. Figure théorique des deux aortes des Crocodiliens et de leur anastomose oblique. Le courant va de *A* à *B*, et de *C* à *D*.

   $\varphi° \varphi'$ Angles formés par l'anastomose avec chacune des deux aortes, du côté vers lequel se dirige le liquide dans ces deux vaisseaux.

FIN DE L'EXPLICATION DES PLANCHES.

TABLE DES MATIÈRES

Introduction.. VII

PREMIÈRE PARTIE. — Anatomie et Physiologie du cœur dans la série des Vertébrés... 1

LIVRE I. Des ventricules et des troncs artériels dans la série des Vertébrés... 4
  Chap. I. — Amphibiens....................................... 4
  Chap. II. — Reptiles à ventricules communicants............. 39
    Art. 1. — Chéloniens..................................... 39
    Art. 2. — Ophidiens...................................... 72
    Art. 3. — Sauriens....................................... 74
  Chap. III. — Reptiles à ventricules séparés. — Crocodiliens.. 78
  Chap. IV. — Oiseaux... 124
  Chap. V. — Mammifères....................................... 135

LIVRE II. — Oreillettes. Forme, structure, composition et transformations dans la série des Vertébrés........................ 141
  Chap. I. — Poissons... 142
  Chap. II. — Amphibiens...................................... 146
  Chap. III. — Reptiles....................................... 152
  Chap. IV. — Oiseaux... 163
  Chap. V. — Mammifères....................................... 174
  Chap. VI. — Considérations générales sur les oreillettes.... 187
    Art. 1. — Cloison des oreillettes et trou de Botal....... 187
    Art. 2. — Origine et séparation des veines pulmonaires... 199

DEUXIÈME PARTIE. — Philosophie naturelle.................... 223
LIVRE I. — Transformations successives du cœur dans la série des Vertébrés.. 223
  Chap. I. — Passage du cœur de Poisson au cœur d'Amphibien... 224
  Chap. II. — Passage du cœur d'Amphibien au cœur de Reptile à ventricules communicants.................................. 227

Chap. III.—Passage du cœur de Reptile à ventricules communicants au cœur de Crocodilien.................................. 236
Chap. IV. — Passage du cœur de Crocodilien eu cœur d'Oiseau...... 253
Chap. V. — Passage du cœur d'Oiseau au cœur de Mammifère....... 258
Chap. VI. — Transformations du système aortique dans la série des Vertébrés.. 263

LIVRE II. — Détermination des ventricules chez les Reptiles à ventricules communicants.. 277

LIVRE III. — Lois générales de la constitution du cœur dans la série des Vertébrés... 293

LIVRE IV. — Du parallélisme entre les divers états du cœur dans la série zoogénique et dans la série embryogénique.... 301

LIVRE V. — Le cœur et le Transformisme..................... 318

LIVRE VI.— Des types de la circulation dans la série des Vertébrés.... 332

Chap. I. — Influence de la respiration sur la circulation............ 333
Art. 1. — Animaux à sang chaud............................. 333
Art. 2. — Animaux à sang froid.............................. 349
Chap. II. — Du rôle de l'anastomose abdominale des Reptiles........ 359
Art 1. — Pendant la respiration à l'air libre.................... 359
Art 3. — Pendant la submersion............................. 405
Chap. III. — Des Oiseaux et des Mammifères plongeurs............ 419
Chap. III. Des types de circulation............................ 428

FIN DE LA TABLE DES MATIÈRES,

Lith. Boehm & Fils, Montpr

Pl. 1.

Fig. 2

Fig. 6

Fig. 3

Fig. 1

Fig. 5

Fig. 4

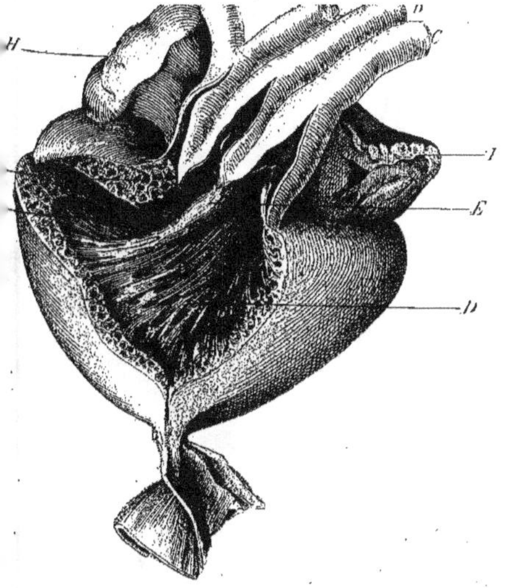

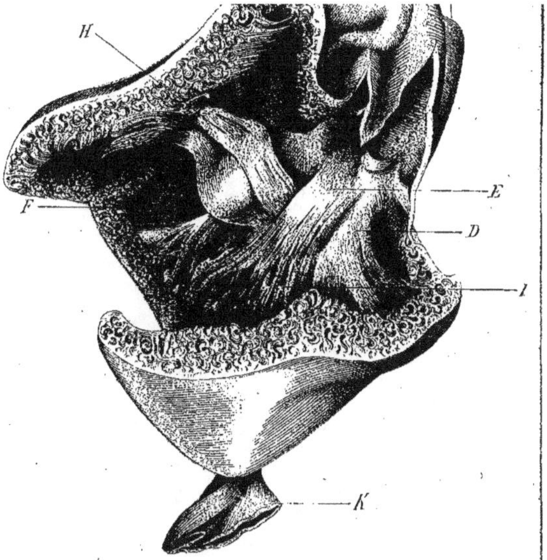

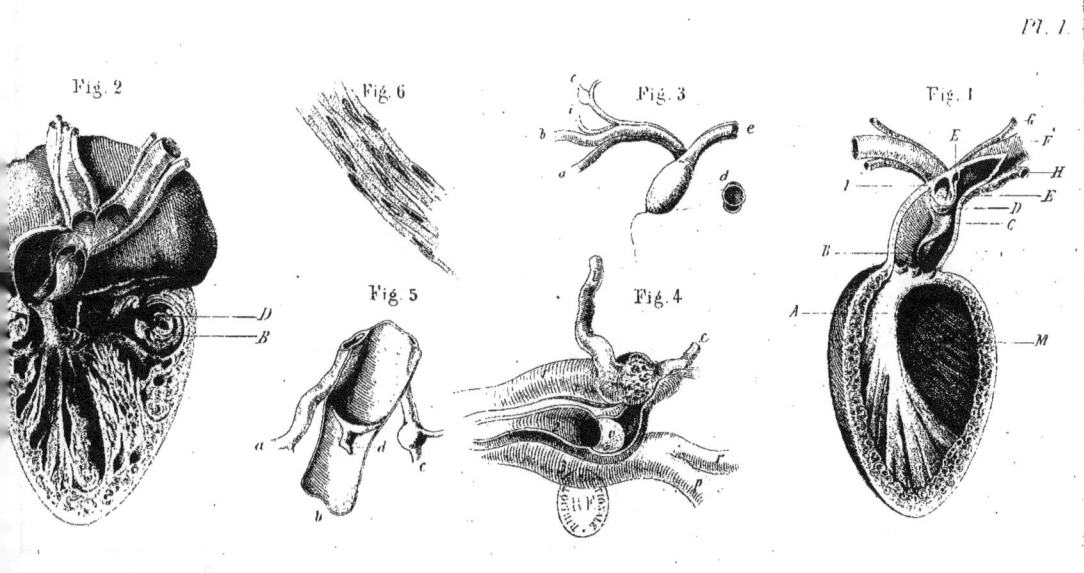

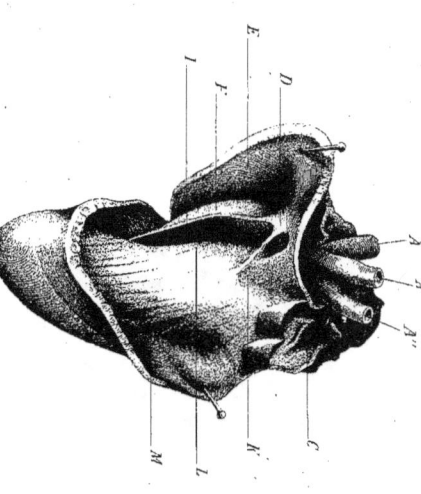

Fig. 1.

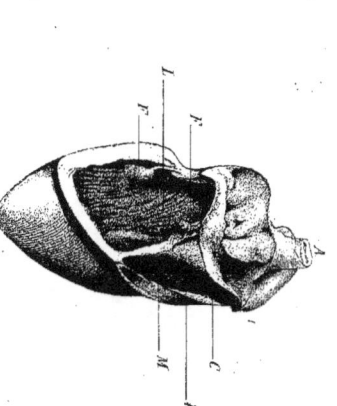

Fig. 2.

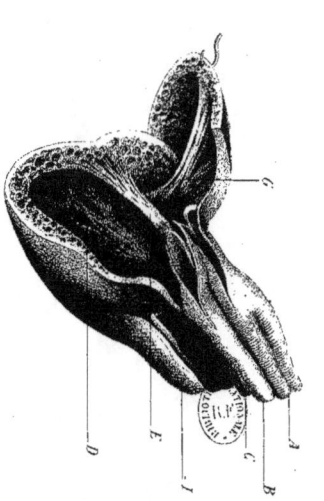

Fig. 1.

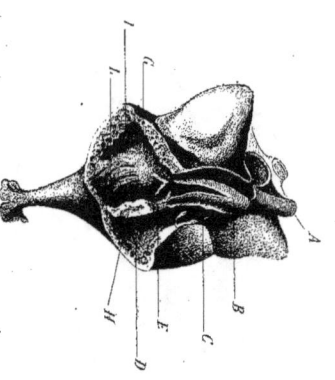

Fig. 2.

Fig. 1. Fig. 2.

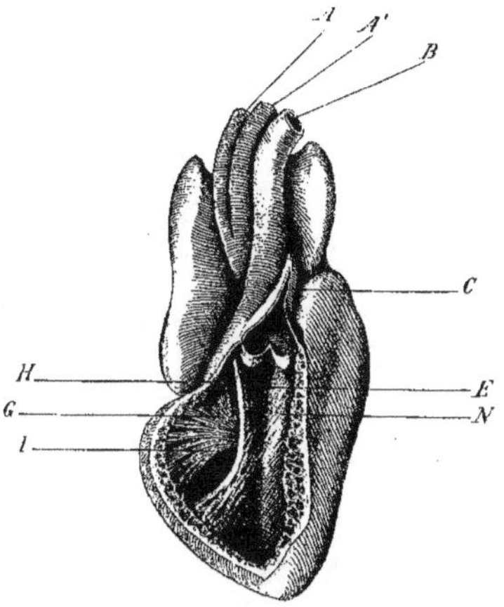

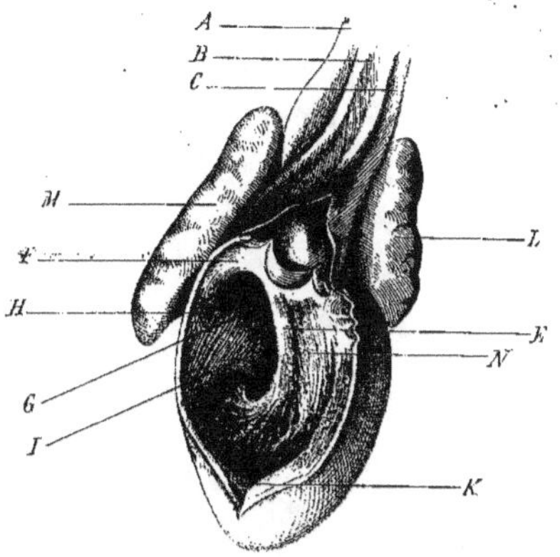

Fig. 3. 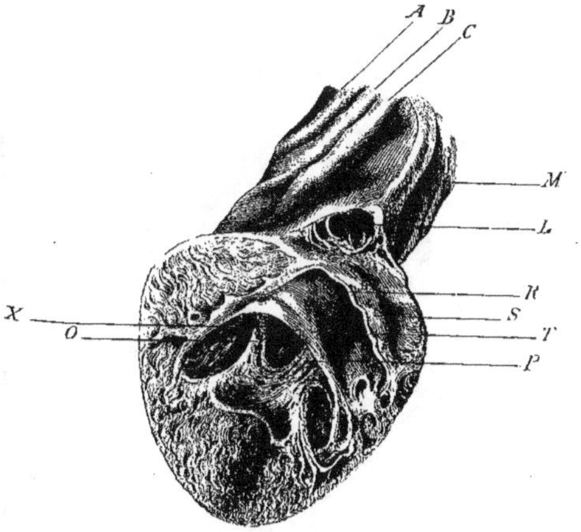 Fig. 4.

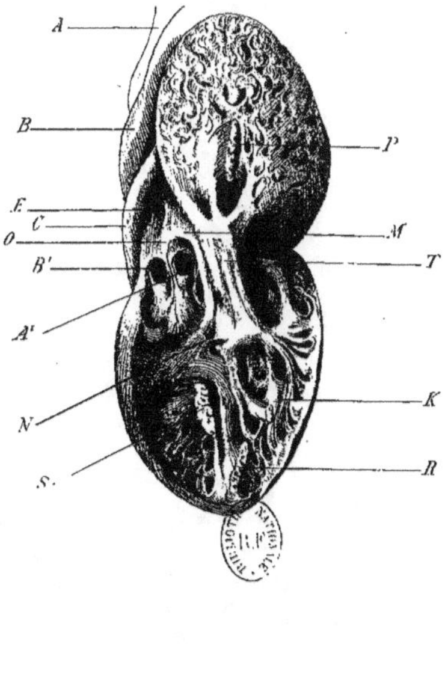

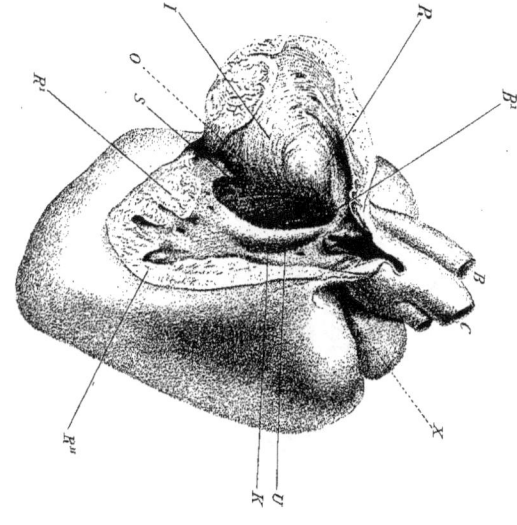

Fig. 1.

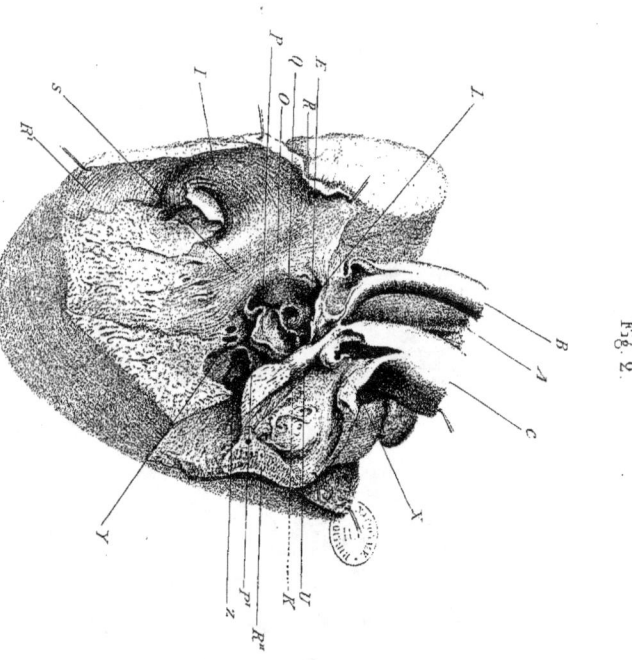

Fig. 2.

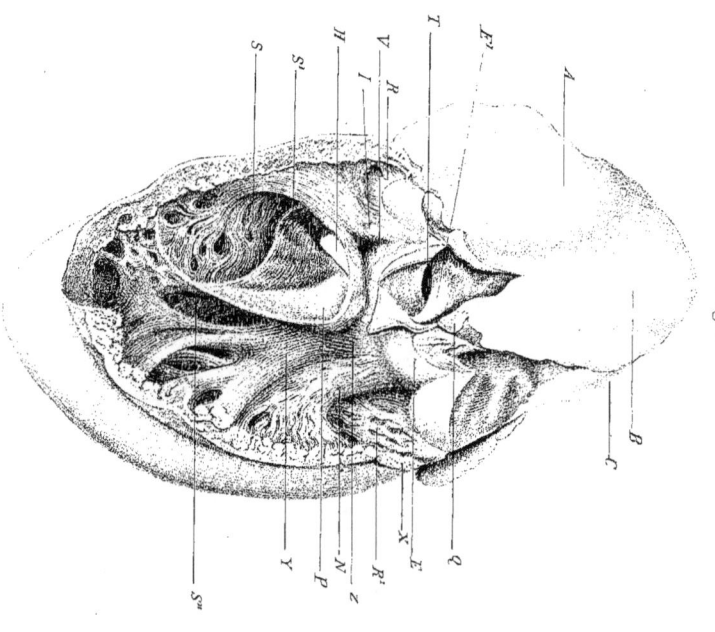

Fig. 1

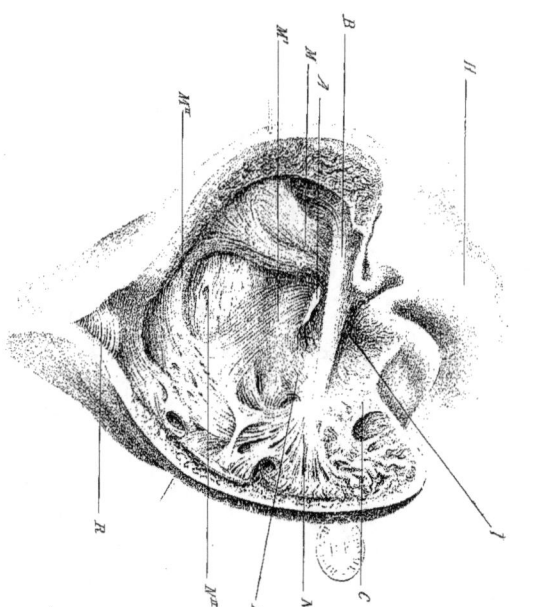

Fig. 2

Pl. VII.

Fig. 1

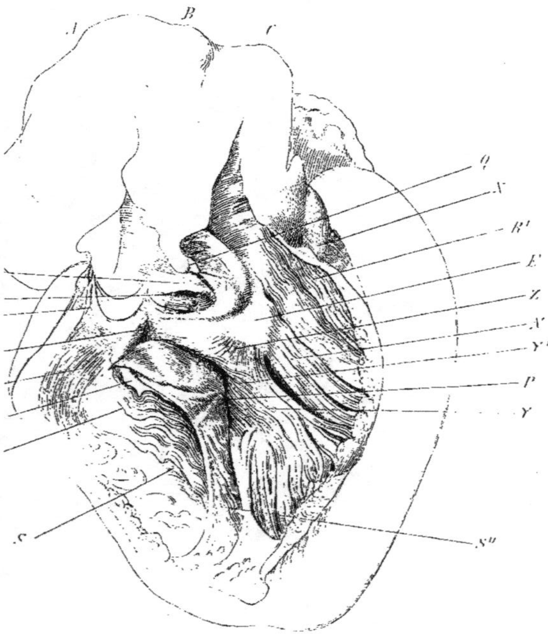

Fig. 2

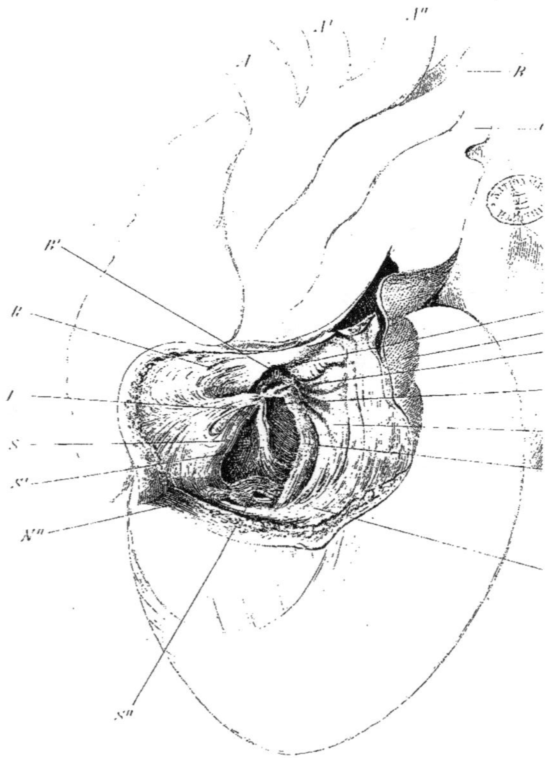

Lith. Bachen & Fils Montget

Fig. 1

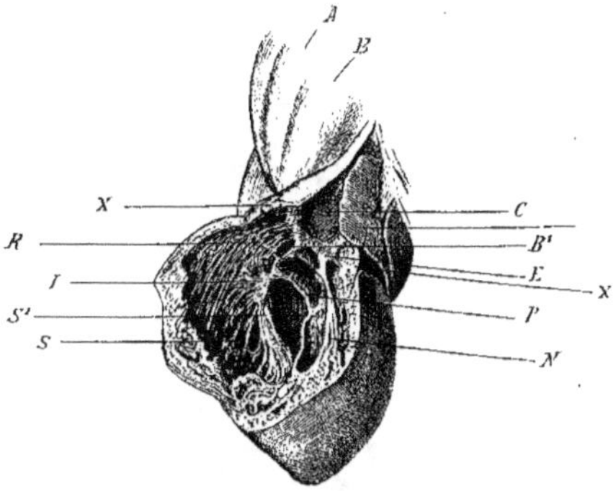

Fig. 2

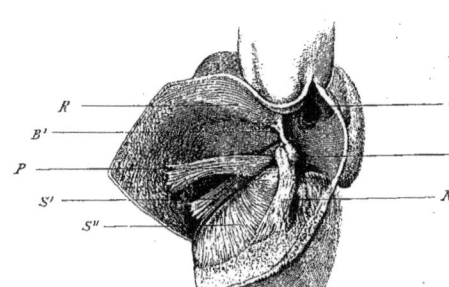

Fig. 3

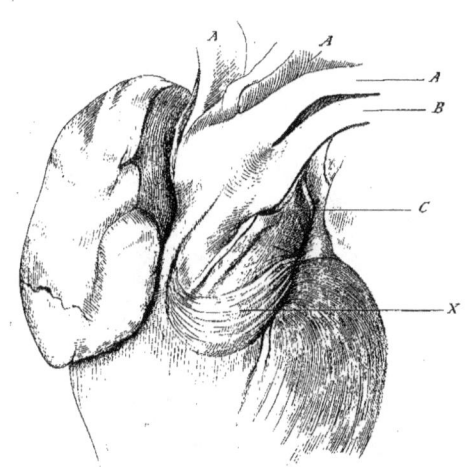

Fig. 4

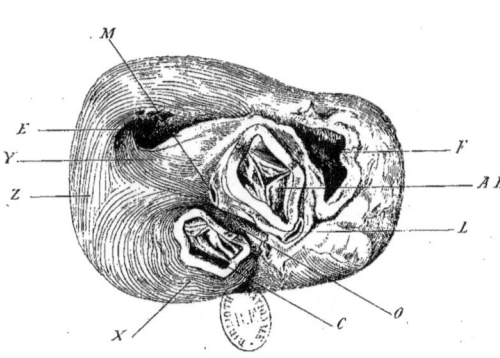

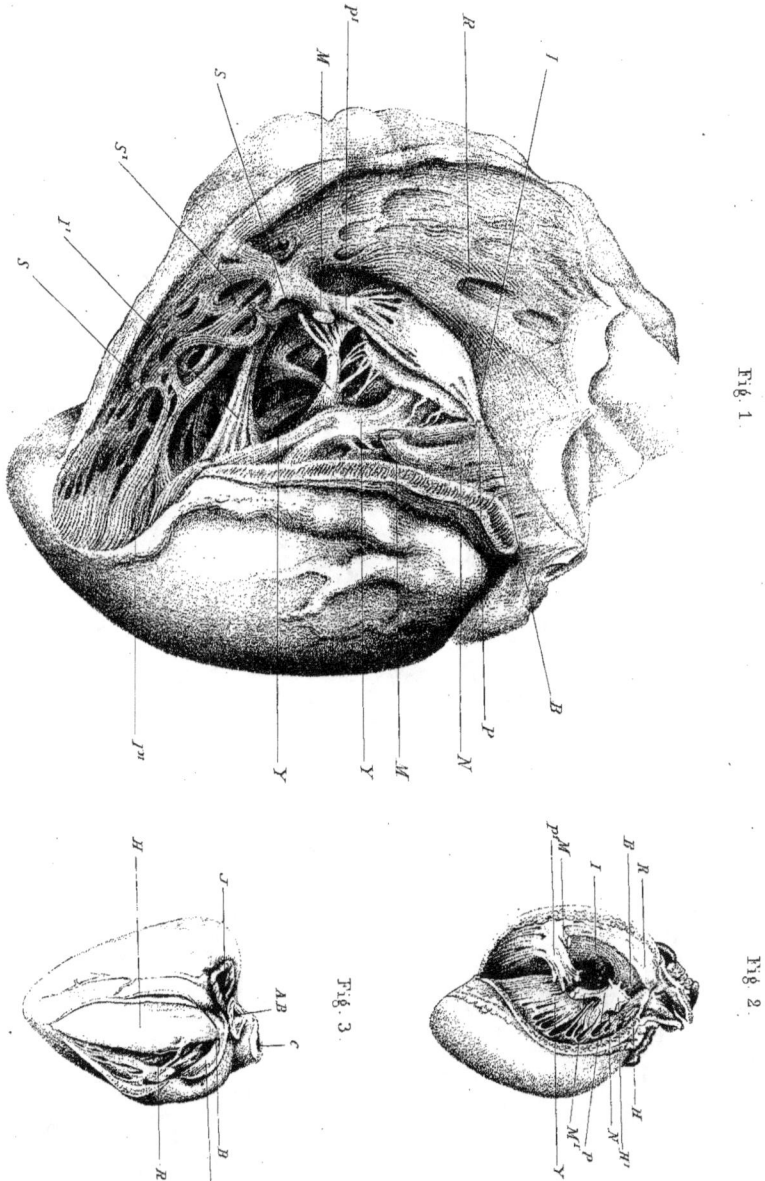

Fig. 1

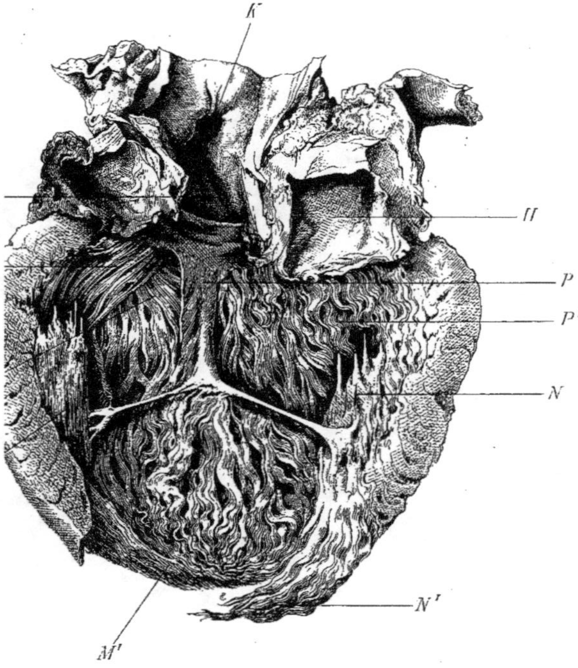

Fig. 2

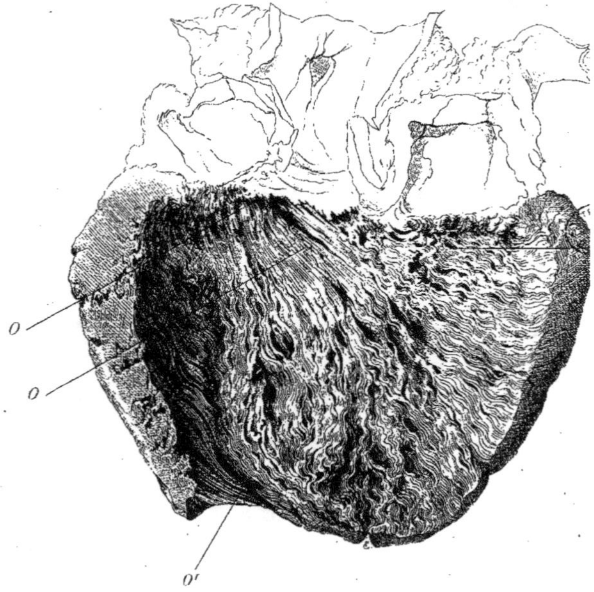

Lith. Becquet & Fils, Manger

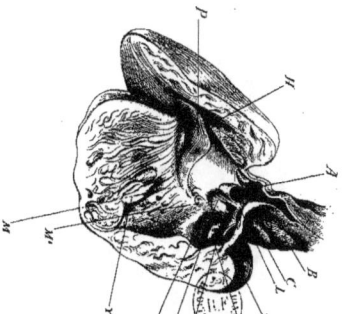

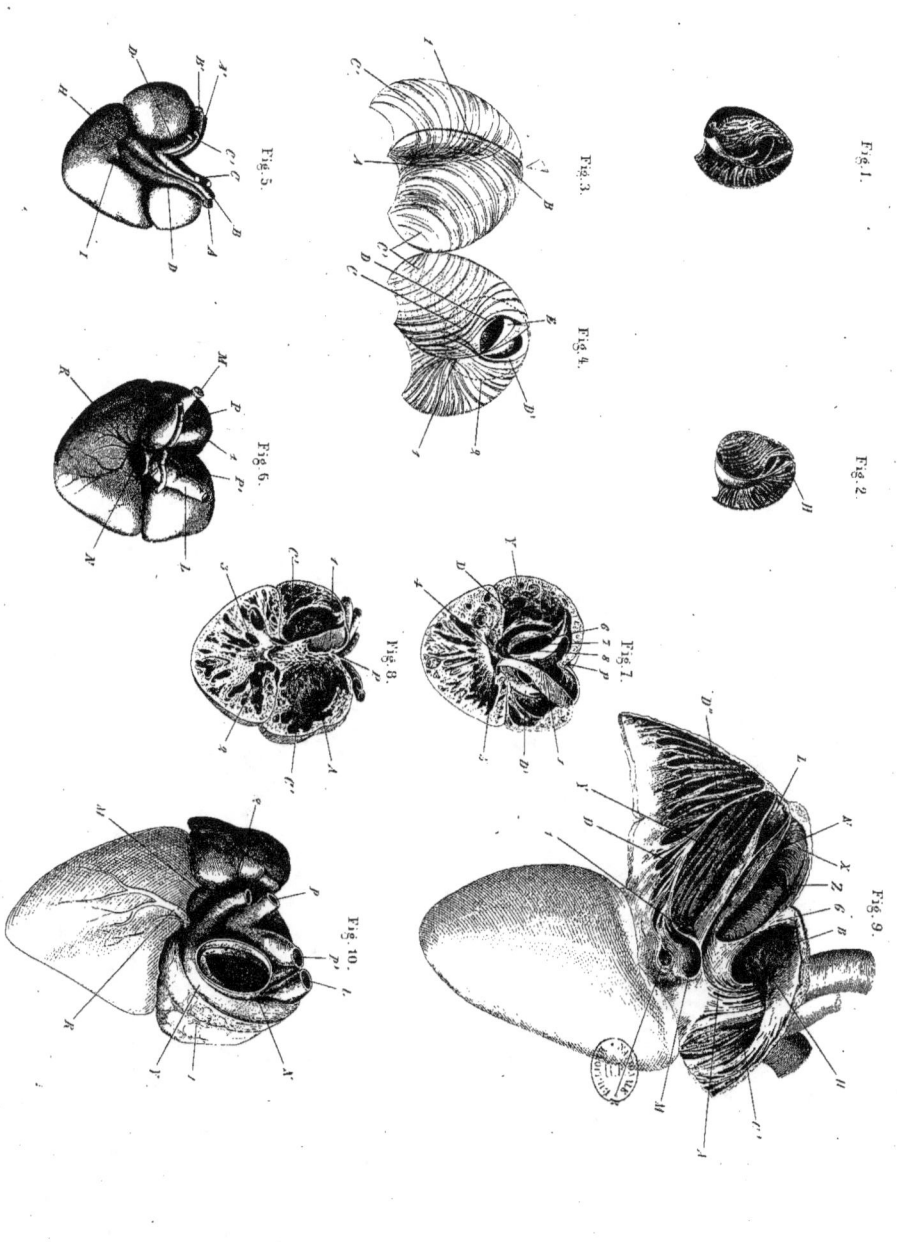

Pl. VII.

Fig. 1.

Fig. 2.

Fig. 3.

Fig. 4.

Fig. 5.

Fig. 6.

Fig. 7.

Fig. 7. bis.

Fig. 8.

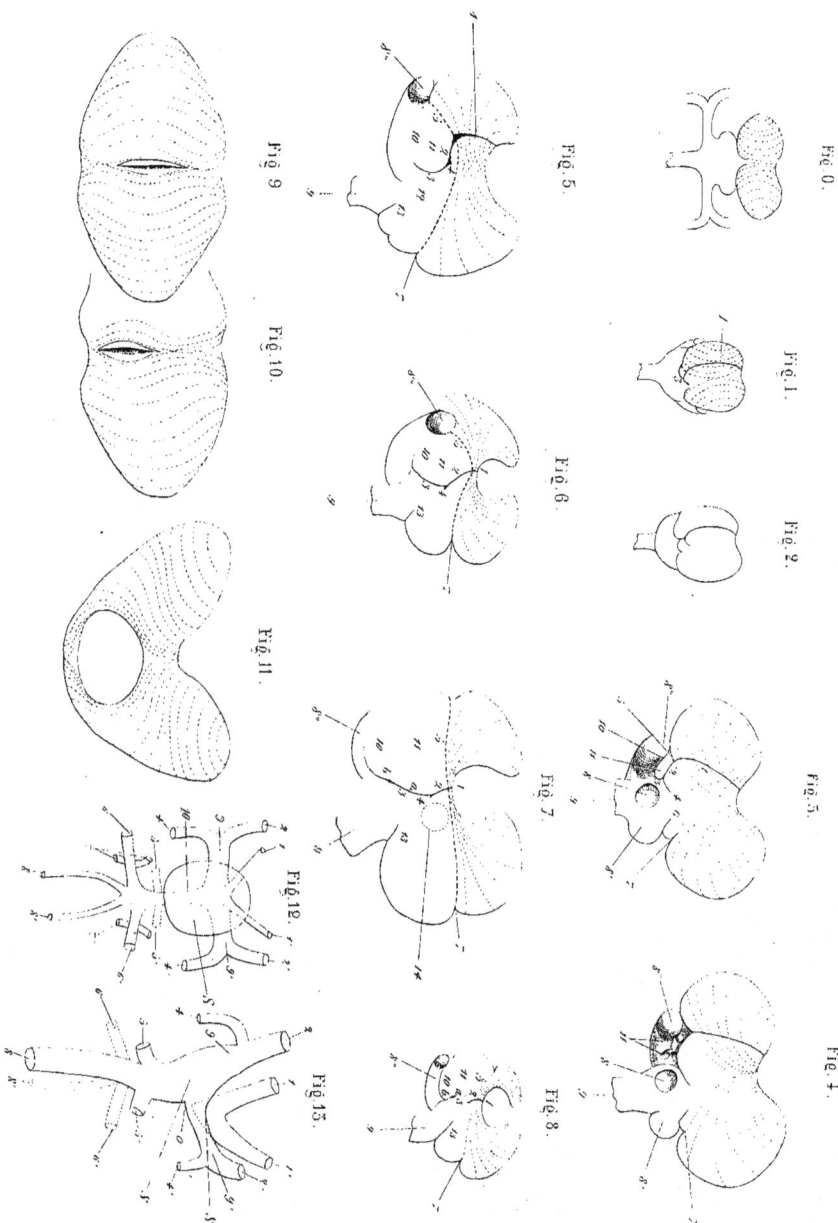

Fig. 1. Fig. 1 (bis)  Fig. 2. 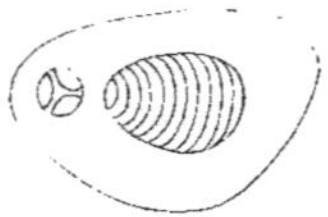 Fig. 3. 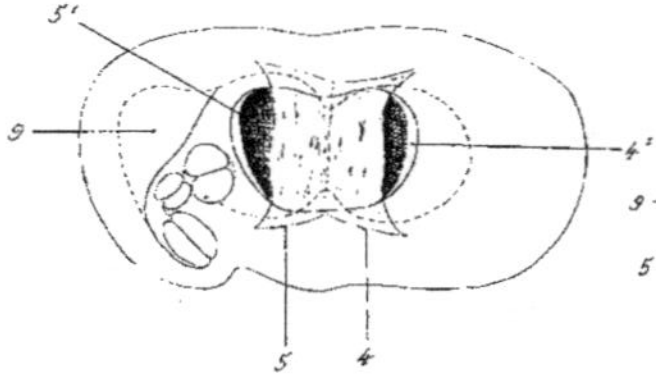 Fig. 3.(bis) 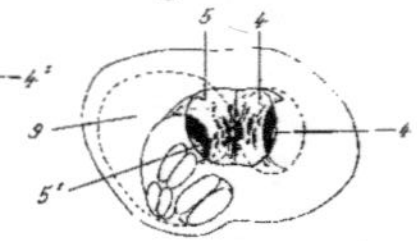
Fig. 4. 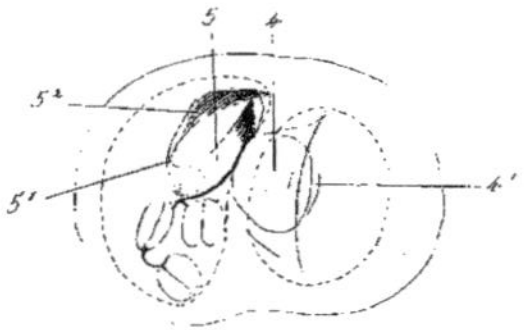 Fig. 5. 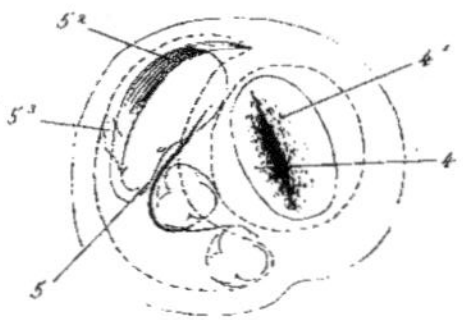 Fig. 5.(bis) 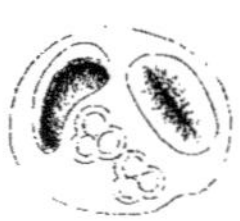 Fig. 6. 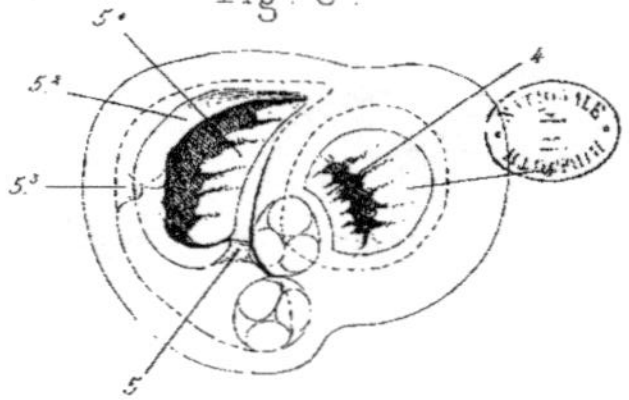 Fig. 6.(bis) 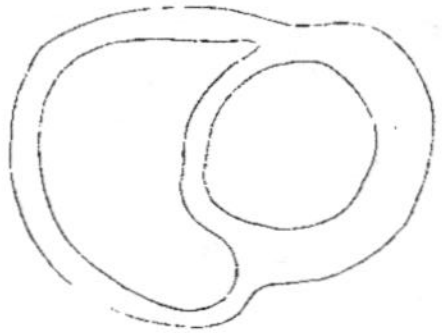
Fig. 7. 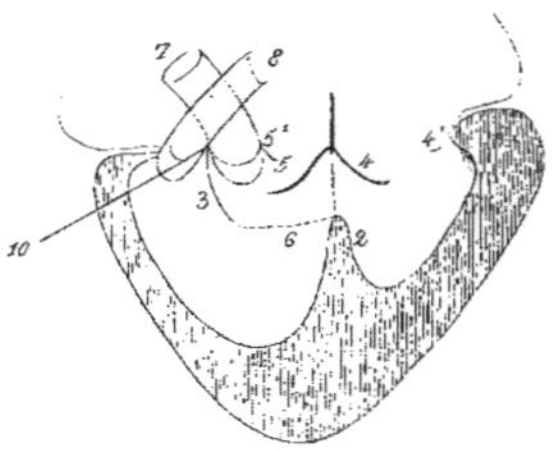 Fig. 8. 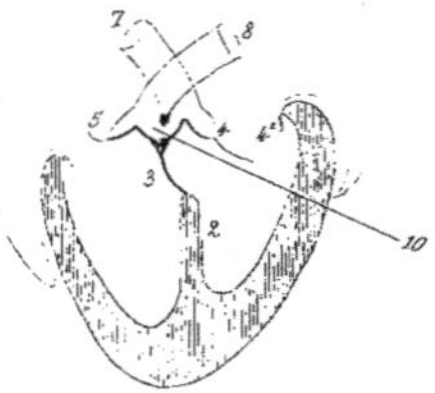 Fig. 8.(bis) 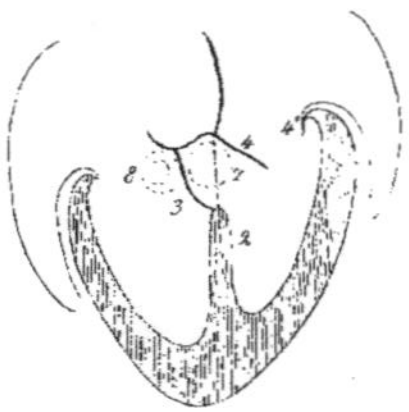 Fig. 9.

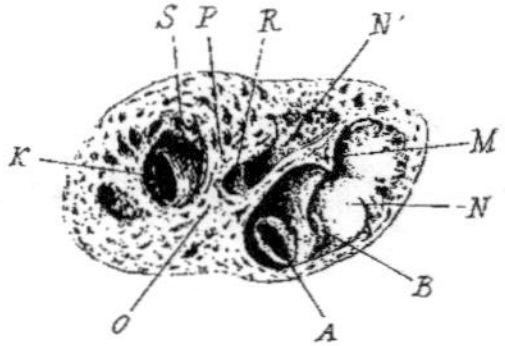

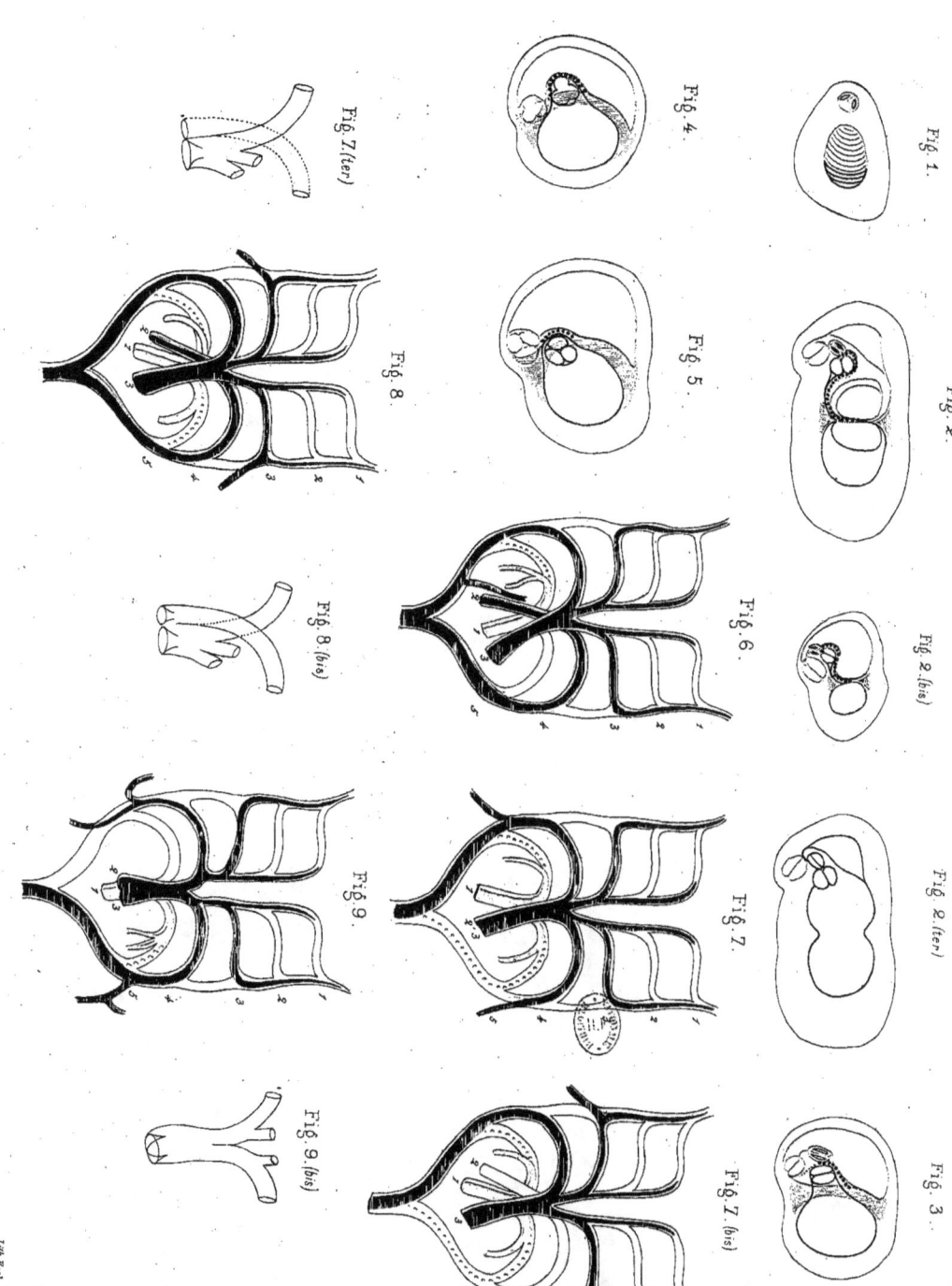

Pl. XVIII.

www.ingramcontent.com/pod-product-compliance
Lightning Source LLC
Chambersburg PA
CBHW051126230426
43670CB00007B/696